# Koloristische und textilchemische Untersuchungen.

Von

## Dr. Paul Heermann.

*Mit 9 Textfiguren und 3 Tafeln.*

Berlin.

Verlag von Julius Springer.

1903.

ISBN 978-3-642-47191-9          ISBN 978-3-642-47524-5 (eBook)
DOI 10.1007/978-3-642-47524-5

Druck der Kgl. Universitätsdruckerei von H. Stürtz in Würzburg.

# Vorwort.

Die Absicht des Verfassers, vorliegende Arbeit im Anschluß
an seine „Färbereichemischen Untersuchungen" erscheinen zu lassen,
hat leider — durch zwingende Umstände gehindert — einige Jahre
ihrer Verwirklichung harren müssen. Nunmehr liegt die längst ge
plante Arbeit vor, die in gewissem Sinne die Fortsetzung der soeben
erwähnten ist: Sie setzt da ein, wo die „Färbereichemischen Untersuchungen" ihren Abschluß fanden, nämlich in dem umfangreichen
Gebiete der Teerfarbstoffe und den koloristischen Untersuchungen. Anschließend an diese wurden die wichtigsten textilchemischen Untersuchungen eingeflochten und damit ein ab-
geschlossenes Ganzes geschaffen.

Zweck und Charakter der Arbeit sind dieselben geblieben wie
dort, mit dem Hauptunterschiede vielleicht, daß hier auf breiterer
Basis aufgebaut und somit weitergehenden Ansprüchen Rechnung
getragen wurde, wie auch die „Färbereichemischen Untersuchungen"
bei einer Neubearbeitung wesentliche Vertiefung und Erweiterung
erfahren sollen. Aus der Praxis entstanden, soll die Arbeit vornehmlich der Praxis dienen: dem öffentlichen Chemiker, dem Färberei-
chemiker, dem Färbereitechniker. Dann soll sie aber auch — allerdings die chemischen und färbereipräparativen Grundlagen als bekannt voraussetzend — dem Studierenden ein Leitfaden und Lehr-
buch abgeben und nicht zum geringsten auch dem Farbstoffchemiker
ein übersichtlich geordnetes Material bieten, das ihm die Prüfung
seiner Produkte und die Schaffung einheitlicher Gesichtspunkte erleichtern bzw. bei ihm anregen dürfte.

Trotz einer teilweise nicht zu leugnenden literarischen Überproduktion auf dem Gebiete der Färberei scheint dem Verfasser das Bedürfnis nach einem derartigen Hilfsbuch zweifelsohne vorzuliegen, da bis zum heutigen Tage ein ähnliches Spezialwerk nicht vorhanden ist und die fraglichen Arbeiten in einer großen Zahl allgemeiner Werke, Spezialwerke, Zeitschriften, Broschüren, Vorträge u. s. w. zerstreut sind, welche Verfasser bis auf diejenigen neuesten Datums seinem Zwecke dienstbar gemacht hat. Dann hat Verfasser aber auch Material gebracht, das bis heute, ohne veröffentlicht zu sein, weitere Interessentenkreise intensiv beschäftigt. Allerdings konnte dieses Material nicht in allen Punkten durch die Einzelkraft des Verfassers bewältigt werden, und er erfreute sich hierbei der entgegenkommendsten Unterstützung seitens mehrerer größerer Farbenfabriken und Fachgenossen.

Wenn nun Verfasser die Arbeit mit der Hoffnung auf eine gute Aufnahme der Öffentlichkeit übergibt, so ist er sich doch dessen bewußt, daß in bestimmten Fragen der Koloristik, welche ihr Bild mit kaleidoskopischer Beweglichkeit wechselt, mancherseits Widerspruch empfunden werden wird, da uns hier ein absolutes Maß zur Stunde fehlt und subjektive Wahrnehmungen stets einen gewissen Grad von Dehnbarkeit behalten werden. Hieran sei an alle Fachgenossen die Bitte geknüpft, etwaig beobachtete Abweichungen und empfundene Lücken dem Verfasser gütigst an Hand geben zu wollen.

Zum Schluß erfüllt Verfasser eine angenehme Pflicht, indem er sämtlichen Farbenfabriken, die ihm in entgegenkommender Weise Unterstützung zu teil werden ließen — besonders der Badischen Anilin- und Soda-Fabrik und den Höchster Farbwerken, sowie auch Herrn Prof. J. Formánek und Herrn Professor R. Gnehm — seinen besten Dank auch an dieser Stelle abstattet für hilfreiche Unterstützung bzw. Überlassung von Tabellen und Tafeln.

Krefeld, im September 1903.

Der Verfasser.

# Inhalts-Verzeichnis.

## II. Teil.

## III. Teil.

## IV. Teil.

## Abkürzungen der Farbenfabriken.

(A) bedeutet Aktien-Gesellschaft für Anilin-Fabrikation in Berlin SO.

(B)   „      Badische Anilin- und Soda-Fabrik in Ludwigshafen a. Rh.

(BrS)  „      Brooke, Simpson & Spiller, Limited Atlas Works in Hackney Wick, London.

(By)  „      Farbenfabriken vorm. Friedrich Bayer & Co. in Elberfeld.

(C)  „      Leopold Cassella & Co. in Frankfurt a. Main.

(Cl)  „      The Clayton Aniline Comp., Limited in Clayton bei Manchester.

(D)  „      Farbenfabriken Dahl & Co. in Barmen.

(DH)  „      Farbwerke vormals L. Durand, Huguenin & Co. in Basel und Hüningen i. Elsaß.

(G)  „      Anilinfarben- und Extrakt-Fabriken vormals Joh. Rud. Geigy in Basel.

(H)  „      Read Holliday & Sons, Limited in Huddersfield.

(J)  „      Gesellschaft für chemische Industrie in Basel.

(K)  „      Kalle & Co. in Biebrich a. Rhein.

(L)  „      Farbwerk Mühlheim vorm. A. Leonhardt & Co., Anilinfarben- und Chemische Fabrik Mühlheim a. Main.

(M)  „      Farbwerke vorm. Meister Lucius & Brüning in Höchst a. M.

(Mo)  „      Société chimique des Usines du Rhône, anciennement Gilliard, P. Monnet & Cartier in St. Fons bei Lyon.

(NJ)  „      Chemikalienwerk Griesheim G. m. b. H. in Griesheim a. M. (früher Noetzel, Istel & Co.).

(O)  „      K. Oehler, Anilin- und Anilinfarbenfabrik in Offenbach a. Main.

(P)  „      Société Anonyme des Matières Colorantes et Produits Chimiques de St. Denis (Seine).

(t. M)  „      Chemische Fabriken vormals Weiler-ter Meer in Uerdingen a. Rhein.

# I. Teil.

# Untersuchung der Teerfarbstoffe in Substanz.

## Qualitative Ausfärbung und Probedruck.

Bei der koloristischen Untersuchung eines Farbstoffes bezw. Farbstoffträgers kommen zunächst in Betracht: Nuance, Affinität zu den verschiedenen Fasern und Beizen, Farbstärke bezw. Ausgiebigkeit, Reinheit und Echtheit. Die Nuauce oder der Farbton und die qualitative Affinität zu den Fasern und Beizen wird durch qualitative Ausfärbung (event. Spektroskopie), Farbstärke und quantitative Affinität (Ausziehen, Egalisieren), — durch quantitative Ausfärbung (event. Kolorimetrie), Reinheit und Einheitlichkeit — durch bestimmte chemische und chemisch-physikalische Prüfungsmethoden (event. fraktionierte Ausfärbung), die Echtheit — durch die entsprechenden Spezial-Prüfungen auf Echtheitseigenschaften, die genaue chemische Zusammensetzung eines Farbstoffes endlich — nach oft sehr komplizierten organisch-analytischen Methoden erforscht.

Die erste und Grundfrage, welche wir uns bei der Untersuchung eines Farbkörpers vorlegen, lautet also: Wie und was färbt der Farbstoff? d. h. in welchem Ton, bezw. welchen verschiedenen Tönen, nach welcher Methode, mit welchen Beizen und welche Fasern färbt der Farbstoff und färbt der Farbstoff am besten; ist der Farbstoff lediglich für Färbereizwecke oder auch für Druckereizwecke geeignet? Diese Fragen beantwortet die qualitative Ausfärbung oder Probefärbung, bezw. der Probedruck.

Der Farbton eines Farbstoffes kann nun nicht nach der äußeren Beschaffenheit des trockenen, pastenförmigen oder extraktartigen Farbkörpers sicher beurteilt werden. Das Farbstoffpulver und die Kristalle zeigen oft ganz andere Färbung als den Lösungen derselben und noch mehr den Ausfärbungen mit denselben eigen ist; die Pasten und Extrakte, welche zu einem großen Teil adjektive Farbstoffe bilden, können noch weit mehr über den Farbton der Ausfärbungen täuschen, weil dieselben als Lacke auf der Faser oft ganz anders erscheinen.

Aus den wässerigen und alkoholischen Lösungen der Farbstoffe läßt sich der Farbton schon meist besser beurteilen, aber auch hier nicht immer und nicht genau. Substantive, basische und saure Farbstoffe lassen sich annähernd, Beizen-, Entwickelungs- und Oxydationsfarbstoffe — gar nicht beurteilen. Erstere aber auch unsicher und ohne weiteren Anhalt, in welchen Tönen der Farbstoff auf verschiedene Fasern zieht, wie er sich in dunkeln und hellen Tönen zeigt u. s. w.; letztere schon aus dem Grunde nicht, weil eine große Anzahl Beizenfarbstoffe, die sogenannten polygenetischen Farbstoffe, mit verschiedenen Beizen, auch verschiedene Farbtöne liefern. Es folgt daraus, daß schon zur Beantwortung der Frage nach dem Farbton des Farbstoffes die qualitative Ausfärbung unerläßlich ist. Zur Beantwortung der zweiten Frage, welche Fasern und unter welchen näheren Verhältnissen der Farbstoff färbt, sind weitere qualitative Ausfärbungen, oft sehr mannigfacher Natur, notwendig.

Die Bedingungen, unter welchen in der Praxis gearbeitet wird, und denen sich die Probefärbung naturgemäß tunlichst anzuschließen und anzupassen hat, sind so mannigfaltig, daß es jedem einzelnen überlassen bleiben muß, die grundlegenden allgemeinen Methoden nach Bedarf zu modifizieren, zu verbessern und vor allen Dingen in den Einzelheiten (Temperatur, Einwirkungsdauer, Konzentration, Zusätze etc. etc.) für den bestimmten Repräsentanten auszuarbeiten. Im allgemeinen werden jedoch die unten folgenden Tabellen genügen, sich an Hand derselben ein vollständig klares und sicheres Bild darüber zu verschaffen, welche Methoden und Schemata anzuwenden sind und damit den Gesamtcharakter des Farbstoffes aufzuklären. Die Besprechung der selbständigen Hauptfasern (Baumwolle, Wolle und Seide) ist in den Tabellen am ausführlichsten, diejenige der gemischten Gewebe (Halbwolle, Halbseide etc.) und der Nebenfasern (Jute, Leinen etc.) weniger ausführlich gegeben.

Außer der Feststellung der Nuance und der Anwendungsmethoden eines Farbstoffes gehört noch die Prüfung der Färbung bei künstlichem Licht zu der qualitativen Ausfärbung (s. Photoskopie). Eine große Anzahl Farbstoffe erscheint bei künstlichem Licht anders als bei Tageslicht und zwar verschieden bei verschiedenem künstlichen Licht. Es ist deshalb Sache des Probefärbers, festzustellen, wie sich der Farbstoff auf bestimmter Faser bei elektrischem Bogen- und Glühlicht, bei Gasglühlicht, Gasschnittbrennerlicht, bei Petroleumlicht und Kerzenlicht verhält, ob er in veränderter Nuance erscheint und wohin der Ton umschlägt (nach rot, grün etc.)? Dieses letztere ist für den praktischen Färber deshalb von Wichtigkeit, weil er in seinen Farbstoffkombinationen solche Farbstoffe wählen kann, welche bei künstlichem Licht zu Komplementärfarben umschlagen, und weil er dadurch in den Stand gesetzt wird, zu solchen Färbungen, die vornehmlich bei Abendlicht getragen werden, die richtige Farbstoffwahl vorzunehmen und auf gefällige Effekte Bedacht zu nehmen (s. Photoskopie).

Zur weiteren Charakteristik eines Farbstoffes kann seine Egalisierungsfähigkeit geprüft werden, die ebenso bei der qualitativen Ausfärbung zur Beobachtung gelangen kann. Diese Prüfung ist unter den Echtheitsprüfungen näher präzisiert.

Zur qualitativen Prüfung eines Farbstoffes kann schließlich noch sein Verhalten gegen höhere Temperaturen und gegen normale und abnorme Bestandteile des Wassers gerechnet werden. — Zu den höheren Temperaturen ist vornehmlich die Siedetemperatur des Wassers (100° C.), sowie diejenige stark salzhaltiger Bäder, die auf etwa 102—105° C. steigen dürfte, zu zählen. Die Anwendung noch höherer Temperaturen (Bügeln, Appretur, Dekatur etc.) ist a. a. O. bei der Prüfung der Farbstoffe auf der Faser besprochen worden. — Eine Temperatur von 100° C. halten die allermeisten Farbstoffe aus (Ausnahme z. B. Auramin), sofern die Bäder keine oxydierenden, reduzierenden sowie saure und alkalische Ingredienzien enthalten.

Zu den normalen Bestandteilen des Wassers gehört zunächst dessen Kalkgehalt, welcher bei einem gewissen Quantum mit sehr vielen Farbstoffen eine unlösliche, wertlose bis schädliche Verbindung eingeht. In solchen Fällen muß das Wasser vorher korrigiert bezw. durch Aufkochen mit Soda oder Soda-Seife entkalkt und abgeschäumt werden.

Sehr eigentümliche Beobachtungen werden mitunter gemacht, wenn das Wasser bestimmte Verunreinigungen enthält, welche auf empfindliche Farbstoffe nachteilig einwirken können. Solche Verunreinigungen, die übrigens aber auch in der zu färbenden Faser (z. Wolle) enthalten sein können (s. Kitschelt, Färber-Zeitung 1896, 181), sind vor allen Dingen schwefelhaltige Substrate wie Schwefelwasserstoff, Schwefelnatrium, schweflige Säure, organische Substanz, Kohlenwasserstoffe etc. Diese Verbindungen sind fähig eine Reihe Teerfarbstoffe zu zerstören oder wesentlich in der Nuance zu beeinflussen. Nach Kitschelts Untersuchungen sind es hauptsächlich Dis- und Tris-azofarbstoffe, welche eine besondere Empfindlichkeit zeigen. Er fand z. B. daß Benzoechtgrau, Diamingrün, Diaminogen schon unterhalb $60^0$ zerstört werden, während Benzoindigoblau, Benzomarineblau, Columbiagrün erst bei höherer Temperatur oder größerem Schwefelgehalt ihre Nuance änderten. Im ersteren Falle genügten 4—5 ccm einer $1^0/_0$-igen Lösung (pro Liter Flotte) von Schwefelnatrium (Färber-Zeitung 1896, 181, 218, 268).

Technisch wichtig ist ferner das sog. Verharzen oder Verteeren mancher Farbstoffe (bes. basischer) das beim unvorsichtigen Auflösen und zu schneller Hitzezufuhr stattfindet. Es bilden sich dabei aus Kristallen formlose zähe Klumpen, welche teerähnlich zusammenschmelzen und teerige Schmiere bilden, die sich nur schwierig löst und leicht (bronzierende) Flecke liefert. War der Farbstoff in Pulverform, so entsteht häufig eine nicht klebende lockere Masse, welche von Harzteilchen umgeben ist und nicht mehr wasserlöslich ist. Auf Zusatz von Seife, Ammoniak etc. kann dieselbe oft wieder in Lösung gebracht werden. — Man verhütet derartige Erscheinungen am besten, indem man das Farbstoffpulver oder die Kristalle erst kalt unter Zusatz von einigen ccm Essigsäure oder denaturiertem Spiritus anrührt und nach weiterem Verdünnen unter allmählicher Erhitzung fertig löst.

Was die Technik der Ausführung betrifft, so ist eine Probefärbung, wie bereits erwähnt, der Praxis tunlichst anzupassen, sowohl puncto Mengenverhältnisse der Farbstoffe, Beizen als auch puncto Temperatur, Zeitdauer der Einwirkung u. s. w. Mit am schwierigsten gestaltet sich die Anpassung an die Flottenmenge, da im großen leicht mit geringer Flottenmenge (10—15 fachem des Färbeguts), im kleinen aber sehr schwer in demselben Verhältnis operiert werden kann. Ferner kommt noch ein merklicher Übelstand in der leichten

Überhitzung der Gefäßwandungen beim Probefärben hinzu, wodurch leicht buntes Aufziehen, Anbacken des Farbstoffes u. s. w. verursacht werden kann. Des weiteren sind die veränderten Bedingungen des Luftzutrittes, die zunehmende Flottenkonzentration u. s. w. Momente, welche bei Probefärbungen nicht außer acht zu lassen und durch Gegenmaßregeln zu paralysieren sind: Durch die Wahl der geeignetsten Gefäßform, Zudecken der Gefäße, Nachfüllen des verdampften Wassers durch Kondens- oder destilliertes Wasser u. s. w.

Auch die relativ viel schnellere Abkühlung der Bäder nach Abstellung der Heizquelle kann Verschiebungen mit sich bringen. Allerdings kommt dieser Punkt nicht zur Geltung, wo es sich um Erhitzung vermittelst Wasser-, Öl-, Glycerin-, Chlorcalcium-, Kochsalzbäder etc. handelt, sondern nur bei Gas-, Spiritus- und Petroleumheizung, da erstere Bäder beliebig langsam und gleichmäßig abgekühlt werden können, während letztere Heizung keine so gleichmäßige Abkühlung zuläßt.

Die zu färbenden Gespinstfasern seien vor allen Dingen total rein, also z. B. gut abgekocht, entfettet, entbastet u. s. w. und, soweit dieselben zu korrespondierenden Versuchen bestimmt sind, — absolut einheitlich und vor dem Färben gut genetzt. Oft finden ganz rätselhafte Erscheinungen ihre Erklärung im Vorhandensein verschiedenen Rohmaterials.

Das Erhitzungsbad, das sog. Digestorium (Dampf) oder der Färbeofen (Gas etc.) besteht z. B. aus einem einfachen kupfernen Gefäße (rechteckig oder rund) mit flachem Deckel, in welchem Löcher (6—8—10—12 etc.) zur Aufnahme der Bechergläser geschlagen sind. Bei direkter Gasheizung ist der Kasten ohne Boden, woselbst die Brenner angebracht sind. Bei indirekter Gasheizung, direkter Dampfheizung, indirekter Dampfheizung (Schlangenheizung) ist das Gefäß ein geschlossener Kasten, das mit Wasser, Öl, Chlorcalcium, Glycerin u. s. w. gefüllt ist, und in dem die Bechergläser hineingesetzt werden. Näheres hierüber s. S. Kapf: Heizbäder für Probefärbungen. (Färber-Zeitung 1898, S. 357).

Das Abmustern geschieht am besten in den hellen Tagesstunden, bei zerstreutem Tageslicht und zwar möglichst in auffallendem Nordlicht. Ein sehr wertvolles Hilfsmittel auch für den praktischen Färbereibetrieb nicht vorhandenes Tageslicht durch künstliches Licht zu ersetzen, dürfte die neue Dalite-Lampe[1]) von Dufton und

---

[1]) Zu beziehen von Louis Hirsch in Gera-Reuß.

Gardner sein, welche eine gewöhnliche elektrische Bogenlampe darstellt, deren Glasmantel in der Masse mit Kupfer gefärbt ist. Ihr Licht soll die Farben wie im Tageslicht erscheinen lassen und so ein sicheres Abmustern am Abend und an trüben Tagen ermöglichen (Journ. Soc. Dyers and Color, 1900, 16, 238, Chem. Ztg. 1902, 26, 57). (Näheres s. unter Photoskopie.)

Will man alle Farbstoffe nach ihren färberischen Eigenschaften zu den Fasern in einige Hauptgruppen einteilen, so lassen sich am besten folgende Gruppenklassen aufstellen:

1. Substantive Farbstoffe (auch Salzfarben genannt), welche vegetabilische und animalische ungebeizte Faser in neutralen oder alkalischen Bädern (Seife, Soda, Borax, Natronphosphat), besonders auf Zusatz von Neutralsalzen (Kochsalz, Glauborsalz) anfärben.

2. Basische Farbstoffe, welche tannierte Baumwolle in neutralen und ungebeizte Wolle und Seide in neutralen bis schwach sauren Bädern anfärben.

3. Saure Farbstoffe (oder Säure-Farbstoffe), welche ungebeizte Wolle in ausgesprochen saurem Bade und gezinnte Baumwolle in neutralem oder sauer-salzigem Bade anfärben.

4. Beizenfarbstoffe (oder adjektive Farbstoffe), welche vegetabilische und animalische Faser vornehmlich in gebeiztem Zustande (mehr oder weniger echt) anfärben.

5. Entwickelungsfarbstoffe, welche auf vegetabilische und animalische Faser in unfertigem Zustande aufziehen und auf der Faser zum Farbstoff, bezw. Kombinationsfarbstoff fertig entwickelt werden (Diazotieren und Kuppeln, Oxydieren, Entwickeln).

Zur allerersten Orientierung über den Charakter eines Farbstoffes würde es sich empfehlen, denselben zunächst 1. auf Wolle neutral aufzufärben, dann 2. auf Wolle unter Zusatz von Säure, Alaun, Chlorzinn zu färben, 3. auf unpräparierte Baumwolle neutral, 4. auf tannierte Baumwolle neutral und zuletzt 5. auf mit Tonerde, Eisen, Chrom etc. gebeizte Wolle oder Baumwolle-Garancine-Streifen auszufärben.

Nachfolgend sind die wichtigsten Färbemethoden für die verschiedenen Fasern tabellarisch zusammengestellt, nach welchen bei der Untersuchung neuer unbekannter Farbstoffe systematisch gearbeitet werden kann. Sobald nun eine Färbemethode festgestellt ist, sind bestimmte andere dadurch oft von vornherein ausgeschlossen, da gewisse Farbstoffgruppen auch bestimmte Anwendungsmethoden

einerseits bedingen und andererseits ausschließen. So färbt z. B.
ein ausgesprochener Beizenfarbstoff per se nicht direkt, da die Beize
eine unerläßliche Bedingung, dessen Fixation darstellt. Dagegen
gibt es aber auch Farbstoffe mit einer Doppelnatur, welche sowohl
auf Beizen als auch direkt färben und auch mit Metallbeizen nach-
fixiert werden können. Ferner gibt es Farbstoffe, welche unter den
verschiedensten Aciditätsverhältnissen auf die Faser ziehen z. B. aus
neutralen, sauren und alkalischen Bädern. Es ist also bei Auffindung einer bestimmten Färbe-Methode durchaus nicht darauf
zu schließen, daß mit derselben die Anwendungsfähigkeit des betr.
Farbstoffes auch wirklich erschöpft ist. Im Gegenteil ist es oft
nötig den Farbstoff verschiedenseitigst zu prüfen, um ihn in seiner
ganzen Individualität zu erschließen.

W. Schaposchnikoff (Chem. Zeitung 1898, S. 55) gibt
eine sehr praktische Klassifikation der Teerfarbstoffe nach ihrem
tinktoriellen Verhalten, welche von dem Wittschen System u. a.
sich dadurch unterscheidet, daß in derselben, sowohl die Beziehungen
der Farbstoffe zu den Fasern, als auch ihr chemischer Charakter
genügend Berücksichtigung findet. In dieser Klassifikation ist den
Auxochromen die erste Rolle zuerteilt, ganz analog, wie im Wittschen System dieselbe den Chromophoren angehört. In Schapo-
schnikoffs System treten die letzteren an die zweite Stelle; deswegen kann es geschehen, daß die Farbstoffe, die bei Witt in einer
und derselben Gruppe stehen, in diesem System in verschiedene
Klassen eingereiht werden, je nachdem sie in ihren chemischen
Eigenschaften und in ihrem Verhalten zu den Fasern einen Unterschied äußern. Beispiele dafür sind das Fuchsin und seine Sulfosäuren (s. umstehende Tabelle).

Ganswindt (Einführung in die moderne Färberei S. 319) teilt
die Teerfarbstoffe nach ihrem färberischen Verhalten in folgende
drei Gruppen ein:

I. Homochrome Farbstoffe (entsprechend den Hummelschen
monogenetischen Farbstoffen), welche ohne Beize direkt färben

    a) basische Farbstoffe,

    b) saure Farbstoffe,

    c) substantive Farbstoffe.

II. Heterochrome Farbstoffe (entsprechend den Hummelschen polygenetischen Farbstoffen) oder adjektive Farbstoffe, oder
Beizenfarbstoffe, welche mit Hilfe von Beizen gefärbt werden.

# Klassifikation der Farbstoffe (Schaposchnikoff).



| Klasse I. Farbstoffe mit dem Charakter der Säuren | | Klasse II. Farbstoffe mit dem Charakter der Salze | Klasse III. Farbstoffe mit dem Charakter der Basen | Klasse IV. Indifferente Farbstoffe. | |
|---|---|---|---|---|---|
| Gruppe 1. Farbstoffe, die im sauren Bade färben. | Gruppe 2. Farbstoffe, die mit Metallbeizen färben. | Gruppe 3. Farbstoffe, die im neutr. bzw. alkal. Bade färben. | Gruppe 4. Farbstoffe, die im neutr. Bade färben. | Gruppe 5. Farbstoffe, die auf den Fasern entwickelt werden. | Gruppe 6. Farbstoffe, die mechanisch angeklebt werden. |
| 1. Nitrofarbstoffe.<br>2. Die meisten Azofarbstoffe (Amidoazo-, Azoxy-, Tetrazo-Farbstoffe).<br>3. Sulfosäuren d. Triphenylmethan-, Indulin-, Chinolinfarbstoffe. Indigokarmin.<br>4. Hydrazon- u. Pyrazolonfarbstoffe.<br>5. Chromotrope (bilden Übergang zur nächsten Gruppe der beizenfärbenden Farbstoffe). | 6. Einige Azofarbstoffe (Alizaringelb G, R, Diamantgelb, Azarin u. a. m.).<br>7. Oxychinon- und Chinonoximfarbstoffe.<br>8. Einige Chinonimidfarbstoffe (Gallocyanin).<br>9. Oxyketon-, Xanthon- und Flavonfarbstoffe.<br>10. Phtaleine und Rosolsäurefarbstoffe.<br>11. Natürliche Farbstoffe. | 12. Tetrazofarbstoffe (Derivate d. Benzidins u. anderer p-Diamine).<br>13. Thiazolfarbstoffe (Derivate des Primulins).<br>14. Einige natürliche Farbstoffe: Bixin, Curcumin, Carthamin (Orlean, Curcuma, Safflor).<br>Sulfinfarbstoffe oder Schwefelfarbstoffe von noch unaufgeklärter Zusammensetzung (D. Verf.) | 15. Basische Azofarbstoffe (Chrysoidin Vesuvin, Tanninorange).<br>16. Di- u. Triphenylmethanfarbstoffe.<br>17. Die meisten Chinonimidfarbstoffe (Indamine, Thiazine, Oxazine, Azine).<br>18. Chinolin- u. Akridinfarbstoffe und Berberin (natürlicher Farbstoff der Berberitzenwurzel). | 19. Metalle (Gold, Uran, Chrom etc. durch Ausscheiden oder durch Kombinieren).<br>20. Unlösliche Azofarbstoffe (z. B. Kombinationen von $\beta$-Naphtol mit Diazoverb.).<br>21. Mineralfarben (Chromgelb, Berlinerblau etc.).<br>22. Indigo und Indophenol.<br>23. Anilinschwarz.<br>24. Katechu, Bister, Canarin. | 25. Albuminfarben (mit Albumin Casein, etc. fixierte Farbstoffe.) |

III. Pigment-Farbstoffe, welche erst auf der Faser erzeugt werden (z. B. Indigo, Anilinschwarz, Paranitranilinrot, Naphtylamin-Bordeaux etc.).

I a-Farbstoffe färben Wolle direkt, Baumwolle auf Tannin-Metallbeize;

I b-Farbstoffe färben Wolle in saurem Bade, Baumwolle auf Ton- oder Zinnbeize;

I c-Farbstoffe färben Baumwolle direkt in neutralem oder schwach alkalischem Bade, Wolle meist ebenso in neutralem Salzbade.

II-Farbstoffe färben Wolle, Baumwolle und Seide auf Beizen oder mit Beizen einbadig.

III-Farbstoffe werden auf der Faser erzeugt.

## Vorversuche zur Beurteilung eines Farbstoffes.

Der Farbstoff wird gelöst, auf fünf Bechergläser verteilt und folgende Versuche (Ganswindt l. c.) angestellt.

Versuch 1. In das erste Bad wird mit chromgebeizter Wolle eingegangen, $^1/_2$ Stunde hantiert und dann langsam zum Kochen getrieben.

Versuch 2. Zu dem zweiten Bade wird 10% (vom Gewicht der Wolle) Glaubersalz und 4% Schwefelsäure zugesetzt, mit der Wolle eingegangen und erwärmt.

Versuch 3. Zu dem dritten Bade wird nur 10% Glaubersalz zugesetzt und Wolle in demselben bis zur Kochhitze behandelt.

Versuch 4. Zu dem vierten Bade wird 10% Kochsalz zugesetzt und Baumwolle darin unter Erwärmen behandelt.

Versuch 5. Im fünften Bade wird mit Tannin und Brechweinstein vorgebeizte Baumwolle kalt bis warm behandelt.

Wird bei 1. die Wolle gefärbt, so kann ein Beizenfarbstoff vorliegen, zieht hier das Bad ganz aus, so liegt wahrscheinlich ein Beizenfarbstoff vor. Es liegt bestimmt ein Beizenfarbstoff vor, wenn außerdem in 2. und 3. die Wolle ungefärbt bleibt. Ist aber die Wolle in 2. gefärbt, in 3. ungefärbt, so kann ein Beizenfarbstoff vorliegen, der sich auch nach der Einbad-Färbemethode färben läßt.

Um einen Beizenfarbstoff endgültig als solchen zu erkennen, muß die Lackbildung bewiesen werden. Zu diesem Zwecke kocht man je einige ccm Farbstofflösung mit essigsaurem Chrom und essigsaurer Tonerde separat. Nach längerem Kochen und Erkalten muß sich in beiden Fällen ein Niederschlag gebildet haben, falls ein Beizenfarbstoff vorliegt. Das Ausbleiben des Niederschlages würde also bedeuten, daß die in Versuch 1 erhaltene Färbung nicht von einem Beizenfarbstoff herrührt. In dem Bestande des Niederschlages kann Tonerde und Chrom nachgewiesen werden.

Wird ferner die Wolle im sauren Bade (2) gefärbt, so kann entweder ein saurer Farbstoff vorliegen, oder auch ein Beizenfarbstoff, der sich gleichzeitig in saurem Bade färben läßt. Es wird in diesem Falle obiger Nachweis der Lackbildung geführt werden müssen. Tritt keine Lackbildung ein, so liegt ein saurer Farbstoff vor. In diesem Falle wird auch die Baumwolle bei Versuch 4 und 5 entweder farblos bleiben oder höchstens ganz schwach gefärbt erscheinen.

Wird bei Versuch 3 im neutralen Glaubersalzbade eine Färbung erhalten, so sind drei Fälle möglich: Es kann entweder ein saurer, oder ein substantiver oder ein basischer Farbstoff vorliegen. Liegt ein saurer Farbstoff vor, so muß auch Versuch 2 ein positives Ergebnis liefern, während die Baumwolle in 4 und 5 farblos oder nahezu ungefärbt bleiben muß. Liegt ein substantiver Farbstoff vor, dann muß auch die Baumwolle in Versuch 4 stark gefärbt sein. Liegt ein basischer Farbstoff vor, so muß die Baumwolle in Versuch 5 stark gefärbt sein.

Erscheint die Baumwolle beim Versuch 4 nur schwach gefärbt, so kann entweder ein saurer oder ein basischer Farbstoff vorliegen; im ersteren Falle wird die Wolle im Versuch 2, im anderen die Wolle im Versuch 3 und die Baumwolle von Versuch 5 intensiv gefärbt sein. In beiden Fällen wird die Baumwollfärbung durch heißes Seifen fast vollständig ausgewaschen. War dagegen die Baumwolle stark gefärbt, und wird die Färbung durch warmes Seifen nicht entfernt, so liegt ein substantiver Farbstoff vor. Meistens wird dann auch Versuch 3 ein positives Ergebnis zeitigen.

Ist die Baumwolle im letzten Versuch (5) gefärbt und bei nicht zu großen Farbstoffmengen das Bad schnell und fast vollständig ausgezogen, so liegt ein basischer Farbstoff vor, in welchem Falle die Wolle von Versuch 3 gefärbt, die im Versuch 2 aber ungefärbt bleiben muß. Es gibt hier aber auch Ausnahmen, wie z. B. Bismarckbraun, Viktoriablau, welche die Wolle im neutralen Bade kaum, dagegen im sauren Bade stark anfärben und doch basische

Farbstoffe sind. Das Hauptkriterium bleibt also das Anfärben der mit Tannin-Antimon gebeizten Baumwolle.

Auch bei den anderen Gruppen gibt es Ausnahmen, weil die einzelnen Gruppen niemals haarscharf voneinander abgegrenzt sind, vielmehr durch Eintritt neuer chemischer Radikale (Sulfosäure-Radikal etc.) allmählich ineinander übergehen. Daher stehen einzelne Glieder einer Gruppe auf der Grenze zwischen zwei Gruppen. Die Aufschlüsse, welche durch das Probefärben erhalten werden, sind daher in der Hauptsache Fingerzeige, in welcher Richtung weitere Versuche anzustellen sind. Man erhält also durch obige Versuche nur einen ungefähren Einblick in die Natur und den Charakter eines Farbstoffes. Durch weitere Versuche nach folgenden Tabellen und den Untersuchungen, die in dem Kapitel „chemische und physikalische Prüfungen von Teerfarbstoffen" niedergelegt sind, kann der Charakter des Farbstoffes näher eruiert werden.

Im Gegensatz zu der Probefärbung unterscheidet sich der Probedruck von jener wesentlich dadurch, daß derselbe nur im Großbetriebe oder in einem koloristischen Laboratorium sachgemäß ausgeführt werden kann, welches in maschineller Hinsicht eine dem Großbetriebe tunlichst genau angepaßte Einrichtung besitzt. Die Beurteilung, ob ein Farbstoff sich für Druckzwecke eignet, ist somit durch bestimmte maschinelle Einrichtungen bedingt. Allerdings läßt sich unter Umständen statt des Rouleauxdruckes der Handdruck benutzen, ohne aber eine vollgiltige Beurteilung zu gewährleisten, wenn es sich um die Frage der Brauchbarkeit für den Rouleauxdruck handelt.

# Baumwolle.

| Nr. | Färbe-Prinzip | Beispielsweise Ausführungsformen | Besondere Bemerkungen | Farbstoffe |
|---|---|---|---|---|
| 1. | Direkt unter Zusatz von Neutralsalzen, alkalischen Salzen, Seife etc. | Bei 50° C. eingehen, in kochendem Bade unter Zusatz von 10—20 g Glaubersalz und ½— 2 g Soda pro Liter Flotte ausfärben. Statt Soda auch 1—2 g Seife, statt Glaubersalz: Kochsalz, Natronphosphat, Borax, Pottasche, Türkischrotöl etc. Ein Anzahl Farbstoffe kann vorteilhaft bei 40—50° C., andere kalt gefärbt werden. | Hauptfärbemethode für Baumwoll - Farbstoffe. | Tetrazofarbstoffe (Derivate des Benzidins und anderer p - Diamine), Thiazolfarbstoffe (Derivate des Primulins); einzelne Amidoazo-, Azoxy-, Thiazin-, Azin-, Akridin-, Naturfarbstoffe. |
| 2. | Direkt in stark alkalischen und schwefelalkalischen Bädern. | Während 1—2 Stunden kalt bis 70—90° bis kochend ausfärben unter Zusatz von 5—10 % Schwefelnatrium, 5—10 % Soda, 20—70 % Kochsalz (ev. Natronlauge, Türkischrotöl, Dextrin etc.). Meist wegen der sonst stattfindenden Fleckenbildung unter der Flotte (Luftabschluss) zu färben. Zwecks Erhöhung der Echtheit und Entwickelung meist nachzubehandeln mit: 3 % Chromkali + 3 % Essigsäure, oder: 2 % Chromalaun + 2 % Chromkali + 3 % Essigsäure, oder: 2 % Kupfervitriol + 2 % Chromkali + 3 % Essigsäure 6° Bé bei 70—80° C. ½ Stunde lang. Auch Nachbehandlung mit Wasserstoffsuperoxyd für Couleuren (z. B. Immedialblau). Gut waschen und avivieren. In Gemischen mit tierischer Faser (Halbseide, | Hauptsächlich für Schwarz. Die Farbstoffe kommen meist mit Schwefelnatrium gemischt in den Handel. Bäder greifen tierische Faser, Kupfer etc. stark an. — Das starke Bronzieren der Farbstoffe kann durch Anwendung von Sulfhydraten vermieden werden. [D. R. P. 129 281, (By.)]. | Schwefel - Farbstoffe (Vidal-, Immedial-, Pyrogen-, Kryogen-, Schwefel-, Katigen-, Melanogen-, Thiogen-, Eclips - Farbstoffmarken), einzelne Azinfarbstoffe. |

Halbwolle) kann entweder nach D. R. F. 130848 (J) mit Schwefelammonbädern, oder nach Fr. P. 315997 (C) mit Zusatz von Glykose, Tannin. Dextrin gearbeitet werden. — Die Nachbehandlung geschieht ausser mit den genannten Salzen manchmal vorteilhaft auch mit Zinkvitriol oder Chrombisulfat (Kryogenschwarz), D. R. P. 131961 (B).

| | | | |
|---|---|---|---|
| 3. | Direkt unter Zusatz von Alaun. | Man geht lauwarm ein unter Zusatz vor 10—20% schwefelsaurer Tonerde oder 20—40% Alaun, treibt auf 75° C. bis kochend, zieht einige Zeit im erkaltenden Bade um, trocknet ohne zu spülen. Das Tonerdesalz kann mit 10% Kristallsoda basifiziert werden. | Das Färbebad ist sehr konzentriert zu halten (12—15 faches Wasserquantum). Färbungen sind unecht. | Azofarbstoffe, Induline, Benzosafranine. |
| 4. | Direkt unter Zusatz von zinnsaurem Natron und Schwefelsäure. | Man geht bei 80° C. ein unter Zusatz von 2% zinnsaurem Natron und 1% Schwefelsäure 66° Bé, zieht eine $\frac{1}{2}$ Stunde, windet ab und trocknet ohne zu spülen. | Lebhafte aber unechte Töne. | Einzelne Sulfosäuren der Triphenylmethanfarbstoffe. |
| 5. | Direkt unter Zusatz von „Blaubeize". | Man färbt bei 70—80° C. unter Zusatz von 20 ccm Blaubeize pro Liter Flotte. Die Blaubeize wird bereitet, indem man 10 Teile schwefelsaure Tonerde mit 2 Teilen Weinsäure zu 100 Teilen löst und mit $7\frac{1}{2}$ Teilen Soda abstumpft. | Unechte und selten hergestellte Färbungen. | Wie unter 3, ferner einige Sulfosäuren der Triphenylmethanfarbstoffe. |
| 6. | Direkt mit Kochsalz und Alaun. | Man färbt mit 2% Alaun und 20% Kochsalz lauwarm bis 40—60° C., $\frac{1}{2}$ Stunde ziehen, abwinden, ohne zu spülen bei mäßiger Temperatur trocknen. | Das Färbbad muß sehr konzentriert sein (10 bis 12faches Quantum Wasser). Unechte Färbungen. | Einzelne saure Azofarbstoffe und Chinolinfarbstoffe. |

| Nr. | Färbe-Prinzip | Beispielsweise Ausführungsformen | Besondere Bemerkungen | Farbstoffe |
|---|---|---|---|---|
| 7. | Direkt unter Zusatz von Kochsalz. | Man färbt erst auf kaltem Bade mit 10 % Kochsalz 1 Stunde lang, erwärmt zuletzt auf 40—50° C., windet ab und trocknet ohne zu spülen. | Ebenso unechte Färbungen wie 3, 4, 5 und 6. | Azofarbstoffe, einzelne Amidoazo-, Schwefel- u. Nitrofarbstoffe. |
| 8. | Direkt in konzentrierten Kochsalzbädern. | Man färbt in konzentrierten Kochsalzbädern mit 50 g Kochsalz pro Liter (= ca. 4° Bé) bei 40—60° C. 1 Stunde lang, windet ab und trocknet bei mäßiger Temperatur ohne zu spülen. | Konzentrierte Farbstoffbäder mit nur 10 fachem Flottenquantum. Unechte Färbungen. | Phtaleine u. Rosolsäurefarbstoffe, einzelne Azoxyfarbstoffe. |
| 9. | Direkt in essigsaurem Bade. | Man arbeitet in sehr schwach essigsaurem Bade, lauwarm unter Zusatz von 1—2 g Essigsäure 6° Bé pro Liter. | Wenig gebrauchte Färbemethode. | Einzelne Phtaleine, Induline, saure Triphenylmethanfarbstoffe. |
| 10. | Vorbehandelt mit Gerbstoff und Antimonsalz, neutral gefärbt. | Die Beizflotte enthält $2\frac{1}{2}$—5 % Tannin vom Gewicht der Baumwolle (ev. 20—40 g pro Liter). Man geht kochend heiß ein und hantiert bis 50° C.; für dunkle Nuancen steckt man über Nacht ein, für helle Töne genügen $1\frac{1}{2}$—2 Stunden. Es wird dann abgewunden oder geschleudert und ohne zu spülen $\frac{1}{4}$—$\frac{1}{2}$ Stunde auf einem kalten Bade mit $1\frac{1}{4}$—$2\frac{1}{2}$ % Brechweinstein (oder $\frac{3}{4}$—$1\frac{1}{2}$ % Antimonfluorid bezw. anderen Ersatzmitteln) bezw. 5 g pro Liter (oder 3 g Fluorid) schnell hantiert. — Beim Färben wird kalt eingegangen und ohne Zusatz | Allgemeine und meist gebrauchte Methode. Saure Farbstoffe unechter als basische. — Antimonlack liefert echtere Färbungen als Eisenlack. | Basische Azofarbstoffe, Di- u. Triphenylmethan-, Pyronin-, Akridin-, Oxazin-, Thiazin-, Azin-Farbstoffe, Auramine; einzelne saure Triphenylmethan- und Thiazolfarbstoffe. |

| | | (ev. 1—3% Essigsäure oder Alaun) langsam bis 70° C. erhitzt. — Eine nachträgliche Tannin-Passage erhöht die Reibechtheit. — Für dunkle Töne kann statt Antimonsalz Eisensalz genommen werden. | | |
|---|---|---|---|---|
| 11. | Vorbehandelt mit Gerbstoff und Tonerdeacetat, neutral gefärbt. | Die Arbeitsweise ist genau wie bei 10, nur daß statt des Antimonsalzes Tonerdeacetat gegeben wird. Man gibt 25—50% essigsaure Tonerde 6° Bé (vom Gew. der Baumw.) oder $1\frac{1}{2}$—3% auf die Flottenmenge bezogen. Nach dem Spülen wird lauwarm gefärbt. | Liefert Färbungen von geringerer Echtheit als die entsprechenden Antimonlacke aber merkliche Abweichung in der Nuance (feuriger). | Phtaleine, basische Triphenylmethanfarbstoffe und andere unter 10 benannte Farbstoffe. |
| 12. | Vorbehandelt mit Türkischrotöl und Tonerdesalz, neutral gefärbt. | Die Baumwolle wird $\frac{1}{4}$ Stunde umgezogen in einer Lösung von 1 Teil Rotöl in 9 Teilen Wasser, abgewunden, bei gelinder Wärme getrocknet und durch eine Lösung von essigsaurer Tonerde 6° Bé mehrmals passieren lassen, wieder abgewunden und gespült. Für dunklere Töne werden beide Operationen noch ein- oder mehrmal wiederholt. Ausfärben wie 10 in neutralen lauwarmen Bädern. Statt essigsaurer Tonerde kann auch Rhodantonerde 6° Bé verwendet werden. | Liefert unvergleichlich schöne Färbungen. Die entsprechenden Tannin-Antimonfärbungen sind weit matter und blauer. | Phtaleine, Rosolsäurefarbstoffe, Auramine, Oxyketonfarbstoffe(Alizarin). |

| Nr. | Färbe-Prinzip | Beispielsweise Ausführungsformen | Besondere Bemerkungen | Farbstoffe |
|---|---|---|---|---|
| 12a. | Vorbehandelt mit Türkischrotöl, einbadig mit Tonerde-, Chrom-, Eisensulfiten gefärbt. | Die Ware wird geölt, gut fixiert und in einem Bade, welches außer den Farbstoffen die zur Lackbildung nötigen Beizen, Tonerde, Chrom oder Eisen als Sulfite, Bisulfite oder Polysulfite enthält, bei einer bis zum Kochen gesteigerten Temperatur gefärbt. — Am besten sind der Alizarin-Tonerdelack, Alizarinblau-Chromlack etc. | Den Farbwerken Meister, Lucius und Brüning geschütztes Verfahren (D. R. P. 128997). Besonders lebhafte und feurige Töne. | Oxyketonfarbstoffe. |
| 13. | Vorbehandelt mit Alaun, neutral gefärbt. | Man behandelt die Ware $^1/_2$ Stunde kochend in einem Alaunbade, das 5 g Alaun pro Liter enthält, nimmt alsdann durch lauwarmes Sodabad (10 g pro Liter) und färbt neutral aus wie 10. | Gibt unechtereFärbungen als der Antimonlack. | Einzelne basische und saure Triphenylmethanfarbstoffe. |
| 14 | Vorbehandelt mit zinnsaurem Natron und Tonerdesalz, neutral gefärbt. | Die Ware wird 1 Stunde auf 2° Bé starkem lauwarmen Bade von zinnsaurem Natron ($= 25$ g : 1000 ccm) umgezogen, einige Stunden eingesteckt, abgewunden und 1 Stunde auf abgestumpftem Alaunbad behandelt, das 2 kg Alaun und 400 g Soda in 100 Liter gelöst enthält; gleichmäßig abwinden und bei 40—60° C. färben, freiwillig erkalten lassen, abwinden und bei mäßiger Temperatur ohne zu spülen trocknen. | Gibt feurige Töne, verleiht der Ware aber einen harten Griff. Durch Umsetzung wird auf der Faser zinnsaure Tonerde niedergeschlagen. | Einzelne saure Azofarbstoffe. |
| 15. | Vorbehandelt mit Tonerdenatron und Zinnsalz, neutral gefärbt. | Wie unter 14 wird im Tonerdenatronbade hantiert und alsdann mit Zinnsalz oder Doppelchlorzinn fixiert. | Es wird dabei Tonerdezinn niedergeschlagen, das die löslichen Farbsäuren auf der Faser fällt. | Wie 14. |

| | | | | |
|---|---|---|---|---|
| 16. | Vorbehandelt mit Chrom- oder Magnesiumsalzen und Ammoniak, neutral gefärbt. | Anolog wie unter 14 und 15 wird nach der Köchlschen Methode mit Chromoxyd oder Chrom- und Magnesiasalzen grundiert und mit Zinkoxydnatron oder Ammoniak fixiert. | Selten angewandte Färbe-Methode. | Wie 14 und 15. |
| 17. | Vorbehandelt mit Doppelchlorzinn und Tonsalz, neutral gefärbt. | Die Ware wird kalt $^1/_2$ Stunde auf $10^0/_0$ige Chlorzinnlösung (oder $4^0$ Bé) gestellt, ausgewunden, eine weitere $^1/_2$ Stunde auf essigsaure Tonerde $4^0$ Bé gestellt, abgewunden, gespült, lauwarm gefärbt und ohne zu spülen getrocknet. | Selten gebrauchte Methode; gibt feurige Töne in Scharlach. | Wie 14. |
| 18. | Vorbehandelt mit Seife und Chlorzinn, neutral gefärbt. | Man zieht $^1/_2$ Stunde im Seifenbade um, das 4—5 g Seife pro Liter gelöst enthält, windet leicht ab, trocknet und setzt $^1/_2$ Stunde auf kaltes Chlorzinnbad, 2 g Chlorzinn zu 1000 gelöst, spült, schleudert und färbt unter Zusatz von $1-2^0/_0$ Alaun lauwarm aus, zieht $^1/_2$ Stunde, schleudert und trocknet ohne zu spülen. | Nur für lebhafte aber notorisch unechte Färbungen zu gebrauchen. | Einzelne saure Azofarbstoffe, Thiazine und Triphenylmethanfarbstoffe. |
| 19. | Vorbehandelt mit substantiven Farbstoffen, neutral gefärbt. | Die Baumwolle wird nach 1 vorbehandelt, d. h. mit substantiven Farbstoffen vorgefärbt und auf frischem Bade kalt bis heiß ohne Zusatz oder mit wenig Essigsäure ausgefärbt. Das Übersetzen kann zuweilen auch gleichzeitig mit dem Kupfern in einem Bade ausgeführt werden. | Die substantiven Farbstoffe verhalten sich wie Beize zu den basischen Farbstoffen. Je nach der Tiefe des Grundes können $^1/_4-1^1/_2^0/_0$ basische Farbstoffe waschecht fixiert werden. | Basische Di- u. Triphenylmethanfarbstoffe sowie basische Farbstoffe anderer Gruppen (s. Nr. 10). |

| Nr. | Färbe-Prinzip | Beispielsweise Ausführungsformen | Besondere Bemerkungen | Farbstoffe |
|---|---|---|---|---|
| 20. | Vorgebeizt mit Eisenoxydulsalzen, neutral gefärbt. | Die Baumwolle wird für mehrere Stunden in ein 2—6°iges Eisenoxydulsalzbad eingelegt. Am besten eignet sich hierzu normales und basisches Acetat oder das sog. holzessigsaure Eisen. Nach dem Abwinden wird ev. für einige Stunden an die Luft ausgehängt, dann gewaschen und neutral gefärbt. | Vielfach benutzte Methode für Schwarz. | Oxyketonfarbstoffe, Nitrosofarbstoffe, Naturfarbstoffe. |
| 21. | Vorgebeizt mit Chromsalzen, neutral gefärbt. | Von den Chromsalzen eignen sich hierzu am besten: Chromoxydnatronlösungen, Chromchromatbeizen (basisches Chromchromatchlorid, Chromchromatacetat), Chrombisulfitbeize, basisches Chromacetat, Chromsulfat und besonders basisches Chromchlorid. Die Ware wird z. B. in 10—20°igem Chromchlorid über Nacht gebeizt, ausgewunden, gewaschen ev. fixiert (Wasserglas, Türkischrotöl), und in kochendem neutralen (ev. schwach essigsaurem) Bade ausgefärbt, gut gespült und bei 50—60° C. geseift. | Vielfach gebrauchte Methode zur Herstellung echter Färbungen. | Oxyketon-, Oxazin-, Nitroso-, Naturfarbstoffe; einzelne Pyronin-, Thiazinfarbstoffe. |
| 22. | Nachfixation direkter Färbung. | Eine Anzahl Farbstoffe von substantivem und beizenfärbendem Charakter gehen mit Metalloxyden salzartige Verbindungen ein, welche durch nachträgliche Behandlung mit Metallsalzen erzeugt werden. Man behandelt die Färbungen mit Kupfer-, Chrom-, Cadmium-, Nickel-, Eisensalzen etc., warm bis kochend, 1—5% neutral oder unter Zusatz von etwas Essigsäure. Dadurch wird mehr oder weniger eine Verschiebung der Nuance, aber auch wesentliche Erhöhung der Echtheit erzielt. | Durch die Nachbehandlung wird die Färbung in Licht-, Wasch-, Alkaliechtheit verbessert, in Nuance meist etwas getrübt. | Tetrazo-, Oxyketon-, Sulfin-, Naturfarbstoffe. |

| | | | | |
|---|---|---|---|---|
| | direkter Färbung. | fixation eine Oxydation Hand in Hand gehen; es kann aber auch nur Oxydation ohne Metalllackbildung stattfinden. Im ersteren Falle wird z. B. Kaliumbichromat oder Kaliumbichromat mit Kupfervitriol mit oder ohne Essigsäure, im zweiten Falle Chlor, Wasserstoffsuperoxyd etc. in Anwendung gebracht (z. B. 3 % Kupfervitriol + 1 % Kaliumbichromat, 5—10 % Wasserstoffsuperoxyd etc. 80—100° C. ½ Stunde) s. a. unter 2 (Schwefelfarben). | und erhöht die Echheitseigenschaften. | Thiobenzenyl-, Schwefel-, Naturfarbstoffe, Catechu. |
| 24. | Diazotierung und Kuppelung direkter Färbung. | Nach der direkten Färbung wird ¼ Stunde kalt diazotiert mit 1½ g Natriumnitrit und 6 g Salzsäure 20° Bé (oder 4 g Schwefelsäure 60° Bé) pro Liter Flotte und auf frischem Bade kalt entwickelt mit a) ½ bis ¾ g Betanaphtol + ½—¾ g Natronlauge 40° Bé pro Liter, oder b) 4 g Amidonaphtoläther (25 % ige Paste) pro Liter, oder c) ½—¾ g Toluylendiaminchlorhydrat + ½ bis 1 g Soda pro Liter, oder d) ¼—⅓ g Resorcin + ½—⅔ g Natronlauge (40° Bé) pro Liter etc. etc. Nach dem Entwickeln gut spülen. Weitere Entwickler sind: m-Phenylendianin (Entwickler C oder E), Amido-β-Naphtolsulfosäure G (Blauentwickler NA), saures Natriumsalz der Chromotropsäure (Chromogen B), Phenol (Gelbentwickler), Amidodiphenylamin (Entwickler AD oder Echtblau-Entwickler), Äthyl-β-naphtylamin (Bordeaux-Entwickler oder Entwickler B), β-Naphtolmonosulfosäure F (Nuanciersalz-Cassella), Chlor-m-phenylendiamin (Nerogen D), Nitrobenzidin (Entwickler NB), 2,3-Dioxynaphtalin-o-Sulfosäure (Entwickler ES), Solidogen A, Naphtol R (=β-Naphtol + 10 % Naphtolmonosulfosaures Natron 2 : 7). | Zur Kuppelung sind unzählige „Entwickler" geeignet: Phenole, Amine, Sulfosäuren etc. Diese Färbemethode liefert meist sehr waschechte Färbungen. | Amidofarbstoffe (meist aus der Klasse der Azofarbstoffe bes. Tetrazofarbstoffe etc). |

| Nr. | Färbe-Prinzip | Beispielsweise Ausführungsformen | Besondere Bemerkungen | Farbstoffe |
|---|---|---|---|---|
| 25. | Erzeugung unlöslicher Farbstoffe auf der Faser. | Die Baumwolle wird mit Phenol-Natrium oder Betanaphtolnatrium inprägniert (ev. unter Zusatz von Türkischrotöl oder Ricinusölseife), 2 mal mässig stark aber besonders sehr gleichmässig ausgewunden, geschleudert, bei 60 ° C. getrocknet und hierauf in einer Lösung von diazotierter Base kalt gekuppelt oder „entwickelt". Die wichtigsten Entwickler sind: Paranitranilin, Metanitranilin, Nitrotoluidin, Nitrophenetidin, Amidoazobenzol, Amidoazotoluol, $\alpha$-Naphtylamin, Benzidin, Tolidin, Dianisidin, Azophorrot PN (= präpar. Paranitranilin), Azophorblau D (= präpar. Dianisidin), Azophorschwarz S, Azophorschwarzbase O (für Zeugdruck). | Umgekehrter Weg wie Nr. 24. Gibt gleichfalls sehr waschechte Färbungen. | Phenol, $\beta$-Naphtol. |
| 26. | Oxydation des auf die Faser fixierten Leukofarbstoffes. | Hierher gehören die 2 Haupt-Repräsentanten: Anilinschwarz und Indigoküpe. a) Bei Anilinschwarz wird die entsprechende Leukobase „Anilin" auf die Faser gebracht und durch gewisse oxydierende Agentien im Färbebade oder in Oxydationsräumen zu Anilinschwarz oxydiert. Hiernach unterscheidet man Einbadschwarz (1) und Oxydationsschwarz (2). Es wird z. B. ein Bad (1) hergerichtet aus: 340 l Wasser, 4 1/2 kg Chromkali, 900 g Schwefelsäure 66 ° Bé, 1350 g Salzsäure 20 ° Bé, 2 1/4 kg Anilinsalz (oder für letzteres 1610 g Anilinöl und 2,1 kg Salzsäure 20 ° Bé). | Anilinschwarz wird in unzählig verschiedenen anderen Modifikationen hergestellt. | Anilinschwarz und verwandte Basen. Diphenylschwarzbase I (M). Indigo und Indophenol. Tetraoxynaphtalin (Naphtazarin). |

Auf dieser Flotte werden 50 Pfd. engl. Baumwolle $1^1/_2$ Stunden kalt gezogen, dann $^1/_2$ Stunde bei 50° C., dann $^1/_2$ Stunde bei 80° C., schließlich wird gut gespült und 1 Stunde bei 50—80° C., mit $2^1/_4$ kg Seife und 45 g Olivenöl aviviert. Oder (2) es werden 27 kg Anilinsalz, 9 kg chlorsaures Kali, 3 kg 375 g Kupfervitriol, $6^3/_4$ l essigsaure Tonerde 10° Bé und 1125 g Weizenstärke in 250 l Wasser gelöst. In diesem ca. 5° Bé schweren Bade hantiert man die Baumwolle ca. $^1/_2$ Stunde bei gew. Temperatur, schleudert und bringt 12 Stunden in eine feuchte Hänge 30° C. Hierauf wird in einer Lösung von 300 g Chromkali in 350 l Wasser $^1/_2$ Stunde bei 70° C. nachoxydiert, gespült und mit $2^1/_4$ kg calcin. Soda in 350 l Wasser 1 Stunde bei 55° C. behandelt, abgewunden und $^1/_2$ Stunde in einem 55° C. warmen Bade von $2^1/_4$ kg Marseiller Seife und 300 g Olivenöl in 350 l Wasser aviviert (durch Erhöhung der Temperatur auf 30° C. wird Nuance blauer), geschleudert und getrocknet. Zur Beschleunigung der Oxydation werden auch Vanadin-, Eisen- etc. Salze gebraucht. b) Bei Küpen-Blau wird der Indigo in reduziertem Zustande (Hydrosulfit-, Waid-, Vitriol-Küpe etc.) auf die Faser gebracht und an der Luft oxydiert. Die Oxydation geht rapide vor sich. Es werden meist zwecks besserer Egalisierung verdünntere Küpen-Ansätze genommen und eine Anzahl Züge hintereinander nach jeweilig stattgehabter Oxydation gegeben, je nach verlangter Tiefe des Blaus.

| Nr. | Färbe-Prinzip | Beispielsweise Ausführungsformen | Besondere Bemerkungen | Farbstoffe |
|---|---|---|---|---|
| 27. | Dämpfen der mit Doppelverbindungen imprägnierter Faser. | Acetate und Bisulfite von Metallen, die mit Alizarinfarbstoffen keine lackartigen Verbindungen geben, werden mit diesen gemischt und die Faser damit imprägniert, getrocknet und gedämpft. Beim Dämpfen verflüchtigt sich die flüchtige Säure (Essigsäure, schweflige Säure) und das Metall verbindet sich mit Alizarin zu festem Lack. — Ähnlich arbeiten Erban und Specht, die alkalische Alizarinlösungen herstellen (z. B. Ammoniaksalz), damit imprägnieren und trocknen, wobei das Ammoniak verfliegt, darauf zum zweitenmal mit Metallsalz (Acetat etc.) imprägnieren, trocknen und dämpfen, wobei sich die Alizarinverbindung mit dem Metall fest fixiert. | Eosin u. Rhodamin lassen sich ähnlich mit Tonerdenatron und Chromoxyd-Ammoniak fixieren. Bei Tonerdenatron muß in essigsaurer Atmosphäre gedämpft werden. — Wichtiger für den Zeugdruck als die Färberei. | Farbstoffe, die nach Nr. 21 fixiert werden können und welche entweder Bisulfit-Doppelverbindungen oder Ammoniaksalze liefern. |

## Wolle.

| Nr. | Färbe-Prinzip | Beispielsweise Ausführungsformen | Besondere Bemerkungen | Farbstoffe |
|---|---|---|---|---|
| 28. | Direkt in neutralem Bade. | Die Wolle wird kalt bis heiß in neutralem Bade gefärbt, gespült und getrocknet. Für dunkle Töne kann man 10% Glaubersalz dem Färbbade zugeben. Die Färbungen zeigen große Brillanz, gute Egalisierung, starkes Abrußen, geringe Licht- und Wasserechtheit, gute Alkaliechtheit und starkes Abbluten. | Malachitgrün gibt bessere Resultate auf Schwefelbeize. | Basische Di- u. Triphenylmethan-, Azo-, Pyronin-, Akridinfarbstoffe, Auramine. |

| | | | | |
|---|---|---|---|---|
| 29. | Direkt in schwach saurem Bade. | Die Wolle wird in schwach saurem Bade mit 5 % Alaun, 5 % Weinstein und 5 % Essigsäure 8° Bé angekocht, der Farbstoff bei 50° C. zugesetzt und 1/4—1/2 Stunde gekocht. Statt dessen kann auch direkt mit nur 10 % Essigsäure gefärbt werden. | Lebhafte und reine, alkalibeständige aber sonst unechte Färbungen. | Eosinfarbstoffe, Pyronine, bas. und saure Azofarbstoffe. |
| 30. | Direkt in saurem Bade. | Die Wolle wird mit 10 % Glaubersalz und 4 % Schwefelsäure 66° Bé (oder 10 % Weinsteinpräparat) warm bis kochend gefärbt und ca. 1 Stunde im Kochen gehalten. | Wird mit vielfachen Änderungen und Modifikationen gefärbt. | Sulfosäuren der Di- u. Triphenylmethan-, saure Azo-, Nitroso-, Indulin-, Chinolin-, Hydrazon-, Pyrazolon-, Thiazin-, Azin-, Oxyketonfarbstoffe, Chromotrope. |
| 31. | Direkt in alkalischem Bade. | Man färbt in alkalischen Salzbädern z. B. mit 10 % Natronphosphat, 3 % Pottasche, 5 % Wasserglas, Borax und ähnlichen milden Alkalien mit oder ohne Zusatz von Neutralsalzen (Glaubersalz, Kochsalz). | Im allgemeinen ziemlich echte Färbungen. | Basische Azofarbstoffe. |
| 32. | Säureentwicklung alkalischer Färbung. | Die sog. Alkalifarbstoffe werden in alkalischem Bade als Natronsalz fixiert und mit Säure oder sauren Salzen als Farbstoffsulfosäure entwickelt. Man kocht z. B. mit 5—10 % Borax 3/4—1 Stunde, spült gründlich, bringt auf zweites Bad mit 2—5 % Schwefelsäure und behandelt 10 Min. bei 50—80° C. bis kochend. Statt der letzteren kann man auch mit Alaun, Chlorzinn oder Weinsäure absäuern. | Gut licht-, säure- und schwefelechte Färbungen. | Alkaliblaus. |

| Nr. | Färbe-Prinzip | Beispielsweise Ausführungsformen | Besondere Bemerkungen | Farbstoffe |
|---|---|---|---|---|
| 33. | Nachfixation saurer Färbung. | Die Farbstoffe werden zunächst sauer wie Nr. 30 ausgefärbt und dann auf demselben oder besser frischem Bade mit $1\,^1/_2$—$2\,^0/_0$ Chromkali und etwas Essigsäure in kochendem Bade nachchromiert; statt Chromkali nimmt man für manche Farbstoffe lieber $1\,^1/_2\,^0/_0$ Fluorchrom; ebenso auch Kupfervitriol, das unter Umständen vorteilhaft mit Chromkali zusammen gebraucht wird. | Meist Färbungen von guter Echtheit (besond. Lichtechtheit s. d.) | Oxyketon-, saure und basische Azofarbstoffe, Chromotrope, Naturfarbstoffe. |
| 34. | Direkt unter Zusatz von Metallsalzen. | Zur Erhöhung der Säureechtheit und Brillanz werden manche Säurefarbstoffe und Holzfarben unter Zusatz von $2$—$3\,^0/_0$ Eisenvitriol, $1$—$2\,^0/_0$ Kupfervitriol und $2$—$2\,^1/_2\,^0/_0$ Oxalsäure kochend gefärbt. Allmählich werden $5$—$10$—$15\,^0/_0$ Weinsteinpräparat zugegeben und im ganzen $1\,^1/_2$—$2$ Stunden gekocht. Auch eignet sich Zinnsalz für gewisse Farbstoffe (z. B. Cochenille): $2\,^0/_0$ Oxalsäure und $1\,^1/_2\,^0/_0$ Zinnsalz ev. auch Chlorzinn ($1\,^0/_0$) und Weinstein ($1\,^1/_2\,^0/_0$). — Beizenfarbstoffe werden z. T. statt auf vorgebeizte Ware zu färben direkt mit Metallsalz (z. B. Fluorchrom, Metachrombeize (A) im Färbebade gefärbt s. a. Nr. 35 unten. | Ziemlich echte Töne. Mit Zinnsalz lassen sich auch Phloxin und Rhodamin färben. | Saure Azo-, Oxyketon-, Naturfarbstoffe. |

| 35. | Vorgebeizt mit Ton- und Chrombeize, schwach sauer gefärbt. | a) Tonbeize. Die Wolle wird in einem Beizbad mit $5\%$ Weinstein $+ 8\%$ Alaun $1^1/_2$ Stunden angesotten, gut gespült und direkt gefärbt. Statt Weinstein wird auch Oxalsäure verwendet, statt Alaun schwefelsaure Tonerde. Hauptsächlich für Rotnuancen. b) Für die meisten anderen Töne dient die Chrombeize. Die Wolle wird z. B. für dunkle Töne mit $4\%$ Chromkali und $3\%$ Weinstein, für mittlere Töne mit $3\%$ Chromkali und $2^1/_2\%$ Weinstein, für helle Töne mit $1\%$ Chromkali und $1\%$ Weinstein $1^1/_2$—2 Stunden angesotten. Statt Weinstein werden auch andere Hilfsbeizen wie Oxalsäure, Schwefelsäure (3 Chromkali: 1 Schwefelsäure), Milchsäure, Ameisensäure, Lactolin, Lignorosin etc. verwandt; statt Chromkali wird oft mit Erfolg Fluorchrom (3 Chromkali $= 3,7$ Fluorchrom) benutzt. — Das Ausfärben auf Alaunbeize findet z. T. mit $0,5$—$2\%$ Tanninzusatz und $2,5$—$7,5\%$ essigsauren Kalk kalt bis 1 Stunde kochend statt. Auf Chrombeize wird in schwach essigsaurem Bade oder unter Zusatz von Ammonacetat und Essigsäure (zum besseren Egalisieren) $1^1/_2$ Stunden kalt bis kochend gefärbt. — Statt die Ware regulär anzusieden, kann bei bestimmten Farbstoffen Chromsalz (bes. Fluorchrom) direkt ins Färbebad gegeben werden, mit dem Unterschiede, daß die Farbstoffe auf solche Weise meist nicht ganz so echt fixiert werden und die Ware nicht so leicht durchgefärbt wird (s. a. Nr. 34). — Neuerdings wird Wolle auch kalt mit Chromsäure gebeizt und mit Bisulfit reduziert (in Amerika in Gebrauch). | In hunderterlei Variationen und Modifikationen angewandte äußerst wichtige und viel gebrauchte Färbe-Methode zur Erzielung echter Färbungen. Hierher gehört auch das hauptsächlich für die Lederfärberei bestimmte Drehersche Titanlaktat (Corichrom) sowie einige andere seltenere Metallbeizen. | Oxyketon-, Oxazin-, Thiazin-, Naturfarbstoffe, einzelne Azofarbstoffe. |
|---|---|---|---|---|

| Nr. | Färbe-Prinzip | Beispielsweise Ausführungsformen | Besondere Bemerkungen | Farbstoffe |
|---|---|---|---|---|
| 36. | Vorgebeizt mit Schwefelbeize, neutral gefärbt. | Sehr vereinzelte Farbstoffe liefern auf Schwefelbeize Färbungen mit höherer Echtheit und Brillanz. Die Wolle wird hierzu im Holzgefäß mit 12—15% Thiosulfat (unterschwefligsaurem Natron) + 3% Schwefelsäure + 5—6% Alaun 1 Stunde bei 60° C. hantiert, in dem Bade einige Stunden liegen lassen, gut gespült und auf frischem neutralen Bade (nach Nr. 28) gefärbt. | Jede Berührung mit Metallteilen muß vermieden werden; statt des Dampfrohres bedient man sich eines Gummischlauches. | Malachitgrün. Brillantgrün. |
| 37. | Nachschwefelung direkter Färbung. | Die Methode wird selten angewandt und meist nur da, wo es sich darum handelt, ganz zarte Töne zu erzielen. Es eignen sich nur die schwefelechten Farbstoffe dazu. Man färbt in handwarmem Seifenbade unter Zusatz von etwas Soda, schleudert schwach, schwefelt sofort und spült handwarm. | Die Schwefelung kann in der Kammer oder im Bade vorgenommen werden. | Rhodamine, basische und saure Triphenylmethan-, Chinolinfarbstoffe, Auramine. |
| 38. | Schwefelung in direktem Färbbad. | Anstatt nach dem Färben separat zu schwefeln, läßt sich diese Operation unter Umständen mit dem Färben kombinieren. Man setzt dem Färbbad 5% Natriumbisulfit 38° Bé, 10% Glaubersalz und 2% Schwefelsäure 66° Bé zu und färbt bis kochend. | Dieses Verfahren wurde von der Bad. Anil- und Soda-Fabrik zum Patent angemeldet. Nur für einzelne Farbstoffe von Wert. | Rhodamine, Tartrazin, Säureviolett etc. |

## Seide.

| | | | |
|---|---|---|---|
| 39. | Direkt in neutralem Bade (bzw. nahezu neutralem Bade). | Die Bastseife, welche bei den meisten Seidenfärbungen benutzt wird, wird mit Essigsäure ganz oder nahezu neutralisiert und der Farbstoff zugesetzt. Bei 30 bis 50° C. wird mit der Seide eingegangen und bei 80—90° C. fertig gefärbt, gespült und mit Essigsäure oder Weinsäure (Öl, Leim etc.) aviviert. — Die Farbflotte besteht aus $^1/_3$ bis $^1/_4$ Bastseife und $^2/_3$—$^3/_4$ Wasser. | Je neutraler das Bad, desto schneller zieht, je saurer, desto langsamer zieht der Farbstoff. | Wie 28. |
| 40. | Direkt in schwach saurem Bade. | Die Farbflotte, die zu $^1/_3$—$^1/_4$ aus Bastseife und der Rest aus Wasser besteht, wird mit Essigsäure (ev. Weinsäure, Citronensäure etc.) deutlich sauer gemacht (bis sauer schmeckt oder deutlich auf Lackmuspapier reagiert), und mit der Farblösung beschickt. Bei 30 bis 40° C. wird mit der Ware eingegangen, allmählich unter Hantieren weiter bis nahe der Kochhitze ausgefärbt, gespült und aviviert wie 39. | Weinsäure und Citronensäure haben keine technische Bedeutung. | Wie 29. |
| 41. | Direkt in stark saurem Bade. | Die Farbflotte wird wie bei 39 und 40 hergerichtet und mit Schwefelsäure bis zur deutlich sauren Reaktion beschickt. Gefärbt wird bei 30—90° C. bis kochend, gespült und mit Schwefelsäure, Schwefel-Essigsäure oder Essigsäure aviviert. | Erhöhung der Bastseifenmenge verlangsamt, Erhöhung der Schwefelsäuremenge beschleunigt das Aufziehen der Farbstoffe. | Wie 30. |

| Nr. | Färbe-Prinzip | Beispielsweise Ausführungsformen | Besondere Bemerkungen | Farbstoffe |
|---|---|---|---|---|
| 42. | Direkt in alkalischem Bade. | Die Bastseifenflotte wird durch Zusatz von milden alkalischen Salzen (Marseiller Seife, Natronphosphat, Borax etc.) schwach alkalisiert und unter Zusatz von Neutralsalzen (10—25 % Glaubersalz etc.) lauwarm bis kochend gefärbt, gut gespült und mit Essigsäure oder Weinsäure aviviert. Unter Umständen ist ein geringer Zusatz von Ammoniak von Vorteil. | Gibt gut wasch- und wasserechte aber säureempfindliche Färbungen. Scharfe fixe Alkalien sind zu vermeiden. | Basische Azofarbstoffe, Tetrazofarbstoffe. |
| 43 | Säurentwicklung alkalischer Färbung. | Das Färbbad wird mit 10—30 % Marseiller Seife beschickt, mit der Ware in das heiße Bad eingegangen und bei Kochhitze ausgefärbt. Nach dem Färben wird die Seide sehr gut gespült (weiches Wasser) und in heißem (50—60° C.) Säurebade mit 2—5 % Schwefelsäure entwickelt. Die Entwicklung kann auch mit Metallsalzen (Alaun, Zinnsalz etc.) und Säure vorgenommen werden, wenn höhere Echtheit verlangt wird. | Sehr viel angewandte Färbe-Methode zum Grundieren von Chappe für Blauschwarz. | Alkaliblaus. |
| 44. | Vorgebeizt mit Tonerdesalzen. | Die Seide hat die Fähigkeit, aus bestimmten Tonerdesalzen in der Kälte ein Quantum Tonerde aufzunehmen, das dann wieder befähigt ist, sich mit Beizenfarbstoffen zu Lacken echt zu verbinden. Die geeignetsten Tonbeizen sind folgende: 1. Nitratbeize, eine Lösung von schwach basischer salpeter-essigsaurer Tonerde. Die Seide wird in derselben gut genetzt, dann einige Stun- | Hauptsächlich für klare u. zarte Nuancen benutzt. Liefert ziemlich echte Färbungen. — Ein saures Färbebad beschleunigt das Aufziehen der Farbstoffe und läßt bei Überschuß der Säure leicht Unegalitäten auftreten. | Oxyketon- und Naturfarbstoffe, einzelne Azo-, Pyroninfarbstoffe. |

den oder über Nacht darin belassen, abgewunden, sehr gut gewaschen und gefärbt. 2. Antichlorbeize. Diese wird durch Auflösen von 100 Teilen Alaun und 40 Teilen Antichlor (unterschwefligsaures Natron) hergestellt. Die Seide wird in die Beize, 5 bis $8^0$ Bé schwer, 12 Stunden kalt eingelegt, gut gewaschen und durch kochende Seifenlösung (5 : 1000) passiert, gut gespült und gefärbt. 3. Alaunbeize. Einfacher ist die Herstellung einer gewöhnlichen Alaunbeize. 100 Teile Alaun werden in Wasser gelöst, mit 10 Teilen Kristallsoda abgestumpft und auf $5-8^0$ Bé eingestellt. Die Ware bleibt darin 12 Stunden liegen und bekommt darauf nach gründlichem Waschen eine Wasserglaspassage von $1/2^0$ Bé, $1/4$ Stunde, gut waschen und färben. 4. Dieselben Dienste leistet ungefähr eine Lösung von essigsaurer Tonerde, $8^0$ Bé, mit der genau ebenso gearbeitet werden kann, mit oder ohne Wasserglas-Fixation. — Das Ausfärben geschieht auf starker Bastseifenflotte, $1/2$ Stunde kalt, im Laufe 1 Stunde bis zur Kochhitze treibend und 1 Stunde kochend hantiert. Hierauf folgt gutes Spülen, seifenieren in kräftigem Seifenbade, nochmaliges gutes Spülen und avivieren mit Essig- oder Weinsäure. Für helle und mittlere Töne braucht meist keine Säure dem Färbebade zugesetzt zu werden, da der Farbstoff sonst zu schnell zieht, für dunkle Töne wird meist deutlich mit Essigsäure angesäuert. Holzfarben werden neutral oder seifenalkalisch gefärbt.

| Nr. | Färbe-Prinzip | Beispielsweise Ausführungsformen | Besondere Bemerkungen | Farbstoffe |
|---|---|---|---|---|
| 45. | Vorgebeizt mit Chromsalzen. | Das Prinzip und die Arbeitsweise mit Chromsalzen ist annähernd dieselbe wie mit Tonerdesalzen. — Man bedient sich zum Kaltbeizen der Seide entweder 1. der Chrombeize G A III, einer Lösung von chromsaurem Chromoxyd oder 2. des Chromchlorids, einer Lösung von basischem Chromchlorid. Die Seide wird z. B. über Nacht in Chromchlorid von 15—20° Bé eingelegt, sehr gut gewaschen und ev. mit Wasserglas ($^{1}/_{2}$—1° Bé) fixiert. Hierauf neutral bis schwach sauer im Bastseifenbad kalt bis andauernd kochend gefärbt, gewaschen und mit organischer Säure aviviert. | Die Seide nimmt wenig Chrom auf. Nicht viel gebrauchte Methode, weil von den Seidenfärbungen meist nicht die hohe Echtheit verlangt wird. | Oxyketon-, Oxazin-, Thiazin-, Naturfarbstoffe, einzelne Azofarbstoffe. |
| 46. | Vorgebeizt mit Eisensalzen. | 1. Die Seide wird 1—2 Stunden kalt in einer 10—30° Bé schweren Lösung von basisch schwefelsaurem Eisenoxyd (Schwarzbeize, salpetersaures Eisen) hantiert, ausgewunden, gut gewaschen, mit kochender Bastseife fixiert und gefärbt. Die Ausfärbung geschieht entweder im neutralen bis schwach saurem Bastseifenbade (Alizarinfarbstoffe) oder in alkalischem Seifenbade (Blauholz etc.) warm bis beinahe kochend. Hierauf folgt gutes Spülen und Avivieren mit Essigsäure, Wein-, Citronensäure etc. 2. Außer der Schwarzbeize kommt noch die essigsaure oder holzessigsaure Eisenoxydul- | Hauptsächlich in der Seidenschwarzfärberei als gleichzeitige Erschwerung und Beize für Blauholz im großen Maßstabe benutzt. | Wie 45, ferner Nitrosofarbstoffe. |

| | | beize in Anwendung, vornehmlich jedoch nur für die Holzfärberei. Dieselbe fixiert im Gegensatz zu obiger Schwarzbeize Eisenoxydul bezw. Oxyd-Oxydul auf die Faser, während die Schwarzbeize Eisenoxyd niederschlägt. | | |
|---|---|---|---|---|
| 47. | Vorerschwert mit Zinn, Zinn-Phosphat, Silicat, Gerbsäure etc. | Eine Menge Farbstoffe färben unerschwerte Seide in saurem oder gebrochenem Bastseifenbade sehr gut und egal an, während sie auf erschwerte Seide schlecht oder bunt aufziehen. Diese Eigenschaft ist für den Gebrauch in der Seidenfärberei von größter Wichtigkeit. Zur Bestimmung, ob die Farbstoffe sich für erschwerte Seide eignen, muß letztere nach den in der Fabrik gebräuchlichen Methoden vorerschwert werden. Dieses geschieht am besten mit 2—3 Passagen Chlorzinn, Chlorzinn und Natriumphosphat, Chlorzinn-Natronphosphat-Wasserglas, Gerbsäure (Sumach-Extrakt, Gallensäure etc.). — Die Ausfärbung geschieht wie mit unerschwerter Seide in saurem, schwach sauren, alkalischem Seifenbade etc. | Da der größte Teil der zu färbenden Seide erschwert wird, so bedeutet die Brauchbarkeit hierfür gewissermaßen die Brauchbarkeit für die Seidenfärberei. | Farbstoffe aus sämtlichen Klassen. |

# Halbwolle (Wolle und Baumwolle).

| Nr. | Färbe-Prinzip | Beispielsweise Ausführungsformen | Besondere Bemerkungen | Farbstoffe [1] |
|---|---|---|---|---|
| 48. | Einbädiges direktes Färben mit Neutralsalzen. | Man färbt in kochendem Glaubersalzbade mit 10—20 g pro Liter Flotte und reguliert nach jeweiliger Affinität des Farbstoffes zu Wolle und Baumwolle. Im allgemeinen ziehen substantive Farbstoffe bei Kochhitze mehr auf Wolle, bei niedriger Temperatur mehr auf die Baumwolle. Durch Borax-Zusatz kann Aufziehen auf Wolle vermindert werden. — Für zweifarbige Effekte wird Wolle z. B. erst kochend angefärbt (mit neutral ziehenden Farbstoffen), dann die substantiven Farbstoffe zugesetzt und die Baumwolle bis zum Erkalten nachgefärbt. (Nr. 1.) | In der Praxis selten allein ausreichend und fast immer zweites Bad erforderlich. — Wolle zieht oft röter auf, was durch geringen Zusatz von Alkaliblau, kochend gefärbt und mit Essigsäure abgesäuert, paralysiert werden kann. — Die Farbflotte ist kurz zu halten (12—20 faches Quantum). | Substantive Farbstoffe mit gleicher Affinität zur Wolle und Baumwolle. Säurefarbstoffe, die neutral oder schwach alkalisch auf Wolle ziehen. Basische Farbstoffe. Janusfarbstoffe (sauer gefärbt). |
| 49. | Zweibädiges Färben. | a) Die Wolle wird kochend mit Wollfarbstoffen vorgefärbt (Nr. 28, 29, 30), die Ware gespült und die Baumwolle unter Zusatz von 20 g Glaubersalz und $^1/_2$ g Soda pro Liter bei niedriger Temperatur nachgefärbt (Nr. 1). b) Die Wolle wird kochend mit Säurefarbstoffen vorgefärbt (Nr. 29, 30), die Ware alsdann tanniert etc. und die Baumwolle möglichst kalt mit basischen Farbstoffen ausgefärbt (Nr. 10). c) Die Baumwolle wird erst mit substantiven Farbstoffen direkt gefärbt (Nr. 1) und die Wolle alsdann auf neuem Bade mit Säure- oder basischen Farbstoffen nachgefärbt (Nr. 28, 29, 30). | Die Wahl der jedesmaligen Methode hängt von den zu färbenden Tönen und den anzuwendenden Farbstoffen ab, d. h. die derberen Farbstoffe, die die Nachprozedur besser vertragen, werden vorgefärbt, die feineren Töne und empfindlicheren Farbstoffe nachgefärbt. — Für ein- und zweifarbige Färbungen. | Saure, basische und substantive Farbstoffe. |



[1] Während bei den Hauptfasern (Nr. 1—47) die Farbstoffe nach ihren chemischen Gruppen klassifiziert sind, werden sie bei den Fasergemischen und Nebenfasern nur nach ihrem allgemeinen Charakter eingeteilt.

| 50. | Zweibädiges Färben teilweise vorgebeizter Faser. | Für einige Effekte wird die Wolle oder Baumwolle vor dem Verweben im Strang vorgebeizt z. B. mit Chrom- oder Tonerdesalzen. Diese Faser kann dann im Stück mit Beizenfarbstoffen echt ausgefärbt werden, ohne daß die damit verwebte ungebeizte Faser die Farbstoffe aufnimmt. a) Die Wolle ist vorgebeizt. Diese wird nach Nr. 35 vorgefärbt und die Baumwolle nachträglich nach Nr. 1, 10 etc. ausgefärbt. b) Die Baumwolle ist vorgebeizt und wird erst nach Nr. 21 vorgefärbt und die Wolle alsdann nach Nr. 28, 29, 30 etc. ausgefärbt. | Sehr wenig gebrauchte Methode; hauptsächlich für einzelne zweifarbige Effekte. | Beizenfarbstoffe, basische, substantive, saure Farbstoffe. |

## Halbseide (Seide und Baumwolle).

| 51. | Einbädiges direktes Färben im Salzbade. | Man geht lauwarm ein, treibt langsam zum Kochen und färbt kochend aus, unter Zusatz von 10—20 g Glaubersalz und 3—5 g Seife pro Liter (ev. Soda etc.). Wenn Baumwolle nicht genügend gedeckt ist, so wird im erkaltenden Bade nachgezogen. In der Kochhitze zieht die Seide, in der Kälte die Baumwolle mehr. | Die Seide muß meist auf zweitem Bade nuanciert werden. | Substantive Farbstoffe. |

| Nr. | Färbe-Prinzip | Beispielsweise Ausführungsformen | Besondere Bemerkungen | Farbstoffe |
|---|---|---|---|---|
| 52. | Zweibädiges Färben. | a) Die Seide wird mit sauren oder basischen Farbstoffen vorgefärbt (Nr. 39, 40, 41), die Ware mit Tannin und Brechweinstein behandelt und die Baumwolle möglichst kalt mit basischen Farbstoffen nachgefärbt (Nr. 10). b) Die Baumwolle wird mit substantiven Farbstoffen vorgefärbt (Nr. 1) oder mit Entwickelungsfarbstoffen angefärbt, diazotiert und entwickelt (Nr. 24) und die Seide mit basischen (Nr. 39) oder sauren Farbstoffen (Nr. 40, 41) ausgefärbt. | Es lassen sich noch eine Menge anderer Kombinationen schaffen, die aber alle auf dem Verhalten der Grundfasern beruhen und deshalb durch Besprechung jener (Nr. 1—47) unnötig geworden sind. | Basische, saure und substantive Farbstoffe. |
| 53. | Zweibädiges Färben teilweise vorgebeizter Faser. | Ähnlich wie Nr. 50 kann auch bei Halbseide die Seide oder Baumwolle im Strang vorgebeizt sein und damit die Fähigkeit erlangt haben, im Stück andersfarbig und echt gefärbt zu werden. a) Die Seide ist vorgebeizt und wird nach Nr. 44, 45 oder 46, die Baumwolle nach Nr. 1, 10 o. Ähnl. ausgefärbt. b) Die Baumwolle ist vorgebeizt und wird nach Nr. 21, die Seide nach Nr. 39, 40 oder 41 ausgefärbt. | Selten für vereinzelte zweifarbige Effekte angewandt. | Beizenfarbstoffe, basische, saure, substantive Farbstoffe. |

## Gloria (Seide und Wolle).

| | | | | |
|---|---|---|---|---|
| 54. | Einbädiges direktes Färben. | Für ein- und zweifarbige Stücke wird die Gloria in einem Bade kochend gefärbt. Für einfarbige Uni-Sachen z. B. mit sauren Farbstoffen, welche zu Wolle und Seide annähernd die gleiche Affinität, für zweifarbige — eine möglichst differente Affinität besitzen (Nr. 28, 29, 30, 40, 41); oder mit geeigneten substantiven oder basischen Farbstoffen unter Zusatz von 10—25 g Glaubersalz pro Liter (Nr. 39, 42). | Seide muß meist nachgefärbt werden; dieses geschieht am besten kalt mit basischen Farbstoffen. | Saure, substantive basische Farbstoffe. |
| 55. | Zweibädiges direktes Färben. | Hauptsächlich für zweifarbige Effekte bestimmt. — Die Wolle wird z. B. zuerst mit solchen sauren Farbstoffen kochend vorgefärbt (Nr. 30), welche Seide wenig anfärben, dann wird schwach geseift und die Seide kalt mit basischen Farbstoffen nachgefärbt (Nr. 39). Ähnlich können verschiedene andere Wege eingeschlagen werden. | Im allgemeinen ist es schwierig auf Gloria zweifarbige Effekte zu erzielen, da Wolle und Seide nahezu gleiche Affinität zu den Farbstoffen besitzen. | Saure u. basische Farbstoffe. |
| 56. | Zweibädiges Färben teilweise vorgebeizter Faser. | Bessere Resultate zweifarbiger Effekte als mit 55 lassen sich auf dem Wege der partiellen Vorbeizung erzielen, wie bei Nr. 50 und 53. a) Die Wolle ist vorgebeizt und wird nach Nr. 35 vor- und die Seide nach Nr. 39, 40 oder 41 nachgefärbt. b) Die Seide ist vorgebeizt und wird nach Nr. 44, 45 oder 46 vor- und die Wolle nach Nr. 28, 29, 30 etc. nachgefärbt. | Sehr selten angewandte Methode, da die erzielbaren Beizenfarben beschränkt sind. | Beizenfarbstoffe, basische, saure Farbstoffe. |

3*

## Mercerisierte Baumwolle.

| Nr. | Färbe-Prinzip | Beispielsweise Ausführungsformen | Besondere Bemerkungen | Farbstoffe |
|---|---|---|---|---|
| 57. | Wie gewöhnliche Baumwolle. | Die Färbe-Methoden von mercerisierter Baumwolle sind im grossen und ganzen dieselben wie bei gewöhnlicher Baumwolle. Man wird meist nur langsamer und vorsichtiger operieren müssen und Zusätze machen, die einem zu schnellen Aufziehen des Farbstoffes entgegen wirken, da die Baumwolle durch die Mercerisierung eine größere Affinität zu den Farbstoffen erlangt hat. Es zeigt sich dieses insbesondere im Verhalten der mercerisierten Baumwolle zu den basischen und sauren Farbstoffen, welche in mäßigen Tönen ohne jede Beize auf mercerisierte Baumwolle direkt aufgefärbt werden können. Die Baumwolle wird durch den Mercerisierungsprozeß gewissermaßen animalisiert und ihr Charakter kommt demjenigen der animalischen Faser wesentlich näher. | Da im allgemeinen wie Baumwolle zu färben s. des näheren unter Nr. 1 bis 28. | Wie bei Baumwolle. Beizenfarbstoffe kommen kaum in Betracht. |

## Kunstseide.

| Nr. | Färbe-Prinzip | Beispielsweise Ausführungsformen | Besondere Bemerkungen | Farbstoffe |
|---|---|---|---|---|
| 58. | Direkt in neutralem Bade. | Kunstseide verhält sich gegen Farbstoffe im allgemeinen wie Baumwolle, verträgt nur ungern hohe Temperaturen und muß möglichst kalt gefärbt werden. In der Hitze verliert die Kunstseide ihre Stärke. Man färbt mit basischen und substantiven Farbstoffen ohne jeden Zusatz bezw. mit Zusatz von 10 g Glaubersalz pro Liter Flotte. | Die einzelnen Kunstseidenprodukte weichen naturgemäß etwas voneinander ab. | Basische, substantive, Resorcinfarben. |

## Jute, Stroh, Holz, Palmblätter etc.

| | | | | |
|---|---|---|---|---|
| 59. | Direkt in neutralem Bade. | In ihrem Gesamt-Verhalten stehen diese Fasern zwischen der Wolle und Baumwolle und zeigen ausgesprochene Affinität zu den Anilinfarbstoffen ohne jegliche Beize. Jute und Holz enthalten schon von Natur tanninartige Verbindungen und kieselsäurehaltige Bestandteile, welche als Beize wirken und bei mäßiger Wärme schon aus verdünnten Lösungen den Farbstoff aufnehmen. Sie können deshalb neutral ohne jeden Zusatz kalt bis 70—80° C. gefärbt werden. | Die Egalisierung dieser Fasern ist meist schwierig wegen der großen Farbstoff-Affinität. | Basische, substantive Farbstoffe. |
| 59a. | Direkt in schwach saurem Bade. | Unter Zusatz von 2°/o Essigsäure oder 2—5°/o Alaun färben die sauren und Resorcinfarbstoffe obige Faser kalt bis warm bis heiß an. | Ebenso intensives Aufziehen wie 59. | Säurefarbstoffe, (Azofarben, Resorcinfarbstoffe.) |
| 60. | Vorgebeizt mit Metallbeizen. | Von den Beizen ist die Eisenbeize die geeignetste. Basisch schwefelsaures Eisenoxyd zieht auf Holz etc. gut auf und kann mit Beizenfarbstoffen, Holzfarbstoffen, und zwar am besten mit Blauholz leicht ausgefärbt werden. | Hauptsächlich für Blauholz-Eisenschwarz benutzt. | Holzfarben, (Blauholz), Beizenfarbstoffe. |

## Zeugdruck.

| Nr. | Druck-Prinzip | Beispielsweise Ausführungsformen | Besondere Bemerkungen | Faser und Farbstoffe |
|---|---|---|---|---|
| 61. | Substantiver Druck. | Der Farbstoff wird in einem geeigneten Lösungsmittel (Wasser, Alkohol etc.) gelöst, die Lösung verdickt und mit der neutralen Druckmasse gedruckt. Die Fixierung geschieht durch $1/2$ stündiges Dämpfen bei $1/4 - 1/2$ Atmosphäre. Nach dem Dämpfen wird einige Minuten in kaltem Wasser gespült und mit 5 g Marseiller Seife im Liter bei 70—80° C. geseift, gespült und getrocknet. — Auf diese Weise werden basische Farbstoffe auf Wolle und Seide und substantive Farbstoffe auf Baumwolle fixiert. — Die Verdickung kann z. B. hergestellt werden: 240 g Weizenstärke und 1000 g Wasser werden 10 Min. gekocht, hierzu 400 g Traganthschleim (5 : 100) gegeben, nochmals 10 Min. gekocht und kalt gerührt. Auf 10 g Farbstoff kommen nun etwa 250 g heißes Wasser zum Lösen und 750 g obiger Verdickung. — Unter Umständen sind die Druckmassen schwach alkalisch gehalten (Soda, Borax, Natronphosphat, Ammoniak). | Liefert Drucke von ziemlicher Waschechtheit, aber schlechter Lichtechtheit. Besondere Punkte auf die im Zeugdruck zu achten ist, sind noch folgende: 1. Wird am besten mit oder ohne Druck gedämpft? 2. Wird am besten auf geöltem oder ungeöltem Baumwollstoff gedruckt? 3. Blutet der Druck ins Weiße? 4. Ist der Farbstoff oder der Druck empfindlich gegen Metalle? 5. Greift die Druckmasse die Walzen oder Rakeln an? 6. Läßt sich der Farbstoff ätzen und womit; ist er für Buntätze geeignet? | Wolle und Seide: basische Farbstoffe; Baumwolle: substantive Farbstoffe. |

| 62. | Saurer Druck. | Die Wolle wird vorher mit schwach alkalischen Bädern (Seife, Ammonkarbonat) behandelt, rein gewaschen, in den meisten Fällen gebleicht (Schwefelkammer, Bisulfitbad, Wasserstoffsuperoxyd, Natriumsuperoxyd) und gechlort. Die Chlorierung in sauren unterchlorigsauren Bädern erhöht ganz wesentlich die Aufnahmefähigkeit der Wolle, besonders gegenüber Beizenfarbstoffen. Nach oder vor dem Chlorieren kann noch das sog. Stannatieren (Klotzen des Wollstoffes mit Lösungen von zinnsaurem Natron und nachfolgende Passage verdünnter Säure bezw. des Chlorierungsbades) vorgenommen werden. Die Druckmassen sind saure (Essigsäure, Weinsäure, Oxalsäure, Schwefelsäure, Bisulfate) verdickte Farbstofflösungen. Nach dem Drucken wird gedämpft, gewaschen und geseift. — Bei Seide fällt die Chlorierung fort. — Die Verdickung wird z. B. wie folgt zusammengesetzt: (15 Teile Weizenstärke zu 100 Teilen Wasser) 400 g Stärkeverdickung, 140 g Dextrin, 40 g Essigsäure 30%ig, 5—20 g Farbstoff in 200—400 ccm Wasser gelöst. | Für Ätz- und Reserveartikel häufig benutzte Druckmethode. Die wichtigsten Ätzen sind: Zinkstaub-Ätzen, Zinn-Ätzen, Chlorat-Permanganat-Ätzen, alkalische Ätzen. | Säure- und Azofarbstoffe auf Wolle und Seide. Basische Farbstoffe. |

| Nr. | Druck-Prinzip | Beispielsweise Ausführungsformen | Besondere Bemerkungen | Faser und Farbstoffe |
|---|---|---|---|---|
| 63. | Tannin-Druck. | Der Farbstoff wird in einem geeigneten Lösungsmittel (Wasser, Essigsäure, Alkohol, Weinsäure, Äthylweinsäure, Acetin etc.) gelöst, die Lösung verdickt und der verdickten Lösung essigsaure Tanninlösung zugesetzt. Zur Verhinderung der vorzeitigen Lackbildung in der Druckmasse und Verlangsamung der Lackbildung beim Dämpfen dienen geringe Zusätze wie Weinsäure, Äthylweinsäure, Acetin, Glycerin etc. Das dem Drucken folgende Dämpfen bezweckt die Bildung des unlöslichen Tannin-Farbstofflackes; eine noch festere Verbindung wird durch eine Brechweinstein-Passage, 2—3 g pro Liter, erzielt (Zinksalze etc.). — Für manche Farbstoffe ist ein dem Drucken vorangehendes Ölen des Baumwollstoffes nötig oder empfehlenswert. Hierzu werden 50 g Türkischrotöl kalt in 1500 ccm Wasser mit 12 g Kristallsoda gelöst, der Stoff darin einmal geklotzt und bei gewöhnlicher Temperatur getrocknet. — Die Verdickung wird z. B. hergestellt aus 30 Teilen Weizenstärke, 200 Teilen Wasser und 25—30 Teilen Essigsäure 30°/o. Hierzu setzt man die möglichst konzentrierte Farbstofflösung und die Tanninlösung (1 Teil Tannin : 1 Teil Essigsäure 30°/o) zu, verrührt das Ganze gut und treibt es durch ein feines Sieb oder Tuch. Auf 5—20 g Farbstoff rechnet man | Sehr viel gebrauchte Druckmethode für Baumwolle. Die verschiedenen Farbstoffe werden unter differierenden Bedingungen fixiert: Ein Farbstoff braucht mehr Tannin als der andere, längeres Dämpfen unter größerem Druck etc. etc. als der andere. Liefert gut waschechte Drucke. | Basische Farbstoffe auf Baumwolle. |

| | | etwa 160 ccm heißes Wasser zum Lösen des Farbstoffes, 785 Teile essigsaure Verdickung und 50—100 Teile Tanninlösung (mit oder ohne Traganth, Olivenöl etc. etc.). | | |
| --- | --- | --- | --- | --- |
| 64. | Beizen-Druck. | Die verschiedenen Chrom-, Tonerde-, Eisenbeizen (seltener Zinn-, Kalk-, Magnesia-, Kobalt- und Nickelbeizen) werden entweder vor dem Bedrucken auf die Faser aufgebracht und dann der Stoff mit dem Farbstoff bedruckt oder es werden meist Farbstoff und Beize in einer Operation auf das Gewebe aufgedruckt. Dem Drucken folgt das Dämpfen, wobei die Lackbildung stattfindet, das Spülen, Seifen und Schönen (Öl, Seife etc.). — Die Kombinationen dabei sind zahllos und sehr ausdehnungsfähig. Meist werden die Beizen als essigsaure Salze benutzt, wobei die Essigsäure beim Dämpfen verflüchtigt wird. Beispiele: 1. 10 g Farbstoff, 200 ccm Wasser, 730 g Stärkeverdickung, 60 ccm essigsaures Chrom 20° Bé. 2. 120 g Weizenstärke, 60 g Dextrin, 1200 g essigsaure Tonerde 6° Bé $^{1}/_{4}$ Stunde kochen, 120 g Traganthschleim 5 % ig zugeben, kalt rühren und Farbstofflösung zusetzen. | Auch hier wird oft auf geöltem Stoff gedruckt. | Beizenfarbstoffe auf Wolle, Seide und Baumwolle. Resorcinfarben (Eosin,Phloxin etc.). |

| Nr. | Druck-Prinzip | Beispielsweise Ausführungsformen | Besondere Bemerkungen | Faser und Farbstoffe |
|---|---|---|---|---|
| 65. | Entwicklungs-Druck. | Durch Kuppeln von Diazo- bezw. Tetrazoverbindungen mit Beta-Naphtol-Natrium bezw. Aminen bei Gegenwart von Natriumacetat werden unlösliche wasch- und lichtechte lebhafte Farbstoffe auf der Faser erzeugt. Man arbeitet entweder 1. indem man z. B. erst verdickte Naphtolnatriumlösung aufdruckt und dann in dem Entwicklungsbad (Diazoverbindung s. Nr. 25) färbt, oder 2. indem man den Stoff mit Naphtolnatrium klotzt, trocknet und die verdickte Diazolösung aufdruckt. — Die Herstellung der Diazolösung geschieht durch Zufließenlassen einer Nitritlösung zu einer salz- oder schwefelsauren Amidobase mit Säureüberschuß, oder durch Mischung der neutralen Amidobase und der Natriumnitritlösung und Einfließenlassen derselben in verdünnte Salz- oder Schwefelsäure. — Durch die meist geringe Haltbarkeit der Diazolösungen und die nötige Kältetemperatur ist der Gebrauch dieser Farben beschränkt und erschwert. In dieser Hinsicht bedeuten die Azophorentwickler einen Fortschritt. | Durch Metalllösungen, z. B. Kupferlösungen, können die Nuancen wesentlich verschoben werden, z. B. Paranitranilinrot mit Kupfer = Tabakbraun. Azophorentwickler sind haltbar gemachte Di- und Tetrazoverbindungen. | Entwicklungs-Farbstoffe auf Baumwolle. (s. a. Nr. 25). |

# Quantitative Ausfärbung.

Sowie uns eine qualitative Ausfärbung den Ton des Farbstoffes und dessen Anwendungsmethode gelehrt hat, so lernen wir in einer quantitativen Ausfärbung die Stärke (den Gehalt) und die quantitative Affinität des Farbstoffes zur Faser, ev. auch seine Egalisierungsfähigkeit kennen. Die quantitative Ausfärbung ist die einzige, sichere, nie versagende und allgemeine Methode (mit wenigen Ausnahmen wie Indigo etc.) zur Erkennung der Farbstärke, da andere Methoden wie die kolorimetrische Bestimmung nie ein so sicheres und einwandfreies Resultat zu geben in der Lage, und einer allgemeinen Anwendung nicht fähig sind. Die quantitative Bestimmung des Farbstoffes durch Druck ist durchaus nicht sicher und für genaue Bestimmungen unbrauchbar.

Die quantitative Ausfärbung eines Farbstoffes allein führt jedoch nicht zu einem praktischen Resultat, da die Farbstärke bezw. die Nuancetiefe einer Färbung nicht zahlenmäßig exakt ausgedrückt und gemessen werden kann. Vielmehr handelt es sich immer um vergleichende Ausfärbungen (bezw. Preisfärbungen) von mindestens zwei oder mehr Vergleichsobjekten. Es wird deshalb auch die Farbstärke eines Farbkörpers relativ zu einem andern ausgedrückt, der als Einheit, Type oder Stammfarbstoff angenommen wird. Das Vergleichsprinzip mehrerer Objekte untereinander kann nun zweierlei Art sein. 1. Es werden zwei oder mehr gleichprozentuale Ausfärbungen hergestellt und der Abstand zwischen denselben abgeschätzt, oder 2. es werden zwei oder mehr gleich tiefe Ausfärbungen mit verschiedenen sich als nötig erweisenden Farbstoffmengen hergestellt und die Stärkedifferenz der Farbstoffe aus den verbrauchten Mengen berechnet. — Die letztere, allerdings umständlichere, Methode ist bei genauen Bestimmungen stets vorzuziehen, da das menschliche Auge wohl die geringsten Abweichungen in den Ausfärbungen empfindet, nicht aber die vorhandenen Entfernungen zahlenmäßig so gut abzuschätzen vermag. Immerhin liefern quantitative gleichprozentuale Ausfärbungen bei geringen Stärkedifferenzen noch recht gute Resultate für ein geschultes Auge, während weite Abstände selbst das geschulteste Auge irre führen können. In diesem Falle tritt oft die 3. Form des Ausführungsprinzips in ihre Rechte, indem der wesentlich stärkere Farbstoff durch Verdünnung annähernd auf die Stärke des anderen gebracht, damit gleichprozentuale Ausfärbungen hergestellt und der nur geringe vorhandene Abstand abgeschätzt wird.

Es muß hier gleich eingangs hervorgehoben werden, daß mathematisch genaue Vergleiche der Farbstärke streng genommen nur bei
Farbstoffen mit auch mathematisch genau demselben Farbton möglich sind. Farbstoffe mit Differenzen im Farbton können auch nur
annähernd nebeneinander verglichen werden und zwar geht die Genauigkeit dieser Vergleiche Hand in Hand mit der geringeren oder
größeren Abweichung im Ton. Im allgemeinen erscheinen z. B.
rotstichige Blaus und Gelbs kräftiger als die grünstichigen, blauere
Rots und Grüns — kräftiger als die gelbstichigen, stumpfere und
mattere Farbstoffe — kräftiger als die klaren und lebhaften Färbungen u. s. w., während in der Praxis erstere die wertvolleren sind.
Der Probefärber kann sich demnach bei Außerachtlassung obiger
Vorbedingung um ein ganz bedeutendes täuschen.

Unter einer quantitativen Ausfärbung versteht man nun eine
prozentuale Ausfärbung bei totaler Ausnutzung der wirksamen Farbstoffmenge. Es ist daraus ersichtlich, daß dazu
zweierlei gehört: 1. Ein bestimmtes und bekanntes prozentuales Verhältnis von Faser zu Farbstoff und 2. eine Ausnützung der totalen
Farbstoffmenge, nötigenfalls Mitberücksichtigung der im Färbbad
zurückgebliebenen nicht zur Wirkung gelangten Farbstoffmenge.

Die Bedingungen zu 1. lassen sich nun sehr leicht erfüllen.
Der Farbstoff wird zuerst in einem (durch Wägung des Farbstoffes
und Messung des Lösungsmittels) bestimmten Verhältnis gelöst,
z. B. 1 : 10, 1 : 50, 1 : 100, 1 : 1000 u. s. w. und alsdann durch
Wägung des zu färbenden Materials und Abmessung der nötigen
Farbstofflösung, das bestehende Verhältnis zwischen Faser und Farbstoff durch einfache Berechnung festgestellt. Nicht ganz so einfach
sind dagegen die Bedingungen der totalen Farbstoffausnützung (2)
immer aufzufinden und hier kommt es oft mehr auf Geschick des
Probefärbers als auf allgemeine Vorschriften an. Zunächst handelt
es sich darum, den Farbstoff des Färbbades möglichst auf einmal
d. h. in einer Ausfärbung auf die Faser zu bringen und zweitens
darum, die Nuance des Farbstoffes dabei nicht durch Gewaltmaßregeln zu modifizieren. Es gelingt nun aber nicht immer, den gesamten Farbstoff des Bades bei satten Ausfärbungen auf einmal
aufzufärben und man ist dann oft gezwungen, auf dem unerschöpften

Bade mit frischem Fasermaterial weiterzufärben, eine zweite, ev. dritte etc.
Ausfärbung herzustellen, um am Schluß den Gesamtfarbstoff in einer
Art Skala von zwei bis drei Färbungen vorliegen zu haben. Die
Abschätzung so einer Färbungs-Skala ist nur für ein geschultes Auge
möglich und dann am geeignetsten, wenn daneben eine korrespondierende Vergleichs-Skala zur Verfügung steht. Es ist deshalb in
jeder Beziehung zweckmäßiger und empfehlenswerter eine höchstens
so starke Ausfärbung herzustellen, daß der gesamte wirksame Farbstoff gerade vollkommen in einer Färbung auszieht d. h. die prozentuale Ausfärbung soll höchstens in der Tiefe gehalten
werden, als sie der Affinität des zu färbenden Materials
zu dem aufzufärbenden Farbstoff bei der zur Anwendung
gelangenden Färbe-Methode entspricht. — Sowohl aus diesem
rein technischen Grunde als auch schon deshalb, weil das menschliche Auge vorhandene Differenzen bei schwachen Ausfärbungen
weit besser beobachten und abschätzen kann als bei satten Ausfärbungen, — ist es in den meisten Fällen angebracht, mit ganz
schwachen Ausfärbungen zu operieren. Man stellt deshalb stets
lichte Ausfärbungen dort her, wo es sich um Farbstoffe handelt,
die selbständig die Faser zu färben bestimmt sind. Einzelne Farbstoffe, die zum Dunkeln und Nuancieren satter Ausfärbungen dienen
(für Schwarz, Braun etc.), können naturgemäß nicht allein in den
lichten Ausfärbungen beurteilt werden, weil ihre additionelle
Färbkraft mitunter von ihrer subjektiven Färbkraft differiert.

Wie stark nun eine Ausfärbung (abgesehen von dem Maximum,
das, wie oben entwickelt, durch die jeweilige Affinität von Farbstoff zu
Faser geregelt wird) am zweckmäßigsten gehalten werden soll, läßt sich
nicht bei einem für alle anderen Farbstoffe bestimmen. Die Färbkraft
der einzelnen Produkte und Marken ist eine so verschiedene, das
individuelle Empfinden des Auges so ungleich geartet, daß man absolut keine festen Regeln aufstellen kann. Sehr konzentrierte basische
und Rhodaminfarbstoffe kann man unter Umständen schon in $0{,}01\,^0/_0$iger
Ausfärbung herstellen und würde dieses etwa die Grenze nach unten
darstellen; in 0,02, 0,05, 0,1, 0,2, 0,3, 0,4, 0,5, 1 u. s. w. prozentigen
Ausfärbungen sind andere Produkte wieder angenehmer und sicherer
zu mustern. Jeder einzelne Fall muß verschieden angepaßt und
jeder einzelne Beobachter muß individuell anpassen. Will man aber
ein Mittel angeben, so kann man sagen, daß bei den kräftigsten Pulver-
oder Kristall-Farbstoffen Ausfärbungen von $0{,}05-0{,}5\,^0/_0$, bei sauren

und weniger ausgiebigen konzentrierten Produkten solche von 0,1 bis 1 %, bei Pasten und stark gestellten Waren sogar Ausfärbungen von 0,5—5 % in Frage kommen.

Was nun die Unterstützung seitens des Probefärbers zur völligen Ausnützung des Bades betrifft, so kann hierfür keine allgemeine Regel aufgestellt werden. Es ist vielmehr Sache des Ausführenden, die Eigenschaften des jeweiligen Farbstoffes seinen Zwecken dienstbar zu machen; er muß also mit den nötigen Kenntnissen der qualitativen Färbeeigenschaften des Farbstoffes ausgerüstet sein, da er andernfalls stets Gefahr läuft bei unrichtiger Handhabung den Farbton qualitativ zu verschieben. Die wichtigsten Kunstgriffe liegen u. a. in der Wahl des richtigen Fasermaterials, in der Temperatur und den Temperaturschwankungen, in der Dauer der Einwirkung, in den verschiedensten Zusätzen neutralen Charakters (Glaubersalz, Kochsalz etc.), in den Zusätzen alkalischen Charakters (Seife, Soda, Borax, Natronphosphat, Ammoniak, Türkischrotöl, Monopol-Seife etc.), in den Zusätzen sauren Charakters (Essigsäure, Salzsäure, Schwefelsäure, Alaun, Zinnsalz, Oxalsäure, Weinstein etc.) u. s. w. Es ist dabei stets zu berücksichtigen, daß durch die Zusätze keine Beeinflussung des Farbtones, keine Fällung des Farbstoffes und kein zu plötzliches und buntes Aufziehen stattfindet. Welche Zusätze die größte Wahrscheinlichkeit für sich haben, ergibt sich in den meisten Fällen aus den qualitativen Färbemethoden, nach denen der Farbstoff gefärbt wird oder gefärbt werden kann.

Hat man es dagegen mit Farbstoffen mit zu großer Affinität zu dem Fasermaterial zu tun (wenigstens für die herzustellende helle Ausfärbung), so muß dem schnellen Aufziehen des Farbstoffes entgegengearbeitet werden, also der entgegengesetzte Weg eingeschlagen werden, um eine gleichmäßige Färbung zu erzielen. Es muß z. B. das Bad verdünnter gehalten, schnell und kalt gearbeitet, der Farbstoff portionenweise zugesetzt werden; die Fällungszusätze sind fortzulassen, höchstens ist mit denselben zum Schluß der letzte Rest des Farbstoffes auszutreiben; statt tannierter Baumwolle für basische Farbstoffe wird ungebeizte Wolle genommen — und was derlei kleine Kunstgriffe mehr sind.

In dem Falle, wenn ein Ausziehen des Farbstoffes in einem Bade trotz obiger Nachhilfe nicht gelingen sollte, wird, wie bereits oben erwähnt, auf dem unerschöpften Bade mit neuem Fasermaterial neuerdings gefärbt und die nun neu resultierenden Färbungen der ersten hinzugeschlagen und summarisch mit dieser abgeschätzt. Sehr oft wird aber eine zweite Färbung durch die kolorimetrische Bestimmung des zurückgebliebenen unerschöpften Bades umgangen. Wenn auch die kolorimetrischen Methoden ihre effektiven Mängel besitzen, so kommen diese Mängel in diesem Falle weniger in Betracht, da die mangelhafte Beobachtung sich nur auf einen kleinen Bruchteil vom ganzen bezieht und die ev. begangenen Fehler dadurch verschwindend klein werden. Statt einer kolorimetrischen Prüfung der zurückbleibenden Färbflotte, wird noch einfacher in jede Flotte ein Streifen weißes Filtrierpapier oder ein weißer Baumwolllappen eingetaucht, der Überschuß abtropfen lassen, getrocknet und die gefärbten Papier- oder Stoffstücke verglichen.

Eine Frage von gewisser prinzipieller Bedeutung ist nun die, ob der im Bade zurückbleibende Farbrest überhaupt noch ein wirksamer Farbstoff ist, d. h. zu dem aufgezogenen Farbstoff gehört und ebenso färbt oder ob es nur eine gefärbte Verunreinigung ist, bezw. Nebenprodukte des Farbstoffes sind? In letzterem Falle braucht das Bad nicht nur nicht kolorimetrisch bestimmt zu werden, sondern es würde das Vorhandensein derartiger Nebenprodukte sogar den Wert des Farbstoffes herabsetzen. Die Frage, ob man es mit solchen Nebenprodukten zu tun hat, läßt sich sehr leicht entscheiden, indem man darin einfach neues Fasermaterial, wie zu der Hauptfärbung verwandt, qualitativ ausfärbt. Ist es Farbstoff, der in gleicher Weise färbt wie bei der Hauptfärbung, so wird er quantitativ zu dieser hinzu addiert, im anderen Falle unberücksichtigt gelassen.

Eine Komplikation des Falles tritt aber ein, wenn dieser im Bade anfangs zurückbleibende Farbstoff wohl auf die Faser aufzieht, aber in anderer Nuance. Und gerade von solchen Farbstoffen gibt es eine große Anzahl, besonders unter den basischen, wenig rektifizierten Farbstoffen, die oft aus einer ganzen Skala chemischer Individua zusammengesetzt sind. Bei Azofarben und substantiven Farbstoffen kommt diese Erscheinung vereinzelter vor, weil deren Herstellungsweise eine weit höhere Reinheit mit sich bringt. Die Frage, wie in solchen Fällen zu verfahren ist, könnte diskutiert werden. Jedenfalls erscheint es vom Standpunkte des Konsumenten gerechtfertigt, wenn diese Verunreinigungen, sie mögen selbst reguläre Farbstoffe sein, nicht nur bei der Farbmessung unbeachtet bleiben, sondern sogar bei der qualitativen Beurteilung negativ ins Gewicht fallen. Dieser Standpunkt ist um so motivierter, als die fraglichen

Nebenprodukte in Art und Menge schwankende sind, mit denen also der Betriebsführer nicht fest rechnen kann und die deshalb unter Umständen von schädlichem Einfluß sein können.

Man könnte bei der Betrachtung dieses Spezialfalles noch einen Schritt weiter gehen und den Satz aufstellen: Der im Bade zurückbleibende Farbrest braucht, welcher Natur er auch sein mag, überhaupt nicht bei der quantitativen Färbung berücksichtigt zu werden, da er sich gewissermaßen als unwirksamer Teil der Ausnützung entzieht. Dieses wäre aber unberechtigt und zwar aus folgenden Gründen. Erstens wird in der Färbereitechnik vielfach mit stehenden Bädern gearbeitet z. B. gerade da, wo der meiste Farbstoff gebraucht wird — bei dunkeln Grundierbädern. Hier entzieht sich der Ausnützung nichts, da der zurückbleibende Teil bei dem nächsten Färbsatz wieder mit verwendet wird u. s. w. — Zweitens erscheint es aber auch prinzipiell ungerecht und unberechtigt, ein wirklich vorhandenes Quantum einer bestimmten Warengattung nur deshalb dem Fabrikanten nicht gut zu schreiben und als Gehaltsmanko zu bezeichnen, weil in der Technik eine totale Ausnützung der Ware in bestimmten Fällen nicht erreicht werden kann. — Und schließlich ließe sich niemals eine Norm aufstellen, nach der man bestimmt angeben könnte, wieviel Farbstoff sich der Ausnützung normaliter entziehen dürfte und wo ein fehlerhaftes oder mangelhaftes Arbeiten beginnen würde, da in der Tat ein Ausnützen von Farbstoffbädern Geschick und Übung voraussetzt.

Zur systematischen Feststellung, ob ein Farbstoff nicht Nebenfarbstoffe enthält oder aus einer Mischung besteht, deren Komponenten mit verschieden großer Affinität zur Faser ausgestattet sind, bedient man sich der „fraktionierten Ausfärbung" (Übrige Methoden s. u. Chemische Prüfungsmethoden Kapitel 6) oder der gebrochenen Ausfärbung. Diese besteht darin, daß man den vorhandenen Farbstoff des Bades nicht auf einmal (in einer Ausfärbung) auf die Faser bringt, sondern denselben auf eine beliebige Anzahl Ausfärbungen verteilt, gewissermaßen „bricht". Dieses wird dadurch erreicht, daß man absichtlich zu knapp bemessenes Faserquantum oder zu hoch bemessenes Farbstoffquantum, oder zu kurz bemessene Färbedauer, zu niedrige Temperatur etc. ins Feld schickt und vermittelst dieser Faktoren erzielt, daß der Farbstoff nicht in einer Ausfärbung auf die Faser aufgehen kann. Man stellt alsdann auf demselben Färbebade und mit dem gleichen Faser-

material die zweite, dritte u. s. w. Ausfärbung her und prüft dieselben am Schluß nebeneinander auf ihre Nuancen. Sind alle Ausfärbungen qualitativ gleich, so liegt entweder ein homogener Farbstoff vor, oder eine rationell hergestellte Mischung, deren Komponenten gleiche Affinität zur Faser besitzen. In den meisten Fällen
von Farbstoffmischungen wird man aber eine allmähliche treppen-
artige Abstufung des Farbtones wahrnehmen können. Es sei nur
beiläufig bemerkt, daß manche derartiger Farbstoffmischungen praktisch von ausgezeichneter Beschaffenheit sind, und daß sie durchaus
nicht als solche verworfen zu werden brauchen.

Außer dem Farbstoffgehalt kann man gelegentlich der quantitativen Ausfärbung zugleich auch die quantitative Affinität des Farbstoffes zu der Faser und die Egalisierungsfähigkeit feststellen. Ohne
an dieser Stelle den Vorgang des Färbeprozesses selbst näher zu
charakterisieren, sei darauf hingewiesen, daß zwischen jedem Farbstoff und jeder Faser ein bestimmtes Sättigungs- oder Affinitäts-
Verhältnis besteht. Eine bestimmte Faser nimmt von einem bestimmten Farbstoff nur eine bestimmte Menge auf; sie ist dann
gesättigt und reagiert nicht mehr gegen ihn. Dieses Verhältnis
läßt sich auf experimentellem Wege durch successiven Farbstoff-
zusatz finden: Eine genau abgewogene Menge Fasersubstanz wird
gradatim mit immer weiteren Farbzusätzen, die sich in einer bestimmten Lösung befinden, versetzt, bis eine Weiteraufnahme von
Farbstoff nicht mehr stattfindet. Es wird z. B. mit 0,1 % Farb-
stoffzusätzen begonnen, die Zusätze dann auf 0,05 % etc. verringert
und nicht eher von neuem zugegeben, als der im Bade vorhandene
Farbstoff resorbiert ist. Die Sättigungsgrade für die einzelnen Farbstoffe und Fasern sind sehr variierend. Ein Farbstoff mit größerer
Affinität gilt bei sonst gleichen Vorzügen wertvoller und brauch-
barer für die Praxis als ein solcher mit geringerer Affinität. — Es
ist auch versucht worden, hieraus weitere theoretische Deduktionen
herzuleiten, ohne daß sich bis heute eine wissenschaftliche Regel-
mäßigkeit und Begründung für die unendlichen Mannigfaltigkeiten
hat finden lassen.

Als natürliche Folge einer großen Affinität, verbunden mit
Schwerlöslichkeit, kann die geringe Egalisierungsfähigkeit
eines Farbstoffes angesehen werden. Doch mag immerhin, auch
abgesehen von diesen zwei Begleiteigenschaften, den Farbstoffen
auch ein selbständiges Urvermögen innewohnen, zu egali-

sieren oder nicht zu egalisieren, da eine a b s o l u t e Übereinstimmung dieser Fähigkeit mit der Affinität und Löslichkeit nicht vorhanden ist. Als Durchschnittsregel kann man annehmen, daß Farbstoffe mit großer Affinität und geringer Löslichkeit schlechter egalisieren als umgekehrt Farbstoffe mit geringer Affinität und Leichtlöslichkeit (sc. in dem betreffenden Farbbade). Es leuchtet auch ein, daß im ersteren Falle der Farbstoff die Faser im Momente der gegenseitigen Berührung sofort überfallen muß und an d e n Stellen, wo entweder eine Ungleichheit in der Temperatur des Bades (Strömungen), eine Ungleichheit in dem Fasermaterial, in der Benetzung desselben, ein nicht vollständiges Gelöstsein des Farbstoffes, verbunden, mit der Neigung wieder auszuscheiden und d a, wo ähnliche Verhältnisse vorwalten, — eine Ungleichheit in der Färbung entstehen muß oder entstehen kann. Dagegen geht die Färbung im anderen Falle (geringe Affinität, Leichtlöslichkeit) weniger stürmisch vor sich, die Faser kommt mit allen ihren Oberflächenteilen in Berührung mit der Farblösung, die keine Neigung zeigt auszuscheiden und die geringen Ungleichheiten in Temperatur etc. bleiben angesichts der langsamen Pigmentierung wirkungslos. — Nicht ohne Einfluß auf die Egalisierungsfähigkeit ist auch der Umstand, ob die Faser-Farbstoff-Verbindung eine starre unverschiebbare Konstante darstellt, die einmal eingegangene Verbindung beim Weiterfärben also bestehen bleibt, oder ob dieselbe quasi verschiebbar ist und anfangs unegal erscheinende Färbungen sich bei fortgesetzter Färbeoperation wieder egalisieren. Manche schwer löslichen Farbstoffe, die schlecht egalisieren, z. B. gewisse Indulin-Marken lassen sich, einmal bunt aufgefärbt, nur noch sehr schwer bei Siedehitze wieder egalfärben, andere dagegen ziehen bunt auf und egalisieren in der Weiterbearbeitung doch noch spielend leicht. Hierin wäre vielleicht die vorhin erwähnte Ur-Eigenschaft des Egalisierens zu suchen. Über die Prüfung auf Egalisierungsfähigkeit ist a. a. O. unter Echtheits-Prüfungen der Farbstoffe näheres mitgeteilt worden. Es sei hier nur noch hervorgehoben, daß die sog. Egalisierungsfarbstoffe sehr geschätzte Produkte sind und hauptsächlich beim Nachnuancieren ausgezeichnete Dienste leisten, da der Färber bei beliebiger Temperatur und in beliebig großen Zusätzen stets sicher ist, egale Färbungen zu erhalten.

Als ganz selbstverständliche Folge von oben Gesagtem lassen sich quantitative Ausfärbungen zu sog. „P r e i s f ä r b u n g e n" modi-

fizieren. Will man z. B. bestimmen, welches von zwei oder mehreren
Konkurrenzprodukten, deren Preise bekannt sind, das preiswerteste
ist, so stellt man (bei gleichen Fasermengen) Färbungen mit Farbstoffmengen in umgekehrtem Verhältnis zu deren Preisen her, so daß
dasselbe Quantum Faser in jedem einzelnen Fall mit einer demselben Geldwerte entsprechenden Menge Farbstoff ausgefärbt wird.
Kosten z. B. drei Farbstoffe M. 4, M. 6 und M. 8 und soll eine
auf den ersten Farbstoff bezügliche 0,5 % Preisfärbung hergestellt
werden, so wird auf 10 g Wolle 0,05 g vom ersten, 0,0375 g vom
zweiten und 0,025 g vom dritten Farbstoff genommen. — Soll das
relative Wertverhältnis zwischen zwei Farbstoffen bestimmt
werden, was weit häufiger Gegenstand eingehender Untersuchung
ist, so müssen mehrere Ausfärbungen gemacht werden. Zur vorläufigen Orientierung werden z. B. erst gleichprozentuale Ausfärbungen hergestellt. Nach Feststellung des Resultates an völlig
getrockneter Ware, werden nun die Hauptversuche ausgeführt. Zunächst wird einer von den Farbstoffen (a), der als Type angenommen wird, in Schattierungen (in arithmetischer Reihe) bezw.
einer Skala ausgefärbt, diese Schattierungen mit der Ausfärbung des
Gegenmusters (b) verglichen und festgestellt, ob sich dieselbe mit
irgend einer Stufe der Skala des Farbstoffes a deckt oder, wenn
nicht, zwischen welche Stufen der Skala dieselbe fällt. Nun wird
der Abstand zwischen den zwei Stufen, innerhalb welcher die Ausfärbung b liegt, wieder geteilt, indem innerhalb desselben einzelne
neue Ausfärbungen hergestellt werden u. s. w. bis die Ausfärbung b
mit irgend einer Schattierungsausfärbung von a zusammenfällt. —
Ein Nachfärben bereits vorgefärbter Muster durch Zusatz von neuem
Farbstoff darf höchstens als vorläufiges Orientierungsmittel, nie als
maßgebende Ausfärbung angesehen werden. Es werden z. B. zwei
Methyl-Violetts a und b verglichen. Eine orientierende gleichprozentuale Ausfärbung zeigt, daß a um ca. 25 % stärker ist als b.
Es werden daraufhin drei neue Ausfärbungen mit b vorgenommen
und zwar z. B. um 20, 25 und 30 % stärkere. Eine neue Musterung lehrt, daß die Ausfärbung von a zwischen den zwei letzten
(25 % und 30.% mehr) liegt und zwar an die letzte (30) näher
heranreicht als die erste (25). Infolgedessen erscheinen einige neue
Ausfärbungen mit b geboten, welche etwa so bemessen werden, daß
von b um 27, 28 und 29 % mehr Farbstoff abgemessen wird, als
in der Grundfärbung a enthalten ist. Die darauf folgende Musterung

4*

lehrt, daß Färbung a zwischen den zwei letzten (28 und 29) liegt; aus diesen Annäherungswerten werden neue Färbungen hergestellt und schließlich zwei identische Färbungen geschaffen, von denen die eine die Grundfärbung mit a, die andere z. B. eine mit $28^{1}/_{2}\,^{0}/_{0}$ mehr Farbstoff (b) hergestellte Färbung ist. Demzufolge ist a um $28^{1}/_{2}\,^{0}/_{0}$ kräftiger als b.

Was die Mengen der Farbflotten d. h. das Verhältnis von Faser zu Flotte betrifft, so kann bei quantitativen Ausfärbungen auf Wolle und Seide das Verhältnis 1 : 50—100, bei Baumwolle 1 : 25—50 als Normalverhältnis angesehen werden. Dieses Verhältnis entspricht nun keineswegs demjenigen der Technik, wo weit weniger Flotte zur Anwendung zu gelangen pflegt, es ist aber, angesichts der Zwecke einer quantitativen Ausfärbung, das günstigste, da in zu kurzer Flotte leicht bunte Färbungen entstehen.

Zum Schluß sei noch hervorgehoben, daß das für korrespondierende Versuche verwandte Fasermaterial einwandfrei gleichmäßig beschaffen sei. Die absolute Gleichheit desselben muß sogar so weit gehen, daß gebeizte Stoffe zu gleicher Zeit und unter denselben Bedingungen, ja —, wenn eben möglich, sogar in demselben Bad und Gefäß gebeizt sind.


# Kolorimetrie.

Unter Kolorimetrie versteht man die Farbmessung bezw. Feststellung der Farbstärke eines Farbstoffes oder gefärbten Körpers durch Vergleichung der Farbtiefe oder Lichtabsorption seiner Lösungen. Wie bereits oben erwähnt, besitzt die kolorimetrische Bestimmungsmethode für quantitative Messungen nur beschränkte Bedeutung. Ja, sie kann sogar in unberufener Hand zu ganz verfehlten Schlußfolgerungen und effektiven Verwirrungen und Mißverständnissen führen. Natürlich muß aber auch zugegeben werden, daß der Kolorimetrie in vereinzelten Fällen, besonders als Vorprüfung, die Berechtigung nicht abzusprechen ist und sie unter Umständen sehr willkommen erscheint. Gegenüber dieser bedingten Brauchbarkeit der kolorimetrischen Methoden bei Teerfarbstoffen sei hervorgehoben, daß im Gegensatz hierzu die kolorimetrischen Bestimmungen von Nichtfarbstoffen, welche bestimmte gefärbte Verbindungen eingehen, in der Regel durchaus exakte Resultate liefern und auch im Prinzip

in jeder Beziehung unanfechtbar sind (kolorimetrische Bestimmung
von Eisen, Ammoniak etc., s. Färbereichemische Untersuchungen
dess. Autors). Der wesentliche Unterschied zwischen beiden liegt
auch sehr nahe: Bei den Teerfarbstoffen kommt es auf die Färbkraft an, d. h. die Funktion, mit der Faser unter bestimmten Bedingungen möglichst intensive Färbungen zu erzeugen, nicht aber
möglichst tief erscheinende Lösungen zu liefern; Tiefe der Färbung und Lösung gehen aber absolut nicht Hand in Hand und
eine tiefgefärbte Lösung kann punkto Färbkraft unter Umständen
gleich null sein. Die in Frage kommenden Nichtfarbstoffe dagegen
werden quantitativ in die (zu kolorimetrischen Vergleichen benutzten)
gefärbten Verbindungen umgesetzt, deren kolorimetrische Eigenschaften in direkter Abhängigkeit von der molekularen Menge der
fraglichen Nichtfarbstoffe stehen, d. h. jeder bestimmten Menge Nicht-
farbstoff entspricht auch eine ganz bestimmte Menge gefärbter Verbindung.

Die möglichen Täuschungen bei der Kolorimetrie der Teerfarben
sind sehr mannigfaltig. So sind manche Farben von vornherein
ungeeignet für diese Art Bestimmung. Die gelben Farbstoffe z. B.
die an sich schon sehr lichte Farblösungen geben, werden bei zu-
nehmendem Grünstich immer lichter, während sie bei wachsendem
Rotstich immer satter zu werden scheinen. Man würde also bei
einem kolorimetrischen Vergleich zwischen einem grünstichigen Gelb
(Auramin, Chinolingelb, Dianilgelb gelbl.) und einem rotstichigen Gelb
(Azoflavin 3 R, Baumwollgelb R, Echtgelb) immer zu ungunsten
des grünstichigen Gelbs auskommen; aber auch bei Vergleichen
zwischen zwei gleichtypigen Gelbs die vorhandenen kleinen Differenzen schwer beurteilen können. Es ist ja wahr, daß nur gleich-
artige Farbstoffe nebeneinander kolorimetrisch verglichen werden
sollen, aber darin besteht gerade die optische Täuschung, daß ein
Rotstich im Gelb die Lösung oft nicht andersartig erscheinen läßt
als ein grünstichiges Gelb, sondern nur konzentrierter, und umgekehrt das grünstichige Gelb — verdünnter. Ähnlich liegt der
Fall bei den Orange, Scharlachs u. s. w. Die dunkelnde
Nuance (bei gelb das Rot) läßt zugleich immer den Eindruck einer
tieferen Färbung entstehen, eine Täuschung, die dadurch verifiziert
zu sein scheint, daß man auf weitere Verdünnung der Lösung annähernd auf den Stich der Vergleichslösung kommt. Bei Ausfärbungen ist dieses hingegen nicht der Fall. Dieselben lehren

sofort den vorhandenen Ton-Unterschied und eine noch so schwache
Ausfärbung des rotstichigen Gelbs wird niemals einen Grünstich
liefern, wie ihn das grünstichige Gelb besitzt. Da nun in diesem
Falle das grünstichige Gelb wertvoller ist als das rotstichige, wird
der eine Farbstoff bei der kolorimetrischen Methode zu gunsten des
andern mißverstanden und falsch beurteilt, was bei der regulären
Ausfärbung nicht stattfinden würde.

Als zweites und Hauptmoment, das gegen die allgemeine
Brauchbarkeit der kolorimetrischen Methode spricht ist aber, daß
man absolut keine Gewähr dafür hat, ob der in Lösung befindliche
Farbkörper wirklich reiner Farbstoff ist, ob es der Farbstoff ist,
der es sein soll und bestimmte Faser unter bestimmte Bedingungen
und mit bestimmten Echtheitseigenschaften zu färben befähigt ist.

Zu gunsten der Kolorimetrie spricht die leichte Handhabung
und die schnelle Ausführung der Bestimmung und deshalb ist sie
dort zu empfehlen, wo keine Bedenken vorhanden sind. Dieses
trifft aber nur in etwa folgenden Fällen zu:

1. Wo eine annähernde Konzentrationsbestimmung
z. B. zwecks Einstellung einer Parallellösung für vergleichende
Ausfärbungen verlangt wird.

2. Wo auf völlige Typenkonformität neben der übrigen
Farbstoffuntersuchung geprüft wird.

3. Wo nur sehr geringe Farbstoffmengen (z. B. zurückbleibende Farbstoffteilchen in ausgenutzten Bädern) zur Verfügung
stehen.

Wenn also (1) zwei oder mehr Farbstoffe quantitativ gegen-
einander verglichen werden sollen und die Vergleichsobjekte in
Stärke sehr weit voneinander abweichen, so kann (s. a. Quant.
Ausfärb.) zur provisorischen Feststellung der Entfernung zwischen
den einzelnen Objekten eine kolorimetrische Prüfung vorgenommen
werden, um auf Grund der erhaltenen Resultate die Lösungen von
Anfang an so einzustellen, daß die darauffolgenden Ausfärbungen
flott und ohne wesentliche Vorversuche von statten gehen können.

Oder es wird kolorimetrisch geprüft (2), wenn es sich darum
handelt, ein bestimmtes Produkt in genau gleicher (qualitativ und
quantitativ) Form zu verwenden und größere Differenzen als
ausgeschlossen gelten. Wird hierbei auch nur die geringste
Abweichung vom feststehenden Typ beobachtet, so ist eine Weiter-
untersuchung unter keinen Umständen zu umgehen.

Die Ausführung einer kolorimetrischen Bestimmung ist nun vom technischen Gesichtspunkte aus sehr einfach. Dieselbe kann mit den gewöhnlichsten Hilfsmitteln ebenso gute Ergebnisse liefern wie mit den kompliziertesten Kolorimetern, da es weit mehr auf Farbensinn und Übung als auf Apparatur ankommt. Es genügen für ein geschultes und farbensicheres Auge zwei oder mehrere genau gleiche Cylinder oder Büretten, die in allen ihren Dimensionen, Glasstärke und Glasfärbung total gleich sind.

a) So bedient man sich z. B. zweier graduierter (oder auch selbst nicht graduierter gleichvolumiger) Glascylinder von etwa 100 ccm, welche mit den quantitativ gelösten und verdünnten Farbstofflösungen (Typ und Muster) zu gleichem Volumen beschickt werden. Die Cylinder werden alsdann derartig nebeneinander auf weiße Unterlage (wie Filtrierpapier) aufgestellt, daß sie zu der vorhandenen Lichtquelle (Fenster etc.) genau dieselbe Lage einnehmen, von oben hinein gemustert, und das Verhältnis der beiden Farbtiefen abgeschätzt. Die intensiver gefärbt erscheinende Lösung wird durch Zusatz von Wasser bezw. des jeweiligen Lösungsmittels entsprechend verdünnt und von dieser verdünnten Lösung wieder das ursprüngliche Volumen zum Vergleich herangezogen u. s. f. bis die Farbtiefen beider Lösungen genau gleich sind. Nun wird das Lösungsvolumen und daraus die relative Färbstärke nach dem Prinzip berechnet, daß die Stärke des Farbstoffes im Verhältnis zu den erhaltenen Voluminas steht. Beispiel: Von Typ (T) und Muster (M) werden je 0,2—0,5 g zu 1000 ccm Wasser gelöst. Je 10 ccm dieser Lösung werden von neuem zu 1000 ccm Wasser verdünnt und je 100 ccm dieser Verdünnung werden in den Kolorimetern verglichen. Bei der Musterung stellt sich heraus, daß T stärker ist als M. Es muß deshalb T verdünnt werden und zwar müssen die 100 ccm T-lösung auf 104 ccm verdünnt werden, damit 100 ccm dieser neuesten T-Verdünnung in der Farbtiefe mit derjenigen der M-Lösung zusammenfallen. In 100 ccm der beiden endgültigen Prüfungslösungen ist aber, bei gleicher Farbtiefe, auch gleich viel Farbstoff gelöst. Typ ist aber auf 104 statt auf 100 ccm verdünnt worden, enthält also in Substanz als ungelöstes Produkt mehr Farbstoff und zwar in dem Verhältnis der Lösungsvolumina. $T : M = 104 : 100$, d. h. Typ ist $4\,{}^0/_0$ stärker als Muster, oder Muster um $3,84\,{}^0/_0$ ($104 : 4 = 100 : x$, $x = 3,84$) schwächer als Typ.

b) Statt dieser einfacheren Cylinder bedient man sich auch nach folgendem Prinzip gebauter Kolorimeter, die als „Nesslersche Röhren“ bekannt sind. Dieselben sind aus zwei graduierten Glascylindern mit Hähnen, nahe dem Boden, zusammengesetzt. In diese Röhren werden je 100 ccm einer verdünnten Farbstofflösung (2—5 mgr : 1000 ccm) eingebracht und alsdann von oben nach unten in die Farbstofflösung hineingeschaut. Von der intensiver gefärbt erscheinenden Lösung wird nun langsam soviel abgelassen, bis beide Lösungen gleich stark gefärbt aussehen. Dann wird die Höhe der Lösungen abgelesen und die Stärke des Farbstoffes berechnet, welche im umgekehrten Verhältnis zu den gefundenen Voluminas steht. Beispiel: Von Typ und Muster werden z. B. je 5 mg zu 1000 ccm Wasser gelöst, die beiden Kolorimeter mit je 100 ccm dieser Lösungen beschickt und verglichen. T ist stärker als M. Von T wird ein Teil der Lösung abgelassen, bis die Farbtiefen gleich stark gefärbt erscheinen. Es wird abgelesen und festgestellt, daß von T nur noch 80 ccm Lösung vorhanden sind. T verhält sich demnach zu M $= 100 : 80$, oder T ist um $25\,^0/_0$ stärker als M, oder M um $20\,^0/_0$ schwächer als T.

Die Bestimmung der Intensität zweier oder mehrerer Farbstoffe geschieht demnach entweder (a) durch Versetzen eines bestimmten Volumens der zu untersuchenden Lösungen mit dem Verdünnungsmittel bis die Farbtiefen der Lösungen bei **gleichem** Volumen gleich sind; oder (b) es wird das Volumen der Schicht, durch welche man hindurchsieht, so lange verändert, bis gleiche Farbtiefe der Lösungen bei **verschiedenem** Volumen erreicht ist. Die Farbstärke des Farbstoffes steht im ersten Fall im geraden Verhältnis, im zweiten Falle im umgekehrten Verhältnis zu den gefundenen Voluminas.

### Beschreibung der gebräuchlichsten Kolorimeter.

1. **Das Kolorimeter von Houton-Labillardière.** Das Kolorimeter von Houton-Labillardière ist sehr einfach. Es besteht aus zwei Glasröhren, jede 15 mm weit und etwa 30 bis 32 cm hoch, unten zugeschmolzen, oben offen, nahe nebeneinander in einem Stativ stehend. Bis zur Höhe von nahezu 30 cm sind die Röhren eingeteilt zunächst in zwei gleiche Höhenteile, dann die obere Hälfte noch in 100 gleiche Teile. Also liegt der Nullpunkt

von unten nach oben gemessen, etwa in einer Höhe von 13 cm und die nächsten 13 cm sind in 100 Teile eingeteilt, so daß die Zahl 100 bei etwa 26 cm Höhe liegt; über ihr sind keine weiteren Teilstriche.

Die Normalflüssigkeit wird in die eine der Röhren, die zu prüfende in die andere gegossen. Da erstere in der Regel etwas tiefer gefärbt sein wird, füllt man von beiden in die Röhren bis zum Nullpunkt und verdünnt die Normallösung (bezw. die stärkere Lösung), bis beide gleich gefärbt erscheinen. Bedurfte es hierzu z. B. eines Wasserzusatzes bis auf $50^0$, d. h. liefert die Normalsubstanz bei dreifacher Verdünnung eine ebenso intensiv gefärbte Lösung als die fragliche bei zweifacher Verdünnung, so wird daraus geschlossen, daß die Normalsubstanz $1^1/_2$ mal so gehaltreich ist als die zu prüfende.

Dieser Apparat kann leicht durch zwei Quetschhahnbüretten von gleichem Kaliber und gleicher Einteilung ersetzt und in jedem Laboratorium zusammengestellt werden.

2. Das Kolorimeter von Salleron beruht auf demselben Prinzip. Der wesentliche Teil sind zwei dicht nebeneinander stehende Glaskästen mit parallelen Wandungen. In den einen kommt die Typflüssigkeit, in den anderen die zu prüfende. Über letzterem befindet sich eine Bürette mit Wasser, aus der man solange nachfließen läßt, bis beide Flüssigkeiten dieselbe Farbenintensität besitzen. Damit nach jedem Wasserzusatz die Flüssigkeit gehörig gemischt wird, kann man mittelst eines bequem zu handhabenden Kautschukschlauches Luft durch dieselbe blasen. Aus dem verbrauchten Wasser wird in bekannter Weise der Farbgehalt berechnet.

3. Das Kolorimeter von Collardeau besteht aus einem Paar horizontal liegender, fernrohrartig ausziehbarer, wasserdichter, an den Enden mit Glasscheiben geschlossener Röhren, deren jede auf einem Stativ befestigt ist und mit einem Einfüllrohre in Verbindung steht. Auf den ausziehbaren Teilen der horizontalen Röhren befinden sich Skalen, mittelst deren die Entfernungen der beiden Glasscheiben gemessen werden. Man schiebt an beiden so lange aus oder ein, bis die Farbtiefe beider Flüssigkeiten gleich ist. Liegen gleichprozentuale Farblösungen vor, so verhalten sich die Werte der Farbstoffe umgekehrt wie die Distanzen der Gläser, welche die Horizontalröhren an ihren Enden verschließen.

4. **Das Kolorimeter von Mills**[1] (s. Fig. 1). Dasselbe besteht aus zwei ganz gleichen Gläsern, wie eins in nachstehender Zeichnung dargestellt ist. Es ist dies ein weites Glasrohr mit breitem flachen Fuß, welches etwa 120 ccm Inhalt hat und in 100 gleiche Teile graduiert ist. Auf dem oberen Rande befindet sich eine Messingkappe, welche das Erscheinen eines Meniskus verhindert. Die Kappe ist in der Mitte durchlocht und trägt in der Durchbohrung ein kurzes Rohr. Seitwärts ist an dieses Rohr ein engeres gelötet und an dieses wieder ein Klotz, von welchem eine Feder aufsteigt, die wieder einen kleinen Klotz trägt. An das engere Rohr ist ein Glasrohr gekittet, welches gerade nach unten geht und unter der glatten Unterseite der Messingkappe so endigt, daß es noch nicht in die Flüssigkeit eintaucht; unten ist es glatt, oben ist es kegelförmig erweitert. Durch dasselbe gleitet ein doppelt (wieder nach oben) gebogener Stab, an dessen unteres Ende eine flache kreisrunde Scheibe aus Milchglas angeschmolzen ist. Diese Scheibe muß sorgfältig auf der Drehbank abgeschliffen sein; ihre Oberflächen müssen frei von Rissen poliert sein und ihre Ränder dürfen keine Krümmungen zeigen. Der Stab wird durch den leichten Druck eines Stückchens Halbrohr, das an dem federnden Block befestigt ist, am Gleiten verhindert, läßt sich aber leicht mit der Hand verschieben; das Halbrohr wird zweckmäßig oben und unten etwas nach außen geschweift geformt, wennschon höchstens Spuren von Flüssigkeit an dasselbe gelangen. Der Apparat hat noch zwei sehr nützliche Hilfsteile. Der eine besteht aus einer roten und einer grünen Glasplatte, welche auf dem Boden liegen und so einen schwarzen Untergrund liefern, auf welchem die Milchglasscheibe durch die obere Öffnung leicht zu sehen ist; anderenfalls würde ein Ring von dunklerer Färbung als die beobachtete Farbe die Scheibe umgeben und die Bestimmung undeutlich machen. In manchen Fällen empfiehlt es sich, statt der roten und grünen andersfarbige Glasplatten anzuwenden oder sogar die Milchglasscheibe mit einem farbigen Glas zu bedecken. Das andere Hilfsmittel ist ein glatter, halbkugelförmiger, lose auf der Milchglasscheibe liegender Knopf, welcher für die Bestimmung von Trübungen dient, indem er soweit gesenkt wird, daß er gerade unsichtbar wird. — Beim Ablesen ist

---

[1] Beschrieben in Suttons „Handbook of Volumetric Analysis" und Knecht-Rawson-Löwenthals „Handbuch der Färberei der Spinnfasern".

stets die Stellung der glatten Oberfläche zu der Graduierung zu
ermitteln und wie beim Erdmannschen Schwimmer kann hierbei
Parallaxe völlig vermieden werden. Alsdann wird die Höhe der
Flüssigkeit gemessen und der Unterschied beider Ablesungen ist die
Dicke der gesuchten Schicht von Farblösung. Offen-
bar wird die Höhe der Flüssigkeitssäule durch Auf-
und Abschieben des gebogenen Stabes ein wenig beeinflußt; für kleine Veränderungen ist eine Korrektur
unnötig, für größere ist sie leicht durch Versuche
festzustellen; sie wird bei den meisten dieser Apparate
für jeden Grad, den der Stab verschoben ist, 0,015
Grad betragen. Bei Gebrauch des Apparates legt
man zuerst die beiden farbigen Scheiben auf den
Boden, setzt die Messingkappen auf die Gläser, schiebt
die doppelt gebogenen Stäbe ganz herunter und füllt
die Apparate bis zur Marke 100 mit den Farblösungen. Alsdann werden die Stäbe in die Höhe
gezogen, bis, wenn beide mit demselben Auge beobachtet werden, die Tiefe der Färbung in beiden
Gläsern gleich stark erscheint. Die Werte werden dann
abgelesen und berechnet: Die erhaltenen Zahlen stehen
im umgekehrten Verhältnis zur Stärke der Farblösungen.

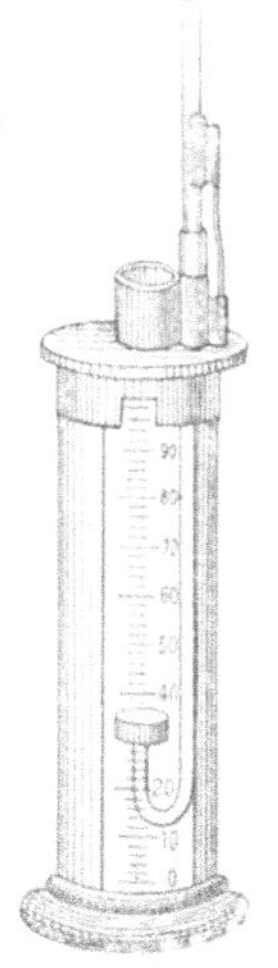

Fig. 1.

5. Das Komplementärkolorimeter von A. Müller
stellt eine Vereinfachung und Verbesserung von Nr. 3 dar. Es
besteht (s. Fig. 2) aus einem vertikalen Cylinder A, welcher die
Farblösung aufnimmt; derselbe ist unten durch die flache, glatte
und farblose Glasplatte e geschlossen. An der Seite desselben ist
eine Skala, von unten nach oben zugehend, in Millimeter eingeteilt,
befestigt. Der Cylinder ist mit einem Korkring cc bedeckt, in
welchem die Glasröhre a, die unten ebenfalls mit einem ebenen und
farblosen Glase geschlossen ist, festgehalten aber verschiebbar ist.
Den Stand von deren unterem Ende kann man durch horizontales
Hindurchsehen an der Skala ablesen. Der beschriebene Teil des
Apparates steht auf einem Holzkästchen B. Durch den Spiegel i,
der durch die Schraubenknöpfe kk in beliebigem Winkel stellbar
ist, wird weißes Licht in die Röhren A und a reflektiert. Der
vom Spiegel zurückgeworfene Lichtstrahl geht, ehe er in die Röhre A
gelangt, durch eine gefärbte Glasscheibe g, welche in einer Vertiefung des Kästchens B liegt. Die Farbe dieser Glasscheibe ist

komplementär zu derjenigen der gefärbten Flüssigkeit. Man bedarf daher zu den verschiedenen Farblösungen verschieden gefärbter Scheiben, zu den blauen Tönen gelbrote, zu den roten grüne Scheiben u. s. w. Ist der Ton des Glases richtig, so muß je nach der Vermehrung oder Verminderung der Farbenintensität der Flüssig-

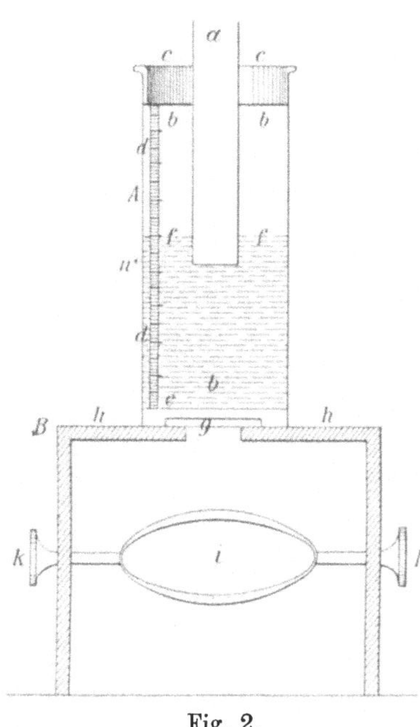

Fig. 2.

keit es dahin gebracht werden können, daß man beim Hindurchsehen durch beide, d. h. durch das komplementäre Glas und die Farblösung weiß erhält. Die Veränderung der Stärke der Farblösung kann man durch Verschieben des Rohres a bewirken; bei tieferer Stellung desselben wird sie geringer erscheinen. Man notiert die Stelle, die das Rohr einnimmt, wenn das durch die beiden gefärbten Medien fallende Licht weiß erscheint. Man bemerkt sich so zuerst den „Neutralitätspunkt" der Standardlösung, dann denjenigen der zu prüfenden Lösung. Ihre Werte verhalten sich umgekehrt wie die Flüssigkeitssäulen, d. h. wie die Distanzen zwischen den Bodenplatten des inneren verschiebbaren Cylinders a und des äußeren Cylinders A.

6. Das Tintometer von Lovibond[1]) (s. Fig. 3). Dieser Apparat dient nicht nur zum Messen, sondern auch zum Aufzeichnen von Färbungen. Abgesehen von Ständern und Reflektoren sind zwei Hauptteile zu unterscheiden. Der erste ist ein Instrument, welches zwei Gesichtsfelder unter ganz ähnlichen einäugigen Bedingungen, geschützt gegen die Fehlerquellen ungleicher Seitenbeleuchtung und der etwa in den zwei Augen des Beobachters verschiedenen Unterscheidungsfähigkeit, darbietet. Der andere Hauptteil besteht aus einer Anzahl Sätze farbiger Glasplatten; die Platten

[1]) Journ. Soc. Dyers and Col. 1897. 186. Knecht-Rawson-Löwenthal l. c. S. 1104.

jedes Satzes haben die gleiche Farbe, sind aber regelmäßig nach Farbtiefe abgestuft. Jeder Satz trägt zur Bezeichnung eine bestimmte „Farbnummer" und darunter befindet sich auf jeder einzelnen Platte eine „Stärkenummer". Werden mehrere Gläser desselben Satzes übereinander gebraucht, so ergibt die Summe der „Stärkenummern" die Farbtiefe der Gläser, während Gläser verschiedener Sätze Mischtöne liefern, bei welchen das Zahlenverhältnis jeder einzelnen Farbe abzulesen ist. Das Instrument besteht aus einem Rohr, welches durch ein Mittelstück F B in zwei Teile geteilt ist. Das Mittelstück endigt am Okular C in einer scharfen Kante, welche, innerhalb des Gesichtsfeldes liegend, beim Gebrauche nicht sichtbar ist. Am anderen Ende sind die zwei gleich großen Räume D, welche Gefäße von verschiedenem Fassungsvermögen aufnehmen. Dieselben sind durch das dicke Ende der Scheidewand B getrennt; letztere enthält Einschnitte, um die Ränder der farbigen Glasplatten und der einzusetzenden Gefäße zu verbergen; auch in den Wandungen sind entsprechende Schlitze angebracht und Leisten mit Klammern halten die Einsätze in ihrer Lage fest. Der ganze Apparat ist so eingerichtet, daß nur solches Licht in das Auge des Beobachters gelangen kann, welches in gleichen Mengen durch die zu prüfende Lösung in der einen Hälfte oder die Glasplatten in der anderen gegangen ist.

Zur Messung der Farbe in undurchsichtigen Gegenständen ist der Apparat an einem verstellbaren Ständer befestigt und kann derart im Winkel gestellt werden, daß das Licht von dem weißen Untergrund und den Seiten durch die Röhren in das Auge dringt, so daß durch das Okular zwei gleiche weiße Felder gesehen werden; der zu messende Gegenstand wird unter das eine Rohr gestellt und die Glasplatten in dem anderen geordnet mit dem weißen Grunde dahinter. Ist die Farbe von zwei Gegenständen zu vergleichen, so wird unter jedes Rohr einer derselben gestellt und dem helleren der beiden werden Glasplatten hinzugefügt, bis beide Seiten gleich sind, worauf der Unterschied im Farbton oder in der Farbtiefe abgelesen werden kann.

Die Gefäße zur Aufnahme von Flüssigkeiten sind so abgemessen, daß sie Schichten von $1^{1}/_{2}$ mm Dicke für dunkle, bis zu 63 mm Dicke für sehr blasse Lösungen fassen können; in den letzteren kann die blaue Färbung reinen Wassers leicht gemessen werden. Die Gefäße sind für neutrale und alkalische Flüssigkeiten aus Messing mit Böden aus farblosem Glas, für saure und andere ätzende Lösungen — ganz aus Glas gefertigt.

Sollen einander unähnliche Stoffe verglichen oder gemessen werden, so ist die Stärke des Lichtes in Betracht zu ziehen und besonders dürfen die Extreme nicht unberücksichtigt bleiben; denn wenn auch innerhalb ziemlich weiter Grenzen des Tageslichtes das Urteil des Auges gleichmäßig bleibt, so ist doch jenseits derselben Vorsicht geboten. Durch Erfahrung ist bald zu erkennen, wann die Arbeit wegen Mangel an richtigem Licht aufzugeben ist und wann bei stärker werdender Beleuchtung Abschwächungen erforderlich werden.

Beim Abmustern bezw. Zusammenstellen eines bestimmten Farbtones überlegt man sich zweckmäßig, aus was für Hauptfarben das Muster besteht und stellt die Farbe dann auch möglichst nur aus Hauptfarben zusammen. Da jedoch nicht alle Hauptfarben in Glas zur Verfügung stehen, ist man häufig gezwungen, mit mischfarbigen Glasplatten zu beginnen und durch Hinzufügen der fehlenden Hauptfarben abzutönen.

Zur Prüfung von Farbstoffen werden dieselben je nach Umständen in Wasser, Alkohol etc. gelöst. Eines der Gefäße wird mit der Flüssigkeit gefüllt und in die eine Hälfte des Apparates eingesetzt (z. B. ED), während die andere Hälfte mit den Glasplatten oder mit einer Lösung von bekannter Färbung beschickt wird. Wie

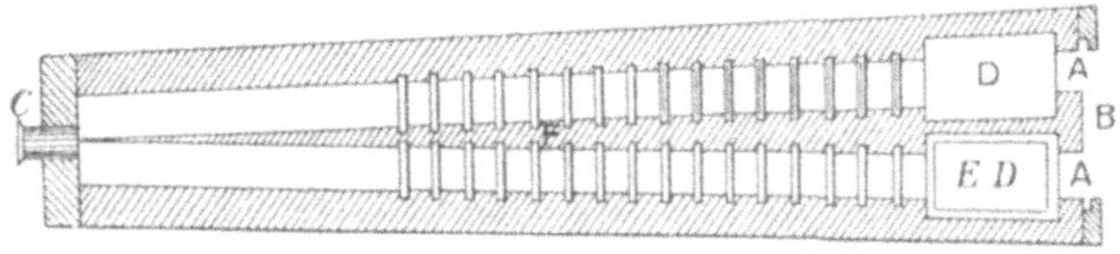

Fig. 3.

bereits erwähnt, darf die Flüssigkeit nicht zu tief gefärbt sein. Am besten eignen sich Lösungen, welche 10—20 Stärkeeinheiten der Glasplatten gleichkommen. Sind die Lösungen wesentlich intensiver gefärbt, so sind sie entsprechend zu verdünnen oder in entsprechend dünneren Schichten zu untersuchen.

Aus obiger Beschreibung erhellt, daß das Tintometer die zu prüfenden Lösungen und festen Gegenstände nicht nur nach Farbton und Farbtiefe bestimmt, sondern auch verzeichnet und so-

mit auch geeignet ist, mehrere Gegenstände zeitlich und örtlich voneinander getrennt zu untersuchen, also gewissermaßen nicht nur
vergleichend nebeneinander, sondern physikalisch-exakt zu bestimmen und zu präzisieren.

## Absorptions-Kolorimeter.

Während die vorbeschriebenen kolorimetrischen Bestimmungen
sämtlich auf der direkten Farbenbeschauung mit bloßem Auge beruhen, existieren noch andere Instrumente, welche man als Absorp-
tions- oder Fernrohr-Kolorimeter bezeichnen kann, weil dieselben
auf der Absorption von Licht durch eine gefärbte Lösung beruhen
und vermittelst eines Fernrohrs oder einer Lupe beobachtet werden.
Bei diesen kolorimetrischen Messungen wird von dem Grundsatz ausgegangen, daß das Lichtabsorptionsvermögen von gefärbten
Flüssigkeitsschichten bei gleicher Helligkeit der Gesichtsfelder umgekehrt proportional den Schichten-
dicken ist, welche die Lichtstrahlen durchlaufen. Wenn es z. B.
zur Herbeiführung gleicher Helligkeit in den beiden Hälften des
Gesichtsfeldes der Kolorimeter nötig war, der einen Flüssigkeitssäule
nur die halbe Höhe von derjenigen der anderen zu geben, so wird
man daraus schließen, daß die Flüssigkeit von der halben Höhe
ein doppelt so großes Absorptionsvermögen besitzt, als die andere.
Ist also nach Einstellung auf gleiche Helligkeit h die Höhe der
einen Flüssigkeit, $h^1$ diejenige der anderen, p das Absorptionsvermögen der einen, $p^1$ — der zweiten Flüssigkeit, so ist

$$p : p^1 = h^1 : h.$$

Das Vermögen eines Körpers, Licht zu absorbieren, resultiert
aus der spezifischen Eigenschaft seiner Moleküle, gewisse Lichtstrahlen
teilweise oder ganz vermöge der eigenen Molekularbewegung zurück-
zuhalten. Je mehr lichtabsorbierende Moleküle der Lichtstrahl passieren muß, d. h. eine je konzentriertere Lösung bei z. B. gleicher
Schichtendicke man anwendet, um so größer ist der Lichtverlust, um
so größer die lichtabsorbierende Kraft der Flüssigkeit. Dieselbe
($p$ und $p^1$) ist also direkt proportional der Konzentration. Sind c
und $c^1$ zwei verschiedene Konzentrationen von Lösungen desselben
gefärbten Körpers, so ist demgemäß

$$c : c^1 = p : p^1,$$

oder, da sich nach obigem verhält

$$p : p^1 = h^1 : h,$$

so ist

$$c : c^1 = h^1 : h.$$

Es ist demnach die Konzentration umgekehrt proportional der Länge der von den Lichtstrahlen durchlaufenen Flüssigkeitsschicht. Kennt man bei kolorimetrischen Bestimmungen nach obigen Methoden die Konzentration der einen Flüssigkeit (c) und ermittelt durch Einstellung auf gleiche Helligkeit die Schichtdicken h und $h^1$, so kann man die Konzentration der zu untersuchenden Flüssigkeit $c^1$ berechnen:

$$c^1 = c \frac{h}{h^1}.$$

Es leuchtet ein, daß diese Methoden nur dann von Wert sind, wenn es sich um genau gleiche Farbtöne handelt, da durch Veränderung der Nuance auch das Absorptionsvermögen sehr wesentlich geändert wird. In folgenden zwei Apparaten wird dieses Prinzip der kolorimetrischen Untersuchung zur Anschauung gebracht.

Außer diesen zwei Instrumenten existieren noch mehrere andere, teilweise sehr komplizierte Apparate, die man als Polarisations-Kolorimeter, Spektro-Kolorimeter, Spektro-Photometer u. s. w. bezeichnet[1]).

7. Das Kolorimeter von Duboscq[2]) (s. Fig. 4). Ein Spiegel M, welcher von dem Fuße des Instrumentes getragen wird, und welchen man nach Belieben neigen kann, erlaubt, die zwei Flüssigkeitssäulen, welche verglichen werden sollen, gleichmäßig zu beleuchten. Die beiden Lösungen sind enthalten in zwei senkrechten Glasröhren C $C^1$, welche unten durch zwei planparallele Glasscheiben geschlossen sind. Um die Höhe der Flüssigkeitsschicht, welche das Licht durchstrahlen soll, beliebig verändern zu können, sind in den Röhren C und $C^1$ zwei cylindrische Tauchröhren T und $T^1$ angebracht, welche oben offen, unten ebenfalls durch planparallele Glasplatten verschlossen sind. Diese beiden Tauchröhren können mit ihrer unteren Fläche mit dem Boden der Flüssigkeitsbehälter in Berührung gebracht und davon mehr oder weniger entfernt werden, indem man die horizontalen Träger der Tauchröhren in zwei senk-

---

1) Sämtliche diese Apparate werden im optischen Institut von A. Krüß-Hamburg erzeugt.

2) G. und H. Krüß, Kolorimetrie und quantitative Spektralanalyse.

rechten Schlitzen des Stativs verschiebt. Eine an diesen Schlitzen angebrachte Einteilung erlaubt, mit Genauigkeit die Höhe der Flüssigkeitssäule zu messen, welche sich zwischen den Tauchröhren T und $T^1$ und dem Boden der Flüssigkeitsbehälter C und $C^1$ befindet, welche also auf das hindurchgesandte Licht absorbierend wirkt. Unter die Cylinder $CC^1$ können gefärbte Gläser gebracht werden, um nach Bedarf die Färbung der Lichtstrahlen zu verändern.

Senkrecht über den beiden Tauchröhren befinden sich zwei Glasprismen P und $P^1$, deren nähere Einrichtung und Wirkungsweise auch aus Fig. 6 ersichtlich ist. Dieselben führen die beiden aus den Tauchröhren kommenden Strahlenbündel durch zweimalige Reflexion zur unmittelbaren Berührung. Diese Strahlenbündel werden dann mit Hilfe eines kleinen Fernrohres A beobachtet und man erhält im Gesichtsfeld einen Kreis, dessen eine Hälfte das Licht durch den einen Flüssigkeitscylinder, dessen andere Hälfte solches durch den anderen Cylinder von Spiegel M erhält.

Um nun eine kolorimetrische Beobachtung zu machen, stellt man zuerst den Spiegel M, indem man durch das Fernrohr A schaut, so ein, daß die beiden Hälften des kreisförmigen Gesichtsfeldes in gleicher Helligkeit erscheinen. Es ist hervorzuheben, daß für diese erste Beobachtung die Rohre leer und gut gereinigt sein müssen.

Sodann gießt man die Lösungen in die beiden Glasröhren C und $C^1$ und zwar in eine derselben die Normallösung mit bekanntem Gehalt, in die andere die zu untersuchende Lösung. Die Tauchröhre, welche sich in der Normallösung befindet, wird in eine bestimmte Höhe eingestellt und sodann die zweite Tauchröhre in solche Höhe gebracht, daß die beiden Hälften des Gesichtsfeldes wieder dieselbe Helligkeit zeigen. Man liest dann an den beiden Einteilungen die Höhen der Flüssigkeiten ab; das umgekehrte Verhältnis dieser Höhen, welche gleiche Absorption ausüben, ergibt das Verhältnis der in beiden Flüssigkeiten enthaltenen Mengen Farbstoff, woraus sich der Farbstoffgehalt der untersuchten Lösung sehr einfach berechnet.

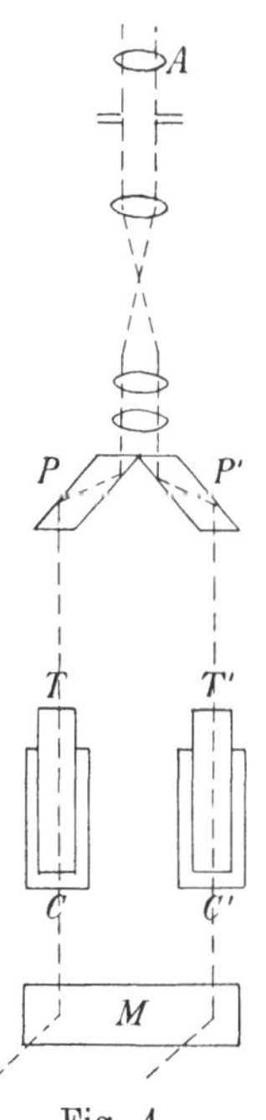

Fig. 4.

8. **Das Kolorimeter von C. H. Wolff**[1]) (s. Fig. 5, 6, 7). Das Wolffsche Kolorimeter ist dem Duboscqschen sehr ähnlich und bei einfacherer Handhabung und gleich exakten Resultaten letzterem vorzuziehen.

Es besitzt wiederum einen auf dem Stativ befestigten Beleuchtungsspiegel C und oben das reflektierende Prismenpaar D, welches die beiden Strahlenbündel im Gesichtsfelde einer Lupe E so ver-

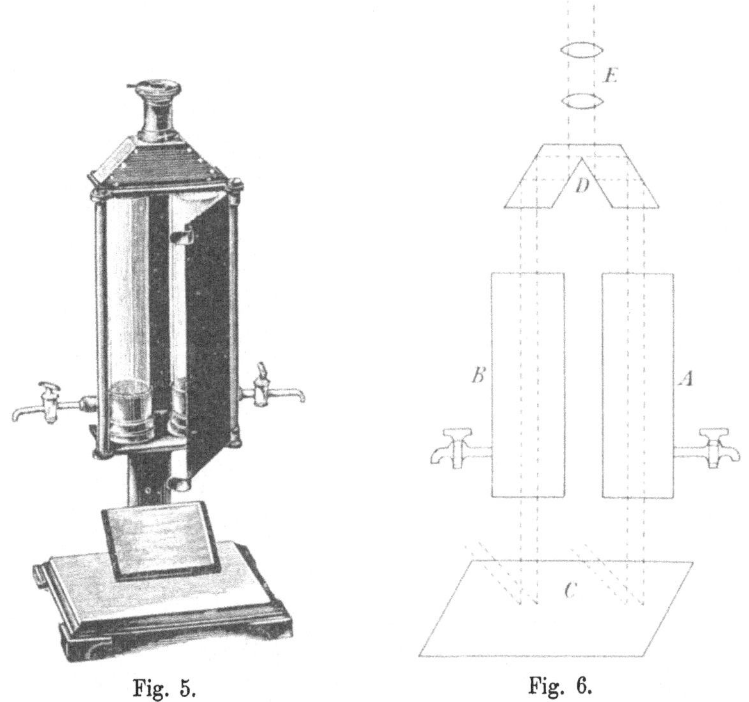

Fig. 5.                    Fig. 6.

einigt, daß die eine Hälfte des Gesichtsfeldkreises dem durch das eine, die andere Hälfte dem durch das andere Prisma gegangenen Lichte entspricht. Die Flüssigkeitsbehälter mit den Tauchröhren des Duboscqschen Apparates sind jedoch ersetzt durch zwei je 100 ccm fassende und in einzelne Kubikcentimeter geteilte Cylinder A und B mit seitlichen Ausflußhähnen. Dieselben sind mittelst

1) G. und H. Krüß, Kolorimetrie und quantitative Spektralanalyse.

einer Messingfassung unten durch planparallele Glasplatten verschlossen, welche zum Zwecke der Reinigung der Cylinder auch entfernt werden können. Das Wolffsche Kolorimeter ist demzufolge
einfacher als das Duboscqsche und deshalb demselben vorzuziehen.

Die Flüssigkeitshöhen werden beim Wolffschen Kolorimeter
durch Benutzung der seitlichen Abflußhähne so eingestellt, daß beider-
seits im Gesichtsfeld gleiche Helligkeit herrscht. Hierbei wird man,
um eine möglichst einfache Rechnung zu haben, den einen der beiden
Cylinder, und zwar denjenigen, welcher die am wenigsten konzentrierte Lösung enthält, bis zur Marke 100 gefüllt lassen und die
Höhe der Flüssigkeit in dem anderen Cylinder so weit verringern,
bis gleiche Absorption von beiden Flüssigkeitssäulen ausgeübt wird.
Diese Einstellung läßt sich nach kurzer Übung leicht bewerkstelligen,
und die dadurch erlangten Resultate lassen wenig zu
wünschen übrig.

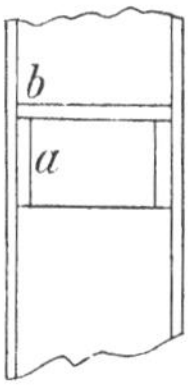

Zwischen der Augenortsblende und der obersten
Okularlinse kann noch ein Rauchglas vorgeschlagen
werden und es empfiehlt sich sehr, abwechselnde Beobachtungen mit und ohne Rauchglas zu machen, je nach
der Intensität des Lichtes oder der mehr oder minder
starken Färbung der Flüssigkeiten; das Auge nimmt bei
Beobachtung mit Rauchglas oft noch kleine Unterschiede
in den Farbentönen wahr, welche ihm bei stärkerer Helligkeit entgehen.

Fig. 7.

Stehen nur geringe Flüssigkeitsmengen zu Gebote, so können
engere Cylinder (bei gleicher Höhe von 17—18 cm) angewandt
werden. Der hierbei störend auftretende Flüssigkeitsmeniskus wird
nach G. und H. Krüß am besten durch leichte Schwimmer (s. Fig. 7)
vermieden. Dieselben bestehen aus einem kurzen Hartgummicylinder a,
welcher nach unten offen, nach oben mit einer Glasplatte b verschlossen ist. Derselbe muß sich in dem Cylinder leicht bewegen,
damit er beim Ablassen der Flüssigkeit dem Stande derselben fortwährend folgt. Durch Verminderung des Cylinderdurchmessers kann
auf solche Weise ein geringfügiges Quantum von 10 ccm noch genau
kolorimetrisch bestimmt werden.

5*

# Spektroskopie.

Wenn neutrales weißes Licht eine Farbstofflösung passiert, so wird nur ein Teil des zusammengesetzten Lichtes von bestimmter Wellenlänge hindurchgelassen, während der andere Teil absorbiert wird. Läßt man statt weißen Lichtes ein in seine Spektren zerlegtes Licht auf dieselbe Farbstofflösung einwirken, so wiederholt sich dasselbe Schauspiel: dieselben Strahlen werden hindurchgelassen, wie beim neutralen unzerlegten Licht, und die übrigen werden absorbiert, nur mit dem Unterschiede, daß an Stelle des ausgelöschten absorbierten Spektrums mehr oder weniger scharf abgegrenzte dunkle Streifen, die sogen. Frauenhoferschen Linien auftreten. Je nach Dicke der passierten Schicht und der Konzentration der Farbstofflösung treten diese Linien mehr oder weniger intensiv und breiter oder schmäler auf. Im allgemeinen treten die dunklen Streifen in der Lage der Komplementärfarben zu dem entsprechenden Farbstoff auf. So muß demnach — und dieses leuchtet sehr wohl ein — eine verdünnte Rotlösung die Hauptverdunkelung im grünen, eine Gelblösung die Hauptverdunkelung im blauen bis violetten, eine Blaulösung — im gelben Felde des Spektrums und umgekehrt aufweisen. Werden die Lösungen konzentrierter genommen, so greift die Verdunkelung weiter um sich und grenzt bei Rotlösungen an gelb und blau heran, bei Gelblösungen an — rot und blau, bei Blaulösungen an grün heran u. s. f. Nun besitzen die Farbstoffe aber auch noch außer dieser Hauptdirektive ihrer dunkeln Gegend und Streifen meist eine Anzahl anderer Characteristica, welche es ermöglichen, den Farbstoff darnach als solchen zu identifizieren, d. h. jedem Farbstoff entspricht ein besonderes spektroskopisches Bild (Form und Lage), nach welchem man den Farbstoff erkennen kann.

Die ersten, die auf dieser Eigenschaft der Farbstoffe eine Untersuchungsmethode derselben aufzubauen versuchten, waren Pabst und Girard (1886, Agenda du chimiste). Sie hatten jedoch praktisch keine befriedigenden Resultate erzielen können. Nach ihnen waren es besonders Vogel und Formánek[1]), die die Untersuchung

---

[1]) H. W. Vogel, Praktische Spektralanalyse irdischer Stoffe. J. Formánek, Spektralanalytischer Nachweis künstlicher organischer Farbstoffe; Zeitschr. f. Farb. u. Text. Chem. 1902, 1903. Dr. J. Landauer, Die Spektralanalyse. J. Pokorny, Sitzungsberichte der Industr. Ges. Mülh.

irdischer Stoffe und der Farbstoffe nach dieser Methode weiter ausbauten und letzterer eine große Anzahl der bekannten Teerfarbstoffe spektroskopierte. Gegen die Methode läßt sich zunächst sagen, daß eine große Übung und Fertigkeit dazu gehört, wenn man mit Erfolg mit dem Spektroskop umgehen will. Bei dem raschen Wachsen der Zahl der Teerfarben erscheint es nun auch sehr schwierig, die später immer geringer werdenden Differenzen zwischen den einzelnen nahe verwandten Spektren genau auseinander zu halten und gewissermaßen fest zu charakterisieren. Auch sind die Vorbereitungs-Arbeiten bei der Untersuchung neuer Farbstoffe weit größer als bei anderen Methoden. Es haben sich demnach bis heute nur wenig Freunde dieser Methode gefunden. — Als Hauptvorzug der Methode muß derjenige bezeichnet werden, daß man bei bestimmten charakteristischen Spektren sicherer gehen dürfte als bei der Reaktions-Analyse, wo sich die Reaktion durch geringe Beimischung sehr wesentlich verschieben könnte. Als großer Freund der Formánekschen Farbstoffanalyse gibt sich J. Pokorny zu erkennen, welcher die Exaktheit des Spektroskopes weit über diejenige der Reaktionsanalyse stellt. Bei der Bestimmung der Farbstoffe auf der Faser gilt es zunächst, die Farbstoffe in unveränderter Form von der Faser abzuziehen. Vielfach wird dieses vermittelst 90 %iger Essigsäure oder Alkohol, Amylalkohol, konzentriert oder verdünnt, kalt oder heiß, erreicht. Zuweilen ist farbloses Acetin von Nutzen, zuweilen auch zwei oder mehr Lösungen hintereinander. Diese Farbstofflösung wird alsdann spektroskopiert. Handelt es sich um Farbstoff in Substanz, so wird die unmittelbar hergestellte wässerige oder alkoholische etc. Lösung verwandt.

Absolut genaue Analysen erfordern ein großer Spektroskop[1], für annähernd genaue technische Analysen genügt meist schon ein Taschenspektroskop van Zeiß-Jena oder die zuerst von John Browning-London konstruierten Taschen-Apparate. Ein Vergleichsprisma an denselben ist durchaus zu empfehlen, da es ohne dasselbe schwierig ist, die genaue Stellung der Absorptionsstreifen zu bestimmen. Der Apparat wird entweder in einen gewöhnlichen Bürettenhalter oder in das eigens dazu konstruierte Vogelsche Stativ gespannt, und die zu untersuchende Farbstofflösung am besten in parallelwandigem Fläschchen vor dem gegen ein Fenster gerichteten Spalt befestigt. Man stellt die Spalt- und Fernrohr-Verschiebung derart, daß die

---

[1] Z. B. von Zeiß-Jena, A. Krüß-Hamburg etc.

Frauenhoferschen Linien in zerstreutem Tageslicht scharf und deutlich hervortreten. Dabei ist das Vergleichsprisma derart zu dirigieren, daß man im Gesichtsfelde scheinbar ein einziges, durch eine dunkle Querlinie in zwei gleiche Hälften geteiltes, Spektrum erblickt.

Zunächst suche man sich über die Lage der hauptsächlichsten Frauenhoferschen Linien zu orientieren, da diese gewissermaßen die Skala für die Absorptionsspektren bilden. Eine eigentliche Skala ist an den Taschenapparaten schwierig anzubringen und für den vorliegenden Zweck auch leicht zu entbehren.

Die wichtigsten Frauenhoferschen Linien werden mit dem Anfangsbuchstaben des Alphabets: A, a, B, C, $\alpha$, D, E, $b_1$, F, G, h, bezeichnet. Von den Hauptlinien liegen A und B im Rot, C im Orange, D im Gelb, E im Grün, F im Blau, G im Indigo und h im Violett.

Da die Linie D im Gelb mit der Natriumlinie zusammenfällt, so dient dieselbe zweckmäßig als Ausgangspunkt für die Aufsuchung der anderen Linien. Man richtet am besten, während man das Tagesspektrum durch das Hauptprisma betrachtet, das Vergleichsprisma auf eine Kochsalzflamme und wird sich alsdann leicht über die links und rechts von der Natriumflamme liegenden Linien orientieren können, wenn man die Spektrentabelle zu Hilfe nimmt. In den von Formánek konstruierten Tabellen sind die Lagen der Absorptionsspektra durch Kurven angedeutet. Dieselben sollen durch ihre Höhe und Form die Intensität der Verdunkelung und das allmähliche Abnehmen derselben nach den Seiten hin ausdrücken. Die Absorption ist an der Stelle am stärksten, wo die Kurve ihren höchsten Punkt erreicht. (Vergl. M. Schütze, Zeitschr. f. phys. Ch. 9, 109. C. Grebe, Zeitschr. f. phys. Ch. 10, 673 „Über Azofarben-Spektra", Lunges Chemisch-technische Untersuchungsmethoden: R. Gnehm Bd. III, S. 971.)

Formánek hat weiter auf Grund seiner zahlreichen Beobachtungen nach folgendem Prinzip eine spektroskopische Methode zur Bestimmung der Farbstoffe ausgearbeitet. Alle Farbstoffe teilt er nach der Form ihrer Absorptionsstreifen in eine Anzahl von Gruppen ein und zwar die roten und grünen Farbstoffe in je sechs Gruppen, die blauen und gelben Farbstoffe in acht bezw. fünf Gruppen. Mittelst eines Spektroskopes von geeigneter Dispersion wird zuerst die Gruppe, in welche der gesuchte Farbstoff gehört, sodann mit Hilfe einer passenden Vorrichtung zum Messen die Lage des Absorptionsstreifens bestimmt. Genügt die Bestimmung der Gruppe und Lage nicht, so teilt man die Lösung des Farbstoffes in drei Teile. Zu dem ersten setzt man Salpetersäure, zu dem zweiten Ammoniak und zu dem

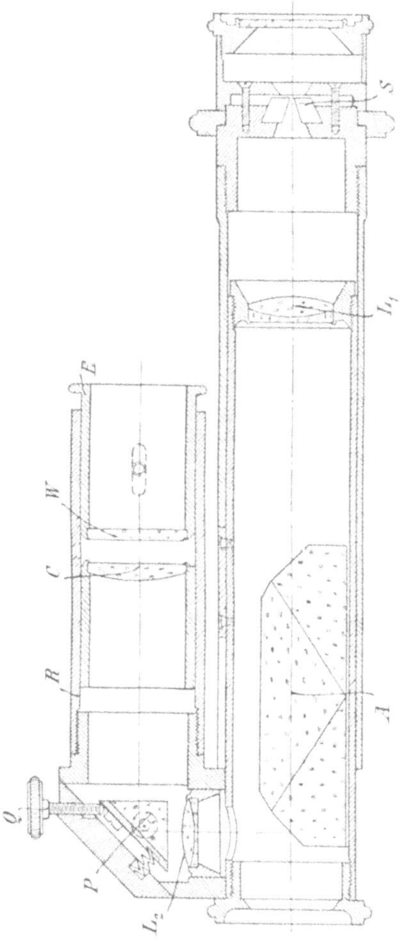



dritten Kalihydrat hinzu und beobachtet die Veränderung der Farbe und des Spektrums, und auf Grund dieser Beobachtungen sucht man den betreffenden Farbstoff in den zu diesem Zweck zusammengestellten Tabellen auf. Auf diese Art sollen sich alle Farbstoffe bestimmen lassen, welche geeignete Absorptionsspektra liefern oder liefern können, oder aber auch solche, welche sich mit chemischen Reagentien ändern.

Auch J. Pokorny (Rev. gén. mat. color. 1902, 6, 247) empfiehlt warm die spektroskopischen Untersuchungsmethoden zur Bestimmung von Farbstoffen auf der Faser. Zum Abziehen der Farbstoffe benutzt er 90 %ige Essigsäure, konzentrierten oder etwas verdünnten Alkohol, Acetin u. s. w. Auch gelingt es oft, durch fraktioniertes Abziehen mit verschiedenen Lösungsmitteln hintereinander die einzelnen Farbstoffe getrennt in Lösung zu bekommen und zu spektroskopieren. So läßt sich z. B. aus einem Gemisch von Methylviolett und Methylenblau ersterer Farbstoff durch schwach verdünnten Alkohol, zweiter durch Essigsäure in Lösung bringen. Für annähernd genaue Analysen genügt nach Pokorny das Taschenspektroskop von Zeiß.

Des weiteren beschreibt Pokorny (Ind. Ges. Mülh. Sitz. v. 25. Juni 1902) einen Apparat, den er für hinreichend genaue Analysen empfiehlt, und der nach folgendem Prinzip gebaut ist (s. Fig. 8):

S   = Schlitz mit veränderlicher Öffnung.  
$L_1$  = Linse.  
A   = Amici-Prisma.  
$L_2$  = Lupe für die Wellenskala  
W (= Wellenskala), welche in das Gesichtsfeld gebracht wird  
       mittelst Verschieben des Tubus  
B (= Tubus), der die Skala in der Hülse  
R (= Hülse) führt.  
C   = Sammellinse.  
P   = Prisma zur totalen Reflexion, verstellbar durch Schraube  
Q (= Schraube), wirft das virtuelle Bild der Skala auf das  
       (ebenfalls virtuelle) Bild des Spektrums.

Für genaue Bestimmungen eignet sich nach Formánek nicht ein kleineres Farben-Spektroskop, ebenso wie die Einteilung nach den Frauenhoferschen Linien nicht genügt. Er teilt das ganze Spektrum in 25 Grade, welche wieder in je 100 Centigrade geteilt sind. Die Linie D (Natriumlinie und Ausgangspunkt) fällt dabei genau mit dem Teilstrich 10·00 zusammen. Die Lagen der Frauenhoferschen Linien, bezogen auf diese Skala, sind folgende:

Fr. Linien.	A	a	B	C	α	D	E	O,	F	G	h
Skalenteil	5,64	6,46	7,10	7,89	8,69	10,00	12,85	13,35	15,48	20,67	23,42
Wellenlängen	762,1	717	687	656,3	627,8	589,6	527	518,3	486,1	430,8	396,8.
(Rowland)

Wie empfindlich die Spektralbilder mancher Farbstoffe sind, beweisen die Beobachtungen Formáneks, die er mit Alkohol, Amylalkohol und Wasser als Lösungsmittel anstellte. Er fand, daß manche Farbstoffe sich in Äthylalkohol gelöst anders verhielten, als in Wasser oder Amylalkohol (z. B. Türkisblau G, Cyanin B geben in wässeriger Lösung das gleiche, in Alkohol gelöst verschiedene Absorptionspektren). Ähnlich wird manchmal Form und Lage des spektroskopischen Bildes eines Farbstoffes durch Zusatz von Säure (Eosin in Alkohol), durch Temperaturdifferenzen [Methylgrün kryst. I bl. (By)] u. s. w. beeinflußt. Bei Farbstoffgemischen, welche direkt angewandt, die Form und Lage der Absorptionsstreifen verwischen würden, nimmt Formánek oft Trennungen vermittelst Amylalkohol vor, oder er verschiebt den einen oder anderen Streifen durch geeigneten Reagenszusatz, oder er bringt endlich den einen oder anderen Streifen durch chemische Eingriffe zum Verschwinden. Ebenso macht er Farbstoffe ohne charakteristische Spektren durch bestimmte Reagentien empfindlich und spektroskopierbar, zieht unter Umständen ihre Reaktionen zu Hilfe heran und versteht es durch solche Kunstgriffe die meisten Farbstoffe, bis auf eine Anzahl gelber und brauner Produkte, seiner Methode nutzbar zu machen.

Die von ihm angewandten wenigen Reagentien sind folgende: Lösungsmittel: Wasser, Alkohol 97 $^0/_0$, Amylalkohol.

Reagentien: Salpetersäure 1 : 5, Ammoniak 0,96 sp. G. 1 : 5, wässerige Kalilauge (frisch und farblos) 1 : 10, alkoholische Kalilauge (farblos) 1 : 10. Essigsäure 1 : 5, Alaunlösung 1 : 12.

Die Einteilung sämtlicher Absorptionsspektra in bestimmte Grundtypen oder Grundformen gelingt Formánek sehr gut und befähigt ihn, sämtliche Farbstoffe nach diesen Formen in Hauptgruppen und Untergruppen zu sichten. Er unterscheidet folgende Formen (siehe Fig. 9).

1. Ein symmetrischer Streifen [Anilinblau 2 B spritl. (A)].
2. Ein Streifen mit schwachem gleichmäßigen Schatten rechts (Malachitgrün, Patentblau).
3. Ein Streifen mit schwachem Schatten rechts und links [Bordeaux extra (By)].

4. Ein Streifen allmählich nach rechts verzogen
[Reinblau (t. M)].

5. Ein Streifen allmählich nach links verzogen
[Benzoviolett R (By)].

6. Ein starker Streifen und ein schwacher Streifen
rechts (Rhodamin, Methylenblau).

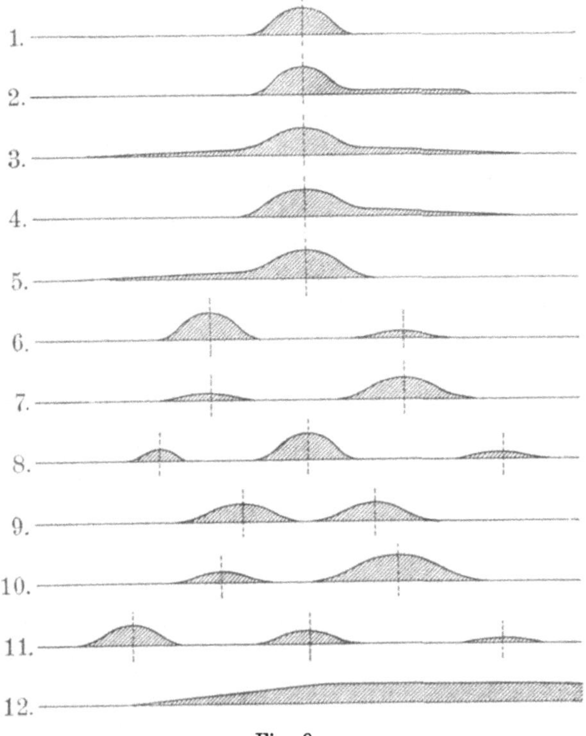

Fig. 9.

7. Ein starker Streifen und ein schwacher Streifen links
[Guineaviolett 4 B (A), Nilblau R (B)].

8. Zwei schwache Streifen zu beiden Seiten eines starken
Streifens [Phloxin B, Neublau R (By)].

9. Zwei nahe aneinander liegende gleiche Streifen
(Doppelstreifen) [Chromotrop 2 R (M)].

10. Zwei ungleiche wellenartig verbundene Streifen
    (Wellenstreifen) [Azoeosin (By)].
11. Neben einem starken Streifen mehrere schwächere
    Streifen rechts oder links [Alizaringrün S (M), Alizarin-
    granat R in Äthylalkohol (M), Janusblau G (M)].
12. Eine einseitige Absorption [Naphtolgelb (M)].

Die Unterschiede in den Lagen der Absorptionsstreifen ermöglichen alsdann weiter die Einteilung der einzelnen Farbstoffe.

Auf solche Weise wird zuerst die Form des Absorptionsspektrums der Farbstofflösung und somit die Gruppe, in welche der
fragliche Farbstoff gehört, bestimmt. Formáneks Methode besitzt
sechs Gruppen von grünen, acht von blauen, sechs von roten und
fünf Hauptgruppen von gelben Farbstoffen. Darauf bestimmt man
vermittelst der oben besprochenen Meßvorrichtung die Lage des
Streifens, bezw. der verschiedenen Streifen, wodurch in vielen Fällen
der Farbstoff schon charakterisiert ist. Genügt diese Bestimmung
noch nicht, so teilt man die verdünnte Lösung des Farbstoffes in
drei Teile; den ersten versetzt man mit verdünnter Salpetersäure,
den zweiten mit Ammoniak und den dritten mit Kalilauge und
beobachtet die Veränderung der Farbe und des Spektrums. Auf
Grund dieser Beobachtungen stellt man den betreffenden Farbstoff
mit Hilfe der zu diesem Zweck zusammengestellten Tabellen und
Tafeln fest.

Auf solche Weise werden nach dieser Methode die grünen,
blauen, roten und gelben Farbstoffe in ihre Einzel-Gruppen geteilt.
Die Verteilung der von Formánek studierten Farbstoffe gestaltet
sich wie folgt (Vergl. a. die Tafeln am Schluß des Buches).

### Grüne Farbstoffe.

Gruppe I. Farbstoffe, welche in allen Lösungsmitteln einen
Streifen mit einem Schatten rechts liefern (Form 2). Als Unter-
scheidungsmerkmal dient nebenbei die Löslichkeit in Amylalkohol.
Zu dieser Gruppe gehören: Naphthalingrün V (M), Wollgrün S (B),
Malachitgrün, Echtlichtgrün (By), Methylgrün krist. I gelbl. und
bläul. (By), Säuregrün, Lichtgrün, Cyanolgrün B (C), Walkgrün
228 (D), Brillantgrün, Smaragdgrün, Äthylgrün, Malachitgrün,
Diamantgrün, Guineagrün B, G (A), Neptungrün S (B), Azogrün
(By), Chromgrün (By), Benzalgrün (O), Chinagrün krist. (By),
Brillant-Walkgrün B (C).

Gruppe II. Farbstoffe, welche in wässeriger und weingeistiger Lösung neben einem starken Streifen einen schwächeren Streifen rechts, ev. einen Doppelstreifen (Form 6 und 9) liefern. Der Nebenstreifen ist unter Umständen so schwach, daß er nur in konzentrierten Lösungen sichtbar ist. Lösungen in Amylalkohol können andere Formen aufweisen. Hierher gehören: Diamingrün B (C), Methylengrün G, extra gelbl. konz, O (M), Columbiagrün (A), Methylgrün 12 BB (M), Echtgrün extra, extra bläulich (By), Chrompatentgrün N (K).

Gruppe III. Farbstoffe, welche in wässeriger Lösung einen breiteren Streifen und ev. eine einseitige Absorption rechts zeigen. Der Streifen kann auch unsymmetrisch sein; alkoholische Lösungen können ein anderes Bild liefern (Form 1 und 12). Hierher gehören: Azingrün TO (L), Brillant-Benzogrün B (By), Janusgrün B, G (M), Coeruleïn S Pulver (M), Diazingrün (K), Diamantgrün (By), Alizaringrün B, G (D).

Gruppe IV. Farbstoffe, welche in wässeriger Lösung neben einem stärkeren unsymmetrischen Streifen einen schwächeren Streifen links und ev. eine einseitige Absorption rechts zeigen (Form 7 und 12). Alkoholische Lösungen können Abweichungen verursachen. Hierher gehören: Benzodunkelgrün GG (By), Benzogrün G (By), Benzo-Olive (By), Echtgrün M (DH), Alkaligrün 128 (D), Säure-Alizaringrün G (M).

Gruppe V. Farbstoffe, welche neben einem starken Streifen noch zwei schwächere Streifen liefern (Form 8 und 11). Hierher gehört: Alizaringrün S Pulver (M).

Gruppe VI. Farbstoffe, welche keinen Absorptionsstreifen, wohl aber rechts, oder links oder auf beiden Seiten eine einseitige Absorption zeigen (Form 12). Hierher gehören: Naphtolgrün B (C), Dunkelgrün (C), Solidgrün O (M).

### Blaue Farbstoffe.

Gruppe Ia. Farbstoffe, welche in wässeriger oder weingeistiger Lösung in der Regel einen Streifen mit einem Schatten rechts zeigen (Form 2). Hierher gehören: Patentblau A, V, extra (M), Neu-Patentblau G A (By), Türkisblau BB, G (By), Cyanin B (M), Biebricher Säureblau (K), Echtsäureblau B (By), Cyanol extra, F F (C), Echtsäureviolett 10 B (By), Säureviolett 8 B extra (By), Wollblau N extra konz. (By).

Gruppe I b. Farbstoffe, die in wässeriger Lösung außer dem Streifen mit rechtsseitigem Schatten noch einen schwachen Nebenstreifen rechts zeigen (Form 11); jedoch in Äthyl- und Amylalkohol gelöst keinen Nebenstreifen liefern (also wie I a). Hierher gehören: Nilblau A (B), Naphtalinblau B (M), Wollblau R (A).

Gruppe II a. Farbstoffe, die in wässeriger Lösung einen symmetrischen Streifen zeigen (Form 1), in alkoholischer Lösung daneben noch einen schwachen Streifen rechts liefern (Form 6). Hierher gehören: Rhodulinviolett (By), Janusblau R (M), Indolblau R (A), Säureviolett 3 R (By).

Gruppe II b. Farbstoffe, die in allen drei Lösungsmitteln einen starken Streifen mit einem rechtsseitigen Nebenstreifen liefern (Form 6), welch letzterer in sehr verdünnten Lösungen verschwindet. Hierher gehören: Methylenblau, Capriblau G N, G O N (L) Säureviolett 6 B (A) (By), — N, 5 B F (M), — R (By) (D), Methylviolett 6 B (By) (M), — 5 B (A) (By), Benzylblau extra wasserl. (A), Benzylviolett (t. M), Kristallviolett O (M), Säureviolett 4 B extra (By), Methylviolett 4 B, 3 B, 2 B, B extra (A), — B B (M), — B O (L), Dahlia B (D), Echtneutralviolett B (C).

Gruppe II c. Farbstoffe, die in wässeriger Lösung neben einem starken Streifen einen schwachen Streifen rechts liefern (Form 6). Hierher gehören: Chromocyanine B, V (DH), Wollblau S (B), Viktoriablau B (B) (By), Amethystviolett (K), Anthracenblau W G Teig (B).

Gruppe III a. Farbstoffe, die in wässeriger Lösung neben einem starken Streifen einen schwachen Streifen links liefern (Form 7). Hierher gehören: Nilblau R (B), Nachtblau (B), Indigo-Carminblau (A), Guineaviolett 4 B (A), Azosäureviolett 4 R (By), Eboliblau 6 B (L).

Gruppe III b. Farbstoffe, die neben dem starken Streifen in ihrer wässerigen Lösung beiderseitig einen schwachen Streifen liefern (Form 8). Hierher gehören: Neublau R, G, D (By), Naphtolblau R (D), Echtblau R (A).

Gruppe III c. Farbstoffe, die in wässeriger Lösung neben dem Hauptstreifen mehrere schwache Streifen rechts oder links liefern (Form 8 und 11). Coelestinblau B (By).

Gruppe IV a. Farbstoffe, die in allen drei Lösungsmitteln einen symmetrischen Streifen zeigen (Form 1). Hierher gehören: Echtblau O (M), Nigrosin wasserlöslich (A), Indulin (t. M), Hessisch-Bordeaux (L), Indulin B (By) (K), Brillantblau 179 (D), Violamin

3 B (M), Paraphenylenblau R (D), Wollviolett S (B), Dahlia R (D), Echtviolett bl., rötl. (By), Hessisch-Violett (L).

Gruppe IVb. Farbstoffe, die nur in wässeriger Lösung einen symmetrischen Streifen liefern (wie IVa). Farbstoffe: Gallanilindigo PS (DH), Indulin R, grünl. (By), — (A), Naphtamindigo RE (K), Diaminblau 3 B (C), Kongoblau BX (A), Diaminblau BX (C), Neutralblau (C), Azoviolett (By), Neutralviolett extra (C).

Gruppe Va. Farbstoffe, die in allen drei Lösungsmitteln einen nach rechts verzogenen Streifen liefern (Form 4). Hierher gehören: Indigotine 100 (D), Methylblau OO (A), — für Baumwolle (O), Wasserblau OO (K), Brillantblau extra grünl. (By), Reinblau (O), Wasserblau 6 B (A), Baumwollblau fein (D), Indophenol (DH), Benzoblau 2 B (By), Dianilblau R (M), Diazo-Indigoblau M (By), Indigoblau extra (A), Baumwollblau RR (By), Wasserblau grünlich I, rötlich I (By), Nerol 2 B (A), Kongoblau 2 B (By), Azinblau 43 (D), Basler Blau R (DH).

Gruppe Vb. Farbstoffe, die sich nur in wässeriger Lösung wie in Va verhalten (Hauptstreifen nach rechts verzogen, Form 4), in alkoholischer Lösung anders. Hierher gehören: Naphtamintiefblau R (K), Äthylblau BF (M), Indigoblau wasserl. (A), Janusdunkelblau R, B (M), Azoblau (By), Diazoblau (By).

Gruppe VIa. Farbstoffe, die in wässeriger Lösung einen stark nach links verzogenen Streifen (Form 5) (in konzentrierten Lösungen ev. noch einen ganz schwachen engen Streifen rechts), in alkoholischer Lösung jedoch einen symmetrischen Streifen liefern (Form 1). Farbstoffe: Alkaliblau 6 B (K), — Nr. 2 (M), — B (A), Wasserblau 3 BA (B).

Gruppe VIb. Farbstoffe, die in wässeriger Lösung einen nach links verzogenen Streifen (Form 5), dagegen in alkoholischer Lösung mannigfache Bilder liefern. Farbstoffe: Dianilblau B (M), Naphtazinblau 147 (D), Diphenblau B, R (A), Benzoviolett R (By), Paraphenylenviolett (D).

Gruppe VII. Farbstoffe, die in wässeriger Lösung einen schwachen Doppelstreifen liefern (Form 9), in alkoholischer Lösung verschiedene Streifen zeigen können. Farbstoffe: Diaminreinblau (C), Dianiblau G (M), Uraniablau 167 (D), Azosäureblau B (M), Biebricher Säureviolett 6 B, 2 B (K), Viktoriaviolett 5 B (By), Indazin M (C), Kryogenblau R (B).

Gruppe VIII. Farbstoffe, die sich in ihren Absorptionsspektren einer bestimmten Gruppe nicht unterordnen lassen, da sie
sich zu mannigfaltig verhalten. Hierher gehören: Janusblau G (M),
Nigrosin spritlöslich (By), Karminblau G, B (By), Walkblau (K).

## Rote Farbstoffe.

Gruppe Ia. Farbstoffe, die in allen drei Lösungsmitteln
neben einem starken Streifen einen schwachen Streifen liefern, der
in verdünnten Lösungen verschwinden kann (Form 6). Farbstoffe:
Rhodamin 3 B pat. (B), — B (B) (By) (M), — extra (M) (t. M),
— G (B) (By), Rot Y, YB (M), Rose bengale (A), — R, G, B
konz. (M), — NT (B), Pyronin G (By), Rhodamin S (B) (By),
Eosin S extra bläulich (By), Phloxin BA extra (M), Cyanosin O
(M), Echtsäurephloxin A (M), Chinolinrot (A), Rhodamin 6 G (B),
Erythrosin DS (C), Erythrosin C, A, extra (M), Erythrosin, B (A),
Eosin spritlöslich. (B), Methyleosin (A), Echtsäurecosin G (M),
Primerose extra (DH), Eosin BN (B), — extra A, extra B, extra
S (M), Phloxin R (M), Eosin extra wasserlöslich (M), — extra
gelblich (A), — S extra gelblich (By), — B (D), — OO extra
(L), — extra N (M), — A (B), — I gelblich (By), Phtaline (DH).
Gruppe Ib. Farbstoffe, die in wässeriger Lösung einen Ab-
sorptionsstreifen (Form 1), in alkoholischer Lösung außerdem rechts
einen Nebenstreifen liefern (Form 6). Farbstoffe: Cyclamine (Mo),
Neutralrot (C).
Gruppe Ic. Farbstoffe, die in allen drei Lösungsmitteln
neben einem Hauptstreifen einen Nebenstreifen rechts zeigen, der
aber von dem Hauptstreifen weiter entfernt ist als der Nebenstreifen
der Gruppe Ia. Farbstoffe (hauptsächlich Fuchsine): Neufuchsin
(O), — O (M), Pulverfuchsin A (B), Säurefuchsin S (A), — extra
(M), — O (L), — (O), Rubin (A), Isorubin (A), Diamantfuchsin (B),
Fuchsin Ia (K), — N (L), — Kristalle (t. M), Brillantfuchsin (O),
Rosanilin krist. (M).
Gruppe Id. Farbstoffe, die in wässeriger Lösung einen
schwachen verwaschenen Doppelstreifen (Form 9), in alkoholischer
Lösung aber neben einem Hauptstreifen einen Nebenstreifen rechts
liefern (Form 6). Farbstoffe: Methylenviolett 3 RA extra (M),
Tannin-Heliotrop (C), Safranin MN (B), Brillant-Rhodulinrot B (By),
Rhodulinrot G, B (By), Safranin FF extra, O (M), — A G
extra (K), — extra G (A).

Gruppe I e. Farbstoffe, die in wässeriger Lösung neben einem Hauptstreifen einen Nebenstreifen rechts (Form 6), in alkoholischer Lösung einen Hauptstreifen und zwei Nebenstreifen rechts liefern (Form 11). Farbstoffe: Orseille-Extrakt, Persio.

Gruppe II a. Farbstoffe, die in allen drei Lösungsmitteln einen Hauptstreifen (meist unsymmetrisch) und beiderseitig je einen Nebenstreifen liefern (Form 8). Pyroninfarbstoffe: Phloxin (A), — B B (L), — G (D), — B, G, O (M), — 749 (C), — G N (B), Erythrosin J N (B), — B (L), — J (DH), Phloxin B B N (B).

Gruppe II b. Farbstoffe, die einen Hauptstreifen mit Linksschatten und rechtsseitigem schwachen Nebenstreifen liefern (Form 5 + 6), und in alkoholischen Lösungen + Alkali wie bei II a reagieren. Farbstoffe: Erythrosin 7 (D).

Gruppe III. Farbstoffe, die in allen drei Lösungsmitteln breiten nach rechts oder links verzogenen, symmetrischen oder asymmetrischen Streifen liefern (Form 2, 4, 5). Meist Azofarbstoffe: Hessischbordeaux (L), Echtsäurefuchsin B (By), Violamin G, R, B (M), Bordeaux B X, extra (By), — G, R (D), — R, S (A), — B extra, R extra (M), Alizaringrün B, G (D), Azofuchsin G, B (By), Viktoriarubin O (M), Hessisch-Purpur B (L), Ponceau 4 R (L), Echtrot A (A) (By) (D), — O (M), — E (By) (D), — extra (A), Oxydiaminrot S (C), Diaminrot 5 B (C).

Gruppe IV. Farbstoffe, die in wässeriger Lösung einen breiten Streifen (Form 1), in alkoholischer Lösung einen Doppelstreifen oder einen Wellenstreifen liefern (z. B. Form 9). Meist Azofarbstoffe: Alkaligrenat (D), Chromotrop F 4 B (M), Orseillin B B (By), Echtrot N S (By), Azorubin S wasserlöslich (A), — A (C), Säurerot B (L), Karmoisin B (By), Benzorot S G (By), Bordeaux G (By), Janusrot B (M), Anthracenrot (By), Ponceau C O (A), Janusbordeaux B (M), Viktoriascharlach (A), Biebricher Säurerot 3 G (K).

Gruppe V. Farbstoffe, die in allen drei Lösungsmitteln entweder einen Doppelstreifen oder einen Wellenstreifen liefern (z. B. Form 9). Meist Azofarbstoffe: Chromotrop S, 6 B, F B, 2 B, 2 R (M), Azobordeaux (By), Guinea-Karmin B (A), Erika B extra (A), Azosäurekarmin B (M), Azoeosin (By), Biebricher Säurerot 2 B, 4 B (K), Guinearot 4 R (A), Ponceau 4 R B, 2 R, S (A), — R, 3 R (M), Croceinscharlach 3 B (By), Walkrot (D), Gallein W Pulver (M).

Gruppe VI. Farbstoffe, die entweder in wässeriger Lösung einen Streifen, in alkalischer Lösung einen Hauptstreifen und mehrere Nebenstreifen, — oder aber in allen drei Lösungsmitteln einen Hauptstreifen mit zwei rechtsseitigen Nebenstreifen liefern. Farbstoffe: Magdalarot (DH), Alizaringranat R in Teig (M), Säure-Alizarinblau BB (M), Anthracenblau WR in Teig (B), Biebricher Säurerot B (K), Indulinscharlach (B).

## Gelbe Farbstoffe.

Gruppe Ia. Farbstoffe, die in allen drei Lösungsmitteln einen symmetrischen oder unsymmetrischen Streifen liefern (Form 1). Farbstoffe: Buttergelb O (A), Orange I (K), — B (L), Benzoflavin Nr. 9 (O), Akridingelb (L).

Gruppe Ib. Farbstoffe, die in wässeriger Lösung einen Streifen (Form 1), in alkoholischer Lösung einen Doppelstreifen oder Wellenstreifen liefern (z. B. Form 9). Farbstoffe: Biebricher Säurerot 3G (K), Ponceau G (M), Orange R (D), Xylidinorange (t. M).

Gruppe IIa. Farbstoffe, die in wässeriger oder alkoholischer Lösung einen Doppelstreifen, Wellenstreifen oder überhaupt zwei Streifen zeigen (z. B. Form 9). Farbstoffe: Orange II (K) (t. M), — Nr. 2 (M), — G (A) (M), Tropäolin 000 (A), Mandarin G extra (A), Croceinorange G (By), Akridinorange NO (L), Phosphin (O), Chrysoline (Mo).

Gruppe IIb. Farbstoffe, die in alkoholischer Lösung drei Streifen liefern (z. B. Form 8, 11). Farbstoffe: Purpurin (M), Uranin (A), Fluorescein (DH).

Gruppe IIIa. Farbstoffe, die nur einseitige Absorption liefern (Form 12), mit Säure versetzt die Farbe ändern und in Wasser oder Alkohol einen symmetrischen oder unsymmetrischen Absorptionsstreifen zeigen. Farbstoffe: Chrysophenin krist. 233 (D), Orange IV (K) (t. M), Metanilgelb extra (A), Echtgelb extra (By), — S (C), — G (K), — G grünl. 81 (D), Säuregelb R (A).

Gruppe IIIb. Farbstoffe, die nur einseitige Absorption zeigen (Form 12) und auf Zusatz von Säure unter Farbenveränderung zwei Streifen (Doppel- oder Wellenstreifen) liefern. Farbstoffe: Methylorange (A), Azogelb (L), Spritgelb G (K).

Gruppe IVa. Farbstoffe, die nur einseitige Absorption zeigen (Form 12) und auf Zusatz von Ammoniak oder Kalilauge unter Farbenumschlag einen symmetrischen oder unsymmetrischen Streifen (event. zwei Streifen) liefern. Farbstoffe: Alizarinblau S in Teig (B), Azosäuregelb (A), Azogelb konz. (M), Indischgelb G (By),

Azoflavin (D), Janusgelb R, G (M), Alizaringelb R Teig (M), Alkaligelb G, R (D), Thiazolgelb (By), Brillantgelb (By), Resorcingelb (A), Goldgelb (By), Hessischgelb (L), Chrysamin R (By), Curcumin W (By).

Gruppe IVb. Farbstoffe, die in alkoholischer Lösung nur einseitige Absorption zeigen (Form 12) und auf Zusatz von Kalilauge unter Farbenumschlag drei Absorptionsstreifen liefern. Beispiele: Alizarin Nr. 1 (M).

Gruppe V. Farbstoffe, deren Lösungen nur eine einseitige Absorption zeigen (Form 12), auf Zusatz von Reagentien sich meist ändern, aber keine Streifen liefern. Farbstoffe: Säuregelb 6 G (A), — 48 F (t. M), Carbazolgelb (B), Dianilgelb 3 G, R (M), Alizaringelb G G Teig (M), Wollgelb in Teig (B), Pluto-Orange G (By), Curcumin S (By), Diamantflavin (By), Diamingelb N Pulver (C), Chromgelb S (K), Sudan G (A), Bismarckbraun extra (A), Dunkelgrün (C), Solidgrün O (M), Thioflavin T, S (C), Benzobraun B (By), Diazobraun G (By), Toluylenorange G (O), Martiusgelb (A), Naphtalingelb (C), Naphtolgelb (A), — 41 r (t. M), — S (M), Citronin A (L), Auramin (M), — I, II, 0 (By), — O, G (B), Flavindulin 0 (B), Tartrazin (B), Chloramingelb (By), Kongo-Orange G (By), Direktgelb G (K), Direktorange 2 R (K), Mikadogelb (L), Toluylenbraun G (O), Chinolingelb (B) (M), Pyraminorange 3 G (B), Columbiaorange R (A), Resorcinbraun (A).

# Photoskopie.

Unter Photoskopie[1]) wird hier die systematische Prüfung der Farbstoffe (in Lösung oder auf der Faser) bei verschiedenen Lichtquellen bezüglich des Einflusses der letzteren auf den Farbton der Färbungen verstanden. Dieses photoskopische Verhalten der Farbstoffe ermöglicht es mitunter, Farbstoffe zu erkennen und Schlüsse auf die Natur und Zusammensetzung derselben zu ziehen, soweit dieses Verhalten gegen verschiedene Lichtquellen fixiert ist. Es ist bis heute noch kaum zu Farbstoffprüfungen herangeholt worden, dürfte aber doch bei Auffindung genügender Characteristica gegen bestimmte Lichtquellen im Hinblick auf die stets wachsende Zahl der

---

[1]) Der Terminus „Photoskopie" ist für diesen Begriff noch nicht im Gebrauch, und wird vom Verfasser in Vorschlag gebracht.

Teerfarbstoffe und die damit verbundenen wachsenden Differenzierungsschwierigkeiten mit der Zeit an Bedeutung gewinnen, wenn das photoskopische Verhalten auch nur nebenbei als Hilfsmethode zur Bestätigung der auf andere Weise erhaltenen Resultate verwertet werden sollte. Das über diesen Gegenstand in die Literatur gedrungene Material ist heute nur noch spärlich und wird fast einzig — soweit ein System vorliegt — auf die Forschungen und Publikationen von D. Paterson beschränkt, der hierüber in einem Vortrage in der Society of Dyers and Colourists Mitteilungen machte und dieselben später durch Veröffentlichungen weiteren Kreisen zugänglich machte (Journ. Soc. Dy. and Col. 1896. 191; 1902. 90).

Paterson hat es verstanden, das Verhalten der Teerfarbstoffe gegen natürliche und künstliche Lichtquellen (oder das photoskopische Verhalten) in ein System zu bringen, wissenschaftlich zu begründen, durch neue Gesichtspunkte zu beleuchten, zu vermehren und zu verbessern.

Bekanntlich erscheinen viele Farbstoffe dem beobachtenden Auge bei verschiedenen Lichtquellen in verschiedener Nuance. Die Ursache ist erstens darin zu suchen, daß verschiedene Lichtquellen verschieden zusammengesetzt sind, d. h. aus verschiedenen Mengen der einzelnen Lichtspektren bestehen, und zweitens, daß die verschiedenen Farbstoffe verschiedene Absorptionsspektren zeigen. Paterson fand nun, daß diejenigen Farben, die bei Tagesbeleuchtung eine gleiche Nuance zeigen, dann eine verschiedenartige Veränderung der Nuance unter künstlicher Beleuchtung erleiden, wenn ihre Absorptionsspektren verschieden sind; daß aber eine solche Verschiedenheit der Veränderung nicht stattfindet, wenn die Absorptionsspektren und sonstigen physikalischen Eigenschaften der Farbstoffe unter sich übereinstimmen. Die chemische Konstitution der Farbstoffe und die Art ihrer Auffärbung auf die Faser ist dabei belanglos und beeinflußt nicht direkt das photoskopische Verhalten. Man erkennt daraus unzweideutig das bestehende Band zwischen photoskopischem und spektroskopischem Verhalten.

Die verschiedenen Lichtquellen teilt Paterson in eine Anzahl Gruppen ein, welche einen analogen Einfluß auf die Farbnuancen ausüben. Dabei wird als das Normallicht das weiße zerstreute Tageslicht angenommen und alle Nuancenveränderungen auf dieses bezogen.

Tageslicht und Normallicht. Das Tageslicht wirkt

selbst nicht immer absolut gleich, sondern zeigt gewisse Schwankungen. Das zerstreute, von Norden auffallende Sonnenlicht kann als sicherstes und günstigstes Normallicht für die Bestimmung der Farbentöne angenommen werden. Unter direkt auffallendem Sonnenlicht mit seinem Manko an blauen und violetten Strahlen erscheint z. B. rot und orange feuriger; blau, grün, violett — trüber und rotstichiger als unter dem von Norden auffallenden zerstreuten Tageslicht. Manches Grau, Olive, Braunrot oder Mode zeigt unter dem Einfluß des direkten Sonnenlichtes einen schwächeren Blauton; blauviolett wird dunkler und trüber, rotviolett nähert sich dem Purpur oder der Pflaumenfarbe, blaugrün erscheint dunkler und matter, gelbgrün hingegen heller und lebhafter, aus einem rotstichigen Blau wird ein Violettblau u. s. w. Entsprechende Abweichungen von der Nuance veranlaßt auch die Beleuchtung bei untergehender Sonne oder eine trübe Witterung, da auch in diesen zwei Fällen das Tageslicht reicher an gelben und orangefarbigen Strahlen als das zerstreute Tageslicht bei klarem, weißem Himmel ist. Bei blauem Himmel wiederum verstärkt das zerstreute Tageslicht den blauen Ton von reinblau, violett und purpur, drückt andrerseits alles Gelb, Orange und Rot nieder, übt aber eine günstige Wirkung auf solches Gelb und Rosa aus, das einen grünlichen oder bläulichen Reflex zeigt, wie Uranin-, Chinolin-, Nitrazin- oder Naphtolgelb, Rhodamin-, Phloxin-, Eosin-Rosa und anderes Rosa dieser Kategorie. Kann man das zerstreute Tageslicht bei weißem Himmel oder auch ein durch weiße, nicht zu dichte Nebel kommendes Tageslicht nicht direkt von oben, etwa durch ein Dachfenster, in das Beobachtungszimmer eindringen lassen, so hat man wenigstens darauf zu achten, daß dem Beobachtungsfenster gegenüber nicht eine rote Ziegelmauer oder ein grün belaubter Baum steht, denn auch solche Nebenumstände wirken störend auf die Urteilskraft des Auges ein.

Gruppe I. Am nächsten dem Normallicht stehen das Magnesiumlicht und das elektrische Bogenlicht, die Paterson unter der Gruppe I zusammenfaßt. Aber selbst diese beiden Lichtquellen leiden an einem kleinen Manko von blauen und violetten Strahlen im Vergleich zu gutem normalen Tageslicht. Dabei gebührt dem Magnesiumlicht der Vorrang vor dem elektrischen Bogenlicht. Daß beide eine Kleinigkeit gelber sind als das Tageslicht, erweist sich insbesondere an Mischfarben, die mit Hilfe mehrerer Farbstoffe von verschiedenem optischen Verhalten hergestellt sind.

Andrerseits bemerkt man die Unterschiede nicht, wenn die gefärbten Gegenstände zwischen das Auge und die künstliche Lichtquelle gehalten werden, also wenn das Auge das von dem Gegenstand hindurchgelassene Licht aufnimmt, sondern nur wenn man den Blick von oben auf die gefärbten Gegenstände wirft, d. h. wenn das Auge das von ihnen reflektierte Licht empfängt. Färbt man z. B. ein Oliv mit Indigoextrakt, Orseille und Füstelholz auf Wolle und ein anderes Oliv mit Orange G, Naphtolgelb S und Wollgrün S, so daß beide Färbungen in der Nuance nicht ganz miteinander übereinstimmen, so werden sie, zwischen das Auge und das elektrische Bogenlicht gebracht, wie bei Tagesbeleuchtung untereinander differieren, können aber unter Umständen gleich nuanciert erscheinen, wenn man das von der gefärbten Wolle reflektierte, künstliche Licht zum Vergleich beider Olivtöne benutzt. Umgekehrt gibt es auch Farben, die, bei Tag besehen, übereinstimmen, bei Bogenlicht aber differieren. Im allgemeinen erteilt das Bogenlicht den mit natürlichen Farbstoffen hergestellten Färbungen einen schwach rötlichen Stich und verstärkt um eine Kleinigkeit den Grünstich der grünblauen Teerfarbstoffe, beides in etwas stärkerem Grade als das Magnesiumlicht. Nach dem Vorausgegangenen ist der Gebrauch von schwach blau gefärbten Gläsern zu empfehlen, wenn bei Magnesium- oder Bogenlicht Farben zu beurteilen sind, da beide Lichtquellen einen geringen Überschuß von gelben Strahlen aussenden, die vom blauen Glas absorbiert werden sollen. Darauf gründet sich die Konstruktion der Dalite-Lampe von Dufton und Gardner (S. a. qualitative Ausfärbung).

Gruppe II. Diese Gruppe bildet für sich allein das Auerlicht bezw. das Gasglühlicht. Mit gewöhnlichem Gaslicht verglichen, zeigt das Gasglühlicht einen mattgrünen Schimmer, enthält aber gleichwohl einen größeren Überschuß von gelben Strahlen als die beiden Repräsentanten der Gruppe I, mit denen verglichen es aber rot gefärbt erscheint. Was seine Verwendung bei der Beurteilung von Farben betrifft, so hält es die Mitte zwischen dem elektrischen Bogen- und dem Acetylenlicht, läßt jedoch noch eine Anzahl von Farben ziemlich unverändert, wennschon es auch nicht an Farben fehlt, die von ihm verdüstert, rotnuanciert oder gar verdorben werden. Die Abweichungen von der Tagesfarbe zeigen sich wieder nur im reflektierten, nicht in dem von den gefärbten Gegenständen hindurchgelassenen Licht.

Gruppe III. Diese Gruppe bilden der Reihe nach: Acetylenlicht, Kalklicht, Öllampenlicht, Gasschnittbrennerlicht, elektrisches Glühlicht, Kerzenlicht. Diese Lichtquellen führen das Urteil des Auges je nach dem von Stufe zu Stufe zunehmenden Überschuß ihrer gelben und orangefarbigen Strahlen in verschiedener, zuweilen so starker Weise irre, daß die dieselben Farben, das eine Mal unter künstlicher, das andere Mal unter natürlicher Beleuchtung betrachtet, sehr weit voneinander abstehen. Im allgemeinen wird alles Rot feuriger, lichter und gelber unter Verlust jeglichen Blaustichs. Orange wird bei Gas- und Kerzenlicht blasser und gelber, das Gelb selbst lichter unter Verschwinden jeden Grünstichs, das Hellgrün etwas gelbstichiger, das Blau — grauer und dunkler, rötliches Blau — noch röter, Violett und Indigoblau — ebenfalls röter. Bezeichnet man die von Gas und Kerzenlicht herrührende Farbenveränderung als typischste Erscheinung, so gibt es noch andere Abweichungen, die gerade bei den Lichtquellen der Gruppe III am ehesten sich bemerkbar machen. Sie hängen mit der Beschaffenheit der Spektren einzelner Farben, mit ihrem Dichroismus, mit ihrer Fluorescenz und auch mit den Eigenschaften der verschiedenen Gespinstfasern zusammen, auf denen sie beobachtet werden. Einige Beispiele Patersons mögen diese Verhältnisse näher illustrieren. Ein mit Füstelholz und Alaun gefärbtes Gelb und ein Chinolin- oder Uraningelb können bei normalem Tageslicht einander sehr ähnlich sehen. Betrachtet man diese Gelbs aber bei Gasbeleuchtung, so verblassen die Farben der zwei Teerfarbstoffe, während das Füstelholzgelb einen rötlichen Stich erhält. Ein Mischblau ferner, das mit Methylviolett und Malachitgrün (bezw. Äthyl- oder Brillantgrün) gefärbt ist und andrerseits eine mit blaustichigem Säureviolett hergestellte Färbung können bei Tag recht wohl in der Nuance übereinstimmen, bei Gaslicht aber erleidet das Säureviolett fast keine Veränderung, während das Mischblau gerötet und in ein trübes Dunkelviolett übergeführt wird. Färbt man ein Oliv mit Anilingelb (oder Anilinorange) und Cyanin (oder Patentblau) so kann man auf diesem Wege zu einer Nuance gelangen, die bei Tag wie ein mit Gelbholz, Indigoextrakt und Orseille gefärbtes Oliv aussieht, betrachtet man aber beide Olivs unter Gasbeleuchtung, so wird ersteres wie ein Olivgrün, die mit den Naturfarbstoffen hergestellte Farbe — wie ein Rotbraun aussehen. Ist bei diesen Beispielen die Verschiedenheit der Spektren der einzelnen

Teerfarbstoffe zur Geltung gekommen, so spielt bei anderen wieder, wie beim Resorcinblau, Magdalarot u. s. w., die natürliche Fluorescenz der Farbstoffe eine nicht unwichtige Rolle. Sie spiegelt sich auf glänzenden Gespinstfasern wieder, nicht aber auf der rauhen glanzlosen Baumwolle. Im Zusammenhang damit zeigt Rhodamin-Rosa auf Baumwolle einen ausgesprochenen bläulichen Stich, auf Seide aber und Wolle einen gelben Reflex, der durch künstliche Beleuchtung in seiner Wirkung nur noch gesteigert wird. Andrerseits können die gelben Strahlen eines künstlichen Lichtes die blau oder violettblau schimmernde Fluorescenz eines Farbstoffes auf Wolle oder Seide zum Verschwinden bringen. Gleich der Fluorescenz geht auch der Dichroismus mancher Farbstoffe in die Woll- und Seidenfärbungen über. Man weiß, daß konzentrierte Lösungen von Methylviolett, Orseille, Malachitgrün, namentlich aber von dem alten Chinolinblau eine rote Farbe zeigen, um so röter je stärker die Lösung ist. Ein solcher Farbstoff gibt nun auf Sammet eine andere Nuance als auf Baumwolle, denn im glänzenden Sammet befindet sich der Farbstoff unter ähnlichen optischen Verhältnissen wie in einer konzentrierten Lösung. Derartige, mit Dichroismus behaftete Farben, die eine Neigung haben, blaue und violette Strahlen zu absorbieren, hingegen rotes und orangefarbiges Licht leichter hindurchzulassen, erscheinen demgemäß rotstichiger oder orangefarbiger bei Gas- und Lampenlicht oder sonst einem gelbstrahligen Licht. So stellt das Chinolinblau bei normaler Tagesbeleuchtung ein vollkommen reines Blau-Blau vor, wird aber infolge seines Dichroismus bei Gasbeleuchtung zu einem rotstichigen Violett.

Acetylenlicht. Das Acetylenlicht eignet sich trotz der anscheinenden Reinheit seiner bläulichweißen Flamme wenig oder garnicht zum Belichten der Farben. Das herrliche Blau, Violett oder Violettblau mancher Blumen erleidet unter Acetylenbeleuchtung eine tief in die Nuance eingreifende Veränderung. Blau wird zu Grau, Lila zu Blaßrot, Rosa zu Gelbrot, Gelb zu Weiß. Es macht sich bei diesem Licht, wie bei den nachfolgenden Angehörigen der Gruppe III, der tatsächliche Mangel an blauen Strahlen in immer derselben Richtung geltend, daß die Farben um einen und mehr Töne röter oder gelber erscheinen als bei normalem Tageslicht. Es kann hier deshalb das photoskopische Verhalten der Farbstoffe in zweifelhaften Fällen indirekte Aufklärung über den wahren Charakter eines Farbstoffes verschaffen. Zwei Blaus z. B. von verschiedener Provenienz und unentschiedenem Ton sehen einander bei Tag ganz ähnlich; man weiß aber nicht, ob das eine von ihnen oder beide in die rotstichige oder grünstichige Skala der blauen Farbstoffe einzureihen sind. Betrachtet man aber beide Blaus unter einer künstlichen Beleuchtung der Gruppe III, so verschwindet aller Zweifel, denn die eine wie die andere Schattierung wird nun in unzweideutiger Weise zum Ausdruck kommen. Die Richtung der Veränderung durch das künstliche Licht, ob sie den Weg zur rot- oder grünstichigen Skala einschlägt, hängt von der Art der Absorptionsspektren der verwendeten Farbstoffe ab.

Soll die Beleuchtung der Gruppe III dem Normallicht näher gebracht werden, so betrachtet Paterson die Farben durch eine Gelatinehaut, die am besten mit Chinagrün, dem Oxalat des Tetramethyldiamidotriphenylcarbinols, grün gefärbt ist. Das Grün[1]) dieser Gelatine absorbiert einen Teil vom Überschuß der roten, gelben und orangefarbigen Strahlen des künstlichen Lichtes und korrigiert so bis zu einem gewissen Grade die unvermeidlichen Abweichungen der Nuancen, die nunmehr wieder besser mit dem Effekt des normalen Tageslichtes übereinstimmen. Als Beispiel führt Paterson einen mit Orseillin hergestellten Marrongrund an, in den lichte hellgrüne Blumen unter Verwendung von Säuregrün eingepaßt sind. Der Marrongrund zeigt sich bei Acetylenlicht als Hochrot, das Gelbgrün als Blaugrün, der Grund und die Blumen sind ineinander verschwommen und das ganze Muster macht einen zittrigen Effekt. Der Mischeffekt verschwindet und der Farbeneffekt nähert sich dem Aussehen der Farben bei Tageslicht, sobald man die grüne Gelatinehaut zu Hilfe nimmt. Selbstverständlich leistet letztere auch bei Beleuchtung mit den anderen Repräsentanten der Gruppe III gute Dienste.

Drümmondsches Kalklicht. Das durch Erhitzen von Kalk im Knallgasgebläse erzeugte Drümmondsche Kalklicht enthält auch, trotz seines scheinbar blendend weißen Lichtes, zu viel gelbe Strahlen und verhält sich demnach annähernd wie das Acetylenlicht.

Das Öllampen- und Gaslicht folgt nun mit wesentlich größerem Abstand als die vorhergehenden; ebenso ist die weitere

---

1) Fälschlicherweise wird bei künstlicher Beleuchtung oft gelbliches oder rötliches Glas, z. B. Glascylinder empfohlen. So z. B. noch v. Esmarch, Hygienisches Taschenbuch. 3. Aufl. S. 89 u. 96. — Auerlicht enthält ebenso einen Überschuß an gelben Strahlen wie Petroleumlicht etc.

Stufe zu den übrigen Repräsentanten, der elektrischen Glühlampe und dem Kerzenlicht eine sehr erhebliche. Bei allen diesen Lichtquellen herrschen die roten, orangefarbigen und gelben Lichtstrahlen gegenüber den blauen, violetten und grünen Strahlen, die in Summa nur 35 % von dem des Sonnenlichtes ausmachen, stark vor. Alle Abweichungen der Nuancen vom Effekt der Tagesbeleuchtung treten bei ihnen besonders auffällig hervor und schwache Schattierungen, z. B. blauer, grüner und violetter Farben nehmen einen stärker ausgeprägten Charakter an. Will man sich bei Tag davon überzeugen, welche Nuancenänderung bei Gaslicht in die Erscheinung tritt, so kann man das Muster durch ein gelbes Glas betrachten und den so erzielten Effekt mit dem Aussehen bei normalem Tageslicht vergleichen. Sind z. B. Farbstoffe von verschiedenem physikalischen und spektroskopischen Verhalten neben- und miteinander verwendet, so kann man sich meist auf merkwürdige Überraschungen gefaßt machen. Im allgemeinen erteilt die Gruppe III und besonders die letztgenannten vier Lichtquellen den Farben pflanzlichen Ursprungs einen ausgesprochenen roten Stich, den Färbungen mit Wollgrün, Cyanin und anderen grünskaligen Farbstoffen einen noch grüneren Stich, als sie schon besitzen. Manches Teerfarbenbraun wird sich bei Tageslicht mit einem Orseillebraun ziemlich decken, bei Gaslicht wird letzteres aber um einen oder zwei Töne röter aussehen als ersteres. Bei der spektroskopischen Untersuchung der beiden braunen Farbstofflösungen erfährt man aber, daß vom Teerfarbenbraun Gelb und Grün absorbiert werden, wogegen die Orseilleflüssigkeit mehr violette und blaue Strahlen absorbiert, und hieraus erklärt es sich, warum das Orseillebraun bei dem Überschuß von roten Strahlen im Gas- und Lampenlicht röter erscheinen muß als das Teerfarbenbraun. Desgleichen läßt sich mit Anilingelb, Anilinorange und grünlichem Anilinblau ein Oliv- oder ein Braunrot erzielen, das mit einem aus Orseille, Indigokarmin, Füstelholz, Brillantgrün und Methylviolett hergestellten Oliv- oder Braunrot bei Tag gut übereinstimmt. Vergleicht man jedoch dieselben Farben bei Licht miteinander, so überzeugt man sich, daß und warum man nicht von den angegebenen Farbstoffen beliebig den einen dem anderen substituieren kann, daß das eine Braunrot das andere für bestimmte Farbenzusammenstellungen ausschließt, und daß es nicht angeht, beiderlei Farben, sei es voll oder abgetönt, in demselben Muster nebeneinander auftreten zu lassen.

Als ganz ungeeignet für Farbenbeurteilung erweist sich das orangefarbige **elektrische Glühlampenlicht**, während ein gutes **Kerzenlicht** mit gewöhnlichem **Gas-** und **Petroleumlicht** nahezu konkurrieren kann. **Paraffin-** und **Palmitinkerzen** sind den **Talg-** und **Stearinkerzen**, die mit der elektrischen Glühlampe als Lichtquellen für Farbenbeleuchtung so ziemlich auf einer Stufe der Unvollkommenheit stehen, entschieden vorzuziehen.

Die **chemische Zusammensetzung** spielt bei dem photoskopischen Verhalten der Farbstoffe und Farblacke nach **Paterson** auffallenderweise keine Rolle. Nach den neuesten Forschungen **Formáneks** hängt die Konstitution mit den Absorptionsspektren der Farbstoffe zusammen. Darnach muß auch das photoskopische Verhalten in gewissem Konnex mit der chemischen Zusammensetzung stehen. Türkischrot mit Alizarin und Tonerde oder ein mit Scharlach R gefärbtes Rot, ein Chromorange mit Bleibasis oder eine mit Orange G hergestellte Farbung, ferner ein Chromgelb mit Bleibasis oder Naphtolgelb S, ein mit Patentblau, Chromotrop etc. gefärbtes Dunkelblau zeigen gegenüber dem Gas- oder Lampenlicht ein gleiches Verhalten. Ebenso ist es in dieser Beziehung gleichgültig, ob für Herstellung gleicher Nuancen eine Tonerde-, Chrom-, Eisen-, Zinn-, Kupfer- oder Uranbeize verwandt worden ist.

Bei den **verschiedenen Gespinstfasern** kommt es weniger auf die chemische Zusammensetzung als auf ihre physikalischen und optischen Eigenschaften an. Auf glänzenden und durchscheinenden Fasern, wie Seide, Chinagras, mercerisierter Baumwolle erscheinen die Farben in künstlicher Beleuchtung immer lebhafter, feuriger und reicher als bei Tageslicht. Farben mit Fluorescenz und Dichroismus lassen diese Eigenschaften auf den glänzenden Fasern besonders deutlich wieder erkennen, wenn sie einer künstlichen Beleuchtung ausgesetzt werden. So erklärt es sich, daß manches Anilinviolett auf Seide einen merklichen Rotstich zeigt, den man auf einer anderen, weniger glänzenden Faser nicht wahrnimmt und daß dieser Rotstich bei Gaslicht noch ausgeprägter zum Vorschein kommt. Solches Anilinviolett ist zum Dichroismus veranlagt, gleich dem Indigokarmin. Bei letzterem ist der Dichroismus allerdings weniger ausgesprochen, genügt aber doch, um sein Blau bei Gaslicht röter als ein anderes, bei Tage ihm analoges, Blau erscheinen zu lassen. Gelbstichiges Silbergrau, das mit Methylviolett und Anilingelb auf Seide, insbesondere auf Sammet gefärbt ist, verdankt es dem Dichroismus des violetten Farbstoffs, daß es bei künstlicher Beleuchtung wie eine Bronzefarbe oder in dunkleren Tönen wie ein Weinrot aussieht.

Beispiele der Nuancenänderungen. Fuchsin, Safranin, Benzopurpurin und analoge Farbstoffe verlieren unter der künstlichen Beleuchtung der Gruppe III einen großen Teil ihres Blaustichs, indem sie sich dem Scharlachrot nähern.

Wollscharlach und die anderen hierher gehörigen Oxyazofarbstoffe werden lichter und gehen in Orange über.

Erythrosin-, Rhodamin- und andere Rosas dieser Farbstoffgruppe verwandeln sich gleichfalls in Orange.

Methylorange, Orange G und die anderen Oxyazo-Orange-Marken werden heller und gelber bis weiß.

Auramin, Nitrazingelb, Tartrazin und alles Citronengelb verblaßt merklich.

Chrysamingelb und andere rötere Gelbs vertragen das künstliche Licht besser als Citronengelb.

Säuregrün, Brillantgrün etc. mit gelbem Stich erhalten nur etwas stärkeren Gelbstich.

Malachitgrün, Methylgrün, Viktoriagrün und andere blaustichige Grüns erscheinen bei Gas noch blauer.

Cyanin, Methylenblau, Patentblau, Diaminreinblau und andere grünstichige Blaus erscheinen grüner als bei Tage und behalten diese Richtung auch in Mischungen bei.

Alkali-, Nacht-, Viktoriablau und andere Reinblaus werden dunkler, spielen ins Rötliche und gehen bisweilen sogar in Schiefergrau über. Ein geringer Zusatz von Citronengelb schützt gewissermaßen das Blau gegen den störenden Einfluß der künstlichen Beleuchtung.

Echtsäureblau, Azosäureblau, Indulin, Bleu de Lyon, Resorcinblau und andere rotstichige Blaus werden um so röter, je rotstichiger sie von Hause aus sind.

Kompositionsblaus aus einem Blaugrün und Methylviolett nehmen mehr Rotstich an als Blaus von homogener Zusammensetzung.

Basische Violetts, gleichwie das Azosäureviolett etc. erleiden einen Verlust an Blaustich und eine Zunahme des Rotstichs um so mehr, je rotstichiger die Marke ist: Die gelben Strahlen des künstlichen Lichtes vereinigen sich mit dem blauen Bestandteil des

Violetts zu einem Grau und erhöhen die Wirkung des roten Bestandteils im Violett auf das Auge. Helles Violett wird zu Rosa, dunkles — zu Granat- bis Hochrot.

Orseille wird bedeutend röter.

Ebenso wird wesentlich röter ein mit Alizarin und Chrombeize hergestelltes Bordeaux auf Wolle.

Alizarinrot auf Wolle mit Alaunbeize wird heller und gelber bis zu Scharlach.

Alizarin-Eisen-Lila erhält einen Rotstich.

Füstel- und Gelbholzgelb auf Wolle werden rötlich nuanciert.

Patent-Fustin verändert sich kaum.

Kamala-Orange erleidet ebenfalls kaum eine Veränderung.

Indigo-Karmin und andere Indigo-Präparate verlieren ihren Grünstich, werden röter und schmutziger.

Dunkles Indigoblau (Küpenblau) geht bei künstlichem Licht nahezu in Blauschwarz über.

Statt nun mit praktisch gebrauchten, d. h. im praktischen Leben benutzten Lichtquellen und Lichtsorten wie Paterson zu operieren, könnte man zur Charakterisierung und Identifizierung der Farbstoffe auch künstliches, in der Praxis nicht angewandtes Licht heranziehen und auf Grund der so gemachten Beobachtungen photoskopische Tafeln aufstellen. Es ließe sich z. B. das gelbe Licht der Natriumflamme, das rote der Strontiumflamme, das grüne der Baryumflamme und Gemische derselben zu einer systematischen Untersuchungsmethode verwenden. Ebenso könnte man entsprechend gefärbte Gläser einer normierten Skala von Färbungen zu diesem Zweck herstellen, durch welche die einzelnen Färbungen beobachtet würden und so (etwa nach dem Prinzip des Lovibondschen Kolorimeters s. d.) ein systematisches Photoskop konstruieren.

Über interessante Farbenwahrnehmungen berichtet auch Vogel in einem Vortrage[1]). Bei Beleuchtung mit dem gelben Natriumlicht erscheinen gelbe Farbstoffe weiß, dagegen erscheinen rote, grüne, blaue Farbstoffe schwarz (Brewster 1822); analog erscheinen bei Beleuchtung mit anderem, möglichst einfarbigen Licht gleichfarbige Farbstoffe weißlich. Dagegen tritt die betreffende Farbe sofort hervor,

---

1) Prof. H. W. Vogel-Charlottenburg. Vortrag über „Beobachtungen über Farbenwahrnehmungen". 69. Versammlung der Gesellschaft deutscher Naturforscher und Ärzte in Braunschweig. 20. Sept. 1897. I. Sitzung der Abt. f. Physik u. Meterologie.

sobald man eine farbige Beleuchtung hinzufügt, die sich der Komplementärfarbe nähert. Z. B. zeigen gelbe Farbstoffe ihre Farbe, sobald man zu gelber Beleuchtung blaues Licht hinzufügt und umgekehrt; dasselbe gilt für rote Beleuchtung und rote Farbstoffe beim Hinzufügen grüner Strahlen. In Übereinstimmung mit Helmholtz erklärt Vogel die Erklärung dahin, daß man sich des Mangels der Gegenfarbe, welche der Komplementärfarbe nahe steht, bewußt werden müsse, wenn man die Eigenfarbe eines Farbstoffes wahrnehmen soll. In einer blau beleuchteten Umgebung erscheinen uns gelbe Farbstoffe gelb, weil sie sehr wenig blau reflektieren, in roter Beleuchtung rote Farbstoffe erst dann rot, wenn grünes Licht hinzukommt. Es haben diese Erscheinungen ganz besondere praktische Bedeutung für die Bühnenbeleuchtung und die Farbeneffekte auf der Bühne.

# Chemische und physikalische Untersuchung von Teerfarbstoffen.

Wenngleich fast immer die quantitative Ausfärbung eines Farbstoffes den Ausschlag bei der Bewertung desselben geben wird und als Hauptmethode der Farbmessung und Farbcharakterisierung angesehen werden muß, so wird man aber andererseits manchmal in die Lage kommen, vermittelst anderer Prüfungsmethoden, Reaktionen, chemischer Analysen u. s. w. sich Aufschluß über den Charakter, die Reinheit und Einheitlichkeit eines Farbstoffes verschaffen zu müssen und werden in solchem Falle gewisse Nichtfärbemethoden ganz vorzügliche Dienste leisten. Die wichtigsten dieser chemischen und physikalischen Methoden geben uns Aufschluß über Reinheit bezw. Verunreinigungen, Einheitlichkeit, sowie die chemische Zusammensetzung des Farbstoffes.

Verunreinigungen. Es ist bekannt, daß der größte Teil der Teerfarbstoffe keine chemischen Individua bildet, sondern mit Salzen und anderen Verdünnungsmitteln gestellte Farbstoffe repräsentiert. Darin liegt nun an sich nichts Bedenkliches, da es in den meisten Fällen nicht möglich ist, den Farbstoff chemisch rein herzustellen. Derselbe kommt auch nicht immer absolut gleich aus der Fabrikation heraus und muß deshalb durch indifferente Zusätze auf eine bestimmte stets gleich bleibende Stärke, Typ-, Normalstärke, gebracht werden. Unter diesen indifferenten Zusätzen ist zunächst Glaubersalz für saure, Kochsalz und Dextrin für basische Farbstoffe zu nennen. Außer diesen drei wichtigsten Verdünnungsmitteln kommen noch andere Zusätze, je nach Charakter und Färbemethode des Farbstoffes, in Anwendung, wie z. B. Zucker, Stärke, phosphorsaures Natron, Schwefelnatrium (bei Schwefelfarben) u. s. w. Außerdem kommen manche Farbstoffe als Metalldoppelsalze, z. B. gewisse Methylenblau-Marken als Chlorzinkdoppelsalze in den Handel. Zu vermeiden sind dagegen vor allen Dingen Zusätze, welche die Klarlöslichkeit des Farbstoffes beeinträchtigen, seien diese Körper als Zusätze dem Farbstoff zugegeben, seien sie in der Fabrikation entstanden und nicht herausraffiniert, da die Klarlöslichkeit der (natürlich wasserlöslichen) Farbstoffe als erste Reinheitsbedingung anzusehen ist.

Glaubersalz oder Sulfate werden nachgewiesen, indem man die Farbstofflösung durch Zusatz von Salzsäure und Baryumchlorid fällt. Unter Umständen, wo z. B. der Farbstoff selbst durch Baryumchlorid gefällt wird, empfiehlt·es sich, den Farbstoff erst zu eliminieren, entweder durch Fällung desselben mit Kochsalz o. ähnl. und Prüfung des farblosen Filtrates oder durch Zerstörung des Farbstoffes mit Salpetersäure, Chlor etc. und Prüfung der entfärbten Lösung, oder durch fraktioniertes Lösen in Alkohol (s. unten.) Der Nachweis von Sulfaten in der Asche des Farbstoffes kann nicht als Beweis dafür gelten, daß der Farbstoff mit Sulfaten versetzt war, da eine große Anzahl Farbstoffe sulfosaure Alkalisalze sind, welche beim Verbrennen Sulfate in der Asche zurücklassen, indem die Sulfogruppe in Sulfat übergeht. Umgekehrt beweist das Vorhandensein von Sulfat in der Farbstoffasche, bei gleichzeitigem Fehlen von Sulfat im Farbstoff als Verdünnungsmittel, daß der Farbstoff eine oder mehr Sulfogruppen enthält. Fehlt dagegen Sulfat in der Asche, so ist ein Sulfatzusatz zum Farbstoff als auch eine Sulfogruppe in dem Farbstoff ausgeschlossen.

Kochsalz oder Chloride werden nach demselben Prinzip nachgewiesen wie Glaubersalz. Der Farbstoff kann mit chloridfreiem Glaubersalz gefällt und das Filtrat auf Chloride mit Silbersalz untersucht werden. Kochsalz kann auch in der Farbstofflösung durch direktes Fällen mit Silbernitrat und Salpetersäure, oder nach voraufgegangener Zerstörung des Farbstoffes durch Salpetersäure, Chamäleon etc. nachgewiesen werden. Es kann aber auch als in Alkohol unlöslicher Rückstand nach fraktionierter Lösung des Farbstoffes als unverändertes Kochsalz isoliert werden.

Dextrin macht sich schon beim heißen Lösen des Farbstoffes durch seinen typischen Geruch bemerkbar. Es kann aber auch infolge seiner Alkohol-Unlöslichkeit durch Auflösen des Farbstoffes in Alkohol getrennt und nachgewiesen werden. Ferner kann das Dextrin, wenn es, was meist der Fall ist, dem fertigen Farbstoff trocken zugesetzt worden ist, mikroskopisch bestimmt werden.

Ebenso werden die meisten anderen Beimengungen anorganischer und organischer Natur (Zucker) durch Behandlung des Farbstoffes mit Alkohol isoliert und dann nach allgemeinen analytischen Methoden weiter untersucht.

Einheitlichkeit (Homogenität). Eine sehr große Zahl von Teerfarbstoffen kommt als Mischung verschiedener Farbstoffe in den Handel. Teils walten hier einzelne Hauptbestandteile vor, denen geringe Mengen von Zusatzfarbstoffen zwecks Nuancierens beigemengt sind, teils bestehen die Mischungen aus annähernd gleich stark vertretenen Komponenten. Je nach Art der Mischung kann man dieselbe als extramolekulare oder intramolekulare Farbstoffmischungen bezeichnen. Extramolekulare Mischungen wären darnach solche, die durch Mischen, Mahlen etc. der fertig gebildeten trockenen Farbstoffe, also gewissermaßen außermolekular zu stande gekommen sind; intramolekulare Mischungen wären dagegen solche, welche vor der Farbstoffausscheidung (als Kristalle, Pulver, Paste etc.) hergestellt werden, d. h. also, wo die Einzelbestandteile in der Fabrikation zusammen erzeugt wurden oder sich mindestens aus ihren Lösungen intramolekular ausscheiden (Mischkristallisation, isomorphe Mischungen). Die meisten in der Technik hergestellten Mischungen gehören der ersten Kategorie an, den groben oder extramolekularen Mischungen. Der prinzipielle Unterschied zwischen beiden ist der, daß sich die ersteren (extramolek.) leicht als Mischungen erkennen lassen, während dieses bei den letzteren viel schwieriger gelingt, da bei denselben die Mischung viel inniger ist und gewissermaßen feste Doppelverbindungen entstanden sind, deren Funktionen in der Mitte zwischen den Komponenten liegen.

Das Vorhandensein lockerer Mischungen wird etwa wie folgt festgestellt.

1. Die Gemische werden auf mit Wasser, Alkohol, verdünnter Essigsäure etc. befeuchtetes Filtrierpapier in möglichst feiner Ver-

teilung aufgeblasen. Hierbei löst sich jedes einzelne Teilchen selbstständig auf und bildet einen eigenen Hof, der bei Anwesenheit von verschiedenen Farbstoffen in verschiedenen Farben gefärbt auftritt. Es ist bei diesem Versuch, so einfach derselbe zu sein scheint, eine gewisse Vorsicht geboten, da manche Farbstoffe mit Verunreinigungen des Wassers und des Filtrierpapiers (Kalk) eigenartige Färbungen liefern und einen Farbstoff als Gemisch erscheinen lassen, wenn derselbe durchaus homogen ist. P. Friedländer (Färber-Ztg. 1899 S. 357) konstatiert z. B. ein sehr auffallendes Verhalten des Chrompatentgrüns A (K). Streut man den Farbstoff auf gewöhnliches (etwas kalkhaltiges) Wasser, so ziehen die untersinkenden Partikelchen grüne Fäden, umgeben sich aber am Boden leicht mit einem braunroten Rand. Nach einigem Stehen sieht man in der Flüssigkeit aber auch blaue Fäden und hat dann durchaus den Eindruck eines Farbstoffgemenges. Ähnlich ist die Erscheinung beim Aufblasen auf gewöhnliches angefeuchtetes Filtrierpapier, wo einzelne braune Tupfen neben überwiegenden grünen zu konstatieren sind. Diese Erscheinung beruht auf der bekannten Empfindlichkeit fast aller Salicylsäureazofarbstoffe gegen Kalksalze, mit denen auch Chrompatentgrün A einen unlösl'chen braunroten bis braunvioletten Niederschlag gibt. Sie ist hier so groß, daß sie geradezu zum Nachweis von Kalk in Filtrierpapier dienen kann. Eine heiße Lösung des Farbstoffes zeigt darauf eine deutliche rote Zone innerhalb und am Rande der blauen; bei mit Säure extrahiertem Papier fällt diese Erscheinung fort.

Das Auftreten von blauen und grünen Fäden rührt dagegen von einer anderen weniger bekannten Ursache her. Es gibt eine Anzahl von Farbstoffen, die aus ihrer Lösung (nicht unter allen Bedingungen) in einer Form ausgeschieden werden können, in welcher sie sich nach dem Filtrieren und Trocknen in kaltem Wasser so fein verteilen, daß man den vollständigen Eindruck einer wahren Lösung erhält. So gibt die Kombination Benzidin + 2 Molek. R-Salz in der Kälte eine völlig klare filtrierbare „Lösung" von einer blauen Farbe; beim Kochen schlägt die Farbe nach Rotviolett um und geht erst beim Stehen in der Kälte allmählich wieder in Blau über. Nicht so frappant, wenn auch deutlich wahrnehmbar, ist der Unterschied zwischen kalten und warmen Lösungen von Diamantschwarz und Diamantgrün, und auch Chrompatentgrün A zeigt ein ähnliches Verhalten. In der Kälte erhält man eine grüne „Lösung", die aber beim Stehen und sofort beim Kochen in Blau umschlägt. Derartige kalte Lösungen scheinen nur feine Suspensionen kristallinischen Farbstoffs zu sein, sie besitzen eine andere Färbung im auffallenden, wie im durchgehenden Licht. Bei Chrompatentgrün A ist diese Erscheinung besonders prägnant. Tröpfelt man die grüne „Lösung" in destilliertes Wasser, so erscheinen die Farbstofffäden und Wolken nur in der Durchsicht grün, in der Aufsicht braunrot, die blaue wirkliche Lösung zeigt hierin keine Differenzen. Diese Eigenschaft kann natürlich die Zuverlässigkeit der Goppelsröderschen Kapillaritätsprobe (s. u.) nicht beeinträchtigen, wenn man sie mit der blauen Lösung und mit reinem extrahierten Filtrierpapier anstellt.

2. Statt oder neben obigem Fließpapierversuche empfiehlt es sich auch unter Umständen, den Farbstoff in ein Porzellanschälchen mit konz. Schwefelsäure in gleich feiner Verteilung aufzublasen wie auf Papier. Sehr viele Farbstoffe liefern mit konz. Schwefelsäure sehr charakteristische Reaktionen und Farbenumschläge, während sie in Wasser oft schwer löslich und bei ähnlichen Farben schwer zu unterscheiden sind. Es kommt diese Modifikation der Zerstäubungsmethode besonders dort gut zur Geltung, wo Farbstoffe mit gleicher oder ähnlicher Farbe (in neutralen Lösungen) miteinander gemischt sind, die aber in ihrem Verhalten zu konz. Schwefelsäure sich different verhalten.

3. Auch durch mikroskopische Prüfung lassen sich oft Gemenge von Farbstoffen als solche aufdecken, allerdings nur bei den gröberen mechanischen Mischungen.

Bei den feineren intramolekularen Mischungen muß zu anderen feineren Mitteln gegriffen werden und zwar z. B. zur fraktionierten Ausfärbung (s. a. Quant. Ausf.), wo eine Ausnutzung der konträren Eigenschaften der Komponenten stattfindet, oder zur Kapillarisation (Goppelsröder), oder zur Spektroskopie.

Das Prinzip der fraktionierten Ausfärbung beruht auf der verschiedenen Affinität der Farbstoffe zu der Faser und der darauf basierten gebrochenen Ausfärbung, welche unter „Quantitative Ausfärbung" bereits näher besprochen worden ist. Es wird darnach auf einem und demselben Bade eine Skala von Ausfärbungen z. B. sechs Bruchfärbungen hergestellt und die einzelnen Färbungen qualitativ verglichen. Bei Mischungen wird meist ein Unterschied zwischen den ersten und den letzten Färbungen wahrnehmbar sein. Bei negativem Resultat, d. h. wenn ein solcher Unterschied nicht wahrnehmbar ist, ist allerdings noch nicht der Beweis der Homogenität des Farbstoffes erbracht, da sich wohl auch zwei Farbstoffe denken lassen, die sich unter bestimmten Bedingungen zu einer bestimmten Faser total gleich verhalten. Es kann also in solchem Falle immer noch eine versteckte und rationell hergestellte Mischung vorliegen, die unter anderen günstigeren noch aufzufindenden Bedingungen wohl gespaltet werden kann. Für die meisten Fälle der Praxis würde es sich aber gleichstehen, ob ein wirklich chemisch-homogener Farbstoff vorliegt, oder ob derselbe aus zwei oder mehr Komponenten besteht, die quasi zu einer Doppelverbindung vereinigt, sich in ihrem ganzen Wesen wie ein homogener Farbstoff verhält.

Oft gibt in letzterem Falle die Kapillar-Analyse Aufschluß über die Frage nach der Homogenität eines Produktes, wenngleich auch hier nicht selten negative Resultate erhalten werden und damit die Frage unentschieden bleibt. Fr. Goppelsröder, der sich mit den Kapillär-Verhältnissen verschiedener Farbstoffe speziell befaßt hat, gibt folgende Anordnung. Die zu prüfenden Farbstoffe oder Mischungen werden in Wasser, Alkohol etc. gelöst und in diese Lösungen Streifen von schwedischem Filtrierpapier hineingebracht. Dieselben ragen 5—10 mm tief in die Farblösung hinein und werden oben an einer Stange o. a. befestigt. Nunmehr beginnt das Wasser bezw. das jeweilige Lösungsmittel des Farbstoffes, in die Haarröhren des Papiers zu steigen und mit demselben schneller oder langsamer die Farbstoffe selbst auch. Diese letzteren aber verfügen über verschiedene Schnelligkeiten, mit denen sie sich in den Haarröhrchen fortzubewegen vermögen und so gelingt es meist in Mischungen die schneller fortlaufenden von den langsamer aufsteigenden in den entsprechenden Streifen und Zonen zu erkennen. Die Dauer des Experimentes soll im Mittel 15 Min. betragen. So lassen sich z. B. bei einer Mischung von Pikrinsäure mit Indigokarmin die einzelnen Komponenten leicht nachweisen, da Pikrinsäure eine wesentlich größere Kapillar-Geschwindigkeit besitzt als Indigokarmin. Es erscheinen sehr bald drei deutliche Zonen: Oben gelb, in der Mitte grün und unten blaugrün bis blau. Als unstreitig feinste und präziseste Methode zur Aufdeckung und Identifizierung von Farbstoffgemischen ist die Spektroskopie zu bezeichnen. Es gelingt hier — die nötige Übung vorausgesetzt — fast immer, die Farbstoffgemische zu erkennen. Formánek deckte vermittelst dieses Apparates eine Anzahl Farbstoffgemische auf, die bis dahin als homogene Farbstoffe angesehen wurden. (Z. f. Farben- und Text.-Ch. 1903. 78, 95 u. a. m.).

Chemische Analyse der Teerfarbstoffe. Schwieriger als obige physikalische Methoden sind, gestaltet sich meist die Feststellung der chemischen Zusammensetzung eines Farbstoffes, ja diese Arbeit ist oft nur für einen geübten, synthetisch arbeitenden und mit der Farbstoffchemie eng vertrauten Chemiker möglich. Es liegt auch außerhalb des Rahmens dieser Arbeit, die verschiedenen nicht koloristischen Methoden der Farbstoffbestimmung hier erschöpfend zu bearbeiten, da diese Methoden das gesamte Gebiet der Farbstoffchemie und der chemisch-organischen Analyse in sich schließen würden. Es müßten zu einer systematischen Bearbeitung demnach alle organisch-analytischen Arbeitsmethoden herangezogen werden, wie die Kohlenstoff-, Wasserstoff-, Stickstoffbestimmungen (Verbrennungen), die Halogen-, Schwefelbestimmungen, Reduktions- und Oxydationsmethoden, Nitrierung, Acetylierung, Bromierung, Jodierung etc. etc. Es sei für derartige Zwecke auf das Werk Vaubels verwiesen: Die physikalischen und chemischen Methoden der quantitativen Bestimmung organischer Verbindungen.

Im allgemeinen ist über die chemische Analyse der Teerfarbstoffe wenig in die Literatur gedrungen, der Gang der Untersuchung bleibt meist wohl auch nur ein individueller, gestaltet sich oft leicht, oft sehr schwer und läßt sich nicht in bestimmte feststehende Regeln zwängen. Das wenige, das in die Literatur Eingang gefunden hat, ist meist sehr zerbröckelt und betrifft nur einzelne Repräsentanten der Teerfarben. Hier seien einige Beispiele solcher chemischer Untersuchungsmethoden von Teerfarben angeführt.

Die Bestimmung des Naphtolgelbs (Dinitro-alpha-naphtolmonosulfosaures Natrium) durch Fällen vermittelst Nachtblau (salzsaures Tetramethyl-tolyl-triamido-diphenyl-naphtyl-carbinol) beschreibt C. Rawson (Journ. Soc. Dyers & Col. 1888, 82). Er findet, daß 1 g Nachtblau dabei ganz genau 0,25 g Naphtolgelb S, oder 2 Moleküle Nachtblau 1 Molekül Naphtolgelb fällen. — Ebenso kann Pikrinsäure mit Nachtblau gefällt werden (1 Molek. Pikrinsäure zu 1 Molek. Nachtblau). — Pikrinsäure kann ferner mit Normal-Alkali und Phenolphtalein als Indikator titriert werden, wenn andere Säuren ausgeschlossen sind. — Manche Farbstoffe (Fuchsin, Violett) lassen sich durch Natriumhydrosulfit ähnlich wie Indigo quantitativ reduzieren. Sehr charakteristisch ist auch das Verhalten der Farbstoffe gegen Zinkstaub oder Zinnchlorid und sind vermittelst dieser Reduktions-Reaktion leicht die Azofarbstoffe zu identifizieren. Dieselben werden nämlich so gespalten, daß bei der Reduktion die beiden Stickstoff-atome der Azogruppe sich auf die ursprünglichen Komponenten ver-teilen und in Amidogruppen übergeführt werden. Wurde z. B. eine Diazoverbindung mit einem Phenol zu einem Azofarbstoff kombiniert, so erhält man bei der Reduktion wieder das Amin, aus welchem der Diazokörper hergestellt wurde, das zweite Stickstoffatom des letzteren findet sich aber in Form einer Amidogruppe im Phenol wieder und man erhält so ein Amidophenol und zwar meistens das der Para-stellung entsprechende. So gibt z. B. Oxyazobenzol $C_6H_5 - N$ $= N - C_6H_4OH$ bei der Reduktionsspaltung: Anilin $C_6H_5 - NH_2$

und Paraamidophenol $C_6H_4\diagup\diagdown\genfrac{}{}{0pt}{}{NH_2\ (1)}{OH\ (4).}$    Befindet sich in einem dieser

beiden eine Sulfogruppe, so entsteht statt obiger Körper die ent-sprechende Sulfosäure. Dieses Verhalten der Azokörper gibt in vielen Fällen ein gutes Mittel an die Hand, um die Konstitution zu er-gründen, doch erfordert die Trennung der Spaltungsprodukte, nament-lich da, wo sich in beiden Resten Sulfogruppen befinden, viel Übung. — Besser als mit Zinkstaub läßt sich die Reduktion in den meisten Fällen mit Zinnchlorür ausführen und das Zinn mit Schwefelwasser-stoff entfernen. Die Basen werden aus dem Gemisch der Spaltungs-produkte mit Äther ausgezogen, während Sulfosäuren in der alkalischen Lösung verbleiben.

Gegenüber diesen Einzel- und Gruppen-Reaktionen ist von Weingärtner zuerst ein allgemeines Untersuchungschema aus-gearbeitet und von Green später erweitert worden. Es dient zur qualitativen Gruppenbestimmung der Farbstoffe und basiert auf den Reaktionen der Teerfarbstoffe mit gewissen Gruppen-Reagentien, nach welchen Reaktionen sich die Farbstoffe in bestimmte Klassen teilen lassen. — Bei der Ausführung der Reaktionen sind gewisse Einzel-heiten zu beachten, welche das Gelingen dieser Reaktionen bedingen. So darf z. B. das Tannin-Reagens in nur ganz geringer Menge, einige Tropfen, zugesetzt und die Lösung nur ganz gelinde erwärmt werden. Bei Tannin-Überschuß, sowie zu hoher Temperatur gehen die anfangs gebildeten Niederschläge wieder in Lösung. — Die Zinkstaub-Reduktion ist mit größter Sorgfalt einzuleiten. Man setzt am besten der Farbstofflösung erst etwas Zinkstaub zu, schüttelt um und fügt dann tropfenweise verdünnte Salzsäure bis zur Entfärbung zu. Ein Säureüberschuß ist auch hier peinlich zu vermeiden. Bei schwer löslichen Farbstoffen reduziert man nebenher in alkalischer Lösung mit Zinkstaub und Ammoniak. Das Reduktionsprodukt soll farblos, schwach gelblich, bräunlich etc. erscheinen und keinesfalls zu weit, nicht über die den Farbstoffen entsprechenden Leukoverbindungen (Indigo, Indulin) hinaus getrieben werden, da in solchen Fällen ein totaler Zerfall des Farbstoffes eintritt. Das Filtrieren der Reduktionsflüssigkeit ist unnötig; bei basischen Farbstoffen aber ein Zusatz von Natriumacetat zur Bindung überschüssiger Mineralsäure empfehlenswert. Die Einwirkungsdauer (Beobachtungspause) beträgt 2—3 Minuten, worauf mit Chromsäurelösung betupft und, wenn nötig, gelinde über der Gasflamme erwärmt wird. Vor der Chromsäure-Oxydation müssen die alkalischen Reduktionsflüssigkeiten durch Erwärmen von Ammoniak befreit werden. Bei sauren Farbstoffen muß das Gemisch nach der Chromsäurebetupfung Ammoniakdämpfen ausgesetzt werden, da manche Farbstoffe erst als Salze und nicht als freie Säuren Farbstoffcharakter annehmen (z. B. Eosin etc.). Bei Jodeosinen wird mit Chromsäure ein brauner Jodamylumfleck auf Papier erzeugt. Nitrierte Fluoresceine, Nitro- und Azofarbstoffe bilden, auf Platinblech verbrannt, die bekannte Erscheinung der Pharaoschlangen. Alizarin S ist schwer reduzierbar, bei zu weit gehender Reduktion aber erscheint die ursprüngliche Farbe nicht wieder. Zu genaueren Identifizierungen können die Farbstoffe nachträglich ausgefärbt und nach den Reaktionstabellen auf der Faser untersucht werden.

### A. G. Rotas Farbstoff-Untersuchungs-Methode [1]).

Die Rotasche Methode ist zwar nicht dazu berufen, alle Schwierigkeiten, die sich bei der Farbstoffanalyse bieten, zu überwinden, vielfach jedoch wird dieselbe die Lösung mancher Aufgabe enthalten, welche durch die übrigen Methoden nicht gelöst wird. Die besten Resultate seiner Untersuchungen über das allgemeine Verhalten der Farbstoffe erhielt Rota beim Studium ihres Verhaltens bei der Reduktion, besonders gegenüber einer Lösung von $SnCl_2 +$ HCl. Wenn man obige Flüssigkeit auf den Farbstoff in stark ver-

---

[1]) Chem. Ztg. 1898. 437.

# Weingärtner-Greensche Tabelle zur qualitativen Farbstoff-Analyse.

Gruppen-Reagentien: 1. Wässerige Lösung von 10% Tannin und 10% Natriumacetat[1]).
2. a) Zinkstaub und verdünnte Salzsäure oder b) Zinkstaub und Ammoniak.
3. 1%ige Chromsäurelösung (für basische Farbstoffe).
4. Wässerige Lösung von 1% Chromsäure (oder Chromkali) und 5% Schwefelsäure (für saure Farbstoffe).

Einzel-Farbstoff-Reagentien: Die Glieder der gleichen Gruppen werden voneinander durch ihr Verhalten zu verdünnten Säuren, Alkalien, konz. Schwefelsäure, Alkohol etc. und ihre Färbeeigenschaften unterschieden.

## I. Gruppe.  In Wasser lösliche Farbstoffe.

### A. Durch Tanninlösung fällbare Farbstoffe (Basische Farbstoffe).

Die wässerige Lösung des Farbstoffes wird mit Zinkstaub und Salzsäure reduziert und ein Tropfen der entfärbten Lösung auf Filtrierpapier gebracht. Erscheint die ursprüngliche Färbung bei Einwirkung der Luft nicht wieder, so wird die befeuchtete Stelle des Filtrierpapiers mit einem Tropfen der Chromsäurelösung (3) betupft.

| Die ursprüngliche Färbung erscheint an der Luft schnell wieder: Azin-, Oxazin-, Thiazin-, Akridinfarbstoffe. | | | | | Die urspr. Farbe erscheint an der Luft gar nicht oder sehr langsam, wohl aber auf Betupfen mit Chromsäure: Triphenylmethanfarbstoffe und Rhodamine. | | | | Die urspr. Farbe erscheint überhaupt nicht wieder, auch nicht nach Chromsäurebetupfung. |
|---|---|---|---|---|---|---|---|---|---|
| Rot | Orange und Gelb | Grün | Blau | Violett | Rot | Grün | Blau | Violett | |
| Toluylenot, Safranin, Pyronin, Akridinrot. | Phosphin, Benzoflavin, Akridingelb, Akridinorange. | Azingrün. | Methylenblau, Thioninblau, Neumethylenblau, Toluidinblau, Neublau, Muscarin, Neutralblau, Basler Blau R, RB, Nilblau, Capriblau, Echtschwarz, Indazin M, Metaphenylenblau B, Paraphenylenblau, Indamine etc. | Mauvein, Amethyst, Neutralviolett, Prune, Paraphenylenviolett, Indamine etc. | Fuchsin, Isornbin, Rhodamine (schneller als bei Rosanilinfarbstoffen). | Malachitgrün, Brillantgrün, Methylgrün, Jodgrün. | Viktoriablau B, 4R, Nachtblau. | Hofmanns Violett, Methylviolett, Benzylviolett, Kristallviolett, Äthylviolett, Regina-Violett. | Gelb und Braun<br><br>Auramin, Thioflavin, Chrysoidin, Bismarckbraun. |

[1]) Kertész benutzt außer dieser Tanninlösung noch eine Pikrinlösung zum Fällen von basischen Farbstoffen: 2 g Pikrinsäure + 5 g Natriumacetat:100 ccm Wasser gelöst. Diese Lösung fällt beim Erwärmen ebenso die basischen Farbstoffe wi  die Tanninlösung.

## B. Durch Tanninlösung nicht fällbare Farbstoffe (saure Farbstoffe).

Die wässerige Farbstofflösung wird mit Zinkstaub und Salzsäure oder mit Zinkstaub und Ammoniak reduziert und ein Tropfen der reduzierten Lösung auf Fließpapier gebracht. Kehrt die ursprüngliche Färbung an der Luft in 2—3 Minuten nicht wieder, so wird mit Chromsäurelösung (3) betupft, gelinde erwärmt und Ammoniakdämpfen ausgesetzt.

<table>
<tr>
<td colspan="6">Die Lösung wird durch Reduktion entfärbt</td>
<td rowspan="9">Lsg. wird durch Zinkstaub und Ammoniak nicht entfärbt, sondern in Braunrot verwandelt. Urspr. Färbung kehrt an der Luft schnell zurück<br><br>Alizarin S (schwer reduzierbar), Alizarinblau S, Coerulein S.</td>
<td rowspan="9">Lsg. wird durch Zinkstaub und Ammoniak sehr langsam und unvollständig entfärbt<br><br>Thiazolgelb, Claytongelb, Turmerin, Mimosa.</td>
<td rowspan="9">Lsg. wird weder durch Zinkstaub und Ammoniak, noch durch Zinkstaub und Salzsäure entfärbt, oder sehr langsam verändert<br><br>Chinolingelb, Primulin, Thioflavin S, Oxyphenin, Chloramingelb.</td>
</tr>
<tr>
<td>Urspr. Färbung kehrt an der Luft schnell wieder</td>
<td colspan="2">Urspr. Färbung kehrt an Luft nicht oder zu langsam zurück, wohl aber mit Chroms. l. (3) und Ammoniakdämpfen</td>
<td colspan="3">Urspr. Färbung kehrt überhaupt nicht wieder auch nicht mit Lsg. 3</td>
</tr>
<tr>
<td rowspan="7">Sulfonierte Azine, Oxazine, Thiazine etc. Lösliche Induline und Nigrosine (wenn nicht überreduziert), Resorcinblau, Azurin, Thiokarmin, Baslerblau RS, BBS, Gallaminblau, Gallocyanin, Gallanilindigo PS, Indigokarmin, Safrosin, Azokarmin, Mikadoorange (wenn nicht zu stark reduziert), etc.</td>
<td colspan="2">Die wässerige Lsg. wird angesäuert und mit Äther ausgeschüttelt</td>
<td colspan="3">Azo-, Nitro-, Nitroso-, Hydrazin-Farbstoffe</td>
</tr>
<tr>
<td>Äther zieht Farbstoff aus u. hinterläßt nahezu farblose wässerige Lösung</td>
<td>Äther bleibt farblos</td>
<td colspan="3">Auf Platinblech erhitzt</td>
</tr>
<tr>
<td rowspan="5">Phtaleine, Aurine, Uranin, Chrysolin, Eosin, Erythrin, Phloxin, Erythrosin, Cyclamin, Corallin etc.</td>
<td rowspan="5">Säurefuchsin, Säureviolett, Formylviolett, Wasserblau, Alkaliblau, Patentblau, Echtgrün bl., Säuregrün, Guineagrün, Chromviolett etc.</td>
<td>Verpufft unter Bildung farbiger Dämpfe</td>
<td colspan="2">Brennt ruhig ab oder verpufft schwach unter Bildung gefärbter Dämpfe</td>
</tr>
<tr>
<td rowspan="4">Nitrofarbstoffe, Pikrinsäure, Aurantia, Martiusgelb, Naphtolgelb S, Brillantgelb, Aurotin etc.</td>
<td colspan="2">Azo-, Nitroso-, Hydrazin-Farbstoffe</td>
</tr>
<tr>
<td colspan="2">Der Farbstoff wird auf ungebeizte Baumwolle gefärbt</td>
</tr>
<tr>
<td>Er widersteht warmem Seifen</td>
<td>Er wird durch warmes Seifen abgezogen</td>
</tr>
<tr>
<td>Direkte Baumwollfarbstoffe.</td>
<td>Gewöhnliche Azofarbstoffe, Naphtolgrün B, Tartrazin, Nitrazingelb.</td>
</tr>
</table>

## II. Gruppe. In Wasser unlösliche Farbstoffe.

Das Pulver oder der Teig wird mit Wasser und ein paar Tropfen 5%iger Natronlauge behandelt.

| Der Farbstoff löst sich. | | Der Farbstoff löst sich nicht. | | | | |
| --- | --- | --- | --- | --- | --- | --- |
| Die alkalische Lösung wird mit Zinkstaub und Ammoniak erwärmt und ein Tropfen auf Fließpapier gebracht. | | Der Farbstoff ist in 70%igem Alkohol löslich. | | | | Unlöslich in 70%igem Alkohol. |
| | | Die Lösung fluoresziert nicht. | | Die Lösung fluoresziert. | | Indigo, Anilinschwarz Primulinbase. |
| Die Lösung war entfärbt oder in helles Braun verwandelt. Auf Fließpapier kehrt die urspr. Farbe schnell wieder | Die Lösung war entfärbt oder in Braun verwandelt. Die urspr. Farbe kehrt an der Luft nicht wieder | Auf Zusatz von 33%iger Natronlauge zur alkoholischen Lösung | | Auf Zusatz von 33%iger Natronlauge zur alkoholischen Lösung | | |
| | | Farbe wird braunrot | Farbe bleibt unverändert | Die Fluoreszenz wird zerstört | Fluoreszenz bleibt bestehen | |
| Coerulein, Gallein, Gallocyanin, Gallanilviolett B S, Gallanilidblau P, Galloflavin, Alizarinblau, Alizarinschwarz, Alizarincyanin, Alizarincyaninschwarz, Rufigallussäure etc. | Alizarin, Anthrapurpurin, Flavopurpurin, Alizarinorange. Alizarinbraun, Alizarinbordeaux, Alizaringelb 2 G, R, Chrysamin, Sudanbraun, Patentfustin, Dinitrosoresorcin, Nitrosonaphtol, Dioxin etc. | Indulin (spritl.) Nigrosin (spritl.) Anilinblau (spritl.), Diphenylaminblau (spritl.). | Indophenol, Sudan II u. III, Karminnaphte. | Magdalarot. | Spriteosin, Cyanosin etc. | |

dünnter Lösung (1 : 10 000) bis zum beginnenden Kochen einwirken läßt, so ergibt sich die interessante Tatsache, daß dieselbe ihre redu-zierende Wirkung nur auf ganz bestimmte Farbstoffklassen ausübt, und zwar wenn man die Farbstoffe nach den Ansichten von Arm-strong und Nietzki als Chinonderivate betrachten will, so kann man sagen, daß durch das Zinnchlorür die auf Mono- und Diimido-chinone zurückführbaren Farbstoffe reduziert werden, während die-jenigen, welche man aus einem Chinon mit einer zweiwertigen Kohlen-stoffgruppe an Stelle eines Sauerstoffatoms im Chinonringe erhält, nicht reduziert werden. Um diese Tatsache klarer darzustellen, nehmen wir $O = R = O$ als ein Ortho- oder Parachinon. Es sind z. B. nur reduzierbar die nach folgendem Schema sich ableiten-den Farbstoffe, wie z. B. Nitro-, Nitroso-, Azo- und Chinonimid-farbstoffe:

$$O = R = N - \qquad oder \qquad -N = R = N -$$
$$\text{Oximidochinon,} \qquad\qquad \text{Diimidochinon,}$$

nicht reduzierbar sind die folgenden, wie z. B. Oxychinon- und Triphenylmethanfarbstoffe:

$$O = R = C = \qquad und \qquad -N = R = C =$$
$$\text{Oxycarbochinon.} \qquad\qquad \text{Imidocarbochinon.}$$

Wenn man nun die mit $SnCl_2$ reduzierten Lösungen in Be-tracht zieht, so findet man, daß einige darunter durch wenige Tropfen Eisenchlorid oder durch Schütteln mit Luft, nach Neutralisation mit KOH, unverändert bleiben, während andere sich zu dem ursprüng-lichen Farbstoff wieder oxydieren. Die ersteren sind die Nitro-, Nitroso- und Azofarbstoffe, welche durch Reduktion stabile Amine geben; die zweiten, die Chinonimidoderivate, werden zu Leukokörpern reduziert, welche leicht wieder oxydiert werden. Die nicht reduzier-baren Farbstoffe können ihrerseits in zwei Gruppen unterschieden werden, je nachdem sie Oxycarbochinon- oder Imidocarbochinon-derivate darstellen. Zu den letzteren gehören die Fuchsine, Akri-dine etc., sie werden, wenn sie in wässeriger Lösung mit KOH in der Wärme behandelt werden, entfärbt oder gefällt; die ersteren hingegen infolge ihrer sauren Natur geben mit Alkalien lebhaft gefärbte Salze, die meist in Wasser leicht löslich sind. Die Farb-stoffe können demnach in vier Klassen unterschieden werden, zu welchen zwei oder drei große Farbstofffamilien mit ähnlichem Chro-mophor gehören. Die weitere Unterscheidung der so klassifizierten Farbstoffe in einzelne Familien gründet sich auf die verschiedene

Natur der in ihnen enthaltenen salzgebenden Gruppen. Es muß hernach nachgewiesen werden, ob die Farbstoffe Amido- oder Imidogruppen enthalten, oder aber Carboxyl- oder Sulfogruppen. Für die Diagnose dieser salzgebenden Gruppen leisten der gewöhnliche Äther und die Gespinstfasern ganz ausgezeichnete Dienste, wie dies nachfolgend näher auseinander gesetzt werden wird (vergl. nachstehende Tabelle).

## A. Tabelle zur Klassifikation der organischen Farbstoffe.

Ein Teil der wässerigen oder hydroalkoholischen Lösung des Farbstoffs wird mit HCl und dann mit $SnCl_2$[1]) behandelt.

| Es tritt gänzliche Entfärbung ein: Reduzierbare Farbstoffe[2]). Die durch $SnCl_2$ + HCl entfärbte Lösung wird mit $FeCl_3$ oder atmosphärischem Sauerstoff nach Neutralisation mit KOH (oder Natriumacetat) wieder oxydiert. | | Die Farbe ändert sich nicht weiter als mit HCl allein: Nicht reduzierbare Farbstoffe. Ein Teil der ursprünglichen Lösung wird mit 20 Prozent KOH behandelt und event. erwärmt. | |
|---|---|---|---|
| Die Entfärbung verbleibt. | Die ursprüngliche Färbung wird wieder hergestellt. | Es tritt Entfärbung ein, oder es bildet sich ein Niederschlag. | Es tritt keine Fällung ein, die Flüssigkeit färbt sich lebhafter. |
| Nicht wieder oxydierbare Farbstoffe. | Wieder oxydierbare Farbstoffe. | Imidocarbochinonfarbstoffe. | Oxycarbochinonfarbstoffe. |
| I. Klasse. | II. Klasse. | III. Klasse. | IV. Klasse. |
| Nitroso-, Nitro- und Azofarbstoffe mit Einbegriff der Azoxy- und Hydrazofarben. | Indogenide und Chinonimidofarbstoffe. | Amidoderivate des Di- und Triphenylmethans, Auramine, Akridine, Chinoline und Farbstoffe des Thiobenzenyls. | Nicht amidierte Diphenylmethanfarbstoffe, Oxyketonfarbstoffe (die natürl. organ. Farbstoffe zum größten Teil einbegriffen.) |

Nachdem man mit Hilfe der beigefügten Tabellen die Farbstoffe in Klassen, Familien etc. eingeteilt hat und somit den zu ana-

---

1) Die wässerige oder alkoholische Lösung wird auf ca. 1 : 10 000 verdünnt und 5 ccm davon mit 4—5 Tropfen konz. HCl und hierauf mit ebensoviel $SnCl_2$ (10 %ig. Lösung, durch Lösen von Sn in HCl zu erhalten) behandelt. Man schüttelt und erwärmt nötigenfalls zum Sieden. Tritt nicht gänzliche Entfärbung ein, so kann man die Farbstofflösung weiter verdünnen oder eine weitere Menge $SnCl_2$ zusetzen.

2) Es ist hier zu bemerken, daß einige Induline sich nur sehr schwer entfärben und eine nicht gänzlich farblose Lösung geben.

lysierenden Farbstoff auf eine Gruppe von wenigen Farbstoffen zusammengefaßt hat, kann man sich zu ihrer Identifizierung der bereits bestehenden tabellarischen Übersichten[1]) bedienen, in welchen die einzelnen Farbstoffe nach ihrem physikalischen, chemischen und tinktoriellen Verhalten zusammengestellt sind. Zu diesem Behufe wird man die in dem beschriebenen Prozesse bereits ermittelten physikalischen und chemischen Eigenschaften mit denen der Tabelle vergleichen. Es ist jedoch darauf zu achten, daß diese tabellarischen Zusammenstellungen nur einen Teil der heute im Handel vorkommenden Farbstoffe beschreiben und daher manchmal zu unrichtigen Deutungen führen können. In zweifelhaften Fällen wird man daher auch zur spektroskopischen Untersuchung der Farbstofflösungen schreiten müssen, vor allem aber zur Spaltung der Farbstoffe in ihre einfacheren, leichter erkennbaren Komponenten. So kann manchmal für verschiedene, untereinander sehr ähnliche Phthaleine die Aufsuchung des in ihnen enthaltenen Halogens zum Ziele führen. Wenn es sich einfach um die Aufsuchung von Brom oder Jod handelt, so genügt es, die Farbstofflösung mit Zinkstaub und KOH zu kochen, die Lösung zu filtrieren und in dem farblosen Filtrate nach Ansäuern mit Essigsäure das Brom oder Jod mit Chlorwasser, Stärkelösung oder ähnlich nachzuweisen. Auch kann man den Farbstoff mit CaO glühen, den Rückstand mit Salpetersäure behandeln und in der Lösung das vorhandene Halogen nach den bekannten Methoden bestimmen.

Zur Aufsuchung des Schwefels, zur Unterscheidung z. B. der Thiazine von den Oxazinen, kann man die Substanz mit Salpeter zusammenschmelzen und in der Schmelze die Schwefelsäure aufsuchen. Falls sich die Farbstoffe durch Zinnchlorür reduzieren lassen, kann man das Zersetzungsprodukt, nach dem Entzinnen mit $H_2S$, aufsuchen. So gibt die Pikrinsäure das ungefärbte Triamidophenol, welches, mit Eisenchlorid behandelt, sich in das blaue Amidodiimidophenol umsetzt. Die Azofarbstoffe geben dann bei der Reduktion mit $SnCl_2$ durch Spaltung des Chromophors $-N=N-$ mindestens zwei primäre Amine nach der Gleichung:

$$R-N=N-R_1 + 2H_2 = R-NH_2 + R_1-NH_2.$$

---

[1]) S c h u l t z - J u l i u s, Tabellar. Übersicht der künstl. organ. Farbstoffe, 1902; L e h n e - S c h u l t z, Tabellar. Übersicht der künstl. organ. Farbstoffe mit angef. Mustern; L e f è v r e, Traité des mat. col.; S i s l e y - S e y e w e t z, Chimie des mat. col.

Diese Amine lassen sich manchmal leicht durch Äther trennen. Man behandelt die reduzierte Lösung mit $H_2S$ zur Abscheidung des Zinns und schüttelt die mit Kalilauge versetzte Lösung mit Äther, welcher die nicht sulfonierten Amine löst, während die sulfonierten in der wässerigen Lösung zurückbleiben. Letztere können dann ihrerseits erkannt werden, wenn man sie mit bestimmten Diazoverbindungen kuppelt, mit denen sie bestimmte, charakteristische Azofarbstoffe geben. So gibt die Sulfanilsäure, welche man z. B. durch Reduktion von Naphtolorange erhält, wenn man sie mit Tetrazobenzidin kopuliert, einen gelben Tetrazofarbstoff. Die Naphtionsäure gibt so das Kongorot; und endlich geben einige oxysulfonierte

$$\text{Amine, wie } C_{10}H_5 \begin{cases} NH_2 \ (2) \\ OH \quad (8) \\ SO_3H \ (6) \end{cases} \text{ eine violette Farbe (Diaminschwarz R}$$

[C] etc.). Da die aus den Azogruppen entstehenden Amidogruppen sich jedenfalls zu einer anderen im Radikale befindlichen Amidogruppe in Parastellung befinden muß, so entsteht ein Paradiamin, welches leicht durch die Thiazinreaktion zu erkennen ist (Behandlung der entzinnten Lösung mit HCl und $FeCl_3$ in Gegenwart von $H_2S$).

Ein Paradiamin entsteht gleichfalls aus jenen Farbstoffen, die nicht die Amidogruppe, aber zwei Diazogruppen enthalten (Disazofarbstoffe), da das mittlere Radikal die zwei Azogruppen in Parastellung enthält, und das Paradiamin bildet sich aus den an dieses Radikal anliegenden Stickstoffatomen. So z. B. gibt das Sudan III (A) bei der Reduktion mit $SnCl_2$

$$C_6H_4 \begin{cases} N=N-C_6H_5 \qquad\qquad (1) \\ N=N-C_{10}H_6\,(OH)\beta\,(4) \end{cases} + 4\,H_2 =$$

$$= C_6H_4 \begin{cases} NH_2\,(1) \\ NH_2\,(4) \end{cases} + C_6H_5.NH_2 + C_{10}H_6 \begin{cases} OH\,(\beta) \\ NH_2 \end{cases}.$$

Wenn man es mit einem nicht amidierten Farbstoffe zu tun hat, ermöglicht diese Reaktion, zu entscheiden, ob man es mit einem Monoazo- oder einem Disazofarbstoffe zu tun hat. Es wird ferner dadurch ermöglicht, zu entscheiden, ob eine anwesende Sulfogruppe im mittleren oder in einem der seitlichen Radikale enthalten ist, da ein Thiazin entsteht, das in Äther übergeht in (Gegenwart von KOH), wenn es nicht sulfoniert ist, während ein sulfoniertes in der wässerigen Lösung zurückbleibt.

So schwierig auch die Aufsuchung und Bestimmung der Farbstoffe ist, wenn sie einzeln vorkommen, noch größer stellen sich diese Schwierigkeiten dar, wenn es sich, wie dies gewöhnlich der Fall ist, um Mischungen von zwei oder mehreren Farben handelt. In der chemischen Literatur existiert leider bisher keine allgemeine Methode, welche es möglich machen würde, über diese Schwierigkeit hinweg zu kommen, höchstens sind einige Angaben vorhanden, welche in solchen Fällen zur vorläufigen Orientierung angewandt werden können, wie z. B. die mikroskopische Untersuchung der gepulverten Farbmischung, deren Projektion auf konz. Schwefelsäure oder genäßtes Filtrierpapier, das Aufsaugen der Lösung auf Filtrierpapier, die spektroskopische Untersuchung etc. Zu diesem Behufe wird jedoch nur jene Methode praktisch verwendbar sein, wenn sie zur Trennung und nachherigen Bestimmung der einzelnen Farbstoffe führt.

Vor allem muß die fragliche Mischung den oben angeführten vorläufigen Proben unterworfen werden, später versucht man, ob eine Trennung durch Behandlung mit Wasser, Alkohol bei gewöhnlicher Temperatur oder in der Wärme sich durchführen läßt. So einfache Fälle sind leider nicht gewöhnlich, meist verhalten sich die verschiedenen Farben einer Mischung gleich, so daß dann zu anderen Mitteln gegriffen werden muß. Die erfolgreichsten hierunter sind die, welche auf der Anwendung von Äther und der Gespinstfasern, besonders der Wolle beruhen. Äther und Wolle haben den Farbstoffen gegenüber ein sehr ähnliches Verhalten, indem beide nur auf die freien Farbsubstanzen, nicht aber auf ihre Salze einwirken. Es ist daher notwendig, vor allem die freie Farbbase oder -Säure in Freiheit zu setzen und dann darauf den Äther oder die Wolle einwirken zu lassen. Zu diesem Behufe wird bei einem basischen Farbstoff die freie Base sich leicht aus der mit Alkali versetzten wässerigen Lösung mit Äther extrahieren oder auf Wolle fixieren lassen. Wenn es sich hingegen um einen sauren Farbstoff handelt, wird man die Farbsäure durch Hinzufügen einer stärkeren Säure in Freiheit setzen und dann mit Äther oder Wolle ausziehen. Es ist jedoch zu bemerken, daß nicht alle Farbstoffe, die in Äther löslich sind, sich auch auf Wolle fixieren, so daß diese zwei Agentien sich gegenseitig in ihrer Wirkung vervollständigen und ihre Anwendung es erlaubt, in jedem Falle zu einer Trennung zu gelangen. In der nachfolgenden Methode wird vor allem der Äther als Trennungsmittel benutzt, nur wo dieses Agens versagt, wird zur Wolle oder auch zur Baumwolle oder zu irgend einem anderen Mittel, das sich zu den ersteren analog verhält, gegriffen.

**Trennung der Farbstoffe mit Äther.** Nach dem im vorhergehenden Angeführten muß vor allem zur Trennung der Farbbasen und Farbsäuren geschritten werden. Die ersteren gehen beim Ausschütteln ihrer verdünnten, wässerigen, mit Kalilauge versetzten Lösung in den Äther über, die Säuren bleiben unzersetzt in der wässerigen Lösung zurück. Diese Operation wird genau nach folgender Weise ausgeführt: 100 ccm der wässerigen Farbstofflösung werden mit 1 ccm 20 %iger Kalilauge versetzt und dann mit dem dreifachen Volumen Äther ausgeschüttelt; dies wird so oft wiederholt, bis der Äther ungefärbt bleibt, auch nach dem Ansäuern mit Essigsäure. Die wässerige alkalische Lösung der sauren Farbstoffe wird mit Essigsäure neutralisiert und später weiter untersucht. Die ätherische Lösung mit den Farbbasen wird mit dem gleichen Volumen sehr schwach alkalischen Wassers ausgewaschen, dann mit $^1/_3$ Volumen 5 %iger Essigsäure ausgeschüttelt. Letztere wird dann abgetrennt und auf dem Wasserbade eingedampft: der Rückstand enthält die basischen Farbstoffe. Manchmal kommt es vor, daß einige Farbstoffe auch nach der Extraktion mit Essigsäure im Äther zurückbleiben, in welchem Falle der Äther gefärbt bleibt, und es ist dann derselbe auf dem Wasserbade einzudampfen. In Gegenwart von KOH gehen manchmal mit den basischen auch einige (sehr wenige) saure oder besser neutrale Farbstoffe in den Äther über, z. B. Chinolingelb, spritlösliches Indophenolblau, die verschiedenen Sudans etc. Alle diese sind in Wasser unlöslich, in Alkohol löslich, sie gehen auch aus saurer Lösung in den Äther über und verbleiben darin auch beim Behandeln mit Wasser oder verdünnter Säure.

Bei der Extraktion der basischen Farbstoffe mit Äther ist es nicht gleichgültig, welches Alkali zur Extraktion verwendet wird: alle Basen werden durch Kalilauge in Freiheit gesetzt, andere Alkalien, wie z. B. $NH_3$, tun das nicht immer. Andere Basen hingegen gehen direkt aus der neutralen Lösung in Äther über. Diese Tatsache erklärt sich leicht, wenn man bedenkt, daß die verschiedenen Farbbasen mit größerer oder geringerer Energie an die Säure gebunden sind, und daß folglich zu ihrer Befreiung ein stärkeres oder schwächeres Alkali notwendig ist. Die Safranine z. B., sehr starke Basen, erfordern die Kalilauge, während für die Fuchsine schon das gewöhnliche Ammoniak ausreichend ist; noch andere, wie die Induline, die Oxazine und Akridine, werden schon durch sehr verdünntes Ammoniak in Freiheit gesetzt. Wieder andere, wie das Chrysoidin, Bismarckbraun, Rhodamin S (By), Viktoriablau etc. sind in ihrer verdünnten wässerigen Lösung schon dissoziiert, so daß der Äther die Base ohne weiteres aufnimmt, während die Säure unverändert im Wasser zurückbleibt. Dieses Verhalten eignet sich ganz vorzüglich zur successiven Trennung mehrerer basischer Farbstoffe in Mischung, wenn man vor allem die wässerige verdünnte Lösung einfach mit Äther ausschüttelt, später mit sehr verdünntem, 1 %igem Ammoniak, dann mit konzentriertem $NH_3$ und zuletzt mit 20 %iger Kalilauge versetzt. Eine weitere Trennung für die unter gleichen Bedingungen extrahierbaren Farbbasen beruht auf ihrer relativ verschiedenen Löslichkeit in Wasser und Äther. Wenn man die ätherische Lösung mit dem gleichen Volumen Wasser schüttelt, so gehen einige in das Wasser über, während andere im Wasser weniger lösliche oder ganz unlösliche im Äther zurückbleiben. Es ist auf diese Weise z. B. möglich, das Akridingelb von dem ihm sehr ähnlichen Phosphin genau zu trennen. Die im Äther zuletzt noch verbleibenden Farbbasen können vermittelst ihres Verhaltens gegen verdünnte 5 %ige Essigsäure getrennt werden, indem einige von der Essigsäure gebunden werden, andere hingegen mit der Essigsäure unter diesen Umständen keine beständigen Verbindungen eingehen.

Was die sauren Farbstoffe anbelangt, die aus der alkalischen Flüssigkeit durch Äther nicht ausgezogen werden, so können sie nach den bei den basischen Farbstoffen angegebenen, ähnlichen Methoden getrennt werden. Wenn man ihre neutralen wässerigen Lösungen, mit Salz- oder Schwefelsäure angesäuert, mit Äther ausschüttelt, so gehen einige in denselben über, andere bleiben in der wässerigen Flüssigkeit zurück, und zwar gehen die nicht sulfonierten Säuren in den Äther über, die meisten sulfonierten bleiben in der wässerigen Lösung. Einige jedoch von diesen Sulsosäuren gehen teilweise in den Äther über, unter diesen z. B. das Roccellin, Ponceau G (B), Orseillerot G, Wollschwarz, Azoflavin etc. Um nun eine Trennung auch in diesem Falle zu ermöglichen, versuchte Rota, anstatt einer Mineralsäure eine organische Säure zu nehmen, z. B. 1 %ige Essigsäure, wobei er fand, daß ausschließlich die nicht sulfonierten Säuren von Äther ausgezogen werden, während sämtliche Sulfosäuren unzersetzt in der wässerigen Flüssigkeit zurückbleiben. Es erklärt sich dies einfach so, daß die Essigsäure nur die schwachen, nicht sulfonierten Säuren aus ihren Salzen auszutreiben im stande ist, die stärkeren Sulfosäuren werden von der Essigsäure nicht in Freiheit gesetzt.

Man kann hiernach durch diese successive Extraktion mit Äther die sauren Farbstoffe in drei Gruppen einteilen. 1. In durch Äther in Gegenwart von 1 %iger Essigsäure extrahierbare, 2. in Gegenwart von Salz- oder Schwefelsäure extrahierbare und 3. in Äther unlösliche Farbstoffe. Es lassen sich auf diese Weise die folgenden Farbstoffe trennen: Erythrosin (B) von Roccellin und von Bordeaux B (A), ferner direktes Gelb (A) von Kongobraun R (A) und von Kongorot (A). Ist die Mischung ausschließlich aus sauren Farbstoffen zusammengesetzt, so kann auch eine vierte Gruppe unterschieden werden, und zwar die derjenigen Farbstoffe mit so wenig ausgeprägtem sauren Charakter, wie z. B. Sudan I (A), Orseille und Sudan G (A), welche direkt aus der neutralen Lösung vom Äther ausgezogen werden. Es können hiernach folgende Farben getrennt werden: Sudan G (A) von Viktoriagelb und Orseille von Eosin. Auch in diesem Falle kann man, wie bei den Farbbasen, durch Waschen der ätherischen Lösung mit Wasser auch eine weitere Trennung der in Äther gelösten Farbsäuren bewirken, z. B. Pikrinsäure von Martiusgelb (das freie Dinitronaphtol ist in Wasser nur sehr wenig löslich), Diamantschwarz von Naphtolorange. Auch in diesem Falle werden dann durch Hinzufügen von verdünntem $NH_3$ einige Farbstoffe, je nach ihrer leichteren oder geringeren Schnelligkeit, mit der sie sich mit dem Ammoniak verbinden, mehr oder weniger leicht extrahiert. So ist das zum Teil ätherifizierte Cyanosin und das fluoreszierende Blau sehr renitent gegen Ammoniak.

Trennung der Farbstoffe vermittelst Wollfaser. Wenn die Trennung mittelst Äther nach angeführter Weise nicht durchführbar ist, greift man zur Wolle. Diese Faser fixiert in schwach alkalischem oder neutralem Bade sämtliche basischen Farbstoffe, während die sauren sämtlich in der Lösung zurückbleiben, was gleichfalls eine Trennung der sauren und basischen Farbstoffe ermöglicht.

Es wird nach folgender Weise verfahren: Man bereitet sich eine wässerige Lösung der Farbenmischung (1 : 1000), macht dieselbe mit wenigen Tropfen (4—5 Tropfen auf 100 ccm Flüssigkeit) Ammoniak alkalisch, dann bringt man einen Wollstrang hinein und erwärmt unter Umrühren zum Sieden etwa 3—5 Minuten lang. Wie den ersten kann man einen zweiten, eventuell einen dritten in der Lösung behandeln, so lange als die Wolle sich im alkalisch gehaltenen Bade färbt. In der Lösung verbleiben nur die Farbsäuren, die Basen sind auf der Wolle fixiert. Die gefärbte Wolle wird zuerst mit siedendem ammoniakalischen Wasser gewaschen, hernach mit reinem Wasser, und dann wird mit 5 %iger heißer Essigsäure ausgezogen; diese Lösung wird dann im Wasserbade eingedampft, wobei die basischen Farbstoffe zurückbleiben. Wenn einmal die Trennung der basischen von den sauren Farbstoffen auf diese Weise vorgenommen ist, kann man die weitere Trennung in die einzelnen Farbstoffe versuchen. Nicht alle basischen Farbstoffe haben für Wolle gleich starke Verwandtschaft, indem einige sehr leicht aus dem Bade ausgezogen werden, während andere wieder dies weniger leicht tun; mittelst fraktionierter Färbeversuche kann die Trennung nun gleichfalls gelingen. Die Konzentration des Farbbades, dessen größere oder geringere Alkalinität, kann diese Unterschiede noch erhöhen. Die einzelnen gefärbten Wollbüschel werden dann einzeln gewaschen und dann entfärbt und mit den so erhaltenen Farblösungen weitere fraktionierte Färbeversuche ausgeführt. Beim Ausziehen der Wollstränge mit verdünnter Essigsäure unterscheiden sich die Farbstoffe gleichfalls voneinander, indem sie mehr oder weniger leicht ausgezogen werden, und dies hängt sowohl von der größeren Affinität zur Wolle, als auch von der leichteren oder schwierigeren Löslichkeit der Acetate im Wasser ab.

Die Wirkung der Wolle ist wirksamer bei der Trennung der sauren Farbstoffe, da einige von ihnen von der Wolle direkt aufgenommen werden, andere nicht, da sie nur beizenfärbend sind. Die Trennung wird, wie folgt, vorgenommen: Man bereitet sich eine ungefähr 0,1 %ige Lösung der Farbmischung, säuert mit Salzsäure an (3—4 Tropfen konz. HCl pro 100 ccm Lösung), bringt zum Sieden, taucht einen Wollstrang ein und hält ihn darin 3—5 Minuten in Bewegung; man kann dann einen zweiten und dritten Strang einbringen, bis sich der letzte nicht mehr weiter färbt. Auf der Wolle finden sich so sämtliche direkten Farben fixiert; im Bade hinterbleiben die indirekten. Die gefärbten Stränge werden dann mit schwach salzsaurem, später mit reinem Wasser ausgewaschen, und zuletzt durch Auskochen mit 5 %igem Ammoniak ausgezogen. Die ammoniakalische Lösung wird bis zum Austreiben des Ammoniaks im Sieden erhalten: in der neutralen Flüssigkeit sind dann die direkten Farben gelöst. Da einige der indirekten Farben zum kleinen Teile doch von der Faser aufgenommen werden, so muß zur vollständigen Trennung der Färbeversuch mit der so erhaltenen Lösung wiederholt werden. Man kann auf diese Weise nachfolgende Farbstoffe voneinander trennen:

Direkt:    { Bordeaux B (A),  { Biebricher-Scharlach, { Säuregelb (A).
Indirekt:  { Euocyanin,       { Cochenille,           { Safran.

Die direkten Farbstoffe zeigen dann große Verschiedenheiten in ihrer Affinität zur Wolle, so daß einige mit Leichtigkeit aus dem Bade aufgenommen werden, während andere nur nach mehrmaliger Behandlung mit der Wolle aus dem Bade ausgezogen werden; und es sind darunter einige sehr stark saure Farbstoffe, wie die mit Oxysulfogruppen, die vorzüglich aus sehr stark saurem (salzsaurem) Bade ziehen, andere weniger saure, wie die Phtaleine z. B., für die ein schwach saures (essigsaures) Bad vorzuziehen ist, und noch andere mit basischem und zugleich saurem Charakter, wie das Gallocyanin, Muscarin, Orseille, fixieren sich auch in neutralem Bade. Es wird sich daher leicht nach obigen Angaben eine Trennung durchführen lassen. Wenn man auf solche Weise in neutralem Bade anfärbt, so können beispielsweise folgende Farbstoffe getrennt werden:

In neutralem     { Alkaliviolett (B),  { Säureviolett 4 BN,  { Orseille.
Bade fixierbar:  {                     {                     {
In saurem Bade   { Ponceau 6 RB (A),   { Neucoccin (A),      { Bordeaux B (M).
fixierbar:       {                     {                     {

Wenn man hingegen eine sehr stark salzsaure Lösung (1 ccm HCl auf 200 ccm Lösung) anwendet, kann folgende Trennung vorgenommen werden:

In stark saurem Bade fixierbar:     { Bordeaux S (A), { Bordeaux B (A).
In schwach saurem Bade fixierbar:   { Orange G (A),   { Methylorange.

In jedem Falle ist die gefärbte Wolle mit reinem, schwach oder stark saurem Wasser, je nach dem Bade, später auszuwaschen und nachher mit heißem verdünnten Ammoniak jedes für sich auszuziehen. Wie bei den basischen Farbstoffen bereits angegeben, ist es möglich, daß auch einige von diesen sich leichter oder schwieriger von der Wolle ablösen. Mit der erhaltenen Flüssigkeit ist dann, wenn nötig, die fraktionierte Ausfärbung zu wiederholen.

Es kommt mehrfach vor, daß man die einzelnen Farbstoffe einer Mischung weder mit Äther noch mit Wolle zu trennen im stande ist; man ist dann genötigt, zur Baumwolle zu greifen. Die Baumwolle kann einige Wolle direkt färbende Farbstoffe fixieren und andere im Bade zurücklassen. Unter den Baumwolle direkt färbenden Farbstoffen finden sich z. B. das Pyronin, zum Teil das Rhodamin, Thioflavin unter den basischen, das Curcumin, Bixin, Carthamin, die Tetrazofarbstoffe, das Thiazol etc. unter den sauren Farbstoffen. Die Trennung der direkten von den für Baumwolle indirekten, hat mit entfetteter Baumwolle, und zwar in neutraler oder schwach alkalischer (Seifenbad) wässeriger Lösung zu geschehen, welche man etwa 10 Minuten im Sieden erhält. Die Baumwolle wird dann wiederholt mit siedendem Wasser ausgewaschen. Auf diese Weise können unter den sauren Farbstoffen folgende getrennt werden:

Direkte für Baumwolle: ⎰ Carbazolgelb (B), ⎰ Baumwollgelb R (B).
Indirekte für Baumwolle: ⎱ Diamantgelb R (By), ⎱ Phloxin B (B).

Auch in diesem Falle kann es vorkommen, daß einzelne dieser Farbstoffe sich mit größerer Leichtigkeit fixieren, insbesondere wenn man die Reaktion und die Konzentration des Bades wechselt. Im leicht salzsauren Bade lassen sich folgende zwei direkten Farbstoffe trennen:

Leicht fixierbar: ⎰ Brillant-Kongo (A).
Schwer fixierbar: ⎱ Brillantgelb (A).

Wenn die Trennung weder mit Äther, noch mit der Wolle oder Baumwolle durchführbar ist, kann man zu anderen Lösungsmitteln greifen, so z. B. zu Petroläther, Amylalkohol, Chloroform etc., welche nach den beim Äther auseinandergesetzten Grundsätzen anzuwenden sind. Mit Petroläther kann so das Eosin von Martiusgelb getrennt werden. Natürlich ist durch oben auseinandergesetzte Methode nicht die Trennung sämtlicher bekannter Farbstoffe durchführbar, es ist jedoch hierdurch eine Orientierung in diesem Sinne möglich geworden.

Nachstehend finden die von A. G. R o t a ausgearbeiteten vier Spezialtabellen (B, C, D, E) Platz. (Vgl. a. Tabelle A).

**B. I. Klasse.  Mit SnCl$_2$ + HCl reduzierbare und nicht wieder oxydierbare Farbstoffe.**

**Nitrofarbstoffe R—NO$_2$.**
Gelbe oder orange Farbstoffe, in Wasser löslich, auf Seide und Wolle direkt färbend, nicht auf Baumwolle. Die wässerige Lösung neigt mit HCl zur Entfernung. Mit HCl + SnCl$_2$ teilweise reduziert, geben sie rote Nitroamidoderivate (Nitramine) oder in KOH sich rot färbende Nitrophenole.

- **Nitramine.** In Gegenwart von KOH in Äther löslich. — $-N=R=N\diagdown{}^O_{OH}$ — z. B. Aurantia.
- **Nitrophenole.** In Gegenwart von KOH unlöslich in Äther.
  - Nicht sulfoniert, in Gegenwart von Essigsäure in Äther löslich. — $O=R=N\diagdown{}^O_H$ — z. B. Viktoriagelb.
  - Sulfoniert, in jedem Falle in Äther unlöslich. — Naphtolgelb S.

**Nitrosofarbstoffe O=R=N—OH.**
Braune oder grüne, in Wasser meist unlösliche Farbstoffe. Für die Fasern indirekt. Alle geben mit H$_2$SO$_4$ + C$_6$H$_5$.OH (Liebermanns Reaktion) blaue Färbung.

- Nicht sulfoniert, unlöslich in Wasser, löslich in Alkohol, löslich in Äther in Gegenwart von Essigsäure. — z. B. Dioxin (L).
- Sulfoniert, löslich in Wasser, unlöslich in Äther. — z. B. Naphtolgrün B.

**Azofarbstoffe R—N=N—R.**
Sie sind als zu den zwei vorigen Familien nicht gehörig erkennbar. Ihre wässerige Lösung, mit KOH versetzt, mit Äther ausgeschüttelt und mit Wasser ausgewaschen, gibt eine ätherische Lösung, die sich folgendermaßen verhält.

- Gefärbt; mit verdünnter Essigsäure ausgeschüttelt, überläßt derselben die ursprüngliche Farbe. **Basische Farbstoffe.**
  - Nicht sulfonierte Amidoazofarbstoffe. — $-N=R=N-NHR_1$. — z. B. Bismarckbraun.
- Gefärbte Lösung, welche nicht in verd. Essigsäure übergeht. **Neutrale Farbstoffe[1]).**
  - Oxyazofarbstoffe ohne Carboxyl. — $O=R=N-HR_1$. — z. B. Sudan I (A).
- Ungefärbte Lösung, gibt nichts an Essigsäure ab: **Saure Farbstoffe.**
  - Nicht sulfoniert, aus verd. Essigsäurelösung in Äther löslich. — Oxyazofarbstoffe mit Carboxylgruppe.
    - Für Baumwolle indirekt. — Diamantgelb (By).
    - Für Baumwolle direkt. — Chrysamin.
  - Sulfoniert, aus verd. Essigsäurelösung in Äther unlöslich.
    - Nicht amidiert, durch HNO$_2$ nicht veränderlich[2]).
      - Für Baumwolle indirekt. — Bordeaux B (A).
      - Direkt für Baumwolle. — Azoblau (A).
    - Amidiert, verändert durch HNO$_2$.
      - Indirekt für Baumwolle. — Solidgelb N (P).
      - Direkt für Baumwolle. — Kongorot (A).

---

[1]) Einige Amidoazofarbstoffe (Anilingelb) verhalten sich wie neutrale Farbstoffe, unterscheiden sich jedoch durch ihre Entfärbung mit salpetriger Säure.

[2]) Man erkennt, ob die Farbstoffe amidiert sind oder nicht, durch Behandeln von 5 ccm der Lösung mit 2—3 Tropfen 1%iger verdünnter Essigsäure und ebensoviel 1%iger KNO$_2$-Lösung in der Wärme. Die ersteren entfärben sich oder modifizieren die Farbe, die letzteren verbleiben wie bei Behandlung mit Essigsäure allein.

## C. II. Klasse. Mit $SnCl_2$ + HCl reduzierbare und wieder oxydierbare Farbstoffe.

Die wässerige oder alkoholische Lösung wird mit KOH versetzt und mit Äther extrahiert[1]. Die ätherische Lösung, mit Wasser gewaschen, verhält sich, wie folgt.

| | | Klasse | Formel | Beispiel |
|---|---|---|---|---|
| Die ätherische Lösung ist gefärbt oder farblos, gibt jedoch die ursprüngliche Farbe an 5%oige Essigsäure ab: Basische Farbstoffe. Fixieren sich in alkalischem Bade auf Wolle. | Die Lösung wird durch HCl + $SnCl_2$ in der Kälte leicht reduziert. | Oxazine (schwefelfrei). | $N{<}^{\,R}_{\,R=N\equiv}{>}O$ | z. B. Nilblau A (B). |
| | | Thiazine (schwefelhaltig). | $N{<}^{\,R}_{\,R=N\equiv}{>}S\,.$ | z. B. Methylenblau. |
| | Die gefärbte Lösung reduziert sich schwer und manchmal unvollständig und nur in der Wärme unter Zusatz von viel $SnCl_2$ + HCl. | Induline. Mit konz. $H_2SO_4$ blaue Färbung, mit Wasser verdünnt blaue Lösung[2]. | $N{<}^{\,R}_{\,R=N'\equiv}{>}N{-}\,.$ | Spritlösliches Indulin. |
| | | Safranine. Mit $H_2SO_4$ grüne Färbung, verdünnt blau, dann violett. | $N{<}^{\,R}_{\,R}{>}N{=}\,.$ | Safranin T extra (A). |
| Gefärbt, gibt die Farbe an Essigsäure nicht ab: Neutrale Farbstoffe. In Wasser unlöslich, löslich in Alkohol; fixieren sich auf der Faser in der Küpe. | Blaue, durch HCl in der Wärme veränderliche Farbstoffe. | Indophenole. | $N{<}^{\,R}_{\,R=O}\,.$ | Indophenol. |
| | Rote oder blaue Farbstoffe, mit HCl unveränderlich; geben mit $HNO_3$ Isatin. | Indogenide. | $NH{<}^{\,R}_{\,C}{>}CO.$  $\|$ | Indigotin. |
| Ungefärbt, gibt an Essigsäure nichts ab: Saure Farbstoffe. In Wasser löslich und auf Wolle aus saurem Bade fixierbar. | Nicht sulfoniert. In Gegenwart von Essigsäure in Äther löslich. | Oxazone. | $N{<}^{\,R}_{\,R=O}{>}^{O}_{O}\,.$ | Fluorescin. Blau, Orcein. |
| | Sulfoniert. In keinem Falle in Äther löslich. — Durch $SnCl_2$ + HCl leicht reduzierbar. | Sulfonierte Indogenide. | | Indigokarmin. |
| | Durch $SnCl_2$ + HCl leicht reduzierbar. | Sulfonierte Thiazine. | | Thiokarmin R (C). |
| | Durch $SnCl_2$ + HCl schwer reduzierbar. | Sulfonierte Induline. | | Wasserlösl. Nigrosin. |

[1] Die auf 1:10000 verdünnte, wässerige oder alkoholische Lösung (5 ccm) wird mit 4—5 Tropfen 20%iger KOH versetzt und mit 10–15 ccm Äther ausgezogen. Die ätherische Lösung wird einmal mit dem gleichen Volumen Wasser ausgewaschen, wenn es eine wässerige Lösung war, die alkoholische hingegen 2—3 mal.

[2] Der Unterschied zwischen Indulinen und Safraninen ist noch nicht genau bestimmt; es steht jedoch fest, daß aus der wässerigen Lösung der Induline die Farbbase in Gegenwart von verdünnter $NH_3$ in Äther übergeht, während KOH notwendig ist, um die Safraninbase, die viel basischeren Charakter besitzt, in Freiheit zu setzen.

**D. III. Klasse. Farbstoffe, welche durch $SnCl_2 + HCl$ nicht reduziert werden, mit Imidochinoncarbonchromophor $-N=R=C=$.**

| | | | | |
|---|---|---|---|---|
| Die wässerige oder alkoholische Lösung des Farbstoffes wird mit KOH versetzt und dann mit Äther ausgeschüttelt. | Die ätherische Lösung ist farblos oder gefärbt; die Farbe geht in 5 %ige Essigsäure über:<br><br>Basische Farbstoffe. Fixieren sich in alkalischem Bade ($NH_3$) auf Wolle. | Farblose, nicht fluoreszier. äther. Lösung; die gelbe Farbe geht nicht fluoreszierend in Essigsäure über. Die wässerige Lösung wird durch KOH entfärbt und durch HCl zersetzt. | Auramine. | z. B. Auramin O (B). |
| | | Farblose, grünlich fluoresz. äther. Lösung. Die wässer. Lösung wird durch KOH gefällt, und durch HCl wenig verändert. $HNO_3$ färbt rot. | Akridine. | Phosphin. |
| | | Ungefärbte oder gefärbte, nicht fluoresz. äther. Lösung. Die Farbe geht in Essigsäure über, rotviolett, blau und grün ohne Fluoreszenz. Die wässer. Lösung wird meist durch KOH in der Wärme entfärbt, und durch HCl (mit Ausnahme der phenylierten Fuchsine) gelb gefärbt. | Fuchsine (nicht sulfoniert). | Fuchsin. |
| | | Die äther. Lösung ist ungefärbt und fluoresziert nicht; Essigsäure löst rosa und fluoreszier. Die wässer. Lösung entfärbt sich mit KOH. | Pyronine (werden durch HCl gelb gefärbt, für Baumwolle direkt). | Pyronin G [1]. |
| | | | Rhodamine (nicht sulfoniert, mit HCl unverändert). | Rhodamin S (By). |

[1]) Siehe Note auf Tafel B.

**Die wässerige oder alkoholische Lösung des Farbstoffes wird mit KOH versetzt und dann mit Äther ausgeschüttelt.**

Die gefärbte ätherische Lösung gibt an Essigsäure die Farbe nicht ab: **Neutrale Farbstoffe.** Unlöslich in Wasser, löslich in Alkohol.

- Die äther. Lösung ist gelb und fluoresziert nicht. Die alkoholische Lösung ist gelb, nicht fluoreszierend und wird von wässerigen Säuren und Alkalien nicht verändert. — **Chinophtalone** (nicht sulfoniert¹). $-C\diagup\!\!\!\!\diagdown{}^{R}_{R=N=}$ — Chinolingelb (A) spritlösl.

Die ätherische Lösung ist farblos und gibt an Essigsäure nichts ab: **Saure Farbstoffe.** Sämtlich wasserlöslich und fixieren sich auf Wolle in saurem Bade (HCl).

Die wässer. Farbstofflösung mit entfetteter Baumwolle zum Sieden erhitzt fixiert sich nicht auf Baumwolle.

- Gelbe Farbstoffe, in Wasser ohne Fluoreszenz; unverändert durch wässer. Säuren und Alkalien. — **Sulfonierte Chinophtalone.** — Chinolingelb (A) wasserlösl.
- Wasserlösliche Farbstoffe, rotviolett, blau oder grün; werden meist durch KOH entfärbt, wenig durch HCl verändert. — **Sulfonierte Fuchsine.** — Fuchsin S (B).
- Rote oder violette Farbstoffe, in Wasser mit Fluoreszenz löslich. Werden durch HCl gefällt; durch KOH gänzlich oder fast unveränderlich. — **Sulfonierte Rhodamine.** — Violamin R (M).

Die wässer. Farbstofflösung ... fixiert sich.

- Braungelbe oder orange Farbstoffe, wässerige Lösung $\pm$ fluoreszierend. Fixieren sich direkt auf Seide, Wolle und Baumwolle. — **Thiazole²).** $\begin{array}{c}-C\!=\!N\\ |\quad\ \ |\\ S\!-\!R\end{array}$ — Primulin (B).

---

¹) Die Chinolinfarbstoffe, z. B. Berberin und Flavanilin, besitzen keinen genau bestimmten Chromophor und stehen zwischen den Auraminen und Akridinen.

²) Die Thiazolfarbstoffe sind meist sulfoniert mit Ausnahme des Thioflavins T (C), welches, obschon in Äther unlöslich, durch Wolle aus alkalischem Bade fixiert wird.

## E. IV. Klasse. Durch $SnCl_2$ + HCl nicht reduzierbare Farbstoffe, mit Oxychinoncarbonchromophor O=R=C=.

Die alkoholische Lösung des Farbstoffes mit wenigen Tropfen einer verdünnten (1:1000) Lösung von $FeCl_3$ behandelt.

| | | | Klasse | Formel | Beispiel |
|---|---|---|---|---|---|
| **Bleibt unverändert:** Nicht amidierte Triphenylmethanfarbstoffe, meist löslich in Wasser und direkt für Wolle. | Der Farbstoff wird in siedendem Wasser gelöst oder suspendiert. | Wird von Wolle nicht direkt fixiert. Meist in Wasser unlöslich; löslich in Alkohol ohne Fluoreszenz. | **Aurine.** | $C\!\!<^{R'}_{R=O}$ | z.B. Aurin. |
| | | Fixieren sich direkt auf Wolle. Meist in Wasser und Alkohol löslich. Farbstoffe mit Fluoreszenz. | **Phtaleine.** | $C\!\!<^{R'}_{R=O}\!\!>O$ | Eosin. |
| **Wird grün od. olivengrün gefärbt:** Oxyketonfarbstoffe. Meist unlöslich in Wasser und indirekt für die Fasern. | Der ursprüngl. Farbstoff wird mit schwach alkal. Wasser (KOH 1%) behandelt. | | | | |
| | Löst sich mit gelber oder rotgelber Farbe: **Monoketone.** | Die alkal. Lösung mit überschüss. HCl behandelt. | | | |
| | | Neigt, besonders in der Wärme, zur Entfärbung (unter Zersetzung). | **Benzophenone.** | $CO\!\!<^{R}_{R}$ | Alizaringelb A (B). |
| | | Färbt sich ohne Zersetzung intensiv gelb. | **Flavone.** | $CO\!\!<^{R}_{C=C}\!\!>O$ | Quercetin. |
| | Löst sich mit roter, rotvioletter, violett., blauer oder grüner Farbe: **Diketone (Chinone).** | Die alkal. Lösung mit Essigsäure angesäuert. | | | |
| | | Fällt die freie Farbsäure. Meist in Äther löslich, und indirekt für die Faser. | **Anthrachinone** nicht sulfoniert. | | Alizarin. |
| | | Die Farbsäure bleibt in Lösung, löst sich in Äther nicht, fixiert sich direkt auf Wolle. | **Anthrachinone** sulfoniert. | $CO\!\!<^{R'}_{R}\!\!>CO$ | Sulfonierte Alizarine (Alizarin-rot). |

II. Teil.

# Untersuchung der Naturfarbstoffe in Substanz.

Die Eigenart der Naturfarbstoffe bedingt eine separate Besprechung ihrer Untersuchung. Zwar fallen diese Untersuchungsmethoden zum größten Teil (außer Indigo) dem Prinzip nach in die bereits unter qualitative und quantitative Ausfärbung beschriebenen Methoden, aber dieselben sind vielfach doch so sehr differenziert und individualisiert, daß diese Naturfarbstoffe gewissermaßen als selbstständige und unabhängige Einzelrepräsentanten ihrer Gattung dastehen. Es erscheint dieses als Folge davon, daß bei denselben erstens eine Reihe Bedingungen wie Provenienz, Reife, Alter, Herstellung etc. eine sehr große Rolle spielen und zweitens, daß diese Naturprodukte nicht als chemisch reine Farbstoffe oder Raffinade in den Handel kommen, sondern meist als Drogen und rohe Extrakte, die eine stets variierende Menge von Begleitprodukten pflanzlicher und mineralischer Natur mit sich führen. Durch diese letzteren kann ein Produkt sehr beträchtlich im Werte herabgesetzt und beeinflußt werden.

Die Naturfarbstoffe sind, außer dem tierischen Cochenille und Lacdye, welche die Leiber zweier indischer Insekten darstellen, ausschließlich vegetabilischen Ursprungs und rekrutieren sich aus den verschiedensten Teilen der Pflanzen und zwar:

    a) aus W u r z e l n (Krapp, Curcuma, Berberitzenwurzel).

    b) aus S t a m m h o l z (Blauholz, Gelbholz, Fernambukholz, Fisetholz, Sandelholz, Sapanholz, Barwood, Camwood).

c) aus Rinden (Quercitron, Kreuzdorn, Roßkastanie, Faulbaum, Erle, Platane, Pappel, Weide, Esche, Walnuß).

d) aus Blättern (Sumach).

e) aus Blüten (Safflor).

f) aus Früchten (Gelbbeere, Orlean, chinesische Gelbschoten, Kreuzdorn, Kermesbeere, Myrobalanen, Knoppern, Dividivi),

g) aus Sträuchern (Waid, Wau).

h) aus Flechten (Orseille, Persio, Lackmus).

i) aus Pflanzensäften (Indigo, Katechu).

k) aus Pflanzenauswüchsen (Galläpfel).

Im großen und ganzen sind die Naturfarbstoffe durch die mächtig aufgeschossene Teerfarbenindustrie einer nach dem andern gestürzt oder zum mindesten auf den zweiten Plan zurückgedrängt, während sie bis dahin Jahrtausende lang ihre dominierende Stellung behauptet hatten. Es wurden zum Teil Ersatzprodukte aufgefunden, welche in der Anwendung bequemer, im Gebrauch billiger, in Echtheit höher und in Schönheit brillanter waren; teils wurden die Naturfarbstoffe selbst künstlich erzeugt, wie das Alizarin und neuerdings der Indigo, wodurch der Kulturmensch in den Stand gesetzt wurde, „künstliche Naturfarbstoffe" zu verwenden. Wenngleich die Naturfarbstoffe auf solche Weise ihre frühere Bedeutung zum größten Teil verloren haben, so haben die meisten dennoch den Kampf ums Dasein gegen die Teerfarbstoffe aufgenommen und haben auf solche Weise ihre Existenz zu einem großen Teil bis heute noch erhalten. Nachdem in den letzten Jahren nach jahrzehntelangem triumphgekröntem Mühen dem Natur-Indigo durch den künstlichen Indigo ein schwerer, wohl unheilbarer, Stoß beigebracht worden, steht das Blauholz heute ohne Zweifel an der Spitze der Naturfarbstoffe, muß aber auch von Zeit zu Zeit sehr bedenkliche Krisen durchmachen, so neuerdings beim Erscheinen der Schwefelfarbstoffe, so daß sein Kreis immer enger und enger wird. Wie lange noch — und die wissenschaftliche Teerfarbenindustrie hat die alten Riesen sämtlich hingefällt?


# Blauholz.

Die Besprechung des Blauholzes bezw. Blauholzfarbstoffes läuft zumeist auf diejenige des Blauholz-Extraktes und des fermentierten Holzes aus, da aus dem Blockholz fermentiertes Holz und aus

diesem — Abkochung oder Extrakt als letztes Stadium zur unmittelbaren Verwendung gelangt.

Das Blauholz kommt zunächst in Form von Blöcken oder Kloben
auf den Markt, welche entweder von den Extraktfabriken oder den
Konsumenten selbst zu Extrakt oder Abkochung verarbeitet werden.
Das Blockholz — welcher Provenienz es auch sein mag, ob Domingo-,
Yucatan-, Laguna-, Honduras-, Jamaikaholz, sei in frischen Schnitt-
flächen möglichst lebhaft und rot erscheinend. Innen grau und leblos erscheinende Blöcke, sogen. „schwarze“ Blöcke sind abgestorben und
enthalten keinen oder wenig Farbstoff. Blöcke von mittlerer Dicke
sind meist ergiebiger als die ganz dicken Blöcke und das dünnere
Scheitholz. (Über Mikroskopie des Blauholzes s. v. Höhnel.
Dingl. 235. 74.) Eine derartige Generalübersicht kann allerdings
nur ein annäherndes Bild der Ergiebigkeit des Holzes geben, ist
aber unter Umständen schon genügend, mit Sicherheit das Bessere
vom Schlechteren zu scheiden. Eine genaue Beurteilung des Holzes
fällt, wie bereits erwähnt, mit der Untersuchung des daraus hergestellten Extraktes oder einer Abkochung des fermentierten Holzes
zusammen, da das Holz in der ursprünglichen Form überhaupt nicht
färbfähig ist. Auch ist das Ziehen eines Durchschnittsmusters aus
einer Blockpartie sehr schwierig. Anders ist die Sache, nachdem
die Partie Holz geschnitten, geraspelt, gemahlen und fermentiert ist,
wobei die ganze Partie durcheinander kommt und der Fermentier-
saft die ganze Masse gleichmäßig durchzieht. Liegt nun der Extrakt
als solcher vor, so hat man es vollends mit einem homogenen Gemisch und einer bestimmten Fermentationsstufe zu tun.

In dem Safte des Blauholzes, Hämatoxylon Campechianum, befindet sich der Farbstoff liefernde, noch nicht genau erschlossene,
Glykosid-Körper, der erst unter dem Einfluß von Gärungsprozessen
(bezw. Oxydationsprozessen) in einen zuckerartigen Körper und das
Hämatoxylin ($C_{16}H_{14}O_6$) gespalten wird, welches durch Oxydation
weiter in Hämatein ($C_{16}H_{12}O_6$) übergeht und das seinerseits, falls
der Oxydationsprozeß nicht rechtzeitig gehemmt wird, in weitere
humusartige Oxydationsprodukte von noch nicht genügend studierten
Eigenschaften verwandelt werden kann. Der Wert des fermentierten
Holzes oder des Extraktes ist demnach zunächst abhängig von seinem
Gehalt an Hämatoxylin und Hämatein und der möglichsten Abwesenheit von Überoxydationsprodukten. Schreiner (Chemiker-Ztg.
1890, 961) beurteilt den Wert eines Farbholzextraktes, bezw. des

Blauholzextraktes nach folgenden Punkten: 1. Farbstoffgehalt, 2. Zusatz fremder Gerb- und Farbstoffe, 3. Zusatz von Beschwerungsmitteln, 4. Fermentation und Reaktion. Am wichtigsten fällt natürlich der Farbstoffgehalt ins Gewicht, der am zuverlässigsten durch quantitative Ausfärbung ermittelt wird, die eine Anzahl Kautelen erfordert und nur in der Hand eines mit den Gesamteigenschaften des Blauholzes genau Vertrauten exakte und übereinstimmende Werte liefern kann.

Außer der Ausfärbung existieren noch andere Untersuchungsmethoden. So veröffentlicht C. Rawson folgende kolorimetrische Methode. 10 g fermentiertes Holz (oder entsprechend viel Extrakt) werden mit Alkohol ausgezogen und auf ein Liter verdünnt. 10 ccm dieser Lösung werden nochmals mit Alkohol auf 100 ccm verdünnt, 5 ccm dieser Verdünnung in einem Kolorimeter (Nesslersche Röhren) mit 5 ccm einer 1 $^0/_0$igen Alaunlösung gemischt und die Röhre bis zur Marke mit Wasser aufgefüllt. Die Farbe, die sich allmählich entwickelt, wird mit in gleicher Weise behandeltem Gegenmuster verglichen und aus den gefundenen Volumina der relative Farbstoffgehalt berechnet (s. Kolorimetrie).

Kupferprobe. Von Trimble ist eine Methode ausgearbeitet worden, die auf der Reaktion des Blauholzfarbstoffes mit Kupfersalzen beruht, aber keine sicheren Anhaltspunkte liefert. Zunächst wird eine Normallösung hergestellt, enthaltend 0,001 g trockenen Extrakt in 1 ccm Lösung. 1 ccm dieser Lösung wird mit 1 ccm Kupfervitriollösung (enthaltend 0,002 g krist. Kupfervitriol in 1 ccm) und 10 ccm Wasser, mit etwas Calciumkarbonat gelöst, im Reagensglas gemischt. Die Mischung wird schnell aufgekocht, in einen 100 ccm-Cylinder gegossen und mit destilliertem Wasser auf 100 ccm aufgefüllt. In ebensolcher Weise wird das zu prüfende Gegenmuster behandelt und soweit verdünnt, bis die Farbtiefe desselben mit derjenigen der Normallösung übereinstimmt. Die erzeugte Kupfer-Reaktion hält sich nur etwa 10—15 Minuten und muß nach Verlauf dieser Zeit erneuert werden.

Der Wassergehalt des Holzes oder Extraktes wird durch Erhitzen einer genau gewogenen Menge auf 105—110 $^0$ C. bis zum konstanten Gewicht ermittelt.

Der Aschengehalt des Holzes oder Extraktes wird durch quantitatives Verbrennen im Porzellantiegel oder Schale bei niedriger

Rotglut erhalten. Das Holz darf nicht wesentlich über 2 %, der Extrakt nicht mehr als 3 % Asche aufweisen.

Unter anderen mineralischen Verunreinigungen ist auf Alkali zu prüfen, das mitunter zwecks schnellerer Oxydation zugesetzt wird, ferner auf Kochsalz. Letzteres wird nach Zerstörung des Blauholzfarbstoffes durch Salpetersäure oder in der Asche mit Silbersalz nachgewiesen.

Etwa beigemengte Substanzen wie Sand, Erde, Sägespäne etc. bleiben in wässeriger Lösung ungelöst und können durch Filtration getrennt und durch Wägung bestimmt werden.

Ein Zusatz von Melasse wird durch Zusatz von Hefe zur Extraktlösung, Gärenlassen, Abdestillieren und Wägen des gebildeten Alkohols bestimmt. — Schweißinger (Pharm. Zentralh. 1899, Nr. 4) bestimmt Melasse und Dextrin wie folgt: 3—5 g Extrakt werden in 50 ccm Wasser gelöst, zwecks Fällung von Hämatein und Hämatoxylin mit 10 ccm Bleiessig versetzt, stark durch geschüttelt und nach kurzem Stehen durch ein trockenes Filter filtriert. Ein aliquoter Teil des Filtrates wird im 100 ccm-Rohr polarisiert. Reine Extrakte drehen die Polarisationsebene nicht oder kaum, niemals aber nach rechts. Zur quantitativen Bestimmung versetzt man nun das gesammelte Filtrat mit so viel Salzsäure, daß das Blei als Chlorid ausgefällt wird und noch etwa 0,5 g Salzsäure im Überschuß bleibt; man erhitzt $\frac{1}{2}$ Stunde am Rückflußkühler und läßt erkalten. Ungeachtet des Bleiniederschlages wird mit Soda neutralisiert, filtriert und der Zucker mit Fehlingscher Lösung titriert. Schreiner benutzt die quantitative Fällbarkeit des Hämatoxylins und Hämateins mit Hautpulver und untersucht das Filtrat. 10 g Extrakt werden in Wasser zu 1 Liter gelöst, auf 50° C. erwärmt und ein aliquoter Teil mit Hautpulver behandelt (entweder nach der Hautpulver-Filtrations- oder -Digestions-Methode) und filtriert. Etwaig vorhandene Gerbstoffe werden zusammen mit dem Blauholzfarbstoff durch das Hautpulver gefällt und in dem farblosen Filtrat können Verfälschungen wie Zucker, Syrup, Stärke, Salze etc. nachgewiesen werden. 100 ccm der filtrierten Originallösung (also vor dem Hautpulverzusatz) und 100 ccm des Filtrates (nach der Hautpulverbehandlung) werden zur Trockne gedampft, bei 100° getrocknet, gewogen und auf solche Weise bestimmt: 1. Gesamt-Extraktgehalt, 2. Verunreinigungen. 1.—2. = Gehalt an Farbstoff und Gerbstoff. Die nötigen Kautelen, Reinheit des Hautpulvers, Bestimmung der wasserlöslichen Bestandteile desselben etc. sind hier wie bei den Gerbsäurebestimmungen zu beachten (s. Färbereichemische Untersuchungen dess. Autors). 3. Gesamttrockensubstanz wird durch einfaches Trocknen von 1—2 g Extrakt bei 100—105 $^0$ C. bestimmt und somit das Unlösliche ermittelt = 3.—2.

Am schwierigsten gestaltet sich die Bestimmung der Gerbstoffzusätze (Kastanien-Extrakt etc.). — Houzeau benutzt hierzu die ungleiche Löslichkeit von Holzfarbstoff und Kastanien-Extrakt in Alkohol und Äther. Nach ihm enthält reiner getrockneter Blauholzextrakt im Durchschnitt 87 % ätherlösliche und 13 % alkohollösliche Bestandteile. Da Kastanien-Extrakt in Äther fast unlöslich ist und in Alkohol ganz löslich sein soll, würde ein Zusatz von Kastanien-Extrakt die „Ätherzahl" (87) entsprechend herunterdrücken, die „Alkoholzahl" (13) erhöhen.

E. Donath (Chem. Ztg. 1894, 277) bestimmt Verfälschungen von Blauholz-Extrakten mit Leim, Melasse und Kastanien-Extrakt wie folgt. Zunächst bestimmt er den Wasser-, Stickstoff- und Aschen-Gehalt. Alsdann wird eine wässerige Lösung des Extraktes bei gelinder Wärme durch Digerieren mit allmählich zugefügter grobgepulverter Knochenkohle entfärbt und filtriert. Schon die bedeutend größere Schwierigkeit der Entfärbung läßt auf Kastanien-Extrakt schließen. Wenn nun das nahezu farblose Filtrat beträchtlichen Niederschlag mit Fehlingscher Lösung gibt, so ist die Anwesenheit von Kastanien-Extrakt nahezu zweifellos. Gibt die Lösung aber nur geringen Niederschlag mit Fehlingscher Lösung, wohl aber nach der nun vorzunehmenden Inversion mit verdünnter Salzsäure reichlichen Niederschlag, so ist die Verfälschung mit Zuckernebenprodukten evident. Treten die angegebenen Erscheinungen nicht ein, ist aber der Stickstoffgehalt beträchtlich größer als 1 %, so ist eine Verfälschung mit Leim wahrscheinlich. Ein Leimzusatz über 8 % läßt sich in diesem Fall mit größerer Sicherheit, aber nicht völlig sicher, wie folgt, nachweisen: 3—4 g gepulverten Extraktes werden 2—3 mal mit starkem Alkohol von ca. 93 % bei gewöhnlicher Temperatur ausgezogen, der Rückstand wird in warmem Wasser gelöst und mit einem Überschuß von Bleizuckerlösung gefällt. Der entstandene blaue Niederschlag wird abfiltriert und im Filtrat das überschüssige Bleiacetat mit Soda als Bleikarbonat gefällt. Filtriert man dieses ab und fügt zum Filtrat Tanninlösung, so entsteht bei Vorhandensein von Leim im Extrakt, nun ein Niederschlag oder eine deutliche Trübung. — Donath fand in frisch bereiteten Extrakten, im Vakuum getrocknet, 0,81 % Stickstoff und 1,33 % Asche. Letztere enthält Chloride und Phosphate von Alkalien. Er teilt noch folgende Analysen käuflicher Extrakte mit.

Wasser:   deutsches Fabrikat: 8,26 %; belgisches Fabr. 11,34 %;
Stickstoff:   „      „      0,78 %;   „      „      0,58 %;
Asche:      „      „      6,39 %;   „      „      4,99 %.

Ferner ist zur Erkennung von Gerbstoff im Blauholz die Schwefelammonium-Reaktion sehr zu empfehlen. Setzt man zu einer Lösung von 5 g Trockensubstanz in 1 Liter ein Drittel des Volumens an gelbem Schwefelammonium zu, so fällt bei reinen Extrakten unter Dunkelfärbung der Lösung ein schwacher, brauner, flockiger Niederschlag, bei gerbstoffhaltigen Extrakten — sofort unter Hellfärbung ein dichter, hellgrauer, milchiger Niederschlag aus. Bei einer Lösung von 1 g in 1 Liter entsteht bei reinen Extrakten nur eine gelinde, dunkle Trübung, bei gerbstoffhaltigen — eine helle starke Trübung, die sich in kurzer Zeit zu großen hellen Flocken zusammenballt.

Die wichtigste Bestimmungsmethode bleibt eine quantitative Ausfärbung, welche detaillierter besprochen werden muß.

Bei der Untersuchung eines fermentierten Holzes, einer Abkochung oder eines Extraktes kann man zweierlei Fragen zu beantworten haben: 1. Welchen Farbstoffgehalt enthalten die Produkte? 2. In welcher Form und Oxydationsstufe ist der Farbstoff vorhanden? Da nämlich die Hölzer und Extrakte schwankende Mengen Hämatoxylin und Hämatein enthalten, so können dieselben an sich gut und gehaltreich an dem einen oder andern dieser beiden Farbstoffe, aber dennoch für irgend einen speziellen Zweck unbrauchbar oder wenig brauchbar sein; also da, wo Hämatein verlangt wird, — vorzugsweise hämatoxylinhaltig und wo Hämatoxylin verlangt wird, — vorzugsweise hämateinhaltig sein.

Das Verhältnis von Hämatoxylin zu Hämatein kann mit demjenigen des gelben Blutlaugensalzes (Ferrocyankalium) zu dem roten Blutlangensalz (Ferricyankalium) verglichen werden; das erste dieser beiden liefert eine typische Eisendoppelverbindung mit dem Eisenoxydsalz (Berliner Blau), das zweite mit dem Oxydulsalz des Eisens (Turnbulls Blau). Ebenso geht das Hämatoxylin — wenn auch indirekt — eine Lackverbindung mit Oxydsalzen und oxydierenden Metallverbindungen ein, wie Eisenoxyd, Kupferoxyd, Chromsäure etc., während das Hämatein direkte Lackverbindung auch mit nicht oxydierenden Metalloxyden und Oxydulsalzen eingeht, so mit Tonerdeoxyd, Eisenoxydul, Chromoxyd etc. Die Reaktion zwischen Hämatoxylin und oxydierenden Metalloxyden spielt sich in einem Doppelprozeß ab: Das oxydierende Metalloxyd (oder Chromsäure) oxydiert zunächst das Hämatoxylin zu Hämatein, wobei es selbst reduziert wird (z. B. Chromsäure zu Chromoxyd) und nun tritt als Sekundär-Reaktion das gebildete Hämatein mit dem Metalloxyd zu einem Farblack zusammen. Das Hämatein ist demnach der unmittelbare Farbstoff selbst, während das Hämatoxylin gewissermaßen die Leukoverbindung darstellt. Es ist wesentlich, daß man sich diese Verhältnisse genau verständlich macht, da dadurch die Funktionen der beiden Oxydationsstufen des Blauholzfarbstoffes zu den verschiedenen Beizen erklärt werden. Da nun die Blauholzextrakte fast immer wechselnde Gemische von Hämatein und Hämatoxylin repräsentieren, und andrerseits die verschiedensten Beizen zur Anwendung gelangen, so sind folgende Möglichkeiten der Lackbildung in Erwägung zu ziehen. 1. Bei einer Mischung von Hämatoxylin und Hämatein und bei Gegenwart von oxydierenden Metallbeizen (z. B. Chromsäure) wird zunächst das Hämatoxylin durch das Metalloxyd zu Hämatein oxydiert und tritt nun mit dem Metalloxyd zu einem Farblack zusammen; zweitens reduziert das vorhandene Hämatein auf Kosten eines Teiles seiner selbst (und unter Bildung brauner Überoxydationsprodukte) die Chromsäure zu Chromoxyd, welches dann mit dem Rest des übrig gebliebenen (nicht überoxydierten) Hämateins zu einem Farblack zusammentritt. Dieses wird experimentell dadurch bestätigt, daß in der Tat ein Teil Hämatein bei reiner Chromsäurebeize der Ausnutzung entgeht und zu braunen Überoxydationsprodukten zersetzt wird um so mehr, je mehr Chromsäure auf der Faser vorhanden, der gegenüber keine entsprechende Menge Hämatoxylin zur Verfügung steht (welch letzteres ja zu nutzbarem Hämatein oxydiert werden würde), — also je größer das Mißverhältnis zwischen Farbstoff und Beize ist. 2. Ganz anders liegt der Fall einer Mischung von Hämatoxylin und Hämatein und bei Gegenwart von nicht oxydierenden Metalloxyden. Hier tritt lediglich das Hämatein mit dem Metalloxyd in Reaktion, während das Hämatoxylin unausgenutzt im Bade zurückbleibt, sofern es nicht allmählich durch die längere Einwirkung der Hitze, durch die mit dem Färben unvermeidlich verbundene unfreiwillige Luftzufuhr, durch die im Bade vorhandenen milden Oxydationsstoffe etc. zum Teil oder ganz in Hämatein oxydiert wird und dann erst als solches mit dem Metalloxyd einen Farblack bildet. 3. Am kompliziertesten ist der meist in der Praxis vorliegende Fall, wenn man es mit einem Gemisch von Hämatoxylin und Hämatein bei Gegenwart sogen. gemischter Metallbeize zu tun hat, d. h. wenn die zu färbende Faser sowohl oxydierende als auch nicht oxydierende Metalloxyde enthält. Hier tritt zunächst eine doppelte Reaktion ein, in dem Sinne, daß in dem Maße des Vorhandenseins der einzelnen Bestandteile das Hämatoxylin sich mit dem oxydierenden — (1), das Hämatein sich mit dem nicht oxydierenden Metalloxyd (2) verbindet und die überschüssigen Teile von Farbstoff und Beize sich je nach vorhandenem Gleichgewicht vereinigen. Es kommen also als Sekundär-Reaktion wieder die Fälle 1. oder 2. zur Geltung, wo entweder eine Überoxydation mit Zersetzungsprodukten oder ein Unausgenutztbleiben unoxydierten Hämatoxylins stattfindet.

Man sieht, daß die Vorgänge der Blauholzfärberei komplizierterer Natur sind, als man gewöhnlich anzunehmen geneigt ist und der Praktiker manchmal vor einem unaufgeklärten Rätsel stehen kann, wenn er sich das Verhältnis von Farbstoff zu Beize nicht klar gemacht hat. In der Tat wird häufig über ein Blauholz geklagt, das keine genügende Färbkraft besitzt, oder über ein solches, das braunstichige unansehnliche statt schwarzer oder blauschwarzer Töne liefert, — während in Wirklichkeit der Übelstand in dem Mißverhältnis von Farbstoff zu Beize, und der mißverstandenen Doppelnatur des Blauholzfarbstoffes zu suchen ist, welche zuerst v. Cochenhausen zum Gegenstande eingehender Untersuchungen gewählt hat (Leipz. Monatschr. f. Textilind. 1890. Heft 10 und 11). In Anbetracht dieser eigenartigen Verhältnisse bei dem Blauholz kann eine Prüfung derselben nur dann Anspruch auf Richtigkeit erheben, wenn bei derselben alle seine Eigenschaften in Rücksicht gezogen worden sind.

Liegt ein fermentiertes Holz zur Prüfung vor, so muß dasselbe erst quantitativ extrahiert werden. Es genügen hierzu 10—20 g Durchschnittsholz, welches in einer Porzellanschale wiederholt mit destilliertem Wasser ausgekocht wird, bis keine gefärbte Lösung mehr resultiert. Die Brühen werden vereinigt und auf bestimmtes Volumen z. B. ein Liter aufgefüllt. — Extrakte werden direkt in destilliertem warmen Wasser gelöst und auf Volumen gebracht. Mit diesen Lösungen werden die Ausfärbungen nach oben entwickelten Prinzipien hergestellt.

1. Wird nur darnach gefragt, wieviel Farbstoff im allgemeinen, Hämatoxylin und Hämatein zusammen, in dem Extrakt oder Holz enthalten ist, so wird eine Beize gewählt, welche beide Farbstoffe (Hämatoxylin und Hämatein) gleichzeitig auszieht, also eine gemischte Beize, bestehend aus oxydierenden und nicht oxydierenden Metalloxyden, mit der Überlegung, daß ein Überschuß von oxydierender Beize schädlich wirkt, indem er einen Teil des Farbstoffes zerstören kann, während nicht oxydierende Beize nicht schädlich wirken kann. Die Ausfärbungen lassen sich am zweckmäßigsten auf Wolle ausführen, welche nach folgenden Beizmethoden angesotten werden kann:

1. Ansud mit Kaliumbichromat und Weinstein (1:2),
2. „ „ „ „ Milchsäure, Laktolin etc.,
3. „ „ „ „ Schwefelsäure (1 : $^1/_3$),
4. „ „ Chromfluorid und Weinstein (1:1),
5. „ „ Alaun und Weinstein (3:2).

Die zwei ersten Beizmethoden schlagen auf der Faser ein Gemisch von Chromsäure und Chromoxyd nieder, die dritte Methode — fast nur Chromsäure (soweit nicht die Wollfaser selbst die Chromsäure zu einem geringen Teil zu Chromoxyd reduziert), die vierte und fünfte fixiert auf der Faser nur Chromoxyd, bezw. Tonerdeoxyd, also nicht oxydierende Metalloxyde. In den allermeisten Fällen treten Hämatein mit Hämatoxylin zusammen im Extrakt auf, deshalb erscheinen die Beizmethoden 1 und 2 am geeignetsten. In Fällen, wo Hämatein stark vorherrscht, kombiniert man Methode 1 mit 4 oder 5; da, wo Hämatoxylin das Übergewicht hat, wird Methode 1 ev. mit 3 kombiniert.

Da nach den unter „Quant. Ausfärbung" entwickelten Prinzipien tunlichst schwache quantitative Ausfärbungen am besten beurteilt werden, erscheint es unnötig, die starke Beize, die in der Technik für dunkle Nuancen angewandt wird, für quantitative Ausfärbungen zu übernehmen. Während in der Technik für Schwarz mit 3 % Chromkali angesotten wird, genügt für helle Ausfärbungen ein Ansud von

1 % Kaliumbichromat und 2 % Weinstein

vollauf. Bei stark vorwaltendem Hämateingehalt kann statt dessen

mit $^1/_2$ % Kaliumbichromat, 3 % Alaun, 3 % Weinstein

oder mit $^1/_2$ % Kaliumbichromat, 2 % Chromfluorid, 3 % Weinstein angesotten werden, wovon erstere den Vorzug hat, einen helleren Beizengrund zu liefern als letztere und dadurch die Abmusterung heller Ausfärbungen verschärfen dürfte. — Vor dem definitiven Ausfärben kann auch eine orientierende qualitative Färbung ausgeführt werden z. B. auf mit Alaun ($6\,^0/_0$) und Weinstein ($4\,^0/_0$) angesottenem Wollstoff oder Wollgarn. Hämatoxylin färbt auf diesem Ansud gar nicht und aus der erzielten Farbtiefe kann auf den geringeren oder größeren Hämatein-Reichtum geschlossen werden. Die Dauer des Wollansudes beträgt ca. eine Stunde, worauf sehr gut gespült und sofort gefärbt werden kann. Die Ausfärbung ist auf Holz berechnet eine $5-10\,^0/_0$ige und auf Extrakt berechnet eine $1-5\,^0/_0$ige, je nach Stärke des Präparates und wird warm bis kochend in neutralem Bade ausgeführt. Je klarer das Bad auszieht, desto zuverlässiger ist die Ausfärbung. Ist das erschöpfte Bad stark braun gefärbt, so kann man annehmen, daß Überoxydationsprodukte entstanden sind und ein Teil des vorhandenen Hämateins sich der Fixierung infolge fehlerhafter Beizung entziehen konnte, oder daß der Extrakt von vornherein Verunreinigungen enthielt.

2. Die Beantwortung der zweiten Frage, in welcher Form der Blauholzfarbstoff vorhanden ist, oder wie sich das Holz bezw. der Extrakt für einen bestimmten Zweck eignet, erfolgt nach denselben oben entwickelten Prinzipien. Von der Tatsache ausgehend, daß reines Hämatoxylin sich zu nicht oxydierenden Beizen (z. B. Tonerde) indifferent verhält, ist in erster Linie eine schwachprozentige Ausfärbung auf Chromoxyd (4) oder Tonerde (5) herzustellen und mit Normalfärbungen eines bekannten Hämatein-Extraktes oder reinen Hämateins zu vergleichen. Man erhält dadurch bereits ein sehr gutes Bild von der Zusammensetzung des Extraktes, wenigstens wird der Hämateingehalt genau ermittelt. Es frägt sich nur noch, ob außer dem gefundenen und auf Tonerde oder Chromoxyd fixierten Hämatein noch Hämatoxylin vorhanden ist und wieviel? Diese Frage wird gelöst durch Herstellung einer weiteren Ausfärbung auf gemischter Beize, also etwa Beize Nr. 1 oder 2, welche neben dem Hämatein auch das Hämatoxylin auszieht. Die Differenz zwischen beiden Färbungen, derjenigen auf Beize 1 und Beize 4 hergestellten ergibt den Hämatoxylingehalt. Auf solche Weise können beide Bestandteile ziemlich sicher nebeneinander bestimmt werden, wodurch die Frage nach der Verwendbarkeit des Extraktes für einen bestimmten Zweck, bezw. für eine bestimmte Beiz- und Färbmethode, beantwortet wird.

J. Zubelen (Bull. Soc. Ind. Mulh. 1898, 257) verfährt zur

Erkennung der Färbkraft und zugleich des Oxydationsgrades wie folgt. Er stellt zunächst folgende Vergleichslösungen her (im Liter gelöst):

1. 5 g 30⁰igen Extrakt, vollständig in Form von Hämatoxylin,
2. 5 g 30⁰igen   „    beinahe ausschließlich Hämatein,
3. 5 g 30⁰igen   „    $1/2$ Hämatein und $1/2$ Hämatoxylin,
4. 5 g 30⁰igen   „    Hämatoxylin $+$ 20⁰/o Gerbstoff (Sumach),
5. 5 g 30⁰igen   „    Hämatoxylin $+$ $1/2$⁰/o Calciumkarbonat.

Alsdann führt er folgende Versuche aus:

Versuch A. 10 g Wolle, mit 3⁰/o Chromkali und 5⁰/o Weinsäure angesotten, noch etwas oxydierenden Charakter zeigend, werden mit 140 ccm obiger Lösungen (entsprechend 7⁰/o 30⁰igem Extrakt) auf 400 ccm mit Wasser verdünnt und $1\,1/2$ Stunden auf dem Wasserbade ausgefärbt. Die Färbungen zeigen nunmehr folgendes Aussehen:

Nr. 1. bläuliche Nuance des Hämatoxylins,
  „ 2. viel dunkler als 1, nähert sich dem Schwarz,
  „ 3. liegt zwischen 1 und 2,
  „ 4. ist schwächer als 1, 2 und 3,
  „ 5. ist dunkler als 1, infolge oxydierender Wirkung des Kalksalzes.

Diese Proben zeigen, daß die oxydierten Extrakte dunklere Färbungen liefern als die nicht oxydierten und letztere dunkler als die koupierte Ware.

Versuch B. 10 g Wolle, angesotten 2 Stunden mit 10⁰/o Alaun $+$ 2,5⁰/o Chromkali $+$ 2,5⁰/o Kupfervitriol $+$ 2,5⁰/o Weinsäure, gut gewaschen und ausgefärbt wie A mit nur 3⁰/o Extrakt ($=$ 60 ccm Extraktlösung). Die Färbungen zeigen folgendes Aussehen:

Nr. 1. ist die beste (reines Hämatoxylin),
  „ 2. 3. 5. sind heller als 1,
  „ 4. ist schwächer als 1.

Wünscht man einen nicht oxydierten Extrakt, so wählt man einen solchen, der nach den Versuchsresultaten A und B sich dem Typ 1 am meisten nähert; wünscht man einen oxydierten Extrakt, so gibt man demjenigen den Vorzug, der nach A die dunkelste Färbung geliefert hat.

Versuch C. Man verwendet Baumwollstränge von 8 g Gewicht und färbt mit folgenden Extraktlösungen:

Nr. 1. mit Extr.-Lsg. 1.
„  2. „      „      2.
„  3. „      „      2. koupiert mit 20 % Wasser
„  4. „      „      4.
„  5. „      „      4. + das nötige Quantum Calciumkarbonat
                      zur Neutralisation des Tannins.
„  6. „      „      5.

Die Baumwolle muß vorher in kochendem Wasser gut abgekocht werden. Dann gelangt sie in Blauholzextraktlösung von
300 ccm Wasser und 100 ccm Extraktlösung (wie oben angegeben),
60—70° C., und bleibt 1—2 Stunden im langsam erkaltenden
Bade, wird dann ausgerungen und während 4—5 Minuten auf
einem Kupfervitriolbade mit 3 % vom Gewicht der Baumwolle behandelt.

Nr. 1. zeigt die graue Nuance des Hämatoxylins,
„  2. ist dunkler als Nr. 1,
„  3. ist noch ziemlich dunkelgrau (dunkler als 1),
„  4. ist sehr mager (Blauholz in Gegenwart von Gerbstoff zieht
        schlecht auf Baumwolle),
„  5. ist dunkler als 4, aber dem Typ Nr. 1 zurückstehend,
„  6. ist dunkler als 1, heller als 2 und 3.

Extrakte, die mit Gerbstoff gemischt sind, lassen sich an Ihrer
rötlich grauen Nuance erkennen. Durch Vergleichung dieser drei
Versuchsreihen wird man immer im stande sein, ein Produkt beurteilen zu können.

Die Hauptschwierigkeit bei den Versuchen liegt darin, daß es
schwierig ist, die nötigen Typ-Extrakte mit Sicherheit zu erhalten.
Ein reines Hämatoxylin läßt sich z. B. weit schwerer beschaffen
als reines Hämatein.

Statt oder besser n e b e n der Verwendung dieser verschieden
gebeizten Zeuge ist auch die Verwendung der sog. Garanzinestreifen
zu empfehlen. Es sind dieses mit verschiedenen Beizen streifen-
förmig bedruckte Baumwollstreifen (toile mordancée à bande), welche
sich besonders ganz hervorragend zu Orientierungszwecken eignen
und nicht nur mit Blauholzfarbstoff, sondern mit allen Beizenfarbstoffen ausgefärbt werden können. Die einzelnen Streifen sind z. B.
mit Eisenoxyd, Tonerde, Eisenoxyd + Tonerde etc. etc. bedruckt.
Ein Abschnitt dieses Baumwollstoffes wird ausgefärbt und die einzelnen Streifen gemustert. Für genaue quantitative Ausfärbungen

eignen sich diese Garanzinestreifen weniger, weil die Abschätzung bei gleichzeitiger Färbung der verschiedenen Beizen sehr schwierig ist. Außerdem ist dabei zu berücksichtigen, daß ein Teil des Stoffes unbedruckt ist, also auch ungefärbt bleibt und daß die Beizen nur einseitig aufgedruckt sind. Es können auf diesem Stoff deshalb nur relative Vergleichsfärbungen in Frage kommen. — A. Scheurer und A. Brylinski arbeiteten (Bull. Soc. Ind. Mulh. 1897 und Rev. gén. mat. col. 1897, 161) mit 20 Beizen und stellten wissenschaftlich hochinteressante Versuche an. U. a. bedruckten sie einen Baumwollstoff mit folgenden 20 Beizen: Aluminium-, Antimon-, Chrom-, Kobalt-, Kupfer-, Zinn-, Eisen-, Mangan-, Nickel-, Blei-, Zink-, Cer-, Wismut-, Cadmium-, Quecksilber-, Thor-, Yttrium-, Zirconium- und Titan-beizen und benutzten diese Druckstreifen zum Studium der Farbstoff-Affinitäten.

Zur annähernden Orientierung können auch folgende charakteristische qualitative Reaktionen auf fermentierte und unfermentierte, bezw. mit Gerbstoff versetzte Extrakte dienen. 0,5 ⁰ Bé starker Extrakt wird mit Zinnchlorid versetzt:

a) stark fermentierter reiner Extrakt gibt dunkelbraunen Niederschlag,
b) schwach fermentierter Extrakt gibt hellvioletten Niederschlag,
c) gerbstoffhaltiger Extrakt gibt schmutzigen, oft gelben Niederschlag.

Neutrale Holz- und Extraktlösungen sind tiefrot, alkalische blaurot, saure hellgelb (wenn schwach fermentiert) und orangegelb (wenn stark fermentiert).

Schreiner (Chem. Ztg. 1890, 961) veröffentlicht folgende Analysen-Beispiele von Blauholz und Blauholz-Extrakt.

Frisches Blauholz.

| | I | II | III | IV | |
|---|---|---|---|---|---|
| | | | | (frisch fermentiert) | |
| Farbstoff | 12,06% | 10,56% | 8,16% | 9,70% | 9,26% |
| Nichtfarbstoff (wasserlöslicher) | 2,22% | 1,72% | 1,04% | 2,05% | 1,10% |
| Wasser | 10,86% | 12,80% | 10,80% | 10,02% | 16,00% |

Extrakte, flüssig, 30⁰ Bé und fest.

| | I | II | III | IV fest | V fest |
|---|---|---|---|---|---|
| Farbstoff | 52,52% | 41,39% | 33,52% | 79,77% | 54,36% |
| Nichtfarbstoff | 6,06% | 11,91% | 14,39% | 9,08% | 18,14% |

| Unlösliches bei 50° C. | 0,45% | 2,87% | 6,99% | 1,05% | 9,20% |
|---|---|---|---|---|---|
| Asche | 0,14% | 1,81% | 3,47% | 0,22% | 6,04% |
| Wasser | 40,83% | 42,02% | 41,63% | 9,88% | 12,26% |

Von diesen Extrakten sind Nr. I und IV als normal zu bezeichnen; Nr. II enthält ca. 10%, Nr. III ca. 20% abnorme Zusätze; Nr. V enthält bedeutenden Zusatz von Extraktivstoffen und Salzen (Glaubersalz etc.).

**Raffinierte und präparierte Blauholz-Extrakte.**

Unter verschiedensten, teilweise identischen Namen kommen diverse Blauholz-Präparate in den Handel, z. T. mit Verständnis, z. T. zweckwidrig surrogiert. Einige davon mögen zur Charakteristik dieser Surrogate hier angeführt werden.

1. Als Hämateine (Hématine) kommen verschiedene z. T. mit Äther etc. gereinigte Extrakte, vielfach französischer Provenienz auf den Markt. Dieselben repräsentieren ein körniges, nicht oder kaum hydroskopisches, rotbraunes, vollkommen wasserlösliches und ausoxydiertes (z. T. überoxydiertes) Pulver, das dieselben Eigenschaften wie Holz hat und die siebenfache Färbkraft des besten Campccheholzes besitzen soll. Nach E. Dollfuß (Dingl. 237, 464) sind diese Produkte dem Erdmannschen Hämatein analog und repräsentieren wahrscheinlich Äther-Extrakte des Holzes.

2. Direktschwarz, Noir impérial, Kaiserschwarz, Bonsors Schwarz, sind durch Kochen von Blauholz mit Kupfer-, Eisen- oder Chromsalzen und Oxalsäure hergestellte Präparationen, welche ein dunkleres Aussehen haben als gewöhnlicher Blauholz-Extrakt und ungebeizte Wolle bei Gegenwart von Oxalsäure direkt anfärben.

3. Noir réduit, Direktschwarz für Baumwolle ist ein künstlich oxydierter Blauholz-Extrakt, der zum Färben und besonders Drucken von Baumwollstoffen dient. Er wird nach einer Vorschrift der D. Färb.-Ztg. 1890, S. 136 wie folgt dargestellt: 3 kg Chromkali werden in 13,2 kg Essigsäure 7° Bé gelöst, erwärmt und 31,56 kg Blauholz-Extrakt 30° Bé zugesetzt. Dem sofort entstehenden dicken Brei werden 15,78 kg Natrium-Bisulfitlösung 30° Bé hinzugefügt und das Ganze auf 95° C. erhitzt, bis Lösung eingetreten ist (v. Cochenhausen, Muspratts Chemie, 3. Aufl., III, 206).

4. **Indigo-Ersatz, Indigo-Substitut, Noir réduit** ist eine violettblaue Lösung, die durch Kochen von Blauholz-Extrakt mit essigsaurem Chrom (oder Chromkali $+$ Bisulfit) erhalten wird. v. Georgievics nimmt hierzu 160 Teile Blauholz-Extrakt, 60 Teile Wasser, 40 Teile Essigsäure und 2 Teile chlorsaures Natron, kocht läßt erkalten, setzt dann 20 Teile essigsaures Chrom 16° Bé hinzu und erwärmt nochmals schwach. — Gutknecht (Chem. Ztg. 1891, 979) arbeitet wie folgt: 100 Teile Blauholz-Extrakt 25° Bé und 25 Teile Glycerin roh werden gut gemischt und auf 80° C. erhitzt, hierzu wird tropfenweise eine Lösung zugesetzt von 8 Teilen Chromkali $+$ 15 Teilen Chromalaun in 50 Liter Wasser gelöst $+$ 12 Teile Salzsäure. Nach 12 stündigem Stehen wird die klare Lösung abgezogen. Dieselbe färbt Baumwolle ohne Zusätze. 3—6 % dieses Indigo-Ersatzes in 20 ccm warmen Wassers gelöst, liefern beim Erwärmen auf 40° C. auf Baumwolle ein schönes Indigoblau.

5. **Kaiserschwarz, Direktschwarz, Nigrosaline** ist nach Breinl (Dingl. 263, 487) eine gewöhnliche Mischung von Blauholz-Extrakt mit Eisen- und Kupfervitriol. Die dunkelgefärbten Kuchen bestehen aus 2—6 Teilen Extrakt, 2 Teilen Eisenvitriol und 1 Teil Kupfersulfat. Es stellt eine unregelmäßige und ungleichmäßig färbende Komposition dar.

6. **Direktschwarz für Baumwolle** ist eine braune dickflüssige Masse, bestehend aus 50 % wasserlöslichen und ca. 45 % alkohol- und ätherlöslichen Bestandteilen, Hämatoxylin, Hämateinverbindungen und 3,5—7 % Kupfervitriol.

7. **Neudruckschwarz SS, NR, NRG** ist ein von dem Farbwerk Leonhardt für Baumwolldruckzwecke auf den Markt gebrachtes Blauholz-Präparat. Es enthält starken Essigsäure- und Natriumchlorat-Zusatz zu Blauholz-Extrakt.

# Indigo.

Der Indigo, welcher in den denkbar verschiedensten Qualitäten mit außerordentlich schwankendem Gehalt an Indigotin und den Hauptbegleitprodukten: Indigorot, Indigobraun und Indigoleim vorkommt, gehört als Ausnahme zu denjenigen Farbstoffen, welche durch quantitative Ausfärbung nicht scharf genug, dagegen durch chemische Analyse in zuverlässiger Weise beurteilt werden können. Das Prinzip, sich bei dem Probefärben möglichst den technischen Bedingungen anzupassen, muß demnach beim Indigo, trotz verschiedenartigster Vorschläge, verlassen werden, da dadurch wohl annähernde, aber keine scharfen und einwandsfreien Resultate erzielt werden. Die mit noch so peinlicher Sorgfalt ausgeführten quantitativen Hydrosulfit- oder Eisenvitriol-Küpen weichen meist zu sehr voneinander ab und man hat dabei gegenüber der Fehlergrenze der chemischen Untersuchung (und der Ausfärbung mit der Sulfosäure des Indigos) mit weit größeren Versuchsfehlern zu rechnen. Es erscheint dieses auch nicht unbegreiflich, wenn man bedenkt, daß gerade bei diesem Farbstoff Nebenumstände, wie Luftzutritt, eine sehr große Rolle spielen, daß der Leukofarbstoff nicht quantitativ auf die Faser zieht, und daß durch die Nebenfarbstoffe und die verschobenen Nuancen der Wert und Gehalt des Produktes sehr schwer zu beurteilen ist. Allerdings muß eine, wenn auch nur qualitative, Ausfärbung bei einer umfassenden Beurteilung des Indigos mit ausgeführt werden und ins Gewicht fallen, da die verschiedenen Indigosorten bald röter, kupfriger, bald reiner blau erscheinen. In erster Linie ist aber eine chemische Bestimmung des Indigotin-Gehaltes unerläßlich. Über keinen Farbstoff ist wohl mehr gearbeitet worden und es existiert deshalb eine ganze Reihe Untersuchungsmethoden, die sämtlich ihre Fehler und Vorzüge haben, sich aber auch vielfach ergänzen.

Die Grenzen der Zusammensetzung des Roh-Indigos sind etwa folgende: 10—80 % Indigotin, 2—15 % Indigorot, 1—6 % Indigobraun, 2—5 % Indigoleim (wasserlöslich), 3—6 % Wasser, 4—30 % Asche. Außerdem kommen Verfälschungen mit Harz, Stärke, Berliner-Blau, Blauholzpulver etc. vor.

Die Vorprüfung eines Indigos kann sich auf seine physikalischen Eigenschaften erstrecken: Struktur, charakteristische Farbe, spezifisches Gewicht ($<$ 1), völlige Zerteilungsfähigkeit in Wasser ohne erdigen und sandigen Bodensatz, Zerreiblichkeit, reiner homogener Bruch, Geruchlosigkeit, Löslichkeit in 4 T. rauchender Schwefelsäure, Feuchtigkeitsgehalt, Aschengehalt. Will man den Indigo nach diesen seinen äußeren Beschaffenheiten annähernd beurteilen, so kann man sagen: Je leichter ein Indigo ist, je blauer und weniger ins Violette spielend seine Farbe, je lebhafter und ins Gelbe spielend der Kupferglanz beim Reiben, — desto besser ist er; dagegen ist er um so geringer, je größer sein spezifisches Gewicht, je violetter die Farbe, je dunkler und röter der Kupferglanz im Striche ist.

Man hat ferner auch Färbung, Form und Glanz des Bruches zu beobachten: Der Bruch eines Indigos muß gleichförmig, matt, reinblau oder violettblau sein und mit einem glatten Körper gerieben einen lebhaften, fast goldähnlichen Metallglanz annehmen.

Die Feuchtigkeit eines guten Indigos darf nicht 3—7 % übersteigen und wird auf bekannte Weise durch Trocknen einer gepulverten Probe im Trockenschrank bei 100° C. bestimmt. Der Aschengehalt des Indigos darf nicht mehr als 10 % betragen. Andernfalls muß er als verdächtig weiter untersucht werden und zwar auf Beimengungen von Kreide, Kalk, Bleiasche, Sand, Schiefer, Graphit etc. Man schlemmt zu diesem Zwecke das Indigopulver mit Wasser und prüft den Bodensatz. Ein guter Indigo schwimmt, ist also leichter als Wasser, und zerteilt sich ohne Bodensatz.

Ausfärbung. Die quantitative Ausfärbung findet am besten mit dem sulfierten Indigo auf Wolle statt. Man stellt eine 0,25 bis 0,5 %ige Ausfärbung her und bereitet sich die Indigolösung wie folgt: 0,5—1,0 g Indigo wird mit dem 6—8 fachen Quantum rauchender Schwefelsäure (2 T. konz. Schwefelsäure 100 % + 1 T. gewöhnliches Oleum, d. h. 24 % Anhydrid enthaltende Schwefelsäure) versetzt, innerhalb 12 Stunden unter anfangs häufigerem Rühren kalt bis 50° C. gelöst und nach erfolgter Lösung auf 1000 ccm aufgefüllt. 50—100 ccm dieser Lösung werden für eine direkte Ausfärbung (bis kochend) von 10 g Wollgarn verwandt. Für Schattierungsausfärbungen nimmt man eine arithmetische Reihe, z. B.: 50, 55, 60, 65, 70 etc. ccm für je 10 g Wolle und stellt sich auf solche Weise Vergleichstypen mit einem als Maß geltenden Muster her. — Das Indigorot geht in schwefelsaurer Lösung mit rotvioletter Farbe auf die Wolle und läßt den Indigo ergiebiger erscheinen als seinem effektiven Gehalt an Indigotin entspricht.

Kolorimetrische Bestimmung. Für eine kolorimetrische Bestimmung wird ebenfalls die durch Auflösen von Indigo in Schwefelsäure erhaltene Indigodisulfosäure verwandt. Da hier etwaige Nebenfarbstoffe sehr störend wirken, empfiehlt es sich, etwaige unlösliche Bestandteile abzufiltrieren und die reine Indigodisulfosäure durch ein- bis zweimaliges Aussalzen des Farbstoffes mit Kochsalz, Filtrieren und Wiederauflösen in Wasser zu reinigen. Der größte Teil der in Schwefelsäure gelösten Verunreinigungen beibt auch beim Aussalzen gelöst und wird durch Filtrieren vom ausgeschiedenen Farbstoff getrennt. Diese Methode besitzt aber auch nur bedingten Wert, wie die Ausfärbung auch und eignet sich lediglich zum Vergleich ganz analoger Ware derselben Provenienz und Nuance.

Die chemischen Untersuchungsmethoden lassen sich nach ihrem Prinzip in folgende Gruppen einteilen:

I. Titrimetrische Oxydations-Methode (des sulfierten Indigos).

II. Gewichtsanalytische Reduktions-Methode (des unsulfierten Indigos).

III. Titrimetrische Reduktions-Methode (des sulfierten Indigos).

IV. Sublimations-Methode (des unsulfierten Indigos).

V. Extraktions-Methode (des unsulfierten Indigos).

VI. Stickstoffbestimmungs-Methode (des unsulfierten Indigos).

VII. Bestimmungs-Methode nach dem spezifischen Gewicht (des unsulfierten Indigos).

VIII. Essig-Schwefelsäure-Methode.

Ia. Die Sulfierung des Indigos wird unter ganz verschiedenen Mengen-, Wärme- und Dauerverhältnissen ausgeführt. Folgende Ausführungsbedingungen der Badischen Anilin- und Soda-Fabrik geben durchaus zuverlässige und gleichmäßige Resultate. 1 g feinst gemahlener (und ev. gebeutelter) Indigo des richtigen Durchschnittsmusters wird mit dem 6—8 fachen Quantum rauchender Schwefelsäure (2 Teile Schwefelsäure $67^0$ Bé $+$ 1 Teil Oleum 24 $^0/_0$) gut verrührt, anfangs häufig umgerührt und dann ca. 12 Stunden bei $40-50^0$ C. stehen gelassen. Bei höherer Temperatur können tiefer gehende Zersetzungen eintreten, Tri- und Tetra-Sulfosäuren des Indigotins entstehen, welche den scharfen Farbenumschlag mit Kaliumpermanganat vereiteln. Zur schnelleren Lösung können ca. 10 g Granaten, Glasperlen o. ähnl. zugesetzt werden. Bei dieser Behandlung entsteht die wasserlösliche Indigotindisulfosäure, welche nun in 200 bis 300 ccm Wasser eingegossen, ca. 10 Minuten gekocht, vom Ungelösten abfiltriert, das Filter bis zur Farblosigkeit des Filtrates mit heißem destillierten Wasser nachgewaschen, die Lösung auf 1 Liter verdünnt und 25 ccm dieser Lösung mit $^1/_{25}-^1/_{50}$ norm. Chamäleonlösung titriert wird.

Das Oxydationsverfahren zur Bestimmung des Indigos beruht auf der glatten Oxydationsfähigkeit dieser Sulfosäure in ungefärbte (oder schwach gefärbte) Isatinsulfosäure. Die Oxydation geht unter bestimmten Bedingungen quantitativ vor sich und zwar am leichtesten mit Kaliumpermanganat. Da nun der Roh-Indigo stets mit Nebenprodukten verunreinigt ist, so werden unter Umständen auch diese mit oxydiert und mit zur Verrechnung gelangen. Es würden auf solche Weise minderwertigere Produkte mit viel oxydabeln Nebenprodukten und Verunreinigungen hohe und somit falsche Werte ergeben, wenn diesem Umstande bei der Titration nicht derart Rechnung getragen werden könnte, daß diese störenden Nebenprodukte ausgeschieden würden oder von der analytischen Oxydation unberührt blieben. Die in Frage kommenden natürlichen Nebenprodukte des Indigos (Indigorot, Indigobraun und Indigoleim) verhalten sich nun bei der Chamäleon-Oxydation wie folgt. Indigorot (Indirubin) verhält sich annähernd wie Indigotin, mit dem Unterschiede, daß es langsamer und in großer Verdünnung unter gewissen Vorsichtsmassregeln fast gar nicht angegriffen wird. Außerdem ist es nach C. Rawson mittels siedenden Alkohols extrahierbar, wenn auch nicht quantitativ ohne nebenbei auch etwas Indigotin selbst aufzulösen. M. Gardner und J. Denton bestimmen das Indirubin (Journ. Soc. Dyers and Col. XVII. 170) durch Extraktion des Indigos mit Aceton. Aceton löst Indigotin nur spurenweise, leicht dagegen Indigorot und Indigobraun. 0,2 g des fein gepulverten Indigos werden in einem Kolben $^1/_2$ Stunde lang mit 100 ccm Aceton unter Rückfluß gekocht. Nach dem Abkühlen wird mit Aceton auf 100 ccm und dann mit 10 $^0/_0$ iger Salzlösung auf 200 ccm aufgefüllt, wodurch die geringen Mengen von gelöstem Indigotin und die Unreinigkeiten gefällt werden. Nach dem Durchschütteln läßt man 5 Minuten stehen, filtriert durch ein Asbestfilter und ermittelt das Indirubin kolorimetrisch durch Vergleichen mit einer Typlösung. Diese Typlösung muß mit Aceton und Salz ungefähr in demselben Verhältnis verdünnt werden wie bei der Fällung, da die Lösung in reinem Aceton röter erscheint. Das Indigotin wird, so gereinigt, nach einer der üblichen Methoden separat bestimmt. — Indigobraun läßt sich mit Natronlauge ausziehen. Es ist dieses aber meist unnötig, da es in schwefelsaurer Lösung durch starkes Verdünnen mit Wasser fast völlig gefällt wird und abfiltriert werden kann. Im übrigen wird es im gefällten Zustande von Chamäleon in der vorhandenen Verdünnung kaum angegriffen. — Indigoleim läßt sich vermittelst Salzsäure extrahieren. Er ist die bei der Chamäleontitration lästigste Nebenverbindung und auf denselben ist stets scharfe Obacht zu geben, da er sich wie Indigotin oxydiert. Sobald Indigoleim also in merklichen Mengen vorhanden ist oder vermutet wird, empfiehlt es sich, den Indigo vor dem Lösen in Schwefelsäure mit konzentrierter Salzsäure zu extrahieren. Statt der Salzsäure-Extraktion kann die Indigosulfosäure auch durch Fällung mit Kochsalz aus ihrer Lösung (s. kolorimetrische Bestimmung) gereinigt werden. 50 ccm 0,1 $^0/_0$ iger Indigolösung werden mit 50 ccm Wasser verdünnt und mit 40 g Kochsalz gesättigt. Nach einer Stunde wird filtriert, das indigosulfosaure Natron mit konzentrierter Kochsalzlösung ausgewaschen, in heißem Wasser gelöst, abgekühlt, auf 500 ccm verdünnt, mit 1 ccm Schwefelsäure versetzt und mit Chamäleonlösung titriert. Für die sehr geringe Löslichkeit des indigosulfosauren Natrons in gesättigter Kochsalzlösung wird eine Korrektur angebracht, die für obiges Quantum 0,001 g beträgt.

Die Titration mit Chamäleon muß in äußerst verdünnter Lösung (mindestens 1 : 10000) stattfinden und zwar am besten in 0,01 bis 0,005 $^0/_0$ iger Lösung, die mit $^1/_{25}$ bis $^1/_{50}$ norm. Chamäleonlösung titriert wird. Bei $^1/_{50}$ norm. Chamäleonlösung entspricht jedes ccm derselben ca. 0,0014—0,0015 g Indigotin. Zur genaueren Kontrolle des Wirkungswertes der Chamäleonlösung wird eine einmalige Feststellung desselben durch Titration von chemisch reinem Indigotin (bezw. Indigo von bekanntem Gehalt, z. B. Indigorein B. A. S. F. mit 98 $^0/_0$ Indigotin) gemacht. Zu diesem Zwecke wird das Indigotin natürlich ebenso in Schwefelsäure gelöst (1 : 6—8), zu 1000 ccm verdünnt und 25 ccm dieser Stammlösung weiter zu 500 ccm verdünnt und titriert. Die Reaktion verläuft nach folgender Gleichung:

$$5\,C_{16}H_{10}N_2O_2\;[\text{bezw.}\;5\,C_{16}H_8N_2O_2(SO_3H)_2] + 4\,KMnO_4 + 6\,H_2SO_4$$
$$= 10\,C_8H_4NO_2(SO_3H) + 4\,MnSO_4 + 2\,K_2SO_4 + 6\,H_2O.$$

Es werden also 5 Moleküle Indigotin von 4 Molekülen Kaliumpermangat zu 10 Molekülen Isatinsulfosäure umgesetzt, also brauchen 655 Teile Indigotin 316 Teile Kaliumpermanganat zur vollständigen Oxydation. Die obige Reaktionsgleichung geht (wegen der Berechnung) von Indigotin und nicht von Indigotindisulfosäure aus, welche ja eigentlich der unmittelbaren Chamäleonoxydation unterworfen wird. Die Versuche haben erwiesen, daß die Oxydation in konzentrierten Lösungen theoretisch verläuft, dagegen in stark verdünnten Lösungen die Endreaktion etwas früher eintritt, als der Theorie entspricht. $316 : 655 = 0,000632 = x$; $x = 0,00131$. 1 ccm $^1/_{50}$ Chamäleonlösung sollte demnach theoretisch 0,00131 g Indigotin entsprechen, in Wirklichkeit entspricht es aber meist einer etwas größeren Menge Indigotin (0,0014—0,0015 g). Dieser Wirkungswert schwankt je nach den eingehaltenen Bedingungen der Titration und deshalb erscheint eine Vergleichstitration mit reinem Indigotin notwendig.

Die Raffinierung des Indigos geschieht entweder nach der Vorschrift der Badischen Anilin- und Soda-Fabrik durch Auskochen des Indigos mit Säure, Umküpen und Umkristallisieren aus Eisessig (Phtalsäureanhydrit, anfangs empfohlen, hat sich nicht bewährt), oder nach Wangerin und Vorländer (Z. f. Farb. u. Text. Chem. 1902. 283) durch Umküpen und Auswaschen mit verdünnter Salzsäure, Alkohol und Äther. Schliesslich lässt sich nach Möhlau und Zimmermann in einfacher Weise ein Indigblau von 99,9 % Gehalt darstellen, wenn man folgendermassen verfährt (Z. f. Farb. u. Text. Chem. 1903. Heft 10): 4 g Indigo rein (B) werden mit einem Gemisch von 50 ccm Eisessig und 10 ccm konzentrierter Schwefelsäure unter zeitweisem Umschwenken auf dem lebhaft siedenden Wasserbade während einer halben Stunde erhitzt. Nach freiwilligem Erkalten wird das auskristallisierte Indigosulfat auf einem Neubauerplatintiegel gesammelt, scharf abgesaugt und so lange mit Essigschwefelsäure (100 ccm Eisessig: 4 ccm konzentrierte Schwefelsäure) gewaschen, bis der Ablauf hellblau ist. Die Kristalle werden innerhalb einer halben Stunde in 50 ccm Essigschwefelsäure gelöst, die Lösung wird durch einen Neubauerplatintiegel filtriert und 70° warm mit 200 ccm siedend heissem Wasser allmählich vermischt. Das nach dem Erkalten vollständig abgeschiedene Indigblau wird auf einem Neubauertiegel gesammelt, mit heissem Wasser ausgewaschen und bei 105° getrocknet. Darauf wird es in einem Gemisch von 50 ccm Eisessig und 10 ccm konzentrierter Schwefelsäure auf dem Wasserbade in einer halben Stunde gelöst und die Lösung dem freiwilligen Erkalten überlassen. Das ausgeschiedene, nun reine Indigosulfat wird auf dem Neubauertiegel gesammelt und mit Essigschwefelsäure ausgewaschen. Durch Eintragen in 95 % igen Alkohol wird es hydrolysiert, das abgeschiedene Indigblau wiederum im Neubauertiegel vereinigt, erst mit 100 ccm kochend heisser verdünnter Salzsäure (1 : 10), dann mit 200 ccm heissem Wasser gewaschen und bei 105° getrocknet. Noch so oft und sorgfältig raffinierter Indigo enthält immer noch ca. 0,1 % Asche.

Von A. Classen (Mohr, Titriermethode, 6. Aufl. 1886, 799), ist vorgeschlagen worden, die Chamäleonlösung gegen Oxalsäure einzustellen und den Indigo mittelst Normal-Oxalsäure zu bewerten, indessen hat sich solches als unpraktisch erwiesen. Nach Classens Vorschlag würde sich folgendes Korrelations-Verhältnis ergeben:

63 g Oxalsäure = 31,6 g Kaliumpermanganat = 65,5 g Indigotin; oder 1 ccm norm. Chamäleon = 0,0655 g Indigotin, dieses entspräche also dem theoretischen Berechnungs-Verhältnis, ohne Anpassung an den praktischen Reaktions-Verlauf und die mit der Titration unvermeidlich zusammenhängenden nicht theoretisch verlaufenden Nebenreaktionen.

Eine unleugbare Schwäche dieser Oxydations-Methode liegt darin, daß sich bei starken Verunreinigungen des Indigos der Endpunkt der Titration nicht mit absoluter Sicherheit feststellen läßt. Bei reinem Indigo geht der Farben-Umschlag von blau über grün in hellgelb über, bei unreinem Indigo bleibt eine schmutzigbraune, mehr oder weniger rotstichige Färbung zurück, welche den Endpunkt verdeckt. Diese Methode leistet deshalb ausgezeichnete Dienste bei Indigo rein, überhaupt synthetischem Indigo und raffiniertem Indigo; annehmbare Resultate werden noch bei den meisten ostindischen Sorten (Bengal, Oudh, Kurpah) erreicht, woselbst ein bräunlich-gelber Endton eintritt; unsicher ist die Methode bei vielen Java-Sorten mit großem Indigorot-Gehalt, wo die Lösung oft in ein schmutziges Rotviolett oder dunkel-trübes Braun-Grün umschlägt. Bei solchen Produkten spielt Erfahrung und geübtes Auge eine große Rolle. Hier einige Vergleichstitrationen von verschiedenen Indigosorten [(B): Indigobroschüre S. 18 u. 19].

1. **Indigotin chemisch rein 100%ig** (Wirkungswertbestimmung der Chamäleonlösung). 100 ccm Indigolösung (= 0,1 g chemisch reines Indigotin) verbrauchten 45,0 ccm Chamäleonlösung. 1 ccm Chamäleonlösung entspricht = 0,002222 g Indigotin.

2. **Indigo rein raffiniert.** 100 ccm Indigolösung (= 0,1 g Substanz) verbrauchten 44,8 ccm Chamäleonlösung 44,8 × 0,002222 = 0,09954 g = 99,54% Indigotin.

3. **Indigo raffiniert.** 100 ccm Indigolösung (= 0,1 g Substanz) verbrauchten 42,9 ccm Chamäleonlösung. 42,9 × 0,002222 = 0,09532 g = 95,32% Indigotin.

4. **Bengal-Indigo naturell.** 100 ccm Indigolösung (= 0,1 g

Substanz) verbrauchten 27,1 ccm Chamäleonlösung. $27,1 \times 0,002222 = 0,06021$ g $= 60,21\,^0/_0$ Indigotin.

(Endfarbe = rötlichbraun; das Verschwinden des grünen Stiches ist scharf zu erkennen.)

5. **Java-Indigo naturell.** 100 ccm Indigolösung ($= 0,1$ g Substanz) verbrauchten 34,2 ccm Chamäleonlösung. $34,2 \times 0,002222 = 0,07599$ g $= 75,99\,^0/_0$ Indigotin.

(Endfarbe = dunkel und trübe. Das letzte Verschwinden des in einem Olive versteckten Blaus ist nicht scharf zu erkennen. Die Vermutung liegt nahe, daß der gefundene Wert etwas zu hoch ist.)

**Ib.** Statt die Oxydation mit Chamäleon auszuführen, empfiehlt **Ullgren** (Dingl. Polyt. Journ. 179, 457), das Indigotin mit Ferricyankalium in alkalischer Lösung zu oxydieren. **Ullgren** sulfiert mit dem 10-fachen Quantum konzentrierter Schwefelsäure bei höchstens 50° C. 10 ccm der $0,1\,^0/_0$igen Indigolösung werden mit 20 ccm kalt gesättigter Sodalösung und 1 Liter Wasser in einer Porzellanschale versetzt und mit einer Lösung von genau 2,5125 g Ferricyankalium im Liter Wasser unter beständigem Rühren titriert. 1 g Indigotin braucht 5,025 g Ferricyankalium und somit entspricht 1 ccm Titerflüssigkeit 0,0005 g Indigotin. — Als Vorzug dieser Methode wird angegeben, daß die natürlichen Verunreinigungen des Indigos durch dieses Oxydationsmittel weniger berührt werden als durch Chamäleonlösung. Trotzdem stimmen die einzelnen Bestimmungsresultate nach dieser Methode nicht so gut untereinander überein, wie bei der Permanganat-Oxydation, weil die Lösungen derart verdünnt sind, daß der Endpunkt sehr schwer zu erkennen ist.

**IIa.** Die Reduktion des Indigos zu Leuko-Indigo und Rückoxydation zu Indigotin ist in den verschiedensten Formen für die quantitative Bestimmung des Indigos nutzbar gemacht worden. Die Methoden, die z. T. ganz genaue Resultate geben, verdienen im **Prinzip** vor allen anderen den Vorzug und haben das Bestechende an sich, daß dieselben direkt feststellen, wieviel Indigo in der Küpe effektiv nutzbar gemacht werden kann und daß sie zu dieser Feststellung dieselben chemischen Vorgänge benutzen, die auch beim Färbeprozeß in Aktion treten, nämlich die Reduktion des Indigoblaus in alkalischer Lösung und Rückoxydation durch die Luft. Da von allen Reduktionsmitteln, wie Traubenzucker, Eisenvitriol, Zink, Zinnoxydul etc. allein das Hydrosulfit

den Indigo fast quantitativ wiedergibt, so eignet sich das Hydrosulfit nach C. Rawson zur quantitativen Bestimmung des Indigos
weitaus am besten. Nach Vorschrift der Badischen Anilin- und
Sodafabrik wird folgendermaßen gearbeitet. 15 g feingepulverten
Indigos werden in genau gewogenem Kolben mit 20 ccm Kalkmilch
von $20\,^0/_0$ Gehalt und 100 ccm heißem Wasser gemischt und alsdann 300 ccm starke frisch bereitete Hydrosulfitlösung von 17 bis
$18^0$ Bé und soviel Wasser von $60^0$ C. zugesetzt, daß das Gesamtgewicht ca. 1 kg beträgt. Nun wird zwei Stunden auf etwa $50^0$ C.
erwärmt, anfangs häufiger umgeschwenkt und zuletzt absitzen lassen.
Die Flüssigkeit nimmt nach erfolgter Reduktion eine vollkommen
gelbe Farbe an. Jetzt wird genau abgewogen und die klare Lösung
durch ein Saugfilter gegossen. Ein aliquoter Teil des Filtrates
(etwa 200 g) wird abgewogen, mit einem Liter Wasser von $60^0$ C.
verdünnt und ein Luftstrom hindurchgeleitet. Nach etwa $1^1/_2$ bis
2 Stunden ist das Blau vollständig gefällt, es wird auf einem ge-
härteten Filter gesammelt, vorsichtig in eine Schale abgespritzt,
mit verdünnter Salzsäure (30 : 1000) gekocht, durch ein gewogenes Filter filtriert, nachgewaschen, getrocknet und gewogen.
Bei der Berechnung muß berücksichtigt werden, daß die Gesamtküpe von 1 kg nicht eine einheitliche Lösung war, sondern noch
feste Körper (Kalk, Verunreinigungen) enthielt. Diese müssen demnach abgezogen werden, um das Quantum der reinen Lösung zu
erhalten. Im Durchschnitt wird man nahe der Wahrheit bleiben,
wenn man für diese festen Körper 30 g vom Gesamtgewicht in
Abzug bringt und dann den abgewogenen aliquoten Teil (z. B. 200 g)
auf das Nettogewicht umrechnet.

Dieser Küpen-Methode haftet der Fehler an, daß der ausgeschiedene Indigo auch Indigorot enthält und dieses also mitbe-
stimmt wird. Die Methode ist also nur für Indigorot-freie Produkte
fehlerfrei, für stark rothaltige Roh-Indigos muß eine Kontroll-
Titration mit Permanganat ergänzend ausgeführt werden. Oder der
Indigo wird vor der Reduktion mit siedendem Alkohol vom Indigorot befreit (s. oben) und, so gereinigt, weiter behandelt.

Beispiel. 15 g Oudh-Indigo $+$ 100 ccm heißes Wasser,
$+$ 200 ccm Kalkmilch $20\,^0/_0$ $+$ 300 ccm Hydrosulfit $17^0$ Bé $+$
Wasser. Gewicht nach zweistündigem Erwärmen netto 1005,5 g
davon ab für feste Körper: 30,0 g

Bleibt effektive Lösung   974,5 g.

Hiervon wurden entnommen 201,3 g und daraus 1,830 g gereinigter und getrockneter Indigo erhalten. Wenn dieser zu $95\,^0/_0$ angenommen wird, so entsprechen dem gefundenen Quantum Indigo (1,830 g) $= 1,738$ g Indigotin $100\,^0/_0$ig. Umgerechnet auf die Gesamtküpe im Gewicht von 974,5 g (entsprechend 15 g Roh-Indigo), resultiert daraus 8,34 g Indigotin oder $55,6\,^0/_0$ Indigotin.

Die Herstellung von konzentriertem Hydrosulfit geschieht nach Vorschrift der B. A. u. S. F. (B) wie folgt. In 100 Liter ($= 135$ kg) Bisulfit von $38^0$—$40^0$ Bé werden langsam 13 kg Zinkstaub, angeteigt mit 7 Liter Wasser, unter stetigem aber langsamem Rühren eingetragen. Das Gemisch erwärmt sich stark und, um die Temperatur nicht über $40^0$ C. steigen zu lassen, gibt man nach Bedarf zugleich mit dem Zinkstaub zerschlagenes Eis oder kaltes Wasser zu. Man wird je nach der Jahreszeit 50—80 kg Eis brauchen. Das Gesamtvolumen soll am Schluß 190 Liter betragen, sodaß eventuell statt Eis ein Quantum Wasser gebraucht werden kann. Man operiert am besten in einem Holzgefäß mit Rührer. Nach dem Eintragen des Zinkstaubes und des Eises wird noch 20 Minuten lang gerührt und dann eine Stunde stehen gelassen. Alsdann fügt man unter gelindem Rühren 60 Liter Kalkmilch $20\,^0/_0$ig hinzu, setzt langsam das Rühren noch 10—15 Minuten fort und läßt zwei Stunden stehen. Da die Kalkmilch kalt zugesetzt werden muß, ist sie vorher anzusetzten. Die mit Kalk alkalisch gemachte Masse, welche einen ziemlich dicken Bodensatz enthält, wird abfiltriert (durch baumwollenes Segeltuch) und in Flaschen verschlossen aufbewahrt. Hydrosulfit hält sich in verschlossenen Flaschen einige Wochen unverändert, durch Zusatz von $1\,^0/_0$ $40^0$ Bé starker Natronlauge wird die Haltbarkeit erhöht. Aus 100 Litern Bisulfitlösung $38^0$—$40^0$ Bé erhält man auf solche Weise 190 Liter oder 220 Kilo Hydrosulfitlösung von $16\,^1/_2{}^0$—$17^0$ Bé. — Für $13^0$ige Hydrosulfitlösung sind die Verhältnisse folgende: 40 Liter Bisulfitlösung ($38^0$—$40^0$ Bé), 95 Liter Wasser, 3,5 kg Zinkstaub $+$ 5 Liter Wasser, 4,5 kg gebrannter Kalk $+$ 10 Liter Wasser.

Nach einem geschützten Verfahren der Höchster Farbwerke wird mit Säurezusatz wie folgt gearbeitet: 45 kg Zinkstaub werden mit 385 kg Bisulfit $40^0$ Bé gut verrührt und am Boden des Gefässes 257 kg verdünnte Schwefelsäure von $12,4^0$ Bé ($= 13,5\,^0/_0$) oder 262 kg verdünnte Salzsäure ($10\,^0/_0$ig) zufließen lassen. Die Temperatur und die Regulierung des Säurezuflusses sind so zu halten, daß kein Geruch nach schwefliger Säure auftritt. Nachdem die gesamte Säure zugegeben, wird noch kurze Zeit gerührt und dann filtriert. Das hellgraue Zinkhydrosulfit läßt sich von etwaig unverändertem Zink durch Aufschlemmen trennen. Im Vakuum kann eingedampft und getrocknet werden. Die Ausbeute beträgt 75 % bis 80 % der Theorie.

Durch geeignete Zusätze von Äther, Benzol, Schwefelkohlenstoff etc. zu den entwässerten Produkten erhält die Badische Anilin- und Sodafabrik haltbare Pasten (D. R. P. 138093).

IIb. Der Vollständigkeit halber sei hier auch noch die Eisenvitriol-Küpen-Methode nach Knecht-Rawson-Löwenthal mitgeteilt. 1 g feinst gesiebter Indigo wird mit 2 g Eisenvitriol, 5 g Ätznatron und 1 Liter Wasser in einen Kolben gebracht und dieser mit dreifach durchbohrtem Stopfen geschlossen. Durch eine Durchbohrung geht ein Heber zum Abziehen der reduzierten Lösung, die beiden anderen dienen zum Durchgang von Wasserstoff oder Leuchtgas. Die Mischung wird $1\frac{1}{2}$—2 Stunden beinahe zum Sieden erhitzt, die Wärmezufuhr unterbrochen und, nachdem sich die unlöslichen Stoffe abgesetzt haben, 500 ccm der klaren Lösung abgezogen, während die übrige Flüssigkeit genau gemessen wird. Den reduzierten Indigo läßt man wieder oxydieren, was durch Hindurchtreiben von Luft beschleunigt werden kann. Wollte man die Flüssigkeit jetzt filtrieren, so würde dieses in der Regel mindestens einen Tag dauern und ein Teil des Indigotins würde noch in das Filtrat übergehen; würde man aber die Flüssigkeit ansäuern, so würden wechselnde Mengen von Indigobraun, welche in der Natronlauge gelöst sind, zusammen mit Indigotin und Indigorot niederfallen. Zur Beschleunigung der Arbeit kann man die Tatsache benutzen, daß Indigobraun ebenso wie Indigorot in Alkohol löslich sind. Die oxydierte Lösung wird mit überschüssiger Salzsäure versetzt, nachdem sich der Niederschlag abgesetzt, die klare Flüssigkeit auf ein gewogenes Filter gegossen und der Rückstand 2—3 mal durch Dekantieren mit heißem Wasser ausgewaschen. Der Rückstand wird nun mit Alkohol gekocht, etwas abgekühlt, dann auf ein Filter gebracht, mit 80 % igem Alkohol gewaschen, bei 100° getrocknet und gewogen. Das Gewicht ergibt das im Muster enthaltene Indigotin, während das Induribin durch den Alkohol entfernt wurde.

Von anderen Reduktions-Methoden sei nur noch diejenige von F. A. Owen (Chem. News 51, 253) erwähnt, der die Reduktion mit Zinkstaub und Ammoniak ausführt.

Es seien hier einige Vergleichsanalysen der Bad. Anilin- und Soda-Fabrik mitgeteilt, die sich auf Methode IIa (Küpen-Methode) und die Permanganat-Titration (Ia) beziehen, und welche beweisen, daß sich beide Methoden im großen und ganzen recht gut decken.

| Provenienz des Indigos. | Küpen-Methode IIa. | Permanganat-Methode Ia. |
|---|---|---|
| Java: | 80,1 % Indigotin | 80,9 % Indigotin |
| „ | 70,5 % „ | 70,4 % „ |
| „ | 70,8 % „ | 71,9 % „ |
| Bengal: | 61,5 % „ | 61,4 % „ |
| „ | 61,0 % „ | 61,7 % „ |
| „ | 56,1 % „ | 56,8 % „ |
| Oudh: | 49,0 % „ | 49,0 % „ |
| „ | 52,1 % „ | 52,8 % „ |
| Bimlipatam: | 49,6 % „ | 50,3 % „ |
| Benares: | 58,9 % „ | 59,2 % „ |
| Mexiko: | 29,1 % „ | 29,5 % „ |
| Currachee: | 28,9 % „ | 29,7 % „ |
| „ | 15,1 % „ | 17,0 % „ |

IIIa. Von A. Müller ist eine Bestimmungsmethode ausgearbeitet worden, welche auf der Reduktion der Indigotindisulfosäure durch Hydrosulfit aufgebaut ist. Die Methode ist wissenschaftlich sehr interessant und liefert allerdings nur in den Händen eines sehr geübten Analytikers vorzügliche Resultate. In Anbetracht des dazu benötigten komplizierten Apparates und der unhaltbaren Lösungen ist die Methode aber schwer zu handhaben und hat sich keine allgemeine technische Bedeutung errungen. Infolgedessen sei auf eine Beschreibung derselben hier verzichtet und nur auf die diesbezügliche Literatur verwiesen: A. Müller, Americ. Chemist V. 128. — Dépierre, Teinture et Impression III, S. 251 ff. — Bernthsen und Drews, Berliner Berichte 1880, 2283. — Knecht, Rawson und Löwenthal, Handbuch der Färberei II. S. 1111 ff. — Bad. An. u. Soda-Fabr. Indigobroschüre S. 26. — Wangerin und Vorländer. Z. f. Farb. u. Text. Chem. 1902. 281.

IIIb. G. Engel (Soc. Ind. Mulh. Mai 1895) bestimmt den Indigotingehalt vermittelst einer titrierten Vanadinlösung. Durch Reduktion einer schwefelsauren Lösung der Vanadinsäure (welche man durch mäßiges Glühen des käuflichen Ammoniumvanadats erhält), mittelst Zink gewinnt man eine blau-violette Lösung (Vanadylsulfat von Wurtz), welche, mit Wasser verdünnt, Indigotin entfärbt. Mittelst einer filtrierten schwefelsauren Lösung von 1 g Indigotin in 1 Liter erhält man leicht eine Normalflüssigkeit, von welcher 1 ccm = 0,001 g Indigotin entspricht. Die Vanadyllösung wird so gestellt, daß 1 ccm derselben 1 ccm der Indigolösung entfärbt, wodurch die Bestimmung des effektiven Gehaltes eines Musters durch einfache Ablesung geschieht. Da der reduzierte Indigo sich sehr schnell an der Luft reoxydiert, empfiehlt Engel, in Kohlensäure-atmosphäre zu arbeiten. — Zur Herstellung der Normalflüssigkeit löst Engel in der Wärme 5 g Vanadinsäureanhydrid in 25 g Schwefelsäure, verdünnt die Lösung auf 1 Liter und reduziert mit 50 g Zink bei einer $50^0$ C. nicht übersteigenden Temperatur bis zur konstanten Violettfärbung. Diese Lösung wird dann filtriert und mit Wasser in gewünschtem Verhältnis verdünnt.

IV. Die Sublimations-Methode der Indigotin-Bestimmung hat bei ihrer Einfachheit eine Anzahl Fehlerquellen, wodurch die Methode nicht als eine allgemeine und einwandfreie bezeichnet werden kann. Sie beruht auf der Sublimierfähigkeit des Indigotins bei annähernd $300^0$ C. in offenen Gefäßen, bei Luftstrom im Vakuum etc. Von Tennant Lee (Chem. Industrie 1884, 297) ist zuerst eine systematische Methode beschrieben worden, welche dem Autor jahrelang befriedigende Resultate lieferte. Darnach wird etwa 0,25 g feinst gepulverter und bei $100^0$ C. getrockneter Indigo in eine flache Platinschale (von 7 cm Länge, 2 cm Weite und 3 bis 4 mm Tiefe) hineingewogen und gleichmäßig ausgebreitet. Diese Schale wird auf eine Eisenplatte gestellt, welche vorsichtig mit Gas erhitzt wird. Sobald die Sublimation beginnt, was an dem Heraus-wachsen von Kristallen an der Indigo-Oberfläche sichtbar ist, wird das Gas kleiner gedreht und ein Stück Eisenblech (in Form eines niedrigen flachen Bogens gekrümmt) über die Schale gestülpt. Bei zunehmender Sublimation kann die Temperatur erhöht werden, je-doch stets mit der Vorsicht, daß keine gelben Dämpfe entstehen, was die Verflüchtigung von Nebenprodukten andeuten würde. Wenn sich keine charakteristischen purpurnen Indigodämpfe mehr bilden, ist die Sublimation beendet, die Schale wird im Exsiccator erkalten lassen und gewogen. Der gefundene **Gewichtsverlust entspricht dem Indigotin-Gehalt.** Die Zeitdauer der Sublimation von $50\,\%$igem Indigo soll etwa 30—45 Minuten, bei weichem Java-Indigo zuweilen bis zu zwei Stunden betragen. — Trotzdem nach Lee die Resultate genau und nur innerhalb $0{,}25\,\%$ schwanken sollen, haben andere Analytiker dieses keineswegs bestätigt gefunden und bei mehreren Sublimationen, mit demselben Muster ausgeführt, außerordentlich schwankende Resultate erhalten, besonders wenn die Ausführung nicht unter genau denselben Bedingungen, in denselben Gefäßen etc. ausgeführt wurde. Dieses muß darauf zurückgeführt werden, daß die Nebenprodukte des Indigos (Indigoleim, Indigobraun) durch die Sublimation gleichfalls mehr oder weniger beeinflußt werden, ferner daß das Indigotin selbst unter Umständen Zersetzungen unterliegt und bis zu $10\,\%$ und mehr unsublimierbare Zersetzungskörper liefern kann. So kommt es, daß die Methode in der Tat bei geringeren Sorten zu hohe und bei feineren Sorten zu niedrige Zahlen finden läßt.

V. **Extraktionsmethoden.** Zur Extraktion des Indigotins aus Indigo sind eine Anzahl verschiedener Extraktionsmittel und Arbeitsmethoden empfohlen worden. M. Hönig (Z. f. ang. Ch. 1889, 280) extrahiert z. B. mit Anilin. Er mischt 0,5—1,0 g Indigo mit 2,5 g fein gepulvertem Bimstein und extrahiert im Zulkowsky-Wolfbauerschen Extraktions-Apparat mit 50 ccm Anilin (eventuell weniger gut mit Nitrobenzol). Die Extraktion soll in einer Stunde beendet sein, unter Umständen soll aber eine Wiederholung dieser Operation nach voraufgegangener Alkoholwaschung, Trocknung und Neupulverung angebracht sein. Zum Schluß wird der Extrakt auf einige ccm eingedampft und mit dem fünf- bis zehnfachen Quantum Alkohol gefällt. Das gefällte Indigotin wird auf gewogenem Filter gesammelt, mit Alkohol gewaschen, bei $100^{0}$—$105^{0}$ C. getrocknet und gewogen. — Die Fehlerquellen dieser Methode bestehen in einer niemals quantitativ vor sich gehenden Extraktion des Indigotins, teilweiser Herauslösung von Indigobraun und Nichtbestimmung von Indigorot, das mit Alkohol ausgewaschen wird, so daß zufriedenstellende Resultate im allgemeinen nicht erzielt werden.

Außer Anilin wirken eine Menge anderer organischer Flüssigkeiten mehr oder weniger lösend auf Indigotin ein, so z. B. Chloroform, Eisessig, Benzol, Nitrobenzol, Phenol, Toluol, Kreosot, Amylalkohol, Aceton, Stearinsäure, Paraffin, hochsiedendes Petroleum u. a. m. Die meisten Lösungsmittel liefern eine unveränderte blaugefärbte Lösung, nur löst Paraffin purpurrot, konzentrierte Kalilauge — orangegelb. Von obigen Lösungsmitteln sind verschiedene auch zur quantitativen Extraktionsmethode vorgeschlagen worden, zumal außer den erwähnten Fehlerquellen bei der Anilin-Extraktion sich im Laufe der Zeit noch andere Mängel herausgestellt haben. So fand A. Brylinski (Bull. Soc. Ind. Mulh. 1898, 33), daß bei der Anilin-Extraktion noch folgende zwei Fehlerquellen zu beachten sind. Erstens wird ein Teil des Indigotins durch anhaltendes Kochen mit Anilin zerstört und zwar bei 3—4 stündigem Kochen bis zu 30—40 $^0/_0$; zweitens enthält das ausgeschiedene Indigotin molekular gebundenes Anilin (bis zu 10 $^0/_0$). Er schlägt deshalb als geeigneteres Lösungsmittel Eisessig vor. Ebenso empfiehlt W. Lenz (Z. f. anal. Ch. 1887, 26, 535) die Extraktion vermittelst Eisessig vorzunehmen, ohne sich indessen zu verhehlen, daß diese Methode durchaus nicht fehlerfrei ist und gleichfalls Begleitprodukte des Indigos mitlöst, welche auch beim Fällen des Indigos mitgefällt werden. Dagegen eignet sich die Eisessig-Extraktion aber besonders zur Bestimmung des Indigos auf der Faser. Die Ausführung ist folgende: Ca. 25 g indigogefärbte Wolle werden im Soxhlet-Apparat 12 Stunden ohne Unterbrechung ausgezogen, die erhaltene Lösung nach dem Abkühlen und Auftauen des Eisessigs durch ein gewogenes Filter filtriert, mit wenig kaltem Eisessig, heißem Wasser, heißer verdünnter Salzsäure und wieder heißem Wasser bis zur neutralen Reaktion des Filtrates gewaschen, bei 100 $^0$ getrocknet und gewogen. Auf vegetabilischer Faser gestaltet es sich schwieriger, da Eisessig dieselbe (bes. ungebleichte Ware) zum Teil löst. Man arbeitet deshalb mit folgenden Vorsichtsmaßregeln (Brylinski). Ca. 10 g gefärbten Stoffes werden im Soxhlet mit 150 ccm Eisessig extrahiert, bis alle Farbe abgezogen ist. Die Lösung wird in 300 ccm Wasser gegossen, 150 bis 200 ccm Äther zugefügt und im Schütteltrichter geschüttelt. Der Indigo befindet sich in der ätherischen Schicht. Es wird durch ein gewogenes Filter filtriert, mit heißer verdünnter Salzsäure gewaschen, getrocknet und gewogen. Im Stück gefärbte Baumwollstoffe enthalten bis zu 2,5 $^0/_0$, baumwollene Garne bis zu 4,5 $^0/_0$ und Wollen bis zu 5 $^0/_0$ Indigoff.

Binz und Rung (Z. f. angew. Ch. 1902, S. 557) erhalten bei der Bestimmung von Indigo auf Wolle zu niedrige Werte und zwar einige Zehntel Prozent vom Fasergewicht zu wenig. Sie fanden, daß sowohl „Indigo rein" als auch chemisch reines Indigotin zum Teil zerstört werden, wenn man es bei Gegenwart von Wollsubstanz mit Eisessig kocht. Trotzdem bezeichnen dieselben die Methode als Vergleichsmethode immerhin brauchbar.

Schneider (Z. f. anal. Chem. 34, 347) nimmt statt Eisessig als empfehlenswertestes Extraktionsmittel von Indigotin aus Indigo kochendes Naphtalin und entfernt nachher das Naphtalin vermittelst Äther. — J. Brandt empfiehlt Phenol und entfernt den Überschuß des Lösungsmittels mit Ätznatron (Färber-Ztg. 1898, 124).

Gerland wieder (Journ. Soc. Chem. Ind. 15, 15) extrahiert mit Nitrobenzoldämpfen. Das zur Verwendung gelangende Nitrobenzol ist vorher kalt mit Indigotin gesättigt, wodurch erreicht wird, daß das ausgezogene Indigotin quantitativ ausgeschieden wird. Die ausgeschiedenen Indigotinkristalle enthalten in der Regel 3—6 % Verunreinigungen, welche durch Salzsäure oder Salzsäure mit Wasserstoffsuperoxyd entzogen werden. Nach Gerland beträgt die Fehlergrenze 0,1—0,2 %, da das Indirubin (= Indigorot) in kaltem Nitrobenzol etwas leichter löslich ist als Indigotin. Nach Rawson (Journ. Soc. Dyers u. Col. 1896, 83) ist der begangene Fehler größer, da das Indigorot wesentlich leichter löslich ist.

VI. Die Bestimmung des Indigotins durch Stickstoffbestimmung wurde von F. Voeller (Z. f. anal. Ch. 1891, 110) ausgearbeitet. Der Indigo wird mit Salzsäure, Natronlauge, Alkohol, heißem Wasser gewaschen und alsdann der Kjeldahlschen Stickstoffbestimmung unterworfen (Ausführung s. unter Seiden-Erschwerung). Die gefundene Menge Stickstoff, mit 9,36 multipliziert, ergibt den Gehalt an Indigotin. Die Methode liefert natürlicherweise sehr unzuverlässige Resultate, da alle stickstoffhaltigen Verbindungen und Verunreinigungen auch als Indigo berechnet werden, während das Indigorot unbeachtet bleibt.

VII. Ebenso unzuverlässig ist die von G. Leuchs (Journ. f. pr. Ch. 4, 349) ausgearbeitete Bestimmungs-Methode nach dem spezifischen Gewicht, die hier der Vollständigkeit halber erwähnt sei. Nach erhaltenen Durchschnittsmitteln gibt Leuchs folgende Tabelle heraus.

| Spezifisches Gewicht. | Farbstoffgehalt. |
| --- | --- |
| 1,324 | 56—56,5 % |
| 1,332 | 55 % |

| Spezifisches Gewicht. | Farbstoffgehalt. |
|---|---|
| 1,343 | 54,5 % |
| 1,350 | 53 % |
| 1,362 | 49,5—52 % |
| 1,371 | 47—49 % |
| 1,381 | 44—47 % |
| 1,384 | 43 % |
| 1,412 | 40 % |
| 1,422 | 39 % |
| 1,437 | 37 % |
| 1,455 | 30,5 % |

VIII. Die Bestimmung des Indigotins nach der Essigschwefelsäuremethode wurde neuerdings von Möhlau und Zimmermann (Z. f. Farb. u. Text. Chem. 1903. Nr. 10) sowie von Binz und Kufferath (Lieb. Ann. 325. 203) in Vorschlag gebracht. Die Ausführung ist nach ersteren folgendermaßen zu handhaben. Man wägt 0,1 g pulverisierten und durch Seidensieb Nr. 10—16 gebeutelten Indigo in einem Glaskölbchen von 100 ccm Kapazität ab, gibt einige böhmische Granaten hinzu, übergießt ihn mit 50 ccm Essigschwefelsäure (100 ccm Eisessig $+$ 4 ccm konzentrierter Schwefelsäure) und erwärmt auf dem lebhaft siedenden Wasserbade während 15 Minuten unter zeitweisem Umschwenken. Die Lösung wird durch ein gehärtetes und mit Essigschwefelsäure getränktes Papierfilter von 10 cm Durchmesser oder durch einen Neubauerplatintiegel in ein Becherglas von 300 ccm Inhalt filtriert und das Kölbchen und das Filter bezw. der Tiegel mit warmer Essigschwefelsäure ausgespült und ausgewaschen, bis der Ablauf farblos ist. Hierzu werden weitere 50 ccm gebraucht. Dem Filtrat fügt man noch 50 ccm Essigschwefelsäure hinzu, erhitzt es auf 70° und mischt es unter fleißigem Rühren mit dem Glasstab anfangs tropfenweise, nach begonnener kristallinischer Auscheidung des Indigblaus in dünnem Strahl mit 100 ccm siedend heißem Wasser.

Nach freiwilligem Erkalten wird die Mischung durch einen gewogenen Neubauerplatintiegel oder durch ein bei 105° getrocknetes, gewogenes Filter aus gehärtetem Papier filtriert. Der Filterrückstand wird erst mit 50 ccm heisser verdünnter Salzsäure (1:10), dann mit 50 ccm heissem Wasser und schließlich mit 2 bezw. 5 ccm 95 %igem kalten Alkohol ausgewaschen und der Tiegel bezw. das Filter bei 105° während 1 Stunde getrocknet und dann gewogen.

In dem so erhaltenen Indigblau ist noch ungefähr 0,2 % Asche enthalten, welche durch Glühen bestimmt werden kann und bei Naturindigo zu berücksichtigen ist. In dieser Form ist die Methode nach Möhlau exakt für die Bestimmung des Indigoblaugehaltes in Naturindigos.

Bei der Analyse synthetischen Indigos ist zu berücksichtigen, daß nur 75 % des roten Begleitfarbstoffes beim Ausfällen des Blau in Lösung bleiben. Der genaue Indigblauwert wird dadurch erhalten, daß man den Analysengang mit dem gereinigten Indigblau so oft wiederholt, bis nicht mehr ein rot gefärbtes, sondern ein farbloses Filtrat erhalten wird.

Der wesentlichste Vorteil der Essigschwefelsäuremethode ist in dem Umstande zu suchen, daß der für Indigblau ermittelte Wert auch wirklich den Indigblaugehalt des analysierten Produktes darstellt.

**Synthetischer Indigo.** Der seit kurzem von der Badischen Anilin- und Soda-Fabrik und den Farbwerken vorm. Meister Lucius & Brüning in den Handel gebrachte synthetische Indigo wird nach denselben Prinzipien untersucht wie der Natur-Indigo mit dem Unterschiede, daß vorhergehende Raffination unnötig ist und alle Rücksichtnahmen auf Indigorot und die anderen Nebenprodukte fortfallen. Die Bestimmung des Indigotins im künstlichen Indigo, das als 20 %ige Paste und 98 %iges Pulver auf den Markt gebracht wird, wird meistens auf die einfachste Weise nach der Permanganat-Methode (Ia) titrimetrisch bestimmt. Es kann aber auch nach der Küpen-Methode, Ausfärbe-Methode etc. bestimmt werden.

Der synthetische Indigo bietet neben allen Vorzügen des raffinierten Natur-Indigos, der schönen klaren Nuance, der leichten und stets gleichmäßigen Anwendbarkeit und der sicheren und sauberen Küpenführung — den außerordentlichen Vorteil stets gleicher Beschaffenheit und beinahe quantitativer Ausnutzung. In dieser Hinsicht übertrifft es jeden raffinierten Natur-Indigo, der durchaus nicht gleichmäßig ausfällt und oft sehr bedeutende Gehaltsdifferenzen in bestimmten Handelsmarken aufweist. Der Konsument kann also bei Anwendung des synthetischen Indigos ohne jedes Risiko mit einem bestimmten konstanten Typ rechnen. Was die Ausnützung betrifft, so rechnen erfahrene Techniker bei Natur-Indigo mit einem unvermeidlichen Verlust von 6—8 %, bei künstlichem Indigo mit einem solchen von 1—2 %. Wenn noch in Erwägung gezogen wird, daß der künstliche Indigo z. Z. schon wesentlich billiger ist als der Natur-Indigo, die Produktion des Natur-Indigos bereits sehr beträchtlich zurückgegangen ist, so wird man nicht fehl gehen, wenn man behauptet, daß der Natur-Indigo auf dem Aussterbe-Etat angelangt ist und in mehreren Jahren dieselbe Rolle spielen wird, wie heute die Krapp-Wurzel.

**Verfälschungen und Verunreinigungen.** Unter den Verfälschungsmitteln des Indigos ist in erster Linie auf Stärke, Berliner-Blau, Smalte, Blauholz etc. Bedacht zu nehmen. Stärke wird nachgewiesen, indem eine Probe mit Chlorwasser in einer Porzellanschale bis zur Entfärbung zerrieben wird und dann der ausgewaschene Rückstand mit Jodkalium versetzt wird. Bei Anwesenheit von Stärke tritt die bekannte Jodamylum-Reaktion ein. Oder es wird Indigo in Salpetersäure gelöst und Jodkalium zugesetzt, wobei Stärke gleichfalls durch Blaufärbung angezeigt wird. Gummi, Dextrin und ähnliche Zusätze erkennt man, wenn beim Zerreiben des Indigos mit Wasser schleimige Flussigkeiten entstehen. — Zur Erkennung von Berliner-Blau und Smalte wird eine Probe in einer Porzellanschale mit Salpetersäure zerrieben. Restierendes Blau, das nach einiger Zeit verschwindet, deutet auf Berliner-Blau; unveränderliches Blau — auf Smalte. Berliner-Blau läßt in der Asche Eisen finden und ist ferner durch Behandlung des Indigos mit verdünnter Natronlauge, Filtration, Ansäuern des Filtrates mit Schwefelsäure und Versetzen mit Eisenoxydsalzlösung, wodurch Berliner-Blau wieder gefällt wird, nachweisbar (s. a. Berliner-Blau auf der Faser). — Blauholz wird entdeckt, indem eine Probe mit etwas Oxalsäure gemischt, befeuchtet und auf Filtrierpapier gelegt wird. Bei reinem Indigo bleibt das Papier weiß, bei Gegenwart von Blauholz wird es rot.

### Kritik der verschiedenen Indigobestimmungs-Methoden.

Anläßlich des V. Internationalen Kongresses für angewandte Chemie in Berlin (2.—7. Juni 1903) sprach sich R. Möhlau über die verschiedenen Methoden wie folgt aus.

Eine genaue Betrachtung der verschiedenen Bestimmungsmethoden des Indigotins lehrt, daß bei der Analyse von natürlichem Indigo die Hydrosulfitmethode nach Wangerin und Vorländer (III) und die Essigschwefelsäuremethode (VIII) annähernd gleiche, die Küpenmethode (II) entschieden zu niedrige Werte liefert, während die Permanganatmethode (I) und die Hydrosulfitmethode (III) ohne Berücksichtigung des Wasserwertes zu hohe Zahlen ergeben. Die Hydrosulfitmethode (III) liefert indessen nur scheinbar richtige Indigblauwerte zufolge des Umstandes, daß man je nach der Art des analysierten Indigos wechselnde Zahlen für den Wasserwert erhält. Da nun die beim Titrieren von reinem Indigblau für den Wasserwert gefundene Zahl die größte ist, so fällt die Wasserwertkorrektur bei der Analyse natürlichen Indigos zu hoch aus, die Resultate werden demnach zu niedrig sein. Tatsächlich aber gleicht sich der Fehler, welcher in der Wasserwertkorrektur enthalten ist, mit jenem aus, welcher durch die Mitbestimmung der Begleitkörper des Indigblaues bedingt ist. Die Hydrosulfitmethode ohne Berücksichtigung des Wasserwerts liefert zu hohe Zahlen, weil sowohl der vom Wasser absorbierte Sauerstoff, als auch organische Begleitkörper des Indigblaus Hydrosulfit beanspruchen. Die Mitbestimmung organischer Begleitkörper ist es auch, welche bei der Permanganatmethode die Güte eines Naturindigos in zu günstigem Licht erscheinen läßt. Nimmt man hierbei das Titrieren in der Weise vor, daß man das Permanganat nicht bis zum Verschwinden des letzten oliven Tones, sondern nur so lange zugibt, bis die beim Vermischen mit Chamäleonlösung auftretenden dunklen Wolken eben verschwunden sind, so gelangt man zu niedrigeren und dem wahren Indigblaugehalt angenäherten Werten.

Was die Analyse künstlichen Indigos anlangt, so liefert die Essigschwefelsäuremethode um mehrere Prozente niedrigere Werte als die Hydrosulfit- und Permanganatmethode, weil nach ihr direkt nur der Indigblaugehahlt bestimmt wird. Die Hydrosulfitmethode führt zu höheren Werten als die Permanganatmethode, da der rote Begleitfarbstoff gegenüber Hydroschwefligsäure weniger beständig ist als gegen Übermangansäure. Die Küpenmethode führt zu bedeutend niedrigen Werten, weil, wie die Analyse reinen Indigblaus ergab, 4—10 $^0/_0$ davon zerstört werden.

Eine Methode, welche bei korrekter Durchführung den Indigblaugehalt richtig finden läßt, welche subjektiven Fehlern am wenigsten ausgesetzt ist und sich dabei durch Einfachheit und Bequemlichkeit auszeichnet, ist die Essigschwefelsäuremethode, die somit auch als die zur Zeit beste bezeichnet werden darf.

Zu derselben Frage äußerte sich A. Binz dahin, daß die größte Sicherheit dadurch zu erreichen sein dürfte, daß man sich — insoweit bekannte Methoden in Betracht kommen — nicht auf eine derselben verläßt, sondern folgende drei nebeneinander anwendet:

1. Verküpung mit starkem Hydrosulfit, Filtrieren, Oxydieren und Wägen des ausgeschiedenen Farbstoffes;
2. Sulfurieren der so gewonnenen Raffinade und Titrieren mit Permanganat;
3. Titrieren derselben sulfurierten Probe mit Hydrosulfit.

In allen Fällen dient gereinigter Indigo als Vergleichstyp.

## Indigo-Karmin (Indigo-Extrakt, Blauer Karmin, Indigodisulfosaures Natron).

1. Das Indigo-Karmin, das durch Sulfierung des Indigos erhaltene wasserlösliche Produkt, kann nach der Permanganat-Methode der Indigobestimmung untersucht werden (Ia). 10 g Extrakt werden zu 1 Liter Wasser gelöst und 50—100 ccm der filtrierten Lösung unter Zusatz von etwas Schwefelsäure mit $^1/_{25}$—$^1/_{50}$ Chamäleonlösung wie oben titriert. Bei unreinen Produkten empfiehlt es sich, vor der Titration, wie bei Indigo beschrieben, die Indigosulfosäure durch Kochsalz-Aussalzung zu reinigen.

2. Ferner ist bei Indigo-Karmin eine Ausfärbung auf Wolle sehr wertvoll, da diese Produkte in sehr verschiedenen Tönen in den Handel gelangen. Man stellt hierzu am besten eine 2—5 $^0/_0$ ige Ausfärbung auf Wolle, mit 5 $^0/_0$ Schwefelsäure gefärbt, her.

3. Säurebestimmung. Häufig handelt es sich darum, zu erfahren, ob man es mit einem sauren oder neutralen Extrakt zu tun hat, bezw. wieviel freie Schwefelsäure in dem Präparat vorhanden ist? Die Bestimmung dieser freien Säure ist sehr einfach. 2 g Extrakt werden in ca. 100 ccm Wasser gelöst und mit 70 bis 75 g Kochsalz versetzt, gefällt und auf 200 ccm aufgefüllt. Nach längerem Schütteln werden 100 ccm filtriert und das schwach gefärbte Filtrat mit $^1/_{10}$ norm. Natronlauge und Phenolphtalein titriert. 1 ccm $^1/_{10}$ norm. Lauge = 0,004 g Schwefelsäure ($H_2SO_4$).

Verfälschungen. Am häufigsten kommen Verfälschungen des Indigo-Karmins mit Teerfarbstoffen, z. B. mit Wasserblau etc. vor. Wasserblau erkennt man am einfachsten durch seine Wasser- und Kochechtheit im Gegensatz zu der Wasserunechtheit des Indigo-Karmins. Mit fraglichem Karmin ausgefärbte Seide wird längere Zeit in Wasser gelegt und mehrmals mit Wasser ausgekocht. Indigo-

Karmin ist auf solche Weise fast vollständig zu entfernen, während Wasserblau auf der Faser bleibt. — Moyret benutzt zur Entdeckung von Teerfarbstoffen Schießbaumwolle, welche mit reinem Indigo-Karmin vollständig ungefärbt bleibt, von den meisten Anilinfarbstoffen dagegen angefärbt wird. — Ferner werden die meisten Teerfarbstoffe nicht in der vollkommenen Weise durch verdünnte Chamäleonlösung oxydiert wie Indigo-Karmin. Dieselben bleiben vielmehr meist als unveränderte Farbstoffe zurück, können dann auf Wolle ausgefärbt werden und auf der Faser nach den Reaktionen bestimmt werden. — Andere Teerfarbstoffe schlagen bei der Chamäleonoxydation nicht wie Indigo-Karmin in hellgelb, sondern z. B. in hellblau, violett, schmutzig-grau etc. um, wodurch eine Verfälschung erkannt werden kann. Mierzinski (Die Erd-, Mineral- und Lackfarben, S. 216) prüft Karmin mit nicht geleimtem Papier. Wenn das Carmin unrein ist, so bildet sich bald ein grüngefärbter Ring um die Probe herum, was bei reinem Karmin nicht der Fall sein soll.

**Indigo-Präparate.** Außer dem regulären Indigo-Karmin kommen noch andere Präparate des Indigos in den Handel, welche meist ohne besonderes Interesse sind, weswegen dieselben hier nur kurz erwähnt seien.

Indigo-Monosulfosäure (Indigo-purpur, Penséelack) wurde früher durch kalte Behandlung von Indigo mit 100 %iger Schwefelsäure gewonnen. Das als Nebenprodukt auftretende Karmin (Disulfosäure) wird abfiltriert, während die Monosulfosäure als rotviolettes Pulver zurückbleibt ($C_{16}H_9N_2O_2SO_3H$ auch Phönicinschwefelsäure, Purpurschwefelsäure genannt), mit Wasser gewaschen, getrocknet und wie Indigo-Karmin verwandt wird.

Indigo-Präparat. Subeil bereitet ein alkalisch zu färbendes Präparat obigen Namens, das eine Lösung von Indigoweiß in Zinnoxydul-Alkali darstellt. Die Herstellung geschieht wie folgt: 15 Teile gebrannter Kalk, 30 Teile Pottasche und 300 Teile Wasser werden verrührt, absitzen lassen und 2 Teile gepulverter Indigo zugefügt. Nach dem Absetzen wird noch eine Lösung von 20 Teilen Zinnsalz, 2 Teilen Pottasche und 60 Teilen Wasser zugegeben, die Mischung auf 100° C. erhitzt, abkühlen lassen, die klare Flüssigkeit abgegossen und zur Färbung mit Pottasche verwandt.

Gutbiersche Küpe. Gutbier & Co. bringen unter diesem

Namen eine konzentrierte Küpe in den Handel, die eine Lösung von Indigo in Natriumhydrosulfit darstellt.

Soxhletsches Indigo-Grün wird erhalten durch Versetzen von freier Indigosulfosäure mit Ammoniak und Stehenlassen unter Luftabschluß. Nach zehn Tagen wird mit Schwefelsäure neutralisiert und mit Kochsalz ausgesalzen. Das so erhaltene Produkt färbt animalische Faser blaugrün.

## Nachweis und Bestimmung von Indigo und Indigo-Karmin auf der Faser.

Reine Indigofärbung (pflanzliche und tierische Faser) enthält keine Beizen, wird durch Salzsäure, verdünnte Schwefelsäure, Alkalien, Seife und kalten Alkohol nicht verändert. Kochender Alkohol löst etwas Indigo, der sich beim Abkühlen wieder abscheidet. Konzentrierte Schwefelsäure wird erst gelb, dann oliv über grün bis tief blau. Weiße Wolle in dieser Schwefelsäurelösung, entsprechend verdünnt, wird blau gefärbt und liefert die Reaktionen von Indigo-Karmin. — Ein Tropfen Salpetersäure gibt den bekannten gelben Fleck mit grüner Umrahmung (Indigotest, Salpetersäurefleck), eine Reaktion, die alleinstehend wertlos ist, da eine Menge anderer Farbstoffe ebenso reagieren. —- Bei langsamem vorsichtigen Erhitzen stark indigohaltiger Faser entweichen charakteristische purpurne Dämpfe von Indigotin, welche als Sublimat auf Glas, Porzellan etc. niedergeschlagen werden können.

Quantitativ kann der Indigo nach Extraktionsmethoden, z. B. mit Eisessig (s. u. Extraktionsmethoden V) heruntergezogen werden. Weniger geeignet sind Anilin, Amylalkohol, Chloroform, Naphtalin und Nitrobenzol. — C. Rawson weist selbst geringe Mengen Indigo qualitativ nach und bestimmt quantitativ mit Hydrosulfit. Erst legt er den Indigo durch Behandlung mit Salzsäure und Soda bloß, erwärmt dann zwecks Reduktion gelinde mit Hydrosulfit und läßt in einem Schälchen oder auf Filtrierpapier (qualitativ) wieder oxydieren. Den abgeschiedenen Indigo löst er in Schwefelsäure und titriert nach I a mit $^1/_{50}$ Chamäleonlösung. — Binz und Rung (Z. f. ang. Chem. 1898, 904) verglichen eingehend die Hydrosulfit- und Eisessig-Methode und haben dieselben etwas modifiziert. Die Hydrosulfit-Methode führten sie in der Weise aus, daß sie eine gewogene Probe des küpenblauen Baumwollgewebes mit Hydrosulfitlösung unter Erwärmen im Wasserbade entfärbten, jedoch für die Bestimmung des Indigotins durch Oxydation der erhaltenen indigweißhaltigen Flüssigkeit (mittels eines Luftstromes) nicht bloß einen Teil der Indigoweißlösung, wie Renard (Bull. Soc. Chim. 1887. S. 41), sondern den ganzen Inhalt des Kolbens auf einmal benutzten. Sie nahmen diese Änderung vor, weil sie befürchteten, daß von der Faser eine gewisse Menge Indigweiß festgehalten und der Flüssigkeit im Kolben entzogen werde, wodurch das Arbeiten mit nur einem Teil des Kolbeninhalts zu quantitativ geringeren Ergebnissen führen müsse, als wenn man die ganze Flüssigkeit mit Luft oxydiert und zuvor die farblosen Baumwollproben im Glaskolben mit heißem Wasser gründlich abwäscht. Die große Menge des hierfür erforderlichen Waschwassers hat ihre Befürchtung bestätigt, zugleich aber das von ihnen verbesserte Verfahren etwas umständlicher gemacht.

Binz und Rung geben der von Brylinski (Rev. génér. mat. color. 1898. 52; 1899. 5) eingeführten einfacheren Eisessigmethode den Vorzug, extrahieren im Soxhletschen Apparat über freier Flamme 10 g des zu untersuchenden, küpenblauen Baumwollstoffes mit 150 ccm Eisessig und verdünnen nach der Extraktion mit 100 ccm Wasser. Statt daß sie jetzt, wie Brylinski, die ganze Menge mühsam filtrieren, fügen sie ihr 150 ccm Äther zu, der eine Schicht über der wässerigen Essigsäure bildet und das in letzterer suspendierte Indigotin quantitativ in diese Schicht aufnimmt. Dann wird die untere Flüssigkeit im Scheidetrichter abgelassen und nur die ätherische Schicht auf das Filter gegeben, auf dem das zurückbleibende Indigotin mit Alkohol und Äther ausgewaschen wird.

Nachfolgende Zusammenstellung von acht Indigotinbestimmungen nach beiden Methoden gibt an, wie viel (bei 110° C.) getrocknetes Indigotin auf 100 Gewichtsteile der küpenblauen Baumwolle bei jedem der acht untersuchten Muster gefunden worden ist.

| Hydrosulfitmethode: | | Eisessigmethode: | |
|---|---|---|---|
| 1. | 1,65 % Indigotin | 1,77 % Indigotin | |
| 2. | 1,87 %    „ | 1,81 %    „ | |
| 3. | 1,79 %    „ | 1,88 %    „ | |
| 4. | 2,10 %    „ | 2,28 %    „ | |
| 5. | 1,83 %    „ | 1,89 %    „ | |

|  | Hydrosulfitmethode: | Eisessigmethode: |
|---|---|---|
| 6. | 1,50 % Indigotin | 1,56 % Indigotin |
| 7. | 1,39 %   „ | 1,47 %   „ |
| 8. | 1,89 %   „ | 2,00 %   „ |

Mit einer einzigen Ausnahme hat also die Eisessigmethode einen höheren Prozentsatz an Indigotin ergeben als die Hydrosulfitmethode, bei der im allgemeinen vielleicht die Reduktion weiter als bis zur Indigweißbildung vorgeschritten ist und das Minus veranlaßt hat. Wollte man das Plus bei der Eisessigmethode einem etwaigen Gehalt des gewogenen Indigotins an Acetylcellulose (entstanden durch die Einwirkung des kochenden Eisessigs auf die Baumwolle) zuschreiben, so steht dieser Annahme die Beobachtung Brylinskis entgegen, daß das betreffende Cellulose-Derivat in Äther löslich ist, eine Beobachtung, die von Binz und Runge durch direkte Versuche bestätigt worden ist. Beim Filtrieren der Ätherschicht muß also das Cellulose-Derivat in Lösung fortgehen und auf dem Filter reines Indigotin zurückbleiben. — Später fanden Binz und Rung, daß ein Teil des Indigos bei Gegenwart von Wollfaser zerstört wird (Z. f. ang. Chem. 1902, 557).

Als die gegenwärtig genaueste, einfachste und leichtest auszuführende Methode der Bestimmung von Indigo auf der Faser kann die Möhlausche Essigschwefelsäuremethode (Vgl. a. Indigobestimmung VIII) angesehen werden. Möhlau und Zimmermann (l. c.) geben hierzu folgende Vorschrift. Ungefähr 10 g des möglichst fein geschnittenen indigoblauen Fasermaterials werden in einem Kölbchen oder Becherglas von 250 ccm Inhalt mit 50 ccm (bei Baumwolle), bezw. 200 ccm (bei dichtem Wollstoff) Essigschwefelsäure (100 ccm Eisessig : 4 ccm konz. Schwefelsäure) übergossen und auf dem lebhaft siedenden Wasserbade während einer halben Stunde unter zeitweisem Umschwenken erhitzt. Die heisse blaue Lösung wird von der breiigen Fasermasse durch einen Porzellantrichter, dessen feste Siebplatte mit einem mit Essigschwefelsäure benetzten Filter aus gehärtetem Papier bedeckt ist, abgegossen und abgenutscht, der Rückstand, wenn er noch nicht vollständig ausgezogen ist, mit 50 ccm Essigschwefelsäure neuerdings während 20 Minuten erhitzt, die Lösung wiederum abgegossen, die breiige Fasermasse aufs Filter gebracht und Kolben wie Filterrückstand mit warmer Essigschwefelsäure nachgespült und letzterer bis zum farblosen Ablauf nachgewaschen. Dazu werden ungefähr weitere 50 ccm gebraucht, sodaß das Volumen des Filtrates 150—300 ccm beträgt. — Letzteres wird auf 50° angewärmt und unter Rühren allmählich mit dem anderthalbfachen bis doppelten Volumen siedend heissen Wassers gemischt. Das nach dem freiwilligen Erkalten in feinen Kristallen völlig abgeschiedene Indigblau wird auf einem gewogenen Filter aus gehärtetem Papier gesammelt, auf dem es erst bis zum Verschwinden der Schwefelsäurereaktion mit heißem Wasser, dann mit 1 ccm Alkohol von 95 % und schließlich mit 100 ccm Äther gewaschen wird. Das Filter mit dem Indigblau wird sodann bis zur Gewichtskonstanz bei 105° getrocknet und gewogen.

Von dem gefundenen Indigblauwert in Prozenten ist bei küpenblauer Baumwolle die Zahl 0,22 abzuziehen, denn soviel beträgt die von der Essigschwefelsäure gelöste und dem Indigblau beigemengte modifizierte Cellulose. Das bei der gleichen Behandlung zum Teil ebenfalls umgewandelte Keratin geküpter Wolle ist in Wasser vollständig löslich und braucht daher nicht berücksichtigt zu werden. Möhlau führt folgende Vergleichsanalysen an, ausgeführt nach der ursprünglichen Methode von Brylinski, nach der von Binz und Rung abgeänderten Form (s. o.) und nach der Essigschwefelsäuremethode.

| Stoffprobe | Methode Brylinski | Methode Binz u. Rung | Essigschwefels. Methode |
| --- | --- | --- | --- |
| Baumwolle, gef. m. Naturindigo . . . . . | 1,19 | 1,11 | 1,05 |
| Baumwolle, gef. m. Höchster Indigo . . | 1,68 | 1,49 | 1,48 |
| Baumwolle, gef. m. Indigo rein (B) . . . | 2,27 | 2,04 | 2,00 |
| Wolle, gef. m. Höchster Indigo . . . . . . | 2,17 | 2,11 | 2,13 |
| Wolle, gef. m. Indigo rein (B) . . . . . . | 2,28 | 1,98 | 2,18 |

Gemischte Indigofärbung weicht von der reinen Indigofärbung oft sehr wesentlich in den Reaktionen ab. Dieselbe kann Beizen enthalten, wenn Indigo mit Beizenfarbstoffen oder mit Indophenolküpe (Cr) kombiniert ist. Bei Indigo-Indophenol-Küpe wird letzter Bestandteil durch Alkohol unter Blaufärbung abgezogen. — Säure- und alkaliunechte Beifarben werden durch 2—3 maliges Behandeln mit kochender verdünnter Salzsäure, Spülen und Auskochen mit $\frac{1}{2}\,\%$ iger Sodalösung abgezogen und der Indigo auf der Faser bloßgelegt. — Methylviolett als Nebenfarbe des Indigos wird mit kochendem Alkohol heruntergezogen, kalt filtriert und nach entsprechender Verdünnung Wolle darin ausgefärbt. Die Färbung wird später den Farben-Reaktionen unterworfen. — Direkt färbende Rots färben durch Zusammenkochen der Faser in schwach alkalischem Bade weiße Baumwolle rot an. Die Ausfärbungen werden durch die Farben-Reaktionen kontrolliert.

Indigo-Karmin (nur für tierische Faser) wird mit kochender $\frac{1}{2}\,\%$ iger Sodalösung abgezogen. Durch Ansäuern der Abkochung wird die Lösung in Farbe tiefer und färbt Wolle und Seide an, Chamäleon entfärbt die sauren Lösungen, starke Salzsäure färbt die Faser grünlich blau, Natronlauge grün; Salpetersäure gibt einen gelben Fleck wie mit Indigo. W. Lenz (Z. f. an. Ch. 1887, 26. 530) veröffentlicht eine Reihe Tafeln zur Erkennung von andern Farbstoffen in Kombination mit Indigo.


# Orseille (Persio, Cudbear).

Auch Orseille, ein früher so überaus wichtiger Naturfarbstoff, hat seine Bedeutung zum größten Teil eingebüßt, obwohl es einer der wenigen Naturfarbstoffe ist, der in Lebhaftigkeit und Brillanz mit den künstlichen Farbstoffen konkurrieren kann. Immerhin hat er aber dank einigen seiner hervorragenden Eigenschaften einen noch bescheidenen Platz behalten können. Zu diesen wertvollen Eigenschaften der Orseille gehört seine ausgezeichnete Egalisierungsfähigkeit, Kombinationsfähigkeit mit anderen Farbstoffen (Nuancierfarbstoff), die Fähigkeit, sowohl in neutralem als auch in schwach saurem Bade auf die Faser zu ziehen und die geringe Veränderung bei künstlicher Beleuchtung. Sehr hindernd steht der Orseille aber ihre allgemeine Unechtheit im Wege.

Die Orseille kommt als Orseille in Teig, Orseille-Extrakt französischer Purpur und Persio in den Handel. Das wichtigste Präparat ist der Orseille-Extrakt, ein aus der Orseille-Flechte präpariertes, zum direkten Färben fertiges Orcein-haltiges Produkt. Der Farbstoff der Orseille — das Orcin oder Orcein — liefert mit Chlorkalk tiefviolette Färbung, in alkoholischer Lösung mit Chloroform erwärmt — purpurrote Färbung und nach dem Verdünnen mit Wasser grünlichgelb fluoreszierende Lösung (Natriumsalz des Homofluoresceins). Die Orseille muß verschlossen gehalten werden, da sie beim Trocknen leidet. — Persio (auch roter Indigo, Cudbear genannt) ist wie der französische Purpur eine trockene Masse, welche durch Eintrocknen von Orseille-Extrakt oder von Kraut-Orseille erhalten wird. Es kommt in den Handel als Persio 0, I, II, extra, fein, violett, rotviolett, blauviolett, rot etc. Ein besonders farbstoffreiches Produkt ist die sog. „Orchelline". Die blauvioletten und roten Orseille-Produkte hängen von der Präparation und der Dauer der Einwirkung von Ammoniak und Luft ab. Blauviolette Orseille, mit einer Spur roten Blutlaugensalzes versetzt, besitzt alle Eigenschaften roter Orseille. — Französischer Purpur ist purpurviolette Orseille. Während gewöhnliche Orseille durch Salz- und Schwefelsäure rot gefärbt wird, wird französischer Purpur dadurch nur wenig ins rötliche geändert. Dagegen erscheint französischer Purpur, erst in Natronlauge gelöst und dann, mit Salzsäure übersättigt, rot.

Zunächst kommt bei der Beurteilung von Orseille eine vergleichende Ausfärbung in Frage und zwar wird dieselbe am zweckmäßigsten auf Wolle ausgeführt. Bei Orseille wird eine 2—5 %ige, bei Persio eine 1—3 %ige Ausfärbung hergestellt. Nach C. Rawson ist es wesentlich, den Farbstoff sowohl in neutraler als auch in saurer Flotte zu färben und ebenso eine Wollprobe zuerst neutral zu färben, dann 3 % Schwefelsäure zuzugeben und in gleichem Bade noch eine frische Wollprobe zu färben, um auf solche Weise etwaige Verfälschungen aufzudecken. — Oder man löst 5 g Orseille-Extrakt zu 1 Liter Wasser und nimmt 50 ccm dieser Lösung zum Färben von je 10 g Wolle. Dem Färbbade setzt man 10 % (vom Gewicht der Wolle) Alaun oder 10 % Alaun + 2 % Weinstein zu. Man kann den Wert einer Orseille im Vergleich zu einem mustergültigen Präparat in Zahlen ausgedrückt annähernd ermitteln, wenn man das gefärbte Muster mit einer Skala von Mustern vergleicht, welche mit 25, 30, 35, 40, 45, 50 ccm der Lösung von 5 g des mustergültigen Präparates in 1 Liter Wasser unter denselben Bedingungen gefärbt sind (v. Cochenhausen). Die Wolle wird während 1 Stunde kochend gefärbt.

Verfälschungen. Bei dem hohen Preise der Orseille wird dieselbe häufig mit minderwertigen Produkten verfälscht, wobei auf folgende Beimengungen Bedacht zu nehmen ist: 1. Säurefuchsin, 2. Fuchsin und Nebenprodukte, Safranin etc., 3. Azofarbstoffe, 4. Rotholz. — F. Breinl (Zeitschr. f. ang. Ch. 1888, 175) benutzt zur Entdeckung der Farbstoffe 1., 2., 3. folgende Reagentien: Ein Gemisch von Zinnsalz (10 g) und Salzsäure (25 ccm konzentrierte Salzsäure $+$ 50 ccm Wasser), basisches Bleiacetat, Kochsalz, Ätznatron, konzentrierte Schwefelsäure, Salpetersäure und Salzsäure. a) 1—2 g Orseille oder Persio werden mit 100 ccm Wasser gekocht, filtriert, 15—20 ccm obiger Zinnsalzlösung zugesetzt und wieder aufgekocht. Ist die Lösung, nachdem sie mehrere Minuten gekocht, nur gelb oder gelblichbraun, so ist kein Säurefuchsin zugegen; ist die Flüssigkeit dagegen rot oder rotviolett, so ist Säurefuchsin, Rotviolett etc. zugegen. b) 1 g des Musters wird in 25 ccm absolutem Alkohol gelöst, auf 100 ccm mit Wasser verdünnt und der Orseillefarbstoff mit 10 ccm basischem Bleiacetat (spez. Gew. 1,26 = 30 ° Bé) gefällt. Ist das Filtrat klar und farblos, so ist kein Fuchsin vorhanden; bei karmesinroter Färbung mit gelber Fluoreszenz — ist Safranin, bei roter Färbung ohne Fluoreszenz — Fuchsin, Cerise, Grenadin etc. vorhanden. c) 1 g des Musters wird mit 100 ccm Wasser gekocht und im Filtrat etwaige vorhandene Azofarbstoffe mit Kochsalz gefällt. Etwaiger Niederschlag wird filtriert und auf dem Filter mit (wenig Natronlauge haltender) gesättigter Kochsalzlösung gewaschen, bis das Filtrat farblos abläuft, wodurch etwaig teilweise mitgefälltes Orcein wieder gelöst wird. Der Rückstand wird in heißem Wasser gelöst und im Reagensglas vorsichtig mit konzentrierter Schwefelsäure versetzt, so daß diese sich am Boden ansammelt (wie bei der Salpeter-Eisen-Reaktion). Eine nun entstehende violette, grüne oder blaue Zone deutet auf Azofarbstoffe hin, die auf Wolle ausgefärbt und weiter geprüft werden können. Eine braune oder rotbraune Zone deutet auf Teile ungelöst gebliebenen Orceins hin.

Nach Kertèsz (Dingl. pol. Journ. 1885, 256, 281) wird Säurefuchsin nachgewiesen, indem eine sehr verdünnte wässerige Lösung des Extraktes mit Benzaldehyd und dann mit Zinnsalz und Salzsäure (in gleichen Mengen) versetzt, gut geschüttelt und einige Minuten stehen gelassen wird. Bei Gegenwart von Säurefuchsin wird die untere Schicht fuchsinrot gefärbt, andernfalls bleibt sie farblos.

Nach Crossley (Journ. Soc. Dyers & Col. 1886, 23) wird Fuchsin nachgewiesen, indem eine kleine Menge des getrockneten und gepulverten Musters auf weißes Filtrierpapier gelegt und mit einigen Tropfen Anilinöl übergossen wird. Bei Anwesenheit von Fuchsin löst sich dieses sofort und färbt das Papier an, während reine Orseille nur ganz allmählich eine blaßrosa Färbung gibt. Quantitativ bestimmt Crossley etwa in nennenswerten Mengen vorhandenes Fuchsin, indem er einen aliquoten Teil einer wässerigen Lösung filtriert, zur Trockne dampft, mit konzentriertem Ammoniak digeriert, filtriert und bis zur Farblosigkeit des Filtrates nachwäscht. Die auf dem Filter verbliebene Rosanilinbase löst er in Alkohol, trocknet und wägt.

Liebmann und Studer (Dingl. Polyt. Journ. 1886, 261, 144) bestimmen Fuchsin und Säurefuchsin, indem sie 1 g des Musters mit 100 ccm Wasser kochen, abkühlen lassen und mit schwefliger Säure sättigen, wobei Orcein ausfällt. Wenn die Lösung mit Aceton versetzt wird, so färbt sie sich bei Gegenwart von Fuchsin und Säurefuchsin nach mehreren Minuten violett, während sie bei reiner Orseille ungefärbt bleibt.

Ferner können Azofarbstoffe durch Aufblasen des getrockneten und gepulverten Musters auf konzentrierte Schwefelsäure oft direkt durch die dabei entstehenden blauen, grünen etc. Streifen nachgewiesen werden.

Teerfarben aller Art können ferner nach Isolierung von den Orcein sehr gut kolorimetrisch bestimmt werden und mit einer Fuchsinlösung o. Ä. in Neßler-Röhren verglichen werden.

Rotholz, Sandel etc. werden am besten durch Ausfärbung auf mit Tonerde gebeizter Baumwolle nachgewiesen. 1 Teil des Musters wird mit 25 Teilen Alkohol gekocht und auf das 100-fache mit Wasser verdünnt. In dieser Lösung wird mit Tonerde gebeizte Baumwolle kochend 1 Stunde gefärbt und gut gewaschen. Reine Orseille bezw. Persio hinterläßt nur blaßrosa Färbung, die durch heißen Alkohol abgezogen wird, während Rotholz ein deutliches, alkoholechtes Rot liefert und mit Zinnsalz und Salzsäure charakteristische Reaktion liefert.

Leeshing weist Blauholz- und Rotholz-Extrakt folgendermaßen nach. 50 Tropfen Extrakt werden mit 100 ccm Wasser verdünnt, die Flüssigkeit wird mit Essigsäure schwach angesäuert, hierauf 50 Tropfen Zinnsalzlösung (1 : 2) zugesetzt und zum Sieden erhitzt. War die Orseille rein, so findet sofort fast vollständige Entfärbung statt, während bei Gegenwart von Blauholz eine blaugraue —, bei Rotholz-Extrakt eine rote Lösung resultiert.

Salz. 1 g Persio wird im Platintiegel bei niederer Rotglut verascht. Die Asche soll nicht schmelzen und auf Trockensubstanz bezogen höchstens 6 — 7 % betragen, der Chlorgehalt höchstens 1 %. Bei bedeutendem Aschengehalt wird die Asche mit Wasser ausgelaugt und ein aliquoter Teil mit $^1/_{10}$ norm. Silbernitratlösung und norm. chromsaurem Kali als Indikator titriert (s. Färbereichemische Untersuchungen dess. Autors). Orseille ist von Natur noch mineralärmer und nahezu chlorfrei. Ein Chlornatriumgehalt weist hier direkt auf Kochsalz-Verfälschung hin.

Flechtensäuren. Den Gehalt der Flechten an farbstoffgebenden Flechtensäuren, der zwischen 2—12 % variiert, bestimmt Stenhouse (Journ. f. pr. Ch. 45, 180), indem er 100 g Flechten mit Kalkmilch sehr rasch auszieht, das Filtrat mit Essigsäure fällt, den Niederschlag auf gewogenem Filter sammelt, ihn bei gewöhnlicher Temperatur trocknet und wägt. Oder es werden 100 g zerkleinerte Flechten mit einer verdünnten Lösung von Ätznatron erschöpft und dem Filtrat aus einer Bürette eine Lösung von unterchlorigsaurem Natron von bekanntem Gehalt zugesetzt. Im Moment des Einfließens tritt blutrote Färbung ein, welche 1—2 Minuten darauf verschwindet, worauf sich die Lösung tiefgelb färbt. Hierauf wird neue Bleichflüssigkeit zutitriert so lange, als ein weiterer Zusatz noch rote Färbung hervorbringt, also noch Farbstoff gebende Substanz zugegen ist.


# Cochenille (Kermes, Lac-Dye).

Die Cochenille, welche entweder in Form der getrockneten Cochenille-Laus oder des Cochenille-Extraktes in den verschiedensten Sorten in den Handel kommt, hat sehr schwankende Färbeeigenschaften und Nuancen. Die Beurteilung derselben geschieht fast allgemein nach einer quantitativen Ausfärbung. Das der Cochenille innewohnende färbende Prinzip heißt Karminsäure und ist bis zu 15 % in der getrockneten Cochenillelaus enthalten.

Die Ausfärbung geschieht am besten auf Wolle, welche mit 2 % Zinnsalz $+$ 2 % Weinstein (resp. 3 % Oxalsäure) vorgesotten ist und mit 2—5 %/o des gemahlenen Musters ausgefärbt wird. Statt eines vorhergehenden Ansiedens kann die Wolle in einem Bade mit 2 %/o Zinnsalz + 2 %/o Oxalsäure ausgefärbt werden. — Kolorimetrisch kann Cochenille wie folgt bestimmt werden. 0,1 g gemahlenes Muster wird mit 100 ccm Alkohol ¼ Stunde gekocht, nach dem Erkalten mit Alkohol wieder zu 1C0 ccm aufgefüllt und 5 ccm der filtrierten Lösung mit 1 ccm einer 1 %/oigen Alaunlösung in einem Kolorimeter zu 100 ccm verdünnt. Die Farbe ist in einigen Minuten voll entwickelt. Ebenso wird der Stammfarbstoff behandelt und mit dem Muster verglichen. — Gnehm löst 1 g zu 1000 ccm, setzt einige Tropfen Alkali zu und prüft direkt im Kolorimeter. — Die Oxydationsmethoden sind im allgemeinen wenig verläßlich. Peny (Journ. f. pr. Ch. 71, 119) löst 1 g fein gepulverte Cochenille in heißer verdünnter Kalilauge und titriert mit 0,5 %/oiger Ferricyankaliumlösung, bis Purpur in Braun übergeht. Der Wirkungswert der Ferricyankaliumlösung wird relativ durch Einstellen auf ein Muster von bekannter Güte festgestellt. — Löwenthal (Z. f. anal. Ch. 1877, 179) bestimmt volumetrisch mit Chamäleonlösung. Er kocht 2 g Cochenille mit 1½ Liter Wasser, gießt durch ein feines Sieb, behandelt den Rückstand nochmals ¾ Stunden mit 1 Liter kochenden Wassers und füllt nach dem Erkalten auf 2 Liter auf. Hiervon entnimmt er 100 ccm, verdünnt dieselben auf 1 Liter, setzt ein genau gemessenes Quantum Indigo-Karmin-Lösung zu und titriert mit Chamäleonlösung. In gleicher Weise wird das Typ-Muster behandelt. Hat man nun beispielsweise für Typ + Indigolösung = 38,6 ccm Chamäleonlösung, für ein zu untersuchendes Cochenillemuster + Indigolösung = 34,2 ccm Chamäleonlösung, für das angewandte Volumen Indigolösung = 18,1 ccm Chamäleonlösung verbraucht, so verhalten sich die Farbstoffwerte beider Proben (Typ: Muster) = 38,6—18,1 : 34,2—18,1 oder wie 20,5 : 16,1, oder wie 100 : 78,53, d. h. das Muster ist um 21,47 %/o schwächer als der Typ.

Verfälschungen. Verfälschungen mit Rotholz erkennt Persoz vermittelst Kalkwasser. Durch dieses wird reine Cochenille völlig entfärbt, während Rotholz blauviolett wird. Mit Rotholz gefälschte Cochenille färbt die Baumwollfaser chromunecht an, d. h. die Baumwollfärbung wird durch Hindurchziehen durch warme Bichromatlösung fast schwarz, während reine Cochenillefärbung unverändert bleibt. Außerdem bestehen die Verfälschungen in teilweiser Farbstoff-Extraktion (durch Wasser), in Zusatz von Talk, Schwerspat, Bleisulfat etc. (man unterscheidet darnach Silber-Cochenille von schwarzer Cochenille). Die mineralischen Verfälschungen werden entweder durch Schlemmen mit Wasser getrennt oder durch Veraschung aufgedeckt. Gute Cochenille soll nicht mehr als 1 % Asche enthalten. — Alizarinverfälschung erkennt man am besten auf der Ausfärbung: Alizarin wird durch Salzsäure gelb, Cochenille bleibt fast unverändert. Gegen Persio unterscheidet sich Lac-Dye noch besonders durch seine geringe Löslichkeit in Alkohol, während Persio intensiv kirschrote Lösung gibt. Ebenso ist Lac-Dye in Wasser wesentlich schwerer löslich als Persio, da es aus ca. 68 % Harzbestandteilen, 10 % Farbstoff (Karminsäure) und viel (15 %) mineralischen Bestandteilen besteht. Das Harz im Lac-Dye wird vor dem Gebrauch durch Zerreiben mit Zinnlösung und Stehenlassen (24 Stunden) entfernt, wobei der Farbstoff in Lösung geht, das Harz zurück bleibt.

Ammoniak-Cochenille. Gepulverte Cochenille wird mit dem dreifachen Quantum Ammoniak vier Wochen stehen gelassen und dann unter Zusatz von etwas Alaun zu einem Syrup eingedampft.

| Farb-Ware | Bestimmung des Farbstoff-Gehaltes | Verunreinigungen und Verfälschungen | Besondere Bemerkungen |
|---|---|---|---|
| Rotholz, (Fernambukholz, Brasilien-Sapanholz). | Die koloristische Bestimmung des Gehaltes am Farbstoff, Brasilein, geschieht wie bei Blauholz also z. B. durch quantitative Ausfärbung auf mit 1% Kaliumbichromat angesottener Wolle und 10—25% Holz bezw. 1—5% Extrakt oder auf mit 4% Alaun und 4% Weinstein angesottener Wolle. — Ferner durch Ausfärbung auf Garanzine-Streifen. | Als Verunreinigungen und Verfälschungen kommen diejenigen des Blauholzes (s. d.) vor. Besonders häufig ist Kochsalz-Verfälschung beobachtet worden. Dieses wird in der Asche quantitativ bestimmt, durch Bestimmung des Aschengehaltes einerseits und des Chlorgehaltes (Silbertitration) andererseits. — Geraspeltes, gemahlenes etc. Holz darf nicht über 30% Wasser enthalten. | Brasilein ist nur in einer Oxydations-Stufe (im Gegensatz zu Hämatein und Hämatoxylin) als wirksamer Farbstoff vorhanden und verbindet sich als solcher direkt mit nicht oxydierenden Metalloxyden zu Farblacken. — |
| Sandel-Holz, (Bar-Wood, Cam-Wood, Gabanholz, Kaliaturholz). | Sehr schwer extrahierbare Hölzer, die im Gegensatz zu Rotholz („lösliches Rotholz") auch als „unlösliche Rothölzer" bezeichnet werden. Die Hölzer werden erst in feingeraspeltem oder gemahlenen Zustand ½—1 Stunde gekocht und dann mit der Wolle (mit 1% Bichromat vorgesotten) zusammen 1 Stunde kochend gefärbt, ausgerungen und nochmals ½ Stunde in dem heißen Beizbade nachbehandelt. — Der wirksame Farbstoff heißt Santalin und enthalten die Hölzer 16—23% Farbstoff. | Als Verunreinigungen kommen Rotholz, Anilinfarbstoffe, mineralische Bestandteile, Gerbstoffe etc. vor, welche nach den unter Blauholz etc. entwickelten Prinzipien nachgewiesen und bestimmt werden können. | Heute nur noch sehr wenig benutzt. — Der Farbstoff zieht sehr schlecht aus und muß bei einer quantitativen Bestimmung ein neues Wollmuster in dem Restbade nachgefärbt werden. |

**Krapp** (Färberöte).

Wolle wird einerseits mit 10 bis 30% Krapp auf einem Chromansud (1% Kaliumbichromat), andererseits auf einem Tonansud (4% Alaun + 4% Weinstein) kochend ausgefärbt. — Baumwolle auf Tonerdebeize wie Alizarine etc. (s. Färbe-Prinzip 12, 20, 21). — Die gefärbten Proben können mit Seifenlösung (3 g Seife + 1½ g Soda: 1000 ccm Wasser) ½ Stunde gekocht und dann mit verdünnter Säure oder Zinnsalzlösung bei 70° C. ¼ Stunde behandelt werden. Die meisten Farbhölzer (Rotholz, Blauholz) werden dabei heruntergezogen bezw. zerstört, während die Krappfärbung intakt bleibt. Der wirksame Farbstoff ist Alizarin. Schlumberger bestimmt den reinen Farbstoff gewichtsanalytisch wie folgt: 10 g Krapp werden mit 500 ccm essigsaurem Wasser 24 Stunden bei 30° C. behandelt, filtriert und der Rückstand nochmals mit verdünnter Essigsäure kochend behandelt und filtriert. Beim Erkalten scheidet sich der Farbstoff in orangefarbigen Flocken aus, der gelöst gebliebene Rest wird mit Kochsalz ausgesalzen und der gesamte Farbstoff auf gewogenem Filter gesammelt, gewaschen, getrocknet und gewogen. Schlumberger fand auf solche Weise in guten Krapp-Sorten ca. 4%, in geringeren Sorten ca. 2—2½% Farbst.

Eine mikroskopische Besichtigung läßt oft gröbere Verunreinigungen, Ziegelmehl, Sard, Ocker, Ton, Sägespäne, rote Farbhölzer etc. erkennen. Die mineralischen Bestandteile werden dann in der Asche, welche 6—7% nicht übersteigen darf, weiter nachgewiesen. — Desgleichen gelingt es durch Schütteln des Musters mit Wasser die mineralischen Bestandteile zu trennen, da sie zu Boden sinken, während Krapp schwimmt. Gemahlene Hölzer weist Persoz nach, indem er ein Stück Filtrierpapier mit Chlorzinnlösung, ein anderes mit Eisenvitriollösung tränkt und von dem gepulverten Muster aufstreut. Das Chlorzinn-Papier färbt sich nach etwa 15 Min. durch Blauholz purpurn, durch Rotholz karmesinrot, durch Gelbholz und Quercitron tief gelb, durch Krapp nur ganz schwach gelblich; das Eisenpapier — durch Blauholz violettschwarz, durch Tannin tief grünschwarz, durch Krapp nur sehr hellbraun.

Das Krapp hat heute seine Bedeutung völlig verloren, indem es durch den künstlichen Krappfarbstoff, das Alizarin, verdrängt worden ist. — Als Krapp-Extrakt kam es unter den Namen Garanzin, Garanceux, Alizarintinctoriale in den Handel. Darnach wurden die sog. Garanzine-Streifen benannt, welche für Ausfärbungen von Beizenfarbstoffen Anwendung finden (s. u. Blauholz).

| Farb-Ware | Bestimmung des Farbstoff-Gehaltes | Verunreinigungen und Verfälschungen | Besondere Bemerkungen |
|---|---|---|---|
| Orléan. | Normaler Orléan enthält ca. 6 % des Farbstoffes Bixin. Als in Wasser unlösliches Produkt wird es vor dem Gebrauch mit 75 % Soda ¼ Stunde gekocht und auf mit Alaun vorgebeizter Wolle ausgefärbt. | Bixin ist in Alkohol und Äther orangerot, in Alkali dunkelrot löslich. — Orléan wird mit Ziegelmehl, Ocker etc. verfälscht, muß hochrot und feurig aussehen; ein mattes Aussehen läßt auf eingetretene Fäulnis schließen; es muß sich fettig, sanft anfühlen und nicht über 10 % Asche enthalten. | Heute kaum noch benutzt. |
| Safflor. | Safflor wird in schwach saurem Bade auf Baumwolle oder Seide kalt ausgefärbt und bei seiner Beurteilung neben der Farbstärke ganz besonders auf seine Feurigkeit und Lebhaftigkeit geachtet. Sein Farbstoff, Carthamin, wird mit Talk gemischt als Schminke benutzt. — Hitze beeinträchtigt die feurige ponceaurosarote Farbe. | Der Extrakt ist oft mit Holzteilchen, Blättchen, schwarzen Blüten und mineralischen Beimengungen wie Sand etc. verunreinigt. | Heute nur noch dem Namen nach bekannt; da teuer und unecht, so ist er durch bessere Teerfarbstoffe (Eosin, Rhodamin, Safranin) völlig verdrängt. |

Gelbholz, Quercitron, Wau, Kreuzbeeren, Fisettholz. Gelbholz, auch „alter Fustik" und gelbes Brasilienholz genannt, Gelbholz-Extrakt auch Cuba-Extrakt genannt. Fisettholz auch junger Fustik, Zandeholz, ungarisches Gelbholz; Wau auch Waude, Streichkraut, Färbergras, Gelbkraut; gereinigtes Quercitron auch als Flavin bekannt.

Die Ausfärbungen werden vornehmlich auf Wolle und nur ausnahmsweise aus Baumwolle hergestellt. Die Wolle wird mit 1 % Chromkali + 2 % Weinstein angesotten und mit einem Absud von 10—25 % Holz, bezw. einer Lösung von 1—5 % Extrakt ausgefärbt. Charakteristisch sind auch die Ausfärbungen auf mit 2 % Zinnchlorür + 2 % Weinstein (oder Oxalsäure) angesottener Wolle. — Da infolge der oft zu verschiedenen Töne eine Beurteilung der Färbkraft schwer ist, empfiehlt es sich, das Gelb unter Umständen mit einem Blau zu vereinigen und als leichter zu beurteilendes Grün zu mustern. — Man erreicht z. B. durch Zusatz von 1—2 % Blauholz-Extrakt oder durch Ausfärben auf hellem Küpen-Grund sehr annehmbare Resultate. Oder man gibt statt Blau ein beizenziehendes Rot z. B. Alizarin hinzu. — Ferner geben Ausfärbungen auf Garanzine-Streifen ein genaues Bild der Wirkungskraft des Musters.

Die Extrakte sind häufiger verunreinigt und verfälscht mit Dextrin, Melasse, Glycerin, Alaun, Zinksulfat, Curcuma, Gerbstoffen, gelben Teerfarben etc. (L. Brühl. Chemiker-Ztg. 1890. 767). — Die Auffindung und Bestimmung derselben geschieht hier m. m. nach denselben Prinzipien, wie unter Blauholz etc. ausführlich dargelegt. Der Farbstoff des Gelbholzes heißt Morin, der des Quercitrons — Flavin oder Quercetin, der des Waus — Luteolin, des Fisettholzes — Fisetin oder Fustin. — Das Gelbholz enthält außer dem Farbstoff eine Art Gerbsäure: Maclurin oder Moringerbsäure, ebenso enthalten die übrigen Hölzer Gerbstoffe. — Die Extrakte liefern mit Zinnsalz, Alaun, Bleizucker, Eisenoxydulsalzen gelbe, orange, grünlichbraune etc. Niederschläge. Mit Alkalien werden sie intensiver gefärbt: Gelbholz — gelbrot, Wau — dunkelgelb, Quercitron — dunkeloliv etc.

Die Produkte kommen in den verschiedensten Nuancen mit Grün- bis Rotstich vor. Je klarer und grünstichiger ein Produkt färbt, desto wertvoller ist es bei sonst gleichen Bedingungen. — Die Anwendung der Produkte ist heute mäßig und nimmt von Jahr zu Jahr merklich ab. Quercitron soll 3 mal ausgiebiger als Gelbholz, 10 mal ausgiebiger als Wau und Flavin, 16 mal ausgiebiger als Quercitronrinde sein.

| Farb-Ware | Bestimmung des Farbstoff-Gehaltes | Verunreinigungen und Verfälschungen | Besondere Bemerkungen |
|---|---|---|---|
| Curcuma. | Baumwolle und Wolle werden unter Zusatz von sauren Salzen direkt gefärbt. Die Temperatur darf 50—60° C. nicht übersteigen, da andernfalls eine Trübung der Farben stattfindet. Als saurer Zusatz eignet sich am besten Alaun, wovon 5% zum Färben genügen. Von Curcuma werden 2—5—10% zum Ausfärben genommen. — Kolorimetrisch prüft man wie folgt: 10 g Curcuma werden mit 500 ccm Alkohol $^1/_4$ Stunde am Rückflußkühler gekocht und auf 500 ccm aufgefüllt, 5 ccm der filtrierten Lösung werden in ein Kolorimeter mit Wasser und einer Spur Ätznatron zu 100 ccm aufgefüllt und mit dem Typ, bezw. Muster von bekanntem Gehalt, verglichen. — Der wirksame Farbstoff heißt Curcumin. | Curcuma-Mehl wurde früher viel mit Mineralstoffen wie Kochsalz, Sand etc. verfälscht. Zur Identifizierung desselben wird eine Probe mit Salpetersäure gekocht, wodurch der Farbstoff zerstört wird und etwaig vorhandenes Chlor mit Silbernitrat gefällt. — Oder man verascht 1 g Curcuma-Mehl, löst die Asche in Wasser und titriert mit $^1/_{10}$ norm. Silberlösung. — Ein normaler Curcuma enthält selten über 5% Asche. | Curcuma ist nur noch vereinzelt im Gebrauch und hat seine frühere Bedeutung völlig eingebüßt. |

**Katechu,
Gambir,
Sumach,
Gallussäure,
Tannin.**

Diese Produkte sind vornehmlich als Gerbstoffträger charakterisiert und kommt in den allermeisten Fällen der Gerbstoff-Gehalt in Frage. Dieser wird nach rein chemischen Prinzipien eruiert. — Außerdem werden diese Produkte zu färberischen Zwecken benutzt und zwar in Verbindung mit Kupfer-, Eisensalzen etc. Die Prüfungs-Versuche werden möglichst dem technischen Gebrauch angepaßt und können außerordentlich verschieden sein. Es werden z. B. 10 g Baumwolle oder Wolle mit 10% Katechu oder Gambir und unter Zusatz von 1% Kupfervitriol 1 Stunde gekocht, die Baumwolle in 500 ccm, die Wolle in 1 Liter Flüssigkeit. Da die Flotte unausgenutzt bleibt, ist es unerläßlich mit stets ganz gleichen Wassermengen zu arbeiten. Nach 3—4 Stunden, während welcher die Ware in erkaltendem Bade verbleibt, wird ausgerungen und ½ Stunde in kochendem Bade von 2% Chromkali behandelt, dann gespült, getrocknet und gemustert. — Ähnlich kann auf Eisen-, Tonerde-, Zinn-, vorgebeizter Ware gearbeitet werden. — Oder die Baumwolle wird erst mit 10—20% Ka-

Außerordentlich variierende Produkte mit oft großen Beimengungen unter denen an erster Stelle zu nennen sind: Mineralische Bestandteile wie Sand, Kochsalz, ferner: Stärke, Dextrin, getrocknetes Blut, Farbstoffrückstände; sowie Chrom-, Alaun- und Kupfersalze von der künstlichen Präparierung herrührend. — Die Asche beträgt bei Katechu und Gambir meist 3 bis 4%, der Wassergehalt ca. 30%, der Gerbstoffgehalt 30—40%. — Stärke wird auf gewöhnliche Weise mit Jod nachgewiesen; Tonerde, Sand etc. bleiben als ungelöster Rückstand oder Aschen-Bestandteil zurück; zugemischtes getrocknetes Blut ist beim Filtrieren der heißen wässerigen Lösungen auf dem Filter erkennbar, indem Blutalbumin auf dem Filter gerinnt und den Blutfarbstoff einschließt; Gummi (und Stärke) bleibt als alkaliunlöslicher Rückstand zurück, löst sich in heißem Wasser und wird durch Alkohol wieder ausgefällt; Farbstoffrückstände lassen sich in alkoholischer Lösung sofort erkennen. (Über die Bestimmung von Gerbstoffen s. Färbereichem. Unters. dess. Verf.)

In Nuance vom roten, gelben bis zum olivgrünen und braunen Stich sehr verschiedene Produkte. Außerordentlich große Anwendung als Gerbstoffträger, deshalb speziell rein chemischer Betrachtung unterworfen (s. Färbereichemische Untersuchungen).

| Farb-Ware | Bestimmung des Farbstoff-Gehaltes | Verunreinigungen und Verfälschungen | Besondere Bemerkungen |
|---|---|---|---|
|  | techu, Sumach etc. heiß bis kalt behandelt, abgerungen, auf ein frisches heißes Bad von 1 bis 2 % Kaliumbichromat gebracht und dann mit basischen Farben wie Fuchsin etc. überfärbt. — Ferner wird die Baumwolle in ein heißes mit 2—3 % (vom Gew. der Bw.) beschicktes Tanninbad eingelegt, bis zum völligen Erkalten (ca. 3 Stunden) darin liegen lassen, abgerungen, mit einem Antimonsalz, z. B. Brechweinstein fixiert und mit basischen Farbstoffen ausgefärbt. Außer Antimonsalzen sind unter Umständen Zinnchlorid (2 bis 5 ° Bé) essigsaures Zink, essigsaures Eisen, basischer Alaun etc. zu gebrauchen. |  |  |

# III. Teil.

# Untersuchung gefärbter und veredelter Faser.

## Untersuchung der Beizen auf der Faser.

Unter Beizen in der Färberei versteht man, streng genommen, die zwecks Fixierung des oder der Farbstoffe auf die Faser gebrachten meist mineralischen Verbindungen. Es können darnach diejenigen Hilfskörper, welche weiter nötig sind, die Beizen zu fixieren, nicht als Beizen angesehen werden, wenn dieselben nicht in den Bestand der Faser aufgenommen werden. Wird z. B. Wolle mit Kaliumbichromat und Oxalsäure angesotten, so ist das Bichromat die Beize (oder genau genommen der Beizenträger), während die Oxalsäure nur Hilfsbeize ist, da dieselbe nicht auf die Faser zieht, sondern nur den Zweck erfüllt, das Bichromat zu Chromoxyd zu reduzieren und auf die Faser unlöslich niederzuschlagen. Wird aber Baumwolle mit Türkischrotöl und Alaunsalzen behandelt, so bilden beide Teile Beizen, weil sowohl die Tonerde als auch die Fettsäure zusammen als fettsaures Salz auf die Faser fixiert werden können. Die Beizen sind also effektiv auf der Faser vorhanden, die Hilfsbeizen — nicht und deshalb auch nicht auffindbar und nachweislich.

Die Bestimmung der Beizen ist nun für eine koloristische Untersuchung meist von größter Wichtigkeit, da die Anwesenheit oder Abwesenheit bestimmter Beizen die weitere Bestimmung der vorhandenen Farbstoffe wesentlich zu erleichtern und abzukürzen im stande ist; denn zu bestimmten Beizen gehören bestimmte Farbstoffe und Färbverfahren, welche, wenn der erste Faktor gegeben ist, schneller aufgefunden bezw. kontrolliert werden können, und wenn keine Beizen auf der Faser vorhanden, bestimmte Farbstoffe (Beizenfarbstoffe) ausgeschlossen sind.

Es liegt nun in der Natur der Sache, daß diese Beizen im Gegensatz zu den Appreturmitteln fest auf der Faser fixiert und also mit Wasser direkt nicht ablösbar zu sein pflegen. Eine Bestimmung und Nachweis derselben ist deshalb durch Wasser-Extraktion von vornherein ausgeschlossen. Dieselben müssen entweder durch schärfere Agentien, wie Säure etc., heruntergezogen werden, oder sie müssen in der Asche der verbrannten Faser auf gewöhnlichem mineral-analytischen Wege ermittelt werden. Man kann deshalb im allgemeinen diese beiden Wege unterscheiden und überall da eine Veraschung und Aschen-Untersuchung vorziehen, wo einerseits keine organischen Beizen vorhanden sein können (bezw. dieselben unbeachtet bleiben sollen) und andererseits flüchtige und oxydable Metallverbindungen ausgeschlossen sind. Die Methode der Veraschung hat den Vorteil für sich, daß bezüglich des Quantums und der Gesamtheit der vorhandenen Mineral-Beizen ein Irrtum nicht möglich ist, während man bei einem Herunterlösen von der Faser nie sicher ist, ob auch wirklich alles gelöst oder ob nicht noch ein Teil der vorhandenen, vielleicht gemischten, Beizen auf der Faser zurückgeblieben ist, ohne die zurückbleibende Faser doch noch durch eine nachträgliche Veraschung daraufhin zu kontrollieren. Zudem kommen die meist störenden Anilinfarbstoffe bei der Extraktions-Methode hindernd hinzu, welche bei einer Veraschung (Ausnahme bei Farbstoff-Metallsalzen wie Chlorzink - Methylenblau) spurlos aus dem Wege geräumt werden. Dieses bezieht sich auch auf die Bestimmung von Erschwerungen (s. d.) nach Moyret, wobei man nie ganz sicher ist, ob man sämtliche Erschwerung von der Faser heruntergezogen hat. — Handelt es sich aber darum, festzustellen, ob auch organische Beizen vorhanden sind, welche bei einer Verbrennung entweichen, oder mineralische Beizen in der niederen Oxydationsstufe vorliegen, die bei der Verbrennung in die höhere Oxydationsstufe übergehen könnten, so muß eine Voruntersuchung angestellt werden. Indessen erscheint es meist rationeller, zuerst eine Veraschung vorzunehmen und dann erst, wenn nötig, die Untersuchung nach der Extraktions-Methode zu komplettieren.

Ein eventuell genau abgewogener Teil der zu untersuchenden Faser wird am besten im Porzellantiegel über dem Bunsenbrenner verbrannt, nach dem Erkalten zurückgewogen und die Aschenmenge berechnet. Schon das Aussehen der Asche läßt eine Anzahl Beizen mit bloßem Auge erkennen. Eisenverbindungen färben die Asche gelb bis rötlichbraun, Chrom — gelblichgrün bis bläulichgrün, Kupfer und Mangan — bräunlichschwarz etc. Zinn-, Tonerde-, Kieselsäure-, Kalkbeizen u. a. m. lassen die Asche weiß. Bei einer ausführlichen Aschen-Untersuchung ist auf folgende Metalle Bedacht zu nehmen.

I. Arsen-Gruppe: Antimon und Zinn.

II. Kupfer-Gruppe: Blei und Kupfer (Cadmium).

III. Eisen-Gruppe: Eisen und Mangan (Zink, Kobalt, Nickel).

IV. Erd-Metalle: Chrom und Aluminium.

V. Erd-Alkali-Metalle: (Calcium, Magnesium).

Ferner auf die fest fixierbaren Säuren: Kieselsäure und Phosphorsäure.

Die einzelnen Bestandteile der Asche werden nach den allgemeinen mineral-analytischen Methoden getrennt und aufgefunden Die Asche wird z. B. zunächst in wenig konzentrierter Salzsäure, eventuell Königswasser gelöst, verdünnt und mit Schwefelwasserstoffgas gesättigt, wobei etwaig vorhandenes Antimon (orange), Zinn (gelb), Blei (schwarz), Kupfer (schwarz) als Schwefelmetalle gefällt werden. Ist die Asche vermittelst Säure nicht in Lösung zu bringen, so deutet dieses auf Zinnoxyd oder Kieselsäure hin. In diesem Falle wird der un·liche Teil für sich behandelt und z. B. mit Soda-Schwefel (oder mit Ätzkali im Silbertiegel) geschmolzen, wobei das Zinn in lösliche Verbindungen übergeführt und durch Säure aus denselben als Zinnsulfid wieder gefällt wird. — Die vereinigten Schwefelverbindungen werden mit warmem Ammoniumpolysulfid behandelt, wobei Antimon- und Zinnsulfid in Lösung gehen und durch Filtration von den Blei- und Kupfersulfiden getrennt werden.

I. Das zinn- und antimonhaltige Filtrat wird mit Salzsäure gefällt, die Niederschläge auf einem Filter gesammelt, wieder in Salzsäure gelöst und mit Zink reduziert. Es fällt hierbei metallisches Zinn und Antimon aus; davon ist das Zinn allein in Salzsäure löslich und mit wenig Quecksilberchlorid nachweisbar (bei geringem Zusatz von Quecksilberchlorid fällt graues Quecksilber, bei einem Überschuß — weißes Quecksilberchlorür aus). Ebenso ist das Zinnchlorür durch Fällen mit Schwefelwasserstoff als schwarzes Zinnsulfür nachweisbar; ferner liefern Zinnverbindungen beim Erhitzen auf Holzkohle die charakteristischen Zinnkügelchen, in der Boraxperle mit einer Spur Kupferoxyd — rote Färbung in der Reduktionsflamme. — Antimon[1]) ist nur in Königswasser löslich und mit Schwefelwasserstoff aus der Lösung als organgerotes Zinnpentasulfid fällbar.

Spuren Antimon lassen sich auf solche Weise nicht immer nachweisen. Solche können direkt z. B. nach W. Kielbasinski (Text. u. Färberei-Ztg. 1903. 77) entdeckt werden. Die Asche der Faser wird auf einem Platinblech mit einem Stückchen metallischen Zinks und einigen Tropfen Salzsäure (1 : 3) reduziert. Ein schwarzer Fleck auf dem Platin zeigt Antimon an. Bei sehr kleinen Mengen Antimon ist diese Probe unzuverläßig, da der Niederschlag leicht auf dem Zink entsteht. Dagegen entsteht der schwarze Fleck sofort auf dem Platinblech, wenn das metallische Zink durch Zinkstaub ersetzt wird.

II. Die in Ammoniumsulfid ungelöst gebliebenen Schwefelverbindungen von Kupfer und Blei werden in kochender verdünnter Salpetersäure gelöst. Bleisalze liefern mit verdünnter Schwefelsäure einen Niederschlag von Bleisulfat, durch Glühen auf Kohle mit Soda — ein graues Metallkorn mit gelbem Beschlag. Kupfersalze (im Filtrat der schwefelsauren Lösung) werden durch Überschuß von Ammoniak blau gefärbt; angesäuert und mit Schwefelwasserstoff behandelt, entsteht ein schwarzer Niederschlag von Kupfersulfid, das auf Kohle in der Reduktionsflamme geglüht, ein rotes Metallkorn und in der Oxydationsflamme mit Phosphorsalz geschmolzen eine grüne bis blaugrüne Perle liefert. Ferner liefern schon sehr geringe Mengen von Kupfersalzen mit Essigsäure und gelbem Blutlaugensalz versetzt je nach Quantum des vorhandenen Kupfers eine rötlichbraune Färbung oder Fällung.

III. Aus neutraler bis ammoniakalischer Lösung werden mit Schwefelammonium als Sulfide gefällt: Eisen (grünschwarz), Mangan (fleischfarben), Zink (weiß); als Hydroxyde werden dabei gefällt: Chrom (graugrün), Aluminium (weiß). Eisen ist bereits an der schwarzen Färbung des Niederschlages zu erkennen, Chrom gibt sich

---

1) Nach neuesten Untersuchungen von Lehmann (Arch. Hygiene 43) enthalten manche Stoffe Spuren von wasserlöslichen Antimonverbindungen. So fand er in 41 untersuchten Stoffproben bis zu 4—10 mg Antimon in 100 g Stoff.

in der Phosphorsalzperle durch amethystrote (heiß) und smaragd-
grüne (kalt) Färbung zu erkennen.

Die Niederschläge werden vereinigt, in Salzsäure gelöst, oxydiert und nach dem Erkalten annähernd mit Natriumbikarbonat
neutralisiert, mit in Wasser aufgeschlämmtem Baryumkarbonat im
Überschuß versetzt, 3—4 Stunden unter häufigem Umschütteln stehen
gelassen, filtriert und ausgewaschen. Der Niederschlag enthält neben
Baryumkarbonat etwaig vorhandenes Eisen, Aluminium und Chrom
als Hydroxyde; während das Filtrat Mangan und Zink als Chloride, sowie Baryumchlorid enthält. Der Niederschlag wird in Salzsäure gelöst,
das Baryum durch Schwefelsäure gefällt und filtriert. Eisen, Aluminium
und Chrom werden nun im Filtrat mit Natriumbikarbonat gefällt.
Der gesammelte, gewaschene und getrocknete Niederschlag wird mit
gleichem Volumen Soda und dreifachem Volumen Salpeter geschmolzen.
Eisen und Aluminium bleiben als Oxyde zurück, Chrom wird in
lösliches Chromat oxydiert. Die abfiltrierte Chromatlösung wird in
essigsaurer Lösung mit Bleiacetat als chromsaures Blei gefällt oder
mit Schwefelsäure angesäuert, bis zur Entfernung der salpetrigen
Säure gekocht, nach dem Erkalten mit Schwefelwasserstoffgas zu
Chromsalz reduziert und mit Ammoniak als Chromhydroxyd gefällt.
Die in der Salpeter-Soda-Schmelze unlöslich zurück gebliebenen
Oxyde des Eisens und Aluminiums werden in Salzsäure gelöst und
mit Ätznatron versetzt. Eisenhydroxyd bleibt im Überschuß von
Ätznatron unlöslich zurück, während Tonerde als Tonerde-Natron
in Lösung geht, vom Eisen durch Filtration getrennt und durch
überschüssiges Chlorammonium wieder als Tonerdehydrat gefällt
wird. Eisenoxydsalze werden noch durch die charakteristische Reaktion
mit Rhodankalium (Rotfärbung) und Ferrocyankalium in saurer
Lösung (Blaufärbung bis blauer Niederschlag von Berliner-Blau)
identifiziert; während Tonerde beim Erhitzen mit etwas Kobaltnitrat
auf Holzkohle die charakteristische blaue Schmelze liefert.

Die vom Eisen, Aluminium und Chrom durch Filtration ge-
trennte Lösung von Mangan und Zink wird erst durch Zusatz von
Schwefelsäure, Erhitzen und Filtrieren des gefällten Baryumsulfates
vom Baryum getrennt, mit Ammoniak übersättigt, sofort mit Essigsäure angesäuert und mit Schwefelwasserstoffgas gesättigt. Das Zink
fällt hierbei als Sulfid aus, während im Filtrat das Mangan
durch Ammoniak und Ammoniumsulfid als Manganhydrosulfid gefällt wird.

Über die Bestimmung von Kieselsäure und Phosphorsäure s. u. Erschwerung, da diese Säuren weit größere Bedeutung als Erschwerungs-Mittel denn als Beize, bezw. Beizenfixation besitzen. Qualitativ kann Kieselsäure nachgewiesen werden, indem die Asche aufgeschlossen, die Kieselsäure durch mehrfaches Eindampfen mit Salzsäure und längeres Trocknen bei $110^0$ C. unlöslich gemacht und von den Begleit-Produkten getrennt wird. Phosphorsäure wird vermittelst molybdänsauren Ammoniaks oder Magnesiamischung gefällt.

In ganz vereinzelten Fällen kommen auch seltenere Beizen wie Nickel, Kobalt, Cadmium, Titan etc. vor.

Über die Bestimmung von Berliner-Blau, das als Beize, Grundfarbe und Erschwerung dient, s. unter Erschwerungs-Bestimmungen.

Die quantitative Bestimmung des Eisens wird bei ganz kleinen Mengen am besten kolorimetrisch ausgeführt. Die Asche wird in rauchender Salzsäure gelöst, von etwaig ungelösten Teilen nach dem Verdünnen abfiltriert und mit Ferrocyankalium oder Rhodankalium neben einer Eisenoxydsalzlösung von bekanntem Gehalt kolorimetrisch bestimmt. — Bei größeren Eisenmengen wird die Asche zunächst in rauchender Salzsäure auf dem Wasserbade gelöst, überschüssige Salzsäure auf dem Wasserbade vertrieben, der Rückstand mit verdünnter Schwefelsäure aufgenommen, verdünnt, mit metallischem Zink im Bunsenkölbchen reduziert und mit Chamäleonlösung, unter Zusatz von etwas Manganosulfat, titriert (s. Färbereichem. Untersuch. dess. Verf.).

Die quantitative Bestimmung des Kupfers, das meist in nur geringen Mengen auf der Faser vorhanden ist, wird entweder kolorimetrisch mit Ammoniak bestimmt, indem die Kupferlösung mit überschüssigem Ammoniak versetzt wird und in einer Nessler-Röhre volumetrisch gegen eine Typlösung von bekanntem Gehalt verglichen wird. Oder es wird die neutrale bis schwach essigsaure Kupferlösung (ev. aliquoter Teil) in eine Nessler-Röhre gebracht, mit $^1/_2$ ccm einer $5\,^0/_0$igen Ferrocyankaliumlösung und 5 ccm einer $10\,^0/_0$igen Ammoniumnitratlösung versetzt und zu 100 ccm aufgefüllt. Die Tiefe der Färbung wird nun wie gewöhnlich durch eine andere gleich behandelte Kupferlösung von bekanntem Gehalt in dem Vergleichs-Kolorimeter festgestellt und darnach der Kupfergehalt berechnet. Die Kupfer-Vergleichslösung enthält zweckmäßig 0,394 g reines Kupfervitriol ($CuSO_4 + 5$ aq.) im Liter. Von dieser Lösung entspricht je 1 ccm = 0,0001 g Kupfer metall. Außerdem kann Kupfer

## Übersichts-Tabelle der qualitativen Metall-Trennungen.

|  |  | | |  |  |
|---|---|---|---|---|---|
| Schwefelwasserstoff fällt aus saurer Lösung als Sulfide. | Antimon. | In Alkalipolysulfid löslich. | | Metallisch. Antimon in Salzsäure unlöslich, in Königswasser löslich, mit Schwefelwasserstoff orangerot fällbar. | Antimon. |
| | Zinn. | In Alkalipolysulfid löslich. | | Metallisch. Zinn in Salzsäure löslich; mit Quecksilberchlorid, Schwefelwasserstoff nachweisbar. | Zinn. |
| | Blei. | In Alkalipolysulfid unlöslich. | | Blei mit Schwefelsäure als Bleisulfat fällbar; auf Holzkohle Metallkorn mit gelbem Beschlag; Schwefelwasserstoff fällt schwarz. | Blei. |
| | Kupfer. | In Alkalipolysulfid unlöslich. | | Kupfer mit Ammoniak übersättigt blaue Lösung, Metallkorn, charakteristische Phosphorsalzperle, Blutlaugensalz-Reaktion. | Kupfer. |
| Schwefelammonium fällt als Sulfide und Hydroxyde (aus neutraler oder schwach alkalischer Lösung). | Eisen (als Sulfid). | Mit Baryumkarbonat aus neutraler Lösung fällbar. | In Salpeter-Soda-Schmelze als unlösliche Oxyde zurückbleibend. | In überschüssiger Natronlauge unlöslich. Charakteristische Reaktionen mit Rhodankalium und Ferrocyankalium. | Eisen. |
| | Aluminium (als Hydroxyd). | | | In überschüssiger Natronlauge löslich, mit Chlorammonium fällbar, Kobaltnitrat-Reaktion. | Aluminium. |
| | Chrom (als Hydroxyd). | | In Salpeter-Soda-Schmelze als Chromat in Lösung gehend. | Mit essigsaurem Blei als chromsaures Blei fällbar, mit Schwefelwasserstoff zu Chromoxydsalz reduzierbar, Phosphorsalzperle. | Chrom. |
| | Zink (als Sulfid). | Mit Baryumkarbonat aus neutraler Lösung nicht fällbar. | | Aus frisch hergestellter essigsaurer Lösung mit Schwefelwasserstoff fällbar. | Zink. |
| | Mangan (als Sulfid). | | | Aus essigsaurer Lösung mit Schwefelwasserstoff nicht fällbar, aus alkalischer Lösung mit Schwefelammonium fällbar. | Mangan. |

in der Asche nach irgend einer beliebigen gewichtsanalytischen Methode bestimmt werden.

Zur quantitativen Chrom-Bestimmung wird die Asche mit dem zehnfachen Gewicht einer Kaliumchlorat-Soda-Mischung ($2\,KClO_3 : 3\,Na_2CO_3$) in einem Platintiegel 15 Min. bei gewöhnlicher Rotglut geschmolzen. Die erkaltete Schmelze wird mit heißem Wasser ausgezogen, filtriert und der Rückstand mit heißem Wasser gut ausgewaschen. Das Filtrat wird in einer Porzellanschale mit stark überschüssiger Schwefelsäure und genau bestimmtem Quantum Ferroammonium-Sulfat in gelindem Überschuß versetzt und das überschüssige Ferrosalz mit $^1/_{10}$ norm. Kaliumbichromatlösung oder $^1/_{10}$ norm. Chamäleonlösung zurücktitriert. 1 Teil verbrauchtes Ferroammonium-Sulfat entspricht $= 0,0649$ g Chromoxyd ($Cr_2O_3$) oder $0,0853$ g Chromsäure ($CrO_3$). (Näheres s. Färbereichem. Unters. dess. Verf.)

Die quantitativen Bestimmungen von Antimon, Blei, Tonerde etc. werden nach gewöhnlichen mineral-analytischen Methoden bestimmt (s. Färbereichem. Unters. dess. Verf.). Die Bestimmung von Zinn, welches als Erschwerungsmittel bahnbrechende Bedeutung erlangt hat, ist unter Erschwerung speziell besprochen worden.

Zu den Beizen, welche durch Verbrennen der zu prüfenden Faser verflüchtigt, bezw. höher oxydiert werden, gehören vorzugsweise die Gerbsäure und Ölsäuren, sowie Zinnoxydul- und Eisenoxydulverbindungen.

Die Gerbsäure, welche von den verschiedenartigsten Gerbstoffträgern wie Tannin, Sumach-Extrakt, Gallussäure, Katechu etc. herrühren kann, befindet sich auf der Faser als Beize meist in Verbindung mit Antimon, Eisen oder Zinn. Dieselbe wird nachgewiesen, indem die Faser zunächst der Reihe nach mit heißem Wasser, 2 %iger Sodalösung und 5 %iger Essigsäure extrahiert wird. Je nachdem in welcher Form, ob im Überschuß (teilweise im freien Zustande) oder im Unterschuß Gerbsäure vorhanden ist, wird dieselbe bereits mit heißem Wasser und verdünnter Sodalösung oder Essigsäure heruntergezogen und der neutralisierte Auszug mit einem Tropfen Eisenchlorid oder Ferrisulfat versetzt. Dunkler Farben-Umschlag zeigt Gerbstoffe an. Zur näheren Charakterisierung des Gerbstoffes können die Auszüge einer speziellen Untersuchung unterworfen werden (s. Färbereichem. Unters. dess. Verf.).

Ölsäurebeize oder Fettsäurebeize ist stets in Verbindung mit Tonerde oder einem ähnlichen Metall vorhanden. Diese Beize wird durch Kochen mit verdünnter Salzsäure zersetzt, die sich ausscheidende Fettsäure abfiltriert, ev. mit Äther, Petroleumäther etc. ausgeschüttelt und als solche ev. weiter auf Erstarrungspunkt, Verseifungszahl, Jodzahl etc. geprüft. Die Ölsäurebeize kommt hauptsächlich bei Alizarinrots bezw. Türkischrots vor, wo manchmal die Frage zu entscheiden ist, nach welchem Verfahren das Türkischrot gefärbt ist, mit oder ohne Anwendung von Ölsäure, bezw. Türkischrotöl.

Eisenoxydulverbindungen werden mit sauerstofffreier $5\,^0/_0$iger Salzsäure bei $50—60\,^0$ C. unter Einleiten von Kohlensäure als Eisenchlorür gelöst und mit Ferricyankalium nachgewiesen. Der Nachweis von angewandten Eisenoxydulsalzen gelingt meist aus verschiedenen Gründen sehr schwierig, manchmal überhaupt nicht. Denn die Oxydulverbindungen gehen sehr leicht in Oxydverbindungen über, sowohl während der Beiz- und Färbeoperationen, als auch nachträglich auf der fertig gefärbten Ware selbst durch den Luftsauerstoff und die Ablösungs-Manipulationen. Außerdem kommen Eisenoxydulsalze fast ausschließlich beim Schwarzfärben mit Blauholz in Frage, wo neben den Eisensalzen auch der Farbstoff in Lösung geht und eine direkte Reaktion meist unsichtbar macht. Bei weiteren Reinigungsversuchen, wie Fällung des Farbstoffes, liegt die Gefahr der Oxydation der Oxydulsalze noch näher. Ebenso ist man auch nie sicher, das Oxydul nicht zu Oxyd oxydiert zu haben, wenn man auf anderem Wege, wie z. B. Ausziehen des Farbstoffes durch indifferente Faser, Entfernung des Farbstoffes durch Kochen mit Tierkohle etc. zu operieren sucht. Man kann deshalb wohl nie mit aller Bestimmtheit auf Grund eines negativen Resultates die Abwesenheit von Oxydulsalzen als feststehend betrachten, während natürlich im Falle eines positiven Ergebnisses die Anwesenheit von Oxydulsalzen verbürgt ist (sofern selbstverständlich nicht etwa zur Zerstörung des Farbstoffes mit reduzierenden Agentien hantiert worden ist, was durchaus und in allen Fällen zu vermeiden ist).

Ähnliche Schwierigkeiten stehen der Untersuchung auf Zinnoxydul-Verbindungen entgegen, bei welcher gleichfalls ein negatives Resultat niemals ausschlaggebend sein kann. Man arbeitet versuchsweise mit $5\,^0/_0$iger Salzsäure unter tunlichstem Luftabschluß und in indifferenter Kohlensäure-Atmosphäre und fällt mit Schwefelwasserstoff als schwarzes Zinnsulfür. — Bei geringen Mengen kann das Stannosalz am besten vermittelst der bekannten Quecksilber-Reaktion im Auszug nachgewiesen werden; aber auch hier steht dieser Reaktion häufig eine starke Färbung der Lösung hindernd im Wege. Gnehm modifiziert die Arbeitsmethode, indem er die Faser, bezw. das Gewebe direkt mit Quecksilberchloridlösung behandelt, die Faser sehr gut wäscht und alsdann einer Schwefelwasserstoffatmosphäre aussetzt, wobei er eine Schwärzung bezw. Bräunung der Faser durch entstehendes Quecksilbersulfür beobachtet. Es ist klar ersichtlich, daß dieser Arbeitsmodus auch nur bei hellen Farben ein positives Ergebnis zeitigen kann.

Statt einer Veraschung oder Extraktion der zu prüfenden Faser wird unter Umständen ein Chloren derselben die der Färbung zu grunde liegende Beize aufdecken. Das Gewebe wird zu diesem Zwecke in eine $1^0$ige Chlorkalklösung gelegt und damit die meisten Farbstoffe zerstört; bei den chlorechtesten Farbstoffen kann die Chlorkalklösung noch stärker genommen, angewärmt oder mit etwas Essigsäure angesäuert werden, um die Wirkung des Chlor zu verstärken und so auch die echtesten Farbstoffe zu zerstören. Das nun zurückbleibende Faser-Skelett läßt oft erkennen, ob man es mit bestimmten Beizen zu tun hat oder ob dieselben ausgeschlossen sind. Eisen- und Chrombeizen lassen sich fast immer sofort erkennen, wobei allerdings zu beachten ist, daß Chrombeizen bei längerer Einwirkung in lösliches Calciumchromat verwandelt werden. Ein weißes Skelett kann Tonerde, Zinn und farblose Metalloxyde enthalten. Durch Ausfärben des Skeletts in Alizarin kann wiederum gefunden werden, ob Tonerde vorliegt oder nicht.

# Entdeckung und Bestimmung von Arsen auf der Faser.

Folgende Anleitung zur Feststellung des Vorhandenseins von Arsen und zur Ermittelung des Arsengehaltes auf Gespinsten und Geweben gilt als die in Deutschland offizielle und maßgebende. Bekanntmachung des Reichskanzlers (vom 10. Apr. 1888. Centralbl. f. d. Deutsche Reich S. 131 ff):

a) Man zieht 30 g des zu untersuchenden Gespinstes oder Gewebes, nachdem man dasselbe zerschnitten hat, 3 bis 4 Stunden lang mit destilliertem Wasser bei 70—80° C. aus, filtriert die Flüssigkeit, wäscht den Rückstand aus, dampft Filtrat und Waschwasser bis auf etwa 25 ccm ein, läßt erkalten, fügt 5 ccm reine konzentrierte Schwefelsäure hinzu und prüft die Flüssigkeit im Marshschen Apparat unter Anwendung arsenfreien Zinks auf Arsen. Wird ein Arsenspiegel erhalten, so war Arsen in wasser-löslicher Form in dem Gespinste oder Gewebe vorhanden.

b) Ist der Versuch unter a) negativ ausgefallen, so sind weitere 10 g des Stoffes anzuwenden und dem Flächeninhalte nach zu bestimmen. Bei Gespinsten ist der Flächeninhalt durch Vergleichung mit einem Gewebe zu ermitteln, welches aus einem gleichartigen Gespinste derselben Fadenstärke hergestellt ist.

c) Wenn die nach a) und b) erforderlichen Mengen des Gespinstes oder Gewebes nicht verfügbar gemacht werden können, dürfen die Untersuchungen an geringeren Mengen, sowie im Fall von b) auch an einem Teile des nach a) untersuchten, mit Wasser ausgezogenen, wieder getrockneten Stoffes vorgenommen werden.

d) Das Gespinst oder Gewebe ist in kleine Stücke zu zerschneiden, welche in eine tubulierte Retorte aus Kaliglas von etwa 400 ccm Inhalt zu bringen und mit 100 ccm reiner Salzsäure von 1,19 sp. Gew. zu übergießen sind. Der Hals der Retorte sei ausgezogen und in stumpfem Winkel gebogen. Man stellt dieselbe so, daß der an den Bauch stoßende Teil des Halses schief aufwärts, der andere Teil etwas schräg abwärts gerichtet ist. Letzteren schiebt man in die Kühlröhre eines Liebigschen Kühlapparates und schließt die Berührungsstelle mit einem Stück Kautschukschlauch. Die Kühlröhre führt man luftdicht in eine tubulierte Vorlage von etwa 500 ccm Inhalt. Die Vorlage wird mit etwa 200 ccm Wasser beschickt und, um sie abzukühlen, in eine mit kaltem Wasser gefüllte Schale eingetaucht. Den Tubus der Vorlage verbindet man in geeigneter Weise mit einer mit Wasser beschickten Péligotschen Röhre.

e) Nach Ablauf von etwa einer Stunde bringt man 5 ccm einer aus Kristallen bereiteten kaltgesättigten Lösung von arsenfreiem Eisenchlorür in die Retorte und erhitzt deren Inhalt. Nachdem der überschüßige Chlorwasserstoff entwichen, steigert man die Temperatur, sodaß die Flüssigkeit ins Kochen kommt, und destilliert, bis der Inhalt stärker zu steigen beginnt. Man läßt jetzt erkalten, bringt nochmals 50 ccm der Salzsäure von 1,19 sp. Gew. in die Retorte und destilliert in gleicher Weise ab.

f) Die durch organische Substanzen braun gefärbte Flüssigkeit in der Vorlage vereinigt man mit dem Inhalt der Péligotschen Röhre, verdünnt mit destilliertem Wasser etwa auf 600 bis 700 ccm und leitet, anfangs unter Erwärmen, dann in der Kälte, reines Schwefelwasserstoffgas ein.

g) Nach 12 Stunden filtriert man den braunen, zum Teil oder ganz aus organischen Substanzen bestehenden Niederschlag auf einem Asbestfilter ab, welches man durch entsprechendes Einlegen von Asbest in einen Trichter, dessen Röhre mit einem Glashahn versehen ist, hergestellt hat. Nach kurzem Auswaschen des Niederschlages schließt man den Hahn und behandelt den Niederschlag in dem Trichter unter Bedecken mit einer Glasplatte oder einem Uhrglas mit wenigen ccm Bromsalzsäure, welche durch Auflösen von Brom in Salzsäure vom sp. Gew. 1,19 hergestellt worden ist. Nach etwa halbstündiger Einwirkung läßt man die Lösung durch Öffnen des Hahns in den Füllungskolben abfließen, an dessen Wänden häufig noch geringe Anteile des Schwefelwasserstoffniederschlages haften. Den Rückstand auf dem Asbestfilter wäscht man mit Salzsäure (1,19 sp. G.) aus.

h) In dem Kolben versetzt man die Flüssigkeit wieder mit überschüßigem Eisenchlorür und bringt den Kolbeninhalt unter Nachspülen mit Salzsäure (1,19 sp. G.) in eine entsprechend kleinere Retorte eines zweiten, im übrigen des unter d) beschriebenen gleichen Destillierapparates, destilliert, wie unter e) angegeben, ziemlich weit ab, läßt erkalten, bringt nochmals 50 ccm Salzsäure (1,19 sp. G.) in die Retorte und destilliert wieder ab.

i) Das Destillat ist jetzt in der Regel wasserhell. Man verdünnt es mit destilliertem Wasser auf etwa 700 ccm, leitet Schwefelwasserstoff, wie unter f) angegeben, ein, filtriert nach 12 Stunden das etwa niedergefallene dreifache Schwefelarsen auf einem, nacheinander mit verdünnter Salzsäure, Wasser, und Alkohol ausgewaschenen, bei 110° C. getrockneten und gewogenen Filterchen ab, wäscht den Rückstand auf dem Filter erst mit Wasser, dann mit absolutem Alkohol, mit erwärmtem Schwefelkohlenstoff und schließlich wieder mit absolutem Alkohol aus, trocknet bei 110° C. und wägt.

k) Man berechnet aus dem erhaltenen dreifachen Schwefelarsen die Menge des Arsens und ermittelt unter Berücksichtigung des nach b) festgestellten Flächeninhaltes der Probe, die auf 100 qcm des Gespinstes oder Gewebes entfallende Arsenmenge.

Nach Schneider werden ca. 25 g des Gewebes in eine tubulierte mit Kühler versehene $1/2$ Liter-Retorte gebracht. Als Vorlage dient ein mit 100 ccm Wasser beschickter Kolben von $1/2$—$3/4$ Liter Kapazität, welcher gekühlt wird und einen mit Wasser gefüllten Kugelaufsatz luftdicht aufgesetzt trägt. Das Gewebe in der Retorte wird mit 200 ccm reiner Salzsäure (Vorprüfung auf Arsen!) übergossen, eine Stunde stehen lassen, mit 5 ccm einer konzentrierten Eisenchlorürlösung versetzt und bis auf einen kleinen Rest destilliert. Nach dem Erkalten der Retorte wird diese mit neuen 50 ccm Salzsäure beschickt und nochmals destilliert. Das Destillat, oder ein aliquoter Teil desselben, wird darauf im Marshschen Apparat weiter geprüft. 20 g arsenfreies Zink (Vorprüfung!) werden in einen Kolben gebracht, an dessen Hals rechtwinkelig ein Rohr angeschmolzen ist. Mit diesem Rohr-Ansatz wird ein Chlorcalciumröhrchen und mit diesem ein Stück schwer schmelzbaren Glasrohres von ca. 25—30 cm Länge und 5—6 mm Weite verbunden. Das Glasrohr ist am Ende ausgezogen und nach oben gebogen. Durch einen Tropftrichter am Hals des Kolbens wird nun tropfenweise (arsenfreie!) Salzsäure zugesetzt, bis die Luft durch den Wasserstoff verdrängt ist und nun wird das Glasrohr vermittelst einiger Bunsenbrenner in der Länge von 13—20 cm bis zur Rotglut erhitzt (ev. Umwickeln des Glasrohres mit Drahtnetz etc.) und der aus der Spitze ausströmende Wasserstoff angezündet. Darauf wird ein aliquoter Teil des obigen Destillates (50—100 ccm) langsam durch den Tropftrichter in den Kolben einlaufen lassen (ca. 1 ccm pro Minute). Etwaig vorhandenes Arsen gelangt nun als Arsenwasserstoff in das erhitzte Rohr und wird hier zersetzt, in dem es sich dabei an den Röhrenwandungen als metallisches Arsen niederschlägt. Zum Schluß wird noch etwas Salzsäure durch den Tropftrichter nachgegeben, um allen Arsenwasserstoff zu verdrängen; dann wird erkalten lassen, der den Arsenspiegel enthaltende Teil des Rohres abgeschnitten, gewogen, durch Erhitzen o. ähnl. gereinigt, zurückgewogen, auf das Quantum des ganzen Destillates und prozentual auf das angewandte Quantum Gewebe umgerechnet.

Eine neue Methode zur quantitativen Bestimmung von geringen Mengen Arsen veröffentlicht C. Mörner (Zeitschr. f. anal. Chem. 1902, 41, 397), welche den Vorzug hat, ohne Marshschen Apparat zu operieren und auf der quantitativen Oxydation von Arsentrisulfid in alkalischer Lösung von Kaliumpermanganat zu Arsensäure und Schwefelsäure beruht: $5\,As_2S_3 + 28\,KMnO_4 + 27\,SO_3 = 5\,As_2O_5 + 14\,K_2SO_4 + 28\,MnSO_4$. Die vorliegende Arsenmenge darf 0,5 mg nicht übersteigen. Zunächst wird das fragliche Gewebe wie oben nach Schneider der Destillation mit konzentrierter Salzsäure unterworfen, wobei man das übergehende Arsentrichlorid in verdünnter Salpetersäure auffängt und zur Trockne eindampft. Da das Destillat stets organische Substanz enthält, so oxydiert Mörner diese mittelst 5 %iger Kaliumpermanganatlösung, indem er den Eindampfrückstand zunächst 1 Minute lang mit 2 ccm 0,5 %iger Kalilauge erwärmt, alsdann 2 ccm Permanganatlösung hinzu gibt und 3 Minuten lang erwärmt. Jetzt werden 2 ccm 5 %iger Schwefelsäure hinzugesetzt und nach abermaligem 3 Minuten langem Erwärmen noch 1 ccm 20 %ige Weinsäurelösung, um den Kaliumpermanganatüberschuß zu reduzieren. Nachdem unter fortgesetztem Erwärmen Entfärbung der Flüssigkeit eingetreten ist, filtriert man diese, versetzt das Filtrat mit 1 ccm einer 5 %igen Thioessigsäurelösung und erwärmt dasselbe noch einige Minuten. Das als Trisulfid abgeschiedene Arsen wird auf einem kleinen Filterchen gesammelt, zunächst 5 mal mit je 2 ccm 0,5 %iger Schwefelsäure und hierauf 3 mal mit je 2 ccm Wasser ausgewaschen. Das Lösen des Arsentrisulfides erfolgt auf dem Filter selbst, indem man den Trichter mit dem letzteren auf ein Kölbchen setzt, welches 25 ccm $^1/_{100}$ norm. Chamäleonlösung, d. h. die zur Oxydation von 0,5 mg Arsen hinreichende Menge Kaliumpermanganat enthält, und das Filter 3 mal mit je 2 ccm 0,5 %iger Kalilauge übergießt. Nachdem die Arsenlösung mit der Chamäleonlösung gemischt ist, läßt man 5 ccm 5 %ige Schwefelsäure und eine den 25 ccm Permanganatlösung entsprechende Menge $^1/_{100}$ norm. Oxalsäure hinzufließen, erwärmt hierauf, bis Entfärbung eingetreten ist, und titriert den Überschuß an Oxalsäure mit $^1/_{100}$ norm. Chamäleonlösung zurück. Von den verbrauchten ccm Permanganat müssen 0,3 ccm als Korrektur für die vorhandene, aus dem Filter stammende organische Substanz in Abzug gebracht werden. Da nach obiger Gleichung zur Oxydation von 5 Mol. $As_2S_3$ 28 Mol. $KMnO_4$, oder für 1 Atom Arsen $= 5{,}6$ Mol. $KMnO_4$ erforderlich sind, so entspricht 1 ccm $^1/_{100}$ norm. $KMnO_4 = 0{,}0563$ mg Arsen.

J. Mai berichtet über eine kolorimetrische Bestimmung von

arseniger Säure (Zeitschr. f. anal. Chem. 1902, 41, 362), welche allerdings keine absoluten Zahlen, aber Schätzungen von 0,1 mg zu 0,1 mg zuläßt. Er erwärmt vorsichtig in einem dickwandigen Reagensglas das auf arsenige Säure zu prüfende Muster mit Salzsäure von 1,19 sp. Gew. unter Zuleitung von Kohlensäure und treibt das entstandene Arsenchlorür mit der Kohlensäure durch ein Rohr auf ein mit Schwefelwasserstoffwasser getränktes benetzt gehaltenes Tuch, auf welchem sich ein Beschlag von Schwefelarsen bildet, der nach seiner Intensität mit der Genauigkeit von 0,1 mg kolorimetrisch geschätzt werden kann. Diese Genauigkeit geht bis zu 0,6 mg Arsen, während bei noch größeren Mengen Arsen eine Zunahme des Beschlages erst bei einer Differenz von 0,2 mg zu erkennen ist. Das Tuch ist an das erweiterte Ausströmungsgefäß vermittelst eines Gummiringes so angelegt, daß kein Entweichen von Arsenchlorür möglich ist. Die Dauer des Versuches soll 1 Stunde nicht übersteigen und das Erwärmen so gelinde gehandhabt werden, daß keine Salzsäure mit dem Arsenchlorür und der Kohlensäure hinübergeht.

Nach P. Klason (Chem. Ztg. 1902, 1060) lassen sich kleine Arsenmengen auch durch Titration mit Kaliumjodat und Jodkalium des zu Arsensäure oxydierten Arsens bestimmen. Die Reaktion verläuft: $KJO_3 + 5\,KJ + 6\,H_3AsO_4 = 6\,KH_2AsO_4 + HJO_3 + 5\,HJ$; $HJO_3 + 5\,HJ = 3\,H_2O + 3\,J_2$. Das durch Arsensäure ausgeschiedene Jod wird mit Natriumthiosulfit bestimmt. Es sollen nach diesem Verfahren zuverlässige und übereinstimmende Resultate erzielt werden, wenn die zu titrierenden Lösungen möglichst konzentriert sind, stets gleiche Volumina haben, die Jodkaliummenge stets konstant und nur in geringem Überschuß vorhanden ist und wenn die Titration rasch und unter lebhaftem Umrühren ausgeführt wird.

Ganz ähnlich wird auch Arsen in Farbstoffen selbst nachgewiesen. A. Ostermann (Z. Nahr.-Unters., Hyg. & Warenkunde, 1898, 12, 85) destilliert das Arsen als Chlorid über und identifiziert es im Marshschen Apparat. Er nimmt 5 g Farbstoff, versetzt in einer tubulierten Retorte mit einigen ccm konzentrierter Eisenchlorürlösung und wenig Wasser. Durch ein durch den Tubus bis nahe an den Boden der Retorte führendes Glasrohr leitet er Chlorwasserstoffgas, während die mit einem Kühler verbundene Retorte erhitzt und das Destillat in Wasser aufgefangen wird. In einer Stunde ist sämtliches Arsen in der Vorlage. Das Destillat wird in bekannter Weise im Marshschen Apparat geprüft und das Arsen identifiziert. Bei einem Gehalte von 0,25 mg Arsentrioxyd in 5 g Farbstoff wurde nach 20 Minuten, bei einem solchen von 0,5 mg Arsentrioxyd in 6—10 Minuten und bei einem Zusatze von 1 mg Arsentrioxyd schon nach 1—2 Minuten ein deutlicher Arsenspiegel erhalten.

Provenienz des Arsens. Das Vorurteil, daß durch Teerfarbstoffe nennenswerte Arsenmengen in mit denselben gefärbte Waren gelangen, dürfte wohl heute nicht mehr bestehen. An demselben war die Tatsache schuld, daß früher Fuchsin nach dem heute längst allgemein aufgegebenen Arsenverfahren dargestellt wurde und daher stark arsenhaltig war. Die heutigen Teerfarbstoffe sind nahezu arsenfrei und nur ausnahmsweise von der Fabrikation her arsenhaltig.

Anders verhält es sich mit der Wolle, welche von Natur aus arsenhaltig ist. Größere Arsenmengen in der Wolle rühren zumeist davon her, daß die Schafe zum Schutze gegen Insekten etc. mit höchst verdünnten Arsenigsäurelösungen bestrichen werden. Die so in die Wolle gelangten geringen Arsenmengen lassen sich, wie die Erfahrung gezeigt hat, kaum oder wenigstens nur äußerst schwierig wieder vollständig aus der Wolle entfernen. — Gefärbte Wolle ist dagegen manchmal durch die technischen Chemikalien (Schwefelsäure), mit Hilfe derer dieselbe gefärbt wird, etwas arsenreicher. Indessen sind geringe Mengen durchaus belanglos, wenn dieselben in wasserunlöslicher Form auf der Faser fixiert sind.

Regierungs-Vorschriften und Arsen-Gesetze. Nach den verschiedenen Gesetzen sind die zulässigen Mengen Arsen als Verunreinigungen in Gebrauchsgegenständen sehr variierend, meist auch nicht genügend präzisiert. Besonders auffallend und ungerecht erscheint das Ausgeben von 100 qcm Flächeninhalt statt von einem bestimmten Gewicht, da auf solche Weise die dünnsten Gewebe (Tapeten, Buntpapier etc.) gegenüber dicken wolligen Geweben (Sammet, Teppichstoffen etc.) benachteiligt werden und der Zweck des Gesetzes nicht erfüllt wird. Verhältnismäßig schonend und einen bestimmten Spielraum lassend, ist das deutsche Gesetz vom 5. Juli 1887, betr. die Verwendung gesundheitsschädlicher Farben bei der Herstellung von Nahrungsmitteln, Genußmitteln und Gebrauchsgegenständen (R.-G.-Bl. S. 277. 5. Juli 1887). Der betreffende § 7 lautet:

„Zur Herstellung von zum Verkauf bestimmten Tapeten, Möbel-stoffen, Teppichen, Stoffen zu Vorhängen oder Bekleidungsgegen-ständen, Masken, Kerzen, sowie künstlichen Blättern, Blumen und Früchten dürfen Farben, welche Arsen enthalten, nicht verwendet werden. — Auf die Verwendung arsenhaltiger Beizen oder Fixie-rungsmittel zum Zweck des Färbens oder Bedruckens von Gespinsten oder Geweben findet diese Bestimmung nicht Anwendung. Doch dürfen derartig bearbeitete Gespinste oder Gewebe zur Herstellung der im Absatz 1 bezeichneten Gegenstände nicht verwendet werden, wenn sie das Arsen in wasserlöslicher Form oder in solcher Menge enthalten, daß sich in 100 qcm des fertigen Gegenstandes mehr als 2 mg Arsen vorfinden. Der Reichskanzler ist ermächtigt, nähere Vorschriften über das bei der Feststellung des Arsengehaltes anzuwen-dende Verfahren zu erlassen“ (s. solche am Eingange des Kapitels).

§ 10 desselben Gesetzes besagt: „Auf die Verwendung von Farben, welche die im § 1 Absatz 2 bezeichneten Stoffe (darunter das Arsen) nicht als konstituierende Bestandteile, sondern als Ver-unreinigungen, und zwar höchstens in einer Menge enthalten, welche sich bei den in der Technik gebräuchlichen Darstellungs-verfahren nicht vermeiden läßt, finden die Bestimmungen der § 2 bis 9 (darunter § 7 s. o.) nicht Anwendung“.

Aus diesem § 10 erfolgt, daß der vorher erwähnte § 7 unter Umständen noch weitere Einschränkungen erfahren kann, wenn sich ein höherer Arsengehalt als 2 mg pro 100 qcm Gebrauchsgegenstand „bei den in der Technik gebräuchlichen Darstellungsverfahren nicht vermeiden läßt“.

Schwedisches Gesetz. Am rigorosesten von allen Gesetzen ist das schwedische Arsengesetz (Nachtrag) vom 18. Nov. 1892, welches einer Berechtigung durchaus entbehrt und gegen welches schon seit Jahren im In- und Auslande angekämpft wird. Die diesbezüglichen Bestimmungen lauten:

1. Tapeten etc., künstliche Blumen oder andere Waren mit Wasserfarben (Leim, Gummi etc.) bedruckt oder gemalt, mit arsen-haltigen Farben dürfen nicht verkauft und ausgeboten werden, so-bald auf 100 qcm Ware oder weniger bei der chemischen Unter-suchung des erhaltenen Schwefelarsens durch Reduktion mittels Cyankalium und Soda Arsen sich als ein schwarzer oder schwarz-brauner mindestens teilweise undurchsichtiger Spiegel (Arsenspiegel) in einer Glasröhre von $1\,^{1}/_{2}$—2 mm Durchschnitt absetzt.

2. Dasselbe Verbot gilt auch für Tuche, Gewebe, Garne etc., die arsenhaltige Farben oder andere arsenhaltige Substanzen enthalten, soweit metallisches Arsen auf die oben angegebene Weise in 100 qcm oder weniger nachgewiesen werden kann, oder in 8 g oder weniger Garn oder in 21 g oder weniger der erwähnten Stoffe.

3. Die Bescheinigung über die Beschaffenheit in dieser Hinsicht soll von einem sachverständigen Chemiker ausgestellt werden und soll Angaben enthalten über die zur Untersuchung angewandten Warenproben, Gewichte und Maße. Sie soll nicht nur die gefundenen Arsenspiegel eingeschlossen in an beiden Enden geschlossenen Glasröhrchen enthalten, sondern auch 500 qcm der untersuchten Ware etc., so daß eine etwaige neue Untersuchung ermöglicht ist.

Wie gering die Arsenmengen sind, welche entsprechend dem vorstehenden Gesetze bereits zu beanstanden sind, geht aus der von Söderbaum und Abenius (Chem. Ztg. 1900. 374) gemachten Beobachtung hervor, welche viele ungefärbte Wollstoffe nachwiesen, die größere Mengen Arsen enthielten, als nach diesem Gesetz zulässig ist. — Des weiteren sind die von Max Hanke (Arseniken och Textilindustrien, Göteborg 1901) angestellten Versuche charakteristisch:

Von 106 untersuchten Wollsorten des Handels ergaben, nach dem Gesetze untersucht:

> 51 % einen undurchsichtigen Arsenspiegel,
> 30,2 % einen durchsichtigen Arsenspiegel und
> 18,8 % keinen Arsenspiegel.

Hierbei hat sich wiederholt gezeigt, daß ein und derselbe Ballen sowohl arsenhaltige als auch arsenfreie Schafwolle enthalten kann. Nach einer Reihe von Versuchen, welche Hanke anstellen ließ kann annähernd angegeben werden, daß eine absolute Menge von 0,1 mg arseniger Säure einen durchsichtigen, eine Menge von 0,2 mg jedoch schon einen teilweise undurchsichtigen Spiegel liefert.

Gegen das Verfahren dieses Arsennachweises, der vorschriftsmäßig in der untenstehenden Weise[1]) ausgeführt wird, ist nun ein-

---

[1]) Die Probe wird mit rauchender Salzsäure unter Zusatz von Eisenvitriol destilliert, das Destillat mit Schwefelwasserstoff behandelt, das Schwefelarsen abfiltriert, in Ammoniak gelöst, die Lösung abgedampft und der Rückstand mit Soda und Cyankalium im Reduktionsröhrchen im Kohlensäurestrome geschmolzen.

gewendet worden (F. Ulzer, V. Int. Kongr. f. angew. Chemie. Berlin, Juni 1903), daß

1. zu bedenken ist, daß auch Antimonverbindungen einen Spiegel liefern,

2. daß die Zeitdauer des Schmelzprozesses des Schwefelarsens mit Soda und Cyankalium unter Umständen von verhältnismäßig bedeutendem Einfluß auf die Durchsichtigkeit des Spiegels ist,

3. daß auch die Intensität des Kohlensäurestromes, der bei dem Prozesse benützt wird, den Spiegel sehr beeinflußt;

4. zeigt es sich öfters bei der Destillation von Wolle, Garn, Tapeten, appretierten Stoffen etc. mit Salzsäure, daß organische Bestandteile ins Destillat gehen und bei der Schwefelwasserstoffbehandlung wenigstens teilweise mit dem Schwefelarsen abgeschieden werden. Beim Schmelzen im Reduktionsröhrchen werden dann die organischen Substanzen trocken destilliert und verkohlt, und man erhält einen dem Arsenspiegel ähnlichen Kohlenspiegel, welcher sich nicht wie der Arsenspiegel in starker Salpetersäure löst.

Das deutsche Verfahren des Arsennachweises (zulässig 2 mg in 100 qcm Stoff) ist mit Beziehung auf den letzten Punkt insofern verläßlicher, als nach demselben die Arsenfällung mit Schwefelwasserstoff in Bromsalzsäure gelöst, filtriert und das Filtrat nochmals mit Salzsäure und überschüssigem Eisenvitriol destilliert wird.

Nach Ansicht Ulzers haben von den vier angeführten Einwendungen besonders die zweite und die vierte eine größere Bedeutung.

Bezüglich der zweiten Einwendung wäre es wohl am zweckmäßigsten, die Schmelzdauer zu normieren oder zuzufügen, daß so lange erhitzt werden muß, bis die Intensität des Spiegels nicht mehr zunimmt. Über den vierten Punkt könnte man dadurch hinwegkommen, daß man den Spiegel auf seine Löslichkeit in unterchlorigsaurem Natron prüft.

Ein häufiges Prüfen der Salzsäure auf einen etwaigen Arsengehalt wäre ferner bei Vornahme dieser Prüfung wärmstens zu empfehlen. Außerdem wäre bei der Auswahl der Glasröhren darauf zu achten, daß nur arsenfreies Glas benützt wird.

Eine gewisse Ungerechtigkeit des schwedischen Gesetzes liegt außer in der niedrigen Festsetzung des Maximalarsengehaltes in den Waren noch in dem Umstande, daß entweder 100 qcm Gewebe oder bei Garnen 8 g Garngewicht für die gleiche Maximalarsenmenge normiert sind. Bei dem kolossal verschiedenen Gewichte der einzelnen Gewebe und Garne wäre die Zugrundelegung eines bestimmten Gewichtes gerechter, denn es könnte der Fall eintreten, daß bei Untersuchung eines Garnes und dann bei Untersuchung eines aus diesem Garne hergestellten Gewebes insofern divergierende Resultate erhalten werden könnten, als einmal das Material verkaufsfähig und das zweite Mal nicht verkaufsfähig gefunden wird.

Daß die Worte „teilweise undurchsichtiger Spiegel" in dem Gesetze auch noch einen kleinen Spielraum lassen, ist sicher, doch dürfte nach Ansicht Ulzers über diesen wunden Punkt nur schwierig hinwegzukommen sein. Wie auch Ulzer konstatiert hat, kann, wie schon erwähnt, beiläufig eine Menge von 0,2 mg arseniger Säure als diejenige Minimalmenge angenommen werden, welche bereits einen teilweise undurchsichtigen Spiegel liefert.

Bemerkenswert ist noch, daß für den Staat Massachusets (Nordamerika) am 1. Januar 1903 ein Gesetz in Kraft trat, welches für Kleidungsstücke einen Maximalarsengehalt von $^1/_{1500}$ g pro Quadratyard zuläßt. Dieses Gesetz ist, mit dem deutschen Gesetze verglichen, dreimal strenger als dieses zu bezeichnen; es ist aber immer noch ca. sechsmal günstiger als das schwedische Gesetz (Hanke l. c.).


# Bestimmung der Erschwerung.

Die Erschwerung oder Chargierung der Faser spielt hauptsächlich in der Seidenindustrie eine eminente Rolle, während sie bei der Baumwolle und Wolle nur untergeordnete Bedeutung besitzt. Bei diesen letzteren Fasern (bes. bei der Wolle) fällt die Erschwerung zum großen Teil mit der Appretur oder der Avivage zusammen und es läßt sich die Grenze zwischen Erschwerung und Appretur nicht einmal immer mit Genauigkeit bestimmen, da eine starke Appretur zugleich als eine Erschwerung aufgefaßt werden kann. Außerdem ist die Erschwerung der Seide und diejenige der Baumwolle und Wolle in ihrem Wesen eine total verschiedene: Die Seidenerschwerung ist meist eine chemische Fixation, die Baumwoll- und Wollerschwerung meist nur eine mechanische, auswaschbare Applikation. Beide verfolgen aber den Zweck, der natürlichen Faser

ein Mehrgewicht und zugleich einen veränderten bestimmten Griff,
Fülle, Aussehen etc. zu verleihen.

Die Wolle wird also eigentlich nur mit den auch sonst gebräuchlichen Appreturmitteln erschwert, wenn man, wie gesagt, dieser
Operation überhaupt den Namen Erschwerung beilegen darf. Die
bei dieser Faser in Frage kommenden Substanzen werden demnach
auch bei der Untersuchung auf Appret gefunden, da die Wolle keine
ausgesprochene Affinität zu den sog. Erschwerungskörpern besitzt
und keine chemisch feste Verbindungen mit ihnen eingeht. Es handelt
sich dabei nur um eine lose mechanische Applikation oder Impräg-
nierung mit meist wasserlöslichen Verbindungen, die mit Wasser,
milden Säuren und Alkalien von der Faser abgelöst werden
können.

Etwas komplizierter liegen die Verhältnisse schon bei der Baumwolle, welche nicht nur mit gewöhnlichen Appreturmitteln erschwert
wird, sondern bei welcher schon auch in der Faser unlösliche Verbindungen niedergeschlagen werden. Trotzdem ist die Technik der
Baumwollerschwerung eine sehr primitive und sowohl in chemischer
wie in handelsökonomischer Hinsicht nicht im entferntesten der
Seidenchargierung an die Seite zu stellen. Es kommen bei der
Baumwolle außer den im Kapitel Appretur besprochenen mechanischen Applikationen einfacher Salze und Lösungen (Magnesiumsulfat
Magnesiumchlorid, Chlorammonium, Chlorzink, Wasserglas, Glycerin etc.), welche je nach Lage der Dinge als Erschwerung oder
Appretur bezeichnet werden können, noch folgende typische Erschwerungsmittel in Betracht:

Baryumsulfat, Baryumkarbonat, Calciumsulfat,
Calciumkarbonat, Calciumphosphat, Magnesiumsilicat,
Aluminiumsilicat, Bleisulfat, Bleikarbonat.

Werden diese Verbindungen als fertig vorgebildete Körper in
der Appretur gebraucht und in Verbindung mit dem Appret in fein
verteiltem Zustande auf die Faser gebracht, so müssen sie als Appreturmittel behandelt und angesprochen werden; sie befinden sich
in diesem Falle auf der Oberfläche des Gewebes. Werden sie
dahingegen durch wechselseitige Reaktion zweier löslicher Salze in
der Faser niedergeschlagen (z. B. Baryumchlorid und Natriumsulfat,
Magnesiumsulfat und Wasserglas etc.), so durchdringen sie das ganze
Gewebe bis in das Innere und müssen als Erschwerung bezeichnet
werden. Im ersteren Falle läßt sich die Verbindung meistens durch

Scheuern und Frottieren im trocknen oder feuchten Zustande zum größten Teil entfernen, im letzteren Falle — nicht. Die Technik der Applikation dieser Erschwerungen beruht, wie erwähnt, auf der Fällung von unlöslichen Salzen in der Faser. Wird z. B. ein Gewebe erst mit einem löslichen Salz wie Baryumchlorid, Calciumchlorid, Magnesiumchlorid, Aluminiumsulfat, Bleiacetat etc. imprägniert und ohne zu waschen in einem neuen Bade mit Natriumsulfat, Soda, Wasserglas, Natriumphosphat etc. fixiert, so bilden sich in der Faser die entsprechenden unlöslichen Sulfate, Karbonate, Silikate, Phosphate. Nunmehr kann gewaschen werden, ohne die unlöslich niedergeschlagenen Verbindungen zu entfernen, während die überschüssigen löslichen Salze und ein Teil mechanisch auf der Oberfläche aufsitzenden Niederschlages entfernt wird. Der Nachweis dieser Erschwerungen geschieht entweder durch Lösung in Säuren (Karbonate, Phosphate) oder durch Veraschung der Faser und Untersuchung der Aschenbestandteile (Baryumsulfat etc.). Die Silikate sind je nach den Ausführungsbedingungen und der erlittenen Appreturprodezur löslich oder unlöslich in Säuren. Jedenfalls gestaltet sich der qualitative und quantitative Nachweis sehr einfach. Nach dem gewöhnlichen Analysengang können die einzelnen Bestandteile genau festgestellt und daraus die Höhe der Erschwerung, mit besonderer Berücksichtigung des Feuchtigkeitsgehaltes, berechnet werden. In den meisten Fällen wird es sich empfehlen, eine genau abgewogene lufttrockene Menge zuerst zu trocknen, zurückzuwägen und den Feuchtigkeitsgehalt zu berechnen; alsdann mehrmals mit siedendem destillierten Wasser auszukochen, wieder zu trocknen und daraus das Quantum wasserlöslicher Bestandteile zu berechnen; dann mit verdünnter Salzsäure zu operieren, wieder zu trocknen und daraus das Quantum säurelöslicher Bestandteile zu ermitteln; zuletzt — eine quantitative Veraschung vorzunehmen. Bei der Untersuchung auf Säuren ist vor allem auf die Gegenwart von Schwefelsäure, Salzsäure, Kohlensäure, Phosphorsäure, Borsäure und Kieselsäure Bedacht zu nehmen.

Nahe verwandt mit dieser Erschwerungstechnik ist die Wasserdichtmachung von Geweben. Der Hauptunterschied zwischen beiden ist nur der, daß die in dem Gewebe hinterlassene Substanz die Faser zugleich wasserdicht machen soll. Diese Eigenschaft beruht einerseits auf der allgemeinen wasserabstoßenden (wasserwidrigen) Tendenz der hierzu benutzten Körper (Fettstoffe, Harze etc.), andererseits auf einer typischen Eigenschaft der entsprechenden Verbindungen (Tonerdesalze). Die genauen Arbeitsmethoden werden zum Teil von den ausführenden Firmen geheim gehalten, zum Teil sind sie gesetzlich geschützt, zum Teil — Allgemeingut.

Die gebräuchlichsten Mittel werden durch Überziehen oder durch Tränken in einer oder in zwei hintereinander folgenden Manipulationen auf bezw. in das Gewebe gebracht. Es wären zunächst zu nennen: Lösungen von Kautschuk, Harz, Schellack, Leinöl, Firnis, Öl, Fett, Paraffin, Teer, ölsaurer Tonerde etc. in Äther, Benzol, Chloroform, Schwefelkohlenstoff, Benzin, Tetrachlorkohlenstoff etc. Ferner kommen in Frage wässerige Lösungen von Eisen-, Kupfer-, Tonerdesalzen, Gerbstoffen etc. mit oder ohne nachfolgende Seifenpassagen.

Zur Isolierung dieser Bestandteile müssen für die ersteren die möglichst günstigen Lösungsmittel angewandt werden, welche meist auch bei der Imprägnation zur Anwendung gelangen. Bei den fettsauren Salzen muß erst eine Zersetzung vermittelst verdünnter heißer Säure vorgenommen werden, ehe die Fettsäuren heruntergelöst werden können. In den meisten Fällen wird hierbei auch die Fettsäure — besonders bei andauernder Behandlung — mechanisch abgelöst werden und als Öltropfen auf der Oberfläche der wässerigen Lösung zum Vorschein kommen.

Auf solche Weise isolierte Substanzen werden separat untersucht. Harze und Schellack zeichnen sich durch ihre Sprödigkeit, besonders hohen Schmelzpunkt aus, der allerdings innerhalb sehr weiter Grenzen schwankt. Kolophonium (Schmelzpunkt 90—135 $^0$ C.) ist mit Wasserdämpfen destillierbar, verbreitet beim Erhitzen einen charakteristischen Geruch, brennt mit rußender Flamme, ist in absolutem Alkohol, Aceton, Chloroform, Schwefelkohlenstoff mit geringer Fluoreszenz löslich, und mit Alkali zu Harzseifen verseifbar. — Fichtenharz ist trüber, gelb-braun und von sehr variierender Härte, unter 100 $^0$ C. schmelzbar, in Alkohol klar, in wasserunlöslichen Lösungsmitteln (Äther, Chloroform etc.) — trübe löslich und mit Ätzalkalien verseifbar. — Schellack ist gelb bis beinahe schwarz, undurchsichtig, spröde, schwer schmelzbar, in heißem Alkohol ganz —, in kaltem Alkohol bis zu 90 $^0$/o —, in Äther bis zu 10 $^0$/o löslich. Mit heißen Ätzalkalien und Pottasche tritt Lösung ein, mit Säure wird wieder ein Niederschlag erzeugt, mit Ammoniak tritt Quellung und teilweise Lösung ein.

Die Fette werden durch Extraktion des sauer behandelten Gewebes und ev. Ausschütteln der wässerig-sauren Zersetzungslösung gesammelt, gewogen und ev. zwecks näherer Indentifizierung weiteren Prüfungen unterworfen.

Die Metalle werden nach denselben Prinzipien nachgewiesen und bestimmt wie bei den Beizen, also entweder durch Ablösen mit Säure oder durch Veraschen des Gewebes und Prüfung der erhaltenen Asche.

Hierher gehört auch das Unverbrennlichmachen von Geweben, wobei ausser verschiedenen Metallen vorzüglich Phosphorsäure, Kieselsäure, Wolframsäure, Molybdänsäure und Borsäure in Frage kommen. Von Metallen wird Tonerde am häufigsten angewandt.

**Seidenerschwerung.** Seit etwa 20 Jahren hat die Seidenchargierung eine eminent wichtige und stets wachsende Bedeutung für die gesamte Seiden-Industrie gewonnen. Deshalb werden von dem Chemiker immer häufiger und immer exaktere Untersuchungen verlangt. Bis vor kurzem war über dieses Kapitel nur noch sehr wenig in die Literatur gedrungen und dasjenige was hierüber publiziert worden war, erwies sich teilweise als lückenhaft. In den beteiligten Kreisen waren aber schon längst Untersuchungsmethoden im Gebrauch, wie sie z. B. vor einigen Jahren von Steiger und Grünberg veröffentlicht wurden. Diese letztere Publikation kann heute als detaillierteste über dieses Thema angesehen werden.

Die ersten Forscher, welche die Aufmerksamkeit interessierter Kreise auf die Erschwerungsbestimmungen lenkten, waren Moyret und Persoz, ihnen folgten in weitem Abstand die erwähnten Steiger und Grünberg (1897) und schließlich veröffentlichten R. Gnehm und Bänziger (Färber-Zeitung 1897, Nr. 1) genaue analytische Methoden zur Bestimmung von mineralischer Erschwerung.

Das Charakteristische der Seidenerschwerung, welche von derjenigen anderer Faser in ihrem Wesen abweicht und ganz isoliert dasteht, ist — wie bereits vorübergehend erwähnt — daß die Seidenfaser eine einzig ausgesprochene Affinität zu bestimmten Beizen und Metallen besitzt, dieselben chemisch aufnimmt, und diese fixierten Verbindungen alsdann mit einer Reihe anderer Körper in Reaktion treten lässt, obwohl erstere scheinbar in chemisch indifferenter Form auf der Faser fixiert sind. Die Seide gibt somit gewissermaßen einen

Boden für eine Reihe komplizierter Reaktionen her, die in ihrem Wesen chemisch durchaus noch nicht aufgeklärt sind.

Die Untersuchung der Seidenerschwerung kann eine qualitative oder eine quantitative sein. Im ersten Falle handelt es sich nur darum, festzustellen, womit die Seide erschwert ist, im zweiten Falle — wie hoch die Seide erschwert ist?

Qualitative Erschwerungsbestimmung. Man kann hier ebenso wie bei der Bestimmung der Beizen auf der Faser in glühbeständige anorganische und in organische, bezw. nicht glühbeständige Bestandteile trennen, welche separat für sich festgestellt werden müssen. Die ersteren (glühbeständigen) Bestandteile werden durch Veraschen und Untersuchung der Asche, letztere (nicht glühbeständige) durch geeignete Ablösung von der Faser und Untersuchung dieser Lösung ermittelt. Da die Erschwerungstechnik mit der später aufzufärbenden Farbe zu rechnen hat, muß sie ihre Erschwerungsmittel darnach auswählen und so kommt es, daß man bei weißer oder farbiger (couleurter) Seide teilweise mit anderen Mitteln zu rechnen hat, als bei schwarzer Seide. Bei farbiger Seide kommen bei dem heutigen Stand der Erschwerungstechnik in Frage: Zinn, Phosphorsäure, Kieselsäure, Tonerde, Antimon, Zink (Blei, Wolframsäure), Gerbsäure, Leim, Wasser (Öl, Glykose, Zucker, Stärke, Dextrin, Glycerin, Gummi); bei schwarzer Seide: Zinn, Phosphorsäure, Kieselsäure, Eisenoxydul, Eisenoxyd, Berliner-Blau, Tonerde, Gerbstoffe, Chromoxyd, Leim, Wasser (Blei, Wolframsäure, Zink, Zucker, Glykose, Glycerin, Öl, Stärke, Dextrin, Gummi etc.). Von diesen Bestandteilen können Öle, Zucker, Dextrin, Glycerin etc. nicht zur eigentlichen typischen Erschwerung gerechnet werden; sie geben keine chemisch festen Verbindungen mit der Seide, keine nennenswerten Gewichte und haben meist nur den Zweck, die Ware im Aussehen, Griff etc. entsprechend zu beeinflussen, sind also gewissermaßen Appreturmittel.

Öle und Fettsäuren werden vermittelst Äther oder Petroleumäther extrahiert und durch Verdampfung des Lösungsmittels quantitativ gewonnen. Fettsäure rührt meist von zersetzter Seife oder Ölen her, unverseiftes Öl — von der Avivage; beide aber auch mitunter — von der nachfolgenden Appretur der fertigen Ware.

Zucker, Dextrin, Glycerin, Gummi (teilweise Blei, Leim, Stärke) werden vermittelst kalten Wassers heruntergezogen.

Zucker wird durch Reduktion mit Fehlingscher Lösung nach voraufgegangener Inversion mit Salzsäure nachgewiesen und bestimmt. Blei wird mit Kaliumbichromat, Schwefelwasserstoff etc. —, Dextrin und Stärke mit Jodlösung —, Glycerin durch die Acroleinreaktion nachgewiesen.

Leim, Gerbsäure (wenn nicht an Eisen, Zinn, Berliner-Blau etc. gebunden), ebenso Blei und Wolframsäure gehen vermittelst warmen Wassers von 50—60° C. in Lösung. Die Anwesenheit von Gerbsäure schließt nach Steiger und Grünberg Wolframsäure und Blei, nicht aber Leim aus. Eine wässerige Gerbstofflösung gibt mit einem Tropfen Eisenchlorid dunklen (grünen, schwarzen bis graugrünen) Farbenumschlag oder Niederschlag. Leim in reiner Lösung wird durch allmähliches Zutröpfeln von verdünnter Gerbsäure gefällt. In einer Kombination mit tanninfällbaren Farbstoffen etc. gelingt dieser Nachweis nicht; es läßt sich in solchem Falle Leim erst nach Entfernung des Farbstoffes nachweisen.

Gerbstoff, Leim, Ferrocyanwasserstoff (sowie Spuren von Antimon, Zinn und Wolframsäure) werden mit 2 %iger Sodalösung bei 30—40° C. vollständiger entfernt. Durch Ansäuern und Zusatz eines Eisenoxydsalzes wird Berliner-Blau wieder gefällt und kann durch erschöpfende Extraktion der Seidenfaser mit Sodalösung oder verdünnter Natronlauge, Ansäuern und Fällen quantitativ bestimmt werden (s. u.).

Ein Teil des Zinns, der Tonerde, des Eisens (das nicht als Berliner-Blau fixiert ist), der Gerbsäure und Phosphorsäure geht bei Behandlung mit 5 %iger Salzsäure in der Wärme bei 50 bis 60° C. in Lösung. Eisenoxydulsalze geben mit rotem —, Eisenoxydsalze mit gelbem Blutlaugensalz Blaufärbung oder Fällung von Turnbulls bezw. Berliner-Blau.

Die so behandelte Seide enthält noch Katechu (braun gefärbt), Zinn, Tonerde, Phosphorsäure und Kieselsäure. Die vier letzten Bestandteile werden in der Asche eines verbrannten Teiles nachgewiesen. — Zum Nachweis der Kieselsäure wird die Asche am sichersten mit Flußspat innig gemengt, mit konz. Schwefelsäure angefeuchtet, gelinde erwärmt und das entweichende Siliciumfluorid am Platindraht als Kieselsäureskelett nachgewiesen. Es ist hierbei eine äußerst feine Pulverung der Asche unerläßlich und es darf nur so wenig Schwefelsäure zugetröpfelt werden, daß ein dicker Brei resultiert. — Zum Nachweis von Zinn wird die Asche mehrmals mit heißer konzentrierter Salzsäure behandelt, verdünnt und mit Schwefelwasserstoff gesättigt. Zinn fällt als gelbes Zinnsulfid aus. In derselben salzsauren Lösung kann die Phosphorsäure mit Ammonmolybdat, Tonerde mit Ammoniak etc. nachgewiesen werden. Bei Anwesenheit von viel Zinn geht nicht das gesamte Quantum in Lösung und es muß zwecks quantitativer Zinn- und Phosphorsäure-Bestimmung die Asche erst durch Schmelzen aufgeschlossen werden. — Persoz (Monit. scientif. 1887, 597) weist das Zinn qualitativ nach, indem er die Asche vor dem Lötrohr untersucht. — Statt die Seide erst zu veraschen, kann die Faser nach Persoz (Bull. Soc. Ind. Mulh. Oct. 1901) auch direkt im Reagensglas mit konzentrierter Salzsäure behandelt werden, bis die Seide gelöst ist, die Lösung verdünnt und mit Schwefelwasserstoff geprüft werden.

Gianoli und Zappa (Chem. Ztg. 1900, S. 620) benutzen zum Zersetzen des Ferrocyaneisens (Berliner-Blau) Quecksilberoxyd, zum Entschweren von anderen Bestandteilen — Kaliumbioxalatlösung (5 %ig, 50—60° C.), 2 %ige Sodalösung (60° C.), ferner — abwechselnde Bäder von 3 %iger Natriumsulfid- und 2 %iger Salzsäurelösung.

### Quantitative Bestimmungen.

Der Wassergehalt, der mit zur Erschwerung gerechnet wird, kann durch gewöhnliches Trocknen im Trockenschrank bei 105 bis 110° C. bis zum konstanten Gewicht und Berechnung des Gewichtsverlustes ermittelt werden. Ein Feuchtigkeitsgehalt von 10—12 % kann als normal angenommen werden.

Die Höhe der Seidenerschwerung selbst kann nach zweierlei grundverschiedenen Prinzipien ermittelt werden: 1. nach der zuerst von Moyret vorgeschlagenen Abziehmethode oder viel besser und sicherer 2. nach der zuerst von Persoz empfohlenen Stickstoffbestimmung der von stickstoffhaltigen Farbstoffen und Substanzen befreiten Seidenfaser.

Abziehmethode. Nach Moyrets Vorschlag wird die erschwerte Seide der Reihe nach mit fettlösenden Agentien, Wasser, Säuren und Alkalien behandelt und die gesamte Erschwerung auf solche Weise heruntergezogen. Zuletzt wird die anfangs gewogene Seide wieder getrocknet und zurückgewogen, ev. verascht und nicht heruntergelöste Metallteile von dem gefundenen Quantum reiner Seide abgerechnet. Den Wassergehalt bestimmt er in 10 g Seide durch

Trocknen bei 120—130⁰ C. Bei mehr als 15 % nimmt Moyret das Vorhandensein von hydroskopischen Substanzen an. — E. Königs arbeitet nach demselben Prinzip und gibt folgende Vorschrift. Er bestimmt zuerst in genau gewogener Menge lufttrockener Seide den Wassergehalt der Seide, hierauf durch Äther-Extraktion den Fettgehalt und entfernt durch Kochen mit Wasser Leim, Gummi und die anderen wasserlöslichen Bestandteile. Alsdann zieht er vermittelst Alkali das Berliner-Blau als Ferrocyannatrium herunter. Soll dieses bestimmt werden, so säuert er an und fällt mit Ferrisalz, filtriert, glüht wiederholt unter Zusatz von etwas Salpetersäure, wägt als Eisenoxyd, und berechnet auf Berliner-Blau. $1 Fe_2O_3 = 1,5$ Berliner-Blau. Weiterhin bestimmt er etwa vorhandenes Zinnoxyd und berechnet es als katechugerbsaures Zinnoxyd. 1 Teil Zinnoxyd = 3,33 Teile katechugerbsaures Zinnoxyd. Nach Bestimmung des Gesamt-Eisens zieht er das in Form von Berliner-Blau bereits gefundene und das in der Seide selbst ev. vorhandene Eisenoxyd ab. Die so erhaltene Differenz berechnet er ev. als gerbsaure Verbindung. 1 Teil Eisenoxyd = 7,2 Teile gerbsaures Eisenoxyd, Eisenoxydul-Verbindungen multipliziert er statt mit 7,2 nur mit 5,1.

Ferner gibt Moyret nachfolgende Detailangaben: Wasserlösliche Beschwerung wird durch Auskochen mit destilliertem Wasser, Spülen, Trocknen und Zurückwägen bestimmt (Glycerin, Zucker, Magnesiumsulfat, Kaliumsulfat). Darauf wird die Seidenprobe $^{1}/_{4}$ Stunde bei 30—40⁰ C. mit verdünnter Salzsäure (1 Säure: 2 Wasser) behandelt. Eine Eisengerbstoff-Verbindung gilt als erwiesen, wenn hierbei die Seide mit rötlichgelber Farbe entfärbt wird und die Flüssigkeit eine dunkelschmutzigbraune Farbe, die durch Kalkzusatz nicht violett wird, angenommen hat. Ist die Lösung rötlich und durch Zusatz von Kalkwasser violett geworden, so liegt ein Blauholzschwarz vor. Wird die Faser dunkelgrün, die Flüssigkeit gelb und tritt mit Kalkwasser keine Farbenänderung ein, so schließt man auf Berliner-Blau. Ist die Faser grün, die Flüssigkeit rosa, mit Kalkwasser violett, so weist dies auf ein Blauholzschwarz mit Berlinerblau-Grund hin. In der Flüssigkeit sind die Eisen-, Chrom- und Tonerdebeizen nachzuweisen und zu bestimmen. — Nach obigen Manipulationen behandelt Moyret die Seide in einer alkalischen Lösung, wodurch die Gerbstoffe gelöst und in Lösung durch Fällen mit Eisensalzen nachgewiesen werden. Zuletzt wird in einem Platintiegel eine gewogene Probe eingeäschert und geglüht. Beträgt das

Gewicht mehr als 1 °/o, so ist die Faser noch erschwert und die Asche wird weiter untersucht.

S t i c k s t o f f m e t h o d e. Alle Methoden nach obig entwickeltem Abziehsystem werden durch die Stickstoffmethode weit in den Schatten gestellt, weil nach jener Methode stets ein scharfes Kriterium dafür fehlt, ob auch wirklich alle Erschwerung heruntergezogen ist, und die auf der Faser noch verbleibende Erschwerung nicht genau definiert werden kann. Außerdem kommt man auf Grund der Königs-schen Berechnungen auf endlose Irrwege, die um so differierender sind, als die Erschwerungstechnik überall verschieden gehandhabt wird oder werden kann und alle Tage neue Verwandlungen durchmacht. Schließlich kommt noch dazu, daß bei langdauernder Behandlung der Seide (zumal der hocherschwerten) mit Säuren und Alkalien ein Teil des Fibroins ganz entschieden mit den Erschwerungen zusammen heruntergerissen wird. Dadurch wird ein doppelter Fehler involviert und das Ergebnis wird ein um so zweifelhafteres: Einerseits bleibt noch Erschwerung auf der Faser, andererseits wird die Faser herunter-gezogen. Ganz anders steht die Stickstoffmethode da: Die wirkliche reine Seide enthält so und so viel Stickstoff, der Stickstoff wird be-stimmt und die Seide daraus berechnet, — ein einwandfreies mathe-matisches Exempel, das bei der Ausführung allerdings Vorsichts-maßregeln und vor allen Dingen peinliches analytisches Arbeiten voraussetzt. Für eine einwandfreie Ausführung muß vor allen Dingen alle stickstoffhaltige Substanz v o r der Stickstoffbestimmung entfernt werden. Dieses gelingt in den allermeisten Fällen sehr leicht und sind nur da Schwierigkeiten zu überwinden, wo diese stickstoffhaltige Substanz — der Seidenbast selbst ist, d. h. wenn man die Erchwerung von Souple oder Ecru-Seide zu bestimmen hat. Hier ist es oft nicht leicht, den richtigen Mittelweg zu finden, sämt-lichen Bast von der Faser zu entfernen, ohne die Seidenfaser selbst anzugreifen.

Die Stickstoffmethode basiert auf dem stets konstanten Stick-stoffgehalt des Seidenfibroins, gleichgültig ob italienische, Japan-, China-, Kanton-Seide mit weißem oder gelbem Bast vorliegt. Dieser Stickstoffgehalt des wasserfreien Fibroins ist nach neueren Unter-suchungen mit 18,33 °/o anzusetzen, während in der Literatur An-gaben zwischen 17,3—18,4 °/o zu finden sind. (Die von S t e i g e r und G r ü n b e r g aufgestellte Zahl 18,33 ist auch nach des Ver-fassers Prüfung die richtigste.) Ist nun der Stickstoffgehalt einer erschwerten Seide ermittelt, so läßt sich auf einfache Weise die Erschwerung berechnen, wobei allerdings der Bastverlust bekannt sein oder für eine bestimmte Seide als feststehend in die Berechnung eingesetzt werden muß. Desgleichen muß die Feuchtigkeit der Rohseide als normal mit 11 $^0/_0$ eingesetzt werden. Die Berechnung gestaltet sich nun wie folgt. Wenn f das Gewicht der gefärbten Seide und r das Gewicht der Rohseide bedeutet, so wird die Erschwerung in Prozenten (p) wie folgt ausgedrückt: $p = \dfrac{f - r}{r} \cdot 100$.

Sobald der Stickstoffgehalt einer gefärbten Seide ermittelt ist, wird aus demselben in einfacher Weise die in der gefärbten Seide vorhandene Menge Fibroin berechnet, hieraus unter Zugrundelegung der Bastzahl das Gewicht der trockenen Rohseide und durch Aufrechnung von 11 $^0/_0$ für Feuchtigkeit — das Gewicht der lufttrockenen Seide. Wenn nun reines trockenes Fibroin 18,33 $^0/_0$ Stickstoff enthält, so entsprechen einem Teil Stickstoff = 5,455 Teile Fibroin etc.

Berechnungs-Beispiel. 1 g Seide ließ finden: 0,0672 g Stickstoff = 0,0672 × 5,455 = 0,366576 g Fibroin.

Bei beispielsweise in Ansatz zu bringendem Bastgehalt von 24 $^0/_0$ kommt auf obiges Quantum Fibroin = 0,11576 g Bast (76 : 24 = 0,366576 : x; x = 0,11576), oder 0,0672 g Stickstoff entsprechen bei 24 $^0/_0$ Bast = 0,366576 + 0,11576 = 0,482336 g trockene Rohseide + 11 $^0/_0$ Feuchtigkeit = 0,5354 g lufttrockene Rohseide ( = r obiger Gleichung). Darnach berechnet sich die Erschwerung nach obiger Gleichung: $p = \dfrac{1 - 0,5354}{0,5354} \times 100 = 86,77\,^0/_0$ über pari. — Enthält die fragliche Seide nicht 24, sondern z. B. 22 $^0/_0$ Bast, so würde die Berechnung bis auf Zugrundelegung dieser Zahl bei der Umrechnung in Rohseide die gleiche bleiben: 78 : 22 = 0,366576 : x; bei 20 $^0/_0$ Bast: 80 : 20 = 0,366 : x etc. Der Bastgehalt der Seide ist dabei von ziemlicher Wichtigkeit und da derselbe meist nicht nachgeprüft werden kann (da die entsprechende Rohseide nicht erhältlich), richtet man sich zweckmäßig nach der Provenienz der Seide und dem durchschnittlich vorkommenden Bastgehalt; wenn auch die Provenienz nicht bekannt ist und unbekannt, ob weiß- oder gelbbastige Seide zu grunde liegt, so muß entweder ein Mittel mit etwa 23 $^0/_0$ Bast angenommen oder das Resultat als innerhalb 21 und 25 $^0/_0$ schwankend berechnet werden (s. Tabellen).

Steiger und Grünberg nehmen bei Berechnung ihrer Tabellen folgende Zahlen als Durchschnittswerte des Bastgehaltes an:

Italienische Seide: 21,5 % (weißer Bast), 24,0 % (gelber Bast).
Japan-Seide:      20,0 %      „      „
China-Seide:      24,0 %      „      „    25,0 %      „      „
Kanton-Seide:     24,0 %      „      „
Chappe:            4,0 %      „      „

Die Krefelder Seiden-Trocknungs-Anstalt veröffentlicht in ihrem letzten Jahresbericht folgende Zahlen für gefundenen Bastverlust:

|  | Mittlere Zahl. | Höchst-Zahl. | Mindest-Zahl. |
| --- | --- | --- | --- |
| Lombardische Seide, weißer Bast . . . . . | 21,38 % | 23,83 % | 19,94 % |
| „ „ gelber Bast . . . . . | 23,60 % | 26,38 % | 19,99 % |
| Piemontesische Seide, weißer Bast . . . . . | 23,23 % | 24,14 % | 21,30 % |
| Bengal-Seide, weißer Bast . . . . . . . | 25,06 % | 27,85 % | 22,26 % |
| China-Seide, weißer Bast . . . . . . . | 22,10 % | 27,48 % | 18,99 % |
| „ „ gelber Bast . . . . . . . | 28,33 % | 34,13 % | 21,07 % |
| Kanton-Seide, weißer Bast . . . . . . . | 25,70 % | 29,26 % | 22,79 % |
| Japan-Seide, weißer Bast . . . . . . . | 19,37 % | 25,00 % | 16,96 % |
| Grège . . . . . . . . . . . . . . | 23,51 % | 25,07 % | 22,49 % |
| Französische Seide, weißer Bast . . . . . | 25,73 % | 27,26 % | 24,74 % |
| Syrische Seide . . . . . . . . . . . | 26,24 % | — | — |
| Chappe . . . . . . . . . . . . . . | 4,54 % | 5,20 % | 3,86 % |

Da der Bastverlust auch bei Seiden ein und derselben Provenienz sehr bedeutenden Schwankungen unterworfen ist, so treten bei Zugrundelegung eines unrichtigen Bastgehaltes entsprechende Verschiebungen und Fehler zu Tage. In der Praxis genügt aber meist eine Annäherungsgenauigkeit von 5—10 % und dieser Grenze trägt die Methode immerhin Rechnung. Außerdem sei darauf hingewiesen, daß die größeren Abweichungen bei den Erschwerungsberechnungen erst bei den höheren Chargen wesentlich ins Gewicht fallen.

Bei obigen Berechnungen ist noch ein Bequemlichkeitsfehler hineingebracht, der aber in der Praxis nicht von Belang ist. Streng genommen wird 11 % Feuchtigkeit von der lufttrockenen zu der trockenen Seide heruntergerechnet, während in den Berechnungen von der trockenen zu der lufttrockenen 11 % aufgerechnet worden sind. Es entsprechen normaliter also in Wirklichkeit 100 Teile lufttrockener Seide = 89 Teilen trockener Seide und nicht 100 Teile trockener Seide = 111 Teilen lufttrockener. Die genauere Berechnung würde also sein: $89 : 100 = 100 : x$; $x = 112,3$; oder $89 : 11 = 100 = x$; $x = 12,3\,^0/_0$, d. h. man hätte bei ganz genauen Berechnungen nicht $11\,^0/_0$, sondern $12,3\,^0/_0$ Feuchtigkeit aufzurechnen.

Es erscheint auch von Interesse, den D u r c h s c h n i t t s - F e u c h t i g k e i t s - G e h a l t der Seiden an Hand der von der Krefelder Seiden-Trocknungs-Anstalt veröffentlichten Berichte mitzuteilen:

$^0/_0$ F e u c h t i g k e i t:

| | |
|---|---|
| Der höchste ermittelte Feuchtigkeitsgehalt von ca. 9000 Trocknungen des letzten Betriebsjahres: | $15,17\,^0/_0$ |
| Der geringste ermittelte Feuchtigkeitsgehalt von ca. 9000 Trocknungen des letzten Betriebsjahres: | $6,93\,^0/_0$ |
| Der Jahres-Durchschnitt von ca. 9000 Trocknungen: | $10,82\,^0/_0$ |
| Der größte Jahres-Durchschnitt in einem früheren Betriebsjahre (ca. 7000 Trocknungen): | $12,40\,^0/_0$ |
| Der kleinste Jahres-Durchschnitt in einem früheren Betriebsjahre (ca. 9000 Trocknungen): | $10,65\,^0/_0$ |
| Das Mittel aller Trocknungen seit 59 Jahren (ca. 500 000 Trocknungen): | $11,38\,^0/_0$ |

S e i d e n b a s t b e s t i m m u n g. Die großen Schwankungen des Bastgehaltes selbst bei Seiden einer und derselben Provenienz lassen es nun, sofern entsprechende Rohseide vorhanden ist, als unbedingt empfehlenswert erscheinen, eine Bastbestimmung der Seide vorzunehmen. Dieselbe wird nach den Vorschriften der Krefelder Seiden-Trocknungs-Anstalt wie folgt ausgeführt. Die Seide wird in einer Auflösung von OlivenölSeife (Marseiller-Seife) in destilliertem Wasser abgekocht und dauert je nach Natur der Rohseide 50—70 Minuten. Die Stärke des Seifenbades ist so bemessen, daß dasselbe $5$—$7^1/_2$ g Seife im Liter Wasser (von $15^0$ C.) enthält, also eine $^1/_2$—$^3/_4\,^0/_0$ige Seifenlösung darstellt. Die Seide wird schließlich in destilliertem Wasser vollständig ausgewaschen, hierauf abgewunden und getrocknet. Zur Ermittelung des durch die Abkochung entstandenen Verlustes trocknet die Krefelder Seiden-Trocknungs-Anstalt jede Probe sowohl v o r wie n a c h dem Abkochen bei einem Wärmegrad von $105$—$120^0$ C.

Man könnte obigen Ausführungen noch hinzufügen, daß in der Technik meist stärkere Seifenlösungen zur Anwendung gelangen und zwar durchschnittlich 15 g pro Liter Bad, und dass ein effektives K o c h e n unnötig ist, vielmehr eine Temperatur von 95 bis 96 $^0$ C. durchaus hinreicht, besonders wenn es zugleich darauf ankommt, die Seide auf ihre anderen Eigenschaften zu prüfen. Wenn die Seide vorher mit Ölen, Fett, Gummi, Gelatine, Kalksalzen etc. behandelt ist oder mit Zinn etc. vorerschwert ist, dann müssen naturgemäß stärkere Seifenbäder benutzt werden, als wenn die Seide rein und naturell ist.

Der A u s w a s c h u n g s v e r l u s t der Seide wird bestimmt, indem die Seide ca. 1 Stunde in 50—60$^0$ C. warmem destillierten Wasser behandelt, gespült und getrocknet wird. Die Auswaschverluste werden von der Krefelder Seiden-Trocknungs-Anstalt im Mittel wie folgt angegeben:

I t a l i e n i s c h e  S e i d e n : 1,0—1,2 $^0/_0$ ; K a n t o n - S e i d e : 2,2 $^0/_0$ ; C h i n a - S e i d e : 4,8 $^0/_0$.

Die A u s f ü h r u n g der S t i c k s t o f f b e s t i m m u n g ist mit besonderen Vorsichtsmaßregeln vorzunehmen. Als deren wichtigste ist unbedingt die absolute Entfernung aller stickstoffhaltigen, bei der Kjeldahlisierung Ammoniak liefernden, Substanz. Diese Ammoniak gebenden stickstoffhaltigen Substanzen sind bei Cuite-Seide vornehmlich: Berliner-Blau, Leim, Ammonsalze, gewisse stickstoffhaltige und Amido-Farbstoffe; bei Souple und Ecru außerdem noch — ein Teil des Seidenbastes. Obwohl nicht alle stickstoffhaltigen Farbstoffe ihren Stickstoff bei der K j e l d a h l - Prozedur in Ammoniak umwandeln, so ist es doch ratsam, den Farbstoff sicherheitshalber zu entfernen, da man nicht immer weiß, in welcher Form der Stickstoff in dem Farbstoff gebunden ist. Amido- und ähnliche Gruppen geben Ammoniak, während der Stickstoff der Azobindung nicht in Ammoniak verwandelt wird.

Bei Cuite-Seide wird die genau abgewogene lufttrockene Seidenprobe (1—2 g) zunächst 1—2 Stunden mit kochender, absolut neutraler, 2$^1/_2$—3 $^0/_0$iger Lösung von Marseiller Seife, darauf mit warmer 1 $^0/_0$iger Sodalösung 10 Minuten bei 50—60$^0$ C. behandelt, und dann mit 1 $^0/_0$iger alkoholischer Salzsäure mehrmals ausgekocht, bis nichts mehr in Lösung geht (Färbung, Rückstand). Zuletzt wird nochmals mit schwach ammoniakalischem Alkohol gekocht, gewaschen, getrocknet und der Stickstoffbestimmung unterworfen. — Bei Souple und Ecru muß nach dem ersten Seifenbade ein Seifen-Soda-Bad eingeschaltet werden, dem zum Schutz des Fibroins etwas Traubenzucker,

Glycerin, Türkischrotöl etc. zugesetzt wird; darauf wird in frischer neutraler 1 %iger Seifenlösung 15 Minuten kochend repassiert. Bei manchen Souples und Ecrus wird auch bei dieser Arbeitsmethode nur sehr schwer der gesamte Bast heruntergezogen und muß unter Umständen statt des gewöhnlichen Sodabades eine geringe Menge Ätznatron dem Sodabad zugegeben werden, dem zur Erhaltung des Fibroins wie oben Glykose, Glycerin, Türkischrotöl etc. zugesetzt wird. Durch diese Zusätze wird nach den Beobachtungen der Badischen Anilin- und Sodafabrik das Seidenfibroin nicht angegriffen, bezw. geschützt [D. R. P. 110633, 117249 (B)]. Es empfiehlt sich aber für alle Fälle, die Abkochlösung zu filtrieren und etwaige losgelöste Seide zu sammeln.

Etwas modifiziert arbeitet Persoz. Er tränkt die Seide mit Salzsäure (1 : 2), trocknet bei 120° C., pulvert und bestimmt den Stickstoff, wobei er den Stickstoffgebalt des Fibroins mit 17,5 % ansetzt. Diese Vorbereitungs-Methode gibt indessen keine Gewähr, daß auf solche Weise sämtliche Stickstoffbestandteile von der Faser entfernt wurden.

Wenn die Faser mit besonders echten Farbstoffen gefärbt ist, welche verdünnten Alkalien und Säuren widerstehen, wird es meist nicht schwer sein, dieselben auf anderem Wege zu eliminieren, z. B. durch Reduktion mit Zinnsalz, mit Hydrosulfit, durch Oxydation mit Wasserstoffsuperoxyd etc.

Nachdem die Seide auf solche Weise von allem nicht zum Fibroin gehörenden Stickstoff befreit worden ist, wird sie getrocknet und, ohne zu wägen, einer Stickstoffbestimmung nach Kjeldahl unterworfen. Die von Steiger und Grünberg zu diesem Zwecke empfohlenen Modifikationen unter Anwendung von Kupfervitriol und Permanganat weisen keine Vorteile gegenüber der üblichen Arbeitsweise auf. Nach letzterer wird die vorbehandelte Seide mit 30—50 ccm einer zu diesem Zwecke speziell in den Handel gebrachten chemisch reinen Schwefel-Phosphorsäure übergossen, mit 0,5 g metall. Quecksilber beschickt und auf einem Drahtnetz vermittelst eines Bunsenbrenners erst langsam, dann schneller erhitzt, bis die erst auftretende schwarze Färbung vollständig verschwunden und in hellgelb übergegangen ist. Da bei eintretender Entfärbung die Reaktion noch nicht immer beendet ist, empfiehlt es sich, noch ca. $^{1}/_{2}$ Stunde unter starker Erhitzung weiter zu behandeln. Nach dem Erkalten wird der Kolbeninhalt in einen mit ca. 3—400 ccm Wasser versehenen

Erlenmeyerschen Literkolben gegossen, zur Ausfällung des Quecksilbers mit etwas Schwefelnatriumlösung versetzt, mit Ätznatron (unter den bekannten Vorsichtsmaßregeln zur Vermeidung von Ammoniakverlust) übersättigt und in eine mit 25 ccm Normal-Schwefelsäure beschickte Vorlage mit oder ebensogut ohne Kühlung destilliert. Der Destillationsmischung kann zweckmäßig zur Vermeidung von Stoßen und Schäumen etwas Bimstein, Paraffin, Zinkstaub zugesetzt oder einige Stücke Platindraht in den Kolben gebracht werden. Das Gefäß ist mit einem geeigneten Kugelansatz zu versehen, um etwaiges Überspritzen, mechanisches Mitreißen von Ätznatron in die Vorlage etc. zu vermeiden. Eine Destillationsdauer von 20 Minuten, wie sie häufig angegeben wird, genügt nicht, sämtliches Ammoniak überzutreiben; es muß immerhin mindestens 50—60 Minuten lebhaft gekocht werden und nach Beendigung der Destillation der Rückstand auf Ammoniak geprüft werden. Nunmehr wird die Vorlage zurücktitriert, die verbrauchte Menge Schwefelsäure und daraus Ammoniak, Stickstoff und Fibroin berechnet. 1 ccm verbrauchter norm. Schwefelsäure entspricht $= 0{,}017$ g Ammoniak, oder $= 0{,}014$ g Stickstoff oder $= 0{,}07617$ g Fibroin absolut. Die weitere Umrechnung in Fibroin, Rohseide trocken, Rohseide lufttrocken etc. geschieht nach oben beschriebener Methode und angeführtem Beispiel. Steiger und Grunberg arbeiteten zwecks einfacherer Handhabung eine Tabelle aus, nach der die Erschwerung bei bestimmtem Stickstoffgehalt und Bastgehalt sofort abzulesen ist. Genannte Autoren legten der Tabelle zweierlei Rohseiden zu grunde, eine mit 20 %, die andere mit 24 % Bastgehalt. Für Seiden mit anderem Bastgehalt läßt sich die Erschwerung leicht berechnen. Infolge der zunehmenden Bedeutung der Seidenchargierung sei die Tabelle in folgendem wiedergegeben mit dem Bemerken, daß eine vielfache Nachprüfung derselben ihre Zuverlässigkeit erwiesen hat.

|  | Höhe der Charge | |
|---|---|---|
| Stickstoffgehalt | Japan-Seide (20 % Bast) | Gelbe Italiener (24 % Bast) |
| 18,33 % | 27,9 % u. p. | 31,5 % u. p. |
| 17,0  % | 22,3 % „ „ | 26,1 % „ „ |
| 16,0  % | 17,4 % „ „ | 21,5 % „ „ |
| 15,0  % | 11,9 % „ „ | 16,3 % „ „ |
| 14,0  % | 5,7 % „ „ | 10,3 % „ „ |
| 13,0  % | 1,6 % „ „ | 3,4 % „ „ |

| Stickstoffgehalt | Höhe der Charge | |
| --- | --- | --- |
| | Japan-Seide (20% Bast) | Gelbe Italiener (24% Bast) |
| 12,0 % | 10,1% ü. p. | 4,6 % ü. p. |
| 11,0 % | 20,1% „ „ | 14,1 % „ „ |
| 10,0 % | 32,1% „ „ | 25,6 % „ „ |
| 9,5 % | 39,1% „ „ | 32,2 % „ „ |
| 9,0 % | 46,9% „ „ | 39,5 % „ „ |
| 8,5 % | 55,4% „ „ | 47,7 % „ „ |
| 8,0 % | 65,1% „ „ | 56,9 % „ „ |
| 7,75% | 70,5% „ „ | 62,0% „ „ |
| 7,50% | 76,2% „ „ | 67,4 % „ „ |
| 7,25% | 82,1% „ „ | 73,2 % „ „ |
| 7,00% | 88,5% „ „ | 79,8% „ „ |
| 6,75% | 95,8% „ „ | 86,0% „ „ |
| 6,50% | 103,2% „ „ | 93,1 % „ „ |
| 6,25% | 111,4% „ „ | 100,9 % „ „ |
| 6,00% | 120,3% „ „ | 109,2 % „ „ |
| 5,75% | 130,1% „ „ | 118,4 % „ „ |
| 5,50% | 140,2% „ „ | 128,3 % „ „ |
| 5,25% | 151,6% „ „ | 139,2 % „ „ |
| 5,00% | 164,3% „ „ | 151,1 % „ „ |
| 4,75% | 178,2% „ „ | 164,2 % „ „ |
| 4,50% | 193,8% „ „ | 179,2 % „ „ |
| 4,25% | 210,8% „ „ | 195,4 % „ „ |
| 4,00% | 230,3% „ „ | 213,9% „ „ |
| 3,50% | 277,1% „ „ | 258,6 % „ „ |
| 3,00% | 340,6% „ „ | 318,5 % „ „ |
| 2,50% | 428,6% „ „ | 402,2 % „ „ |

**Flußsäure- und Kieselflußsäure-Methode.** Eine auf dem alten Abzieh-Prinzip beruhende vervollkommnete Methode wurde neuerdings fast gleichzeitig von R. Gnehm einerseits und A. Müller und H. Zell andererseits aufgefunden. Dieselbe beruht auf dem Abziehen der Charge vermittelst Fluorwasserstoffsäure oder Kieselfluorwasserstoffsäure (Gnehm) und Zurückwägen der so entschwerten Seide. Diese Methode eignet sich nur für die Bestimmung der sogen. mineralischen Erschwerung (Zinn-Phosphat-Silikat) während Seiden, die mit Gerbstoffen erschwert sind, nach dieser Methode nicht untersucht werden können. Aus diesem Grunde kann diese

Methode die Stickstoffmethode niemals ganz ersetzen, weil letztere für alle Fälle, erstere nur für gewisse Fälle anwendbar ist. A. Müller und H. Zell (Text. u. Färb. Ztg. 1903. 131, 197, 203) arbeiten wie folgt: 1—2 g Seide werden zunächst 1. 5 Minuten lang in heissem Wasser von 80—100° C., dann 2. 15—20 Minuten lang in 1,5%iger Fluorwasserstoffsäure bei 50—60° C., hierauf ohne zu waschen 3. in 5%iger Salzsäure bei 50—60° C. behandelt. Nach dem Spülen mit heissem Wasser wird schließlich 4. 1 Stunde lang in kochender 2½—3%iger Seifenlösung behandelt, um etwaig vorhandenes Sericin, das von Souple oder Ecru herrühren könnte, zu entfernen. Die Seife wird vermittels heisser Sodalösung von 1° Bé, während 15 Minuten ausgewaschen, die Seide gut mit heissem destillierten Wasser gespült, getrocknet und gewogen. Nunmehr stellt die Seide nahezu reines Fibroin dar.

Die Berechnung der Erschwerung sei am folgendem Beispiel illustriert.

Wassergehalt der Rohseide: 11,34% $H_2O$.

Bastgehalt der Rohseide: 21,58% Bast.

1,4627 g erschwerte Seide lieferte wie oben behandelt:

0,6914 g bei 105° C. getrocknetes Fibroin.

Sericin (s) und Fibroin (f) ergibt sich aus der Gleichung

0,6914 : (s + f) = 78,42 : 100;

s + f = 0,8817 g.

Dazu 11% Feuchtigkeit = 0,8817 + 0,0970 = 0,9787 g Rohseide.

1,4627 — 0,9787 = 0,484 g Charge oder in Prozenten

0,9787 : 0,484 = 100 : x; x = 49,45% über pari erschwert.

Mit Kieselfluorwasserstoffsäure operiert Gnehm (Zeitschr. f. Farb. u. Text. Ch. 1903, 209) wie folgt: 2 g der zu untersuchenden Seide mit bekanntem Feuchtigkeitsgehalt werden in einer Platinschale mit 100 ccm einer 5%igen wässerigen Kieselfluorwasserstoffsäurelösung (oder 2%iger wässeriger Flußsäure) übergossen und nach mehrfachem Umziehen eine Stunde bei gewöhnlicher Temperatur liegen gelassen. Darauf wird die Lösung abgegossen und durch 100 ccm frische Säure von derselben Konzentration ersetzt, die unter den gleichen Bedingungen eine Stunde mit der Seide in Berührung bleibt. Jetzt wird die Säure abgegossen, die Seide mehrmals mit etwa 150 ccm destilliertem Wasser gründlich gewaschen (Dauer etwa ¼—½ Stunde) und in einem tarierten, gut verschließbaren Wägeglas im Trockenschrank bei 95—105⁰ C. bis zur Gewichtskonstanz getrocknet. — Die Differenz zwischen dem Gewicht der angewandten (trockenen) Seide und dem zuletzt gefundenen Gewicht entspricht der in der untersuchten Probe vorhanden gewesenen Chargenmenge. Wie Gnehm in einer Reihe von Versuchen nachweist greift Flußsäure und Kieselflußsäure die Rohseide und entbastete Seide unter obigen Verhältnissen nur sehr wenig an und können diese geringen Fehlerquellen deshalb vernachlässigt werden (Z. f. Farb. u. Text. Chem. 1903. 210). Die Berechnung nimmt Gnehm folgendermaßen vor:

2,1264 g lufttrockene Seide =

1,9384 g getrocknete Seide.

Gewicht nach der Extraktion, getrocknet: 0,9176 g = 43,15⁰/₀

Differenz = Charge = 1,0208 g = 48,00⁰/₀.

Die Seide enthält somit:  8,85⁰/₀ Wasser

$\qquad\qquad$ 43,15⁰/₀ reine Seide (Fibroin)

$\qquad\qquad$ 48,00⁰/₀ Charge.

$\qquad\qquad\overline{100,00⁰/₀}$

Daraus Charge in Prozenten bei 20⁰/₀ Bastgehalt:

43,15 : 48 = 80 : x; x = 88,9

Die Seide enthält somit auf

80 T. Seidensubstanz (= 100 T. Rohseide)

$\underline{88,9}$ T. Charge

168,9 T. erschwerte Seide oder die Seide ist 68,9⁰/₀ über pari erschwert.

Die gute Übereinstimmung zwischen gefundenen Werten und tatsächlicher Charge wird durch folgende Beispiele Gnehms bestätigt:

|  | Kieselflußsäure | Flußsäure | Wirkliche Charge |
|---|---|---|---|
| Charge über pari | 68,9⁰/₀, 69,2⁰/₀ | 69,0⁰/₀ | 69⁰/₀ |
| „ | 76,99⁰/₀ | 76,5⁰/₀ | 74⁰/₀ |
| „ | 63,1⁰/₀ | 65,4⁰/₀ | 69⁰/₀ |
| „ | 28,9⁰/₀ 28,8⁰/₀ | 31,9⁰/₀, 31,5⁰/₀ | 34⁰/₀ |

H. Zell (l. c.) weist nach dieser Methode zugleich das Vorhandensein von Cuit, Souple und Ecru nach. Zu diesem Zweck

wird nach der Salzsäurebehandlung die Seide gut in destilliertem
Wasser gespült, bei 105° C. getrocknet und das Gewicht bestimmt.
Hierauf wird die Seide wie sonst mit Seife und Soda behandelt,
wiederum gut gespült, getrocknet und abermals das Gewicht be-
stimmt. Die Differenz entspricht dem Gewicht des Sericins. Beispiel:
2,3804 g erschwerte Seide werden mit Flußsäure etc. behandelt,
gewaschen, getrocknet und gewogen = 1,1686 g. Nach der Seifen-
Soda-Behandlung wieder gewaschen und getrocknet = 0,9684 g.
Mithin ist die gefundene Differenz von 0,2002 g auf Kosten des
Sericingehaltes zu setzen, oder die Seide enthielt 17,13 % Sericin.

Quantitative Bestimmungen einzelner Erschwerungs-
bestandteile.

Häufig handelt es sich darum, nicht nur die Gesamterschwerung,
d. h. die Höhe der Erschwerung zu ermitteln, sondern auch einzelne
Teile der Erschwerung quantitativ zu bestimmen. Die wichtigsten
dieser Bestimmungen sind diejenigen des Eisens, Berliner-Blaus, der
Kieselsäure, des Zinns, der Phosphorsäure.

Die quantitative Bestimmung des Eisens und der Tonerde
ist bereits unter Beizen besprochen worden (s. d.).

Die Bestimmung des Berliner-Blaus kann nicht aus der
Asche ermittelt werden, da es sich unter Bildung von Eisenoxyd
zersetzt und das als Eisenoxyd vorhandene Eisen mit dem Eisen
des Berliner-Blaus zusammengefunden wird. Es muß deshalb eine
geeignete Extraktionsmethode gewählt werden. Man löst am zweckmäßigsten das Berliner-Blau mehrmals mit ca. 30° C. warmer
1/4 norm. Natronlauge von der Faser ab, bis kein Ferrocyannatrium mehr in Lösung geht. Dieses wird erkannt, wenn ein Abzug, angesäuert und mit Ferrisalz versetzt, keine Blaufällung oder
Blaufärbung mehr gibt. Die einzelnen Abzüge werden zusammen-
geschüttet und nach einer der folgenden Methoden im Gesamt-
quantum oder einem aliquoten Teil desselben bestimmt (Lührig,
Chem. Ztg. 1902, 87, S. 1039):

a) durch Abrauchen mit Schwefelsäure in der Platinschale,
Glühen, Aufnehmen des Rückstandes mit Schwefelsäure und Titrieren
des mit reinem Zink reduzierten Eisens mit Kaliumpermanganat
(1 Teil Eisen met. = 5,119 Teile Berliner-Blau);

b) durch Fällung der angesäuerten Lösung mit Eisenchlorid
nach vorheriger Entfernung etwaiger Spuren von Tonerde durch

Eindampfen der alkalischen Lösung mit Ammoniumsulfat bis zum Verschwinden des Ammoniakgeruches. Berliner-Blau wird verascht, geglüht, und als Eisenoxyd gewogen (nach dem Aufschließen des Eisenoxydes mit Schwefelsäure, Reduktion mit Zink titrimetrisch, mit Chamäleon kontrollierbar). 1 Teil Eisen met. = 2,194 Teile Berliner-Blau, 1 Teil $Fe_2O_3$ = 1,535 Teile Berliner-Blau.

c) durch Fällung mit Eisenchlorid als Berliner-Blau, Zersetzen desselben mit heißer Natronlauge und Bestimmung des Eisens I im Rückstande [$Fe(OH)_3$] titrimetrisch (1 Teil Eisen met. = 3,839 Teile Berliner-Blau), II im Filtrate [$Na_4Fe(CN)_6$] nach Eindampfen mit Schwefelsäure, Glühen, Reduzieren mit Zink, titrimetrisch mit Chamäleon, 1 Teil Eisen met. = 5,119 Teile Berliner-Blau.

d) durch Bestimmung des Stickstoffgehaltes im gefällten Berliner-Blau, 1 Teil Stickstoff = 3,413 Teile Berliner-Blau.

Kieselsäure, Zinn und Phosphorsäure bestimmen R. Gnehm und E. Bänziger (Färber-Zeitung 1897, Heft I, S. 1 bis 3) wie folgt: 0,5 bis 0,8 g bei 105 $^0$ C. im Trockenschranke während etwa einer Stunde getrocknete Seide wird im gewogenen Porzellantiegel unter Zusatz von rauchender Salpetersäure eingeäschert und geglüht. Je nach dem Grade der Beschwerung vollzieht sich die Verbrennung der Seide rascher oder langsamer und mehr oder weniger vollständig. Im allgemeinen ist diese Operation, vorausgesetzt, daß die Seide gehörig mit Salpetersäure befeuchtet war, nach etwa einer Stunde beendet. Bei hocherschwerter Seide stellt die Asche ein Skelett dar, das die Form der ursprünglichen Faser zeigt. Die Asche wird nun in den Platintiegel gebracht, mit $^1/_2$ ccm konzentrierter Schwefelsäure und darauf mit einigen Tropfen reiner Flußsäure übergossen. Die Kieselsäure entweicht als Siliciumfluorid ($SiF_4$). Durch vorsichtiges Erhitzen wird die Schwefelsäure verjagt und zum Schluß vorsichtig geglüht, sodass die reduzierende Flamme den Tiegelinhalt nicht berührt (um Reduktion des Zinnoxydes zu vermeiden). Die Gewichtsabnahme entspricht direkt der in der Asche vorhandenen Kieselsäure. — Oder die Asche wird in Flußsäure gelöst, die Lösung mit Chlorkaliumlösung versetzt, eingedampft und der entstandene Niederschlag von Kieselfluorkalium ($K_2SiFl_6$) mit Weingeist gut ausgewaschen und gewogen bezw. nach Stolba mit Normalalkali titriert. Die andern Elemente der Charge: Zinn, Phosphorsäure, Aluminium u. s. w. bleiben gelöst und können im Filtrate weiter bestimmt werden.

Oder die Asche wird auf gewöhnlichem mineralanalytischen Wege mit Ätzkali aufgeschlossen, die Kieselsäure unlöslich abgeschieden (bei $110-120^0$ C. im Trockenschrank getrocknet), von den Begleitprodukten (Zinn, Phosphorsäure, Tonerde) durch Filtration getrennt, getrocknet, geglüht und als Kieselsäure ($SiO_2$) gewogen.

Die Trennung des Zinnes von der Phosphorsäure nehmen Gnehm und Bänziger nach F. Oettel (Chem. Ztg. 1896, Nr. 3, S. 19) vor, welche auf der leichten Reduzierbarkeit der Zinnverbindungen mittelst Kaliumcyanid beruht. Ein gewogener Teil der von der Kieselsäure befreiten Asche oder, falls Kieselsäuregehalt ausgeschlossen ist, die Asche direkt wird im bedeckten Porzellantiegel mit reinem Cyankalium sehr vorsichtig geschmolzen. Gewöhnlich werden 1 bis 2 g Cyankalium verwendet und die Schmelze 3 bis 6 Minuten im feurigen Fluß erhalten. Während hierbei das meiste Zinnoxyd zu grauem Metall reduziert wird, findet sich die Phosphorsäure als Kaliumphosphat in der Schmelze. Zur Entfernung derselben, wie auch des überschüssigen Cyankaliums und des gebildeten Kaliumcyanats wird mit Wasser ausgekocht und vom Zinn abfiltriert. Die Lösung wird mit konzentrierter Salzsäure im Überschuß versetzt und zur Verjagung der Blausäure aufgekocht. Nach dem Erkalten neutralisiert man die Lösung beinahe mit Ammoniak (Methylorange als Indikator) und fällt das durch Cyankalium in Lösung gebrachte Zinn durch einstündiges Durchleiten von Schwefelwasserstoff aus; das Schwefelzinn wird auf einem Filter gesammelt.

Durch Kochen, ev. durch Zusatz von einigen Tropfen Bromwasser, wird das Filtrat vom Schwefelwasserstoff befreit. Die klare Flüssigkeit, welche 30—70 ccm mißt, wird ammoniakalisch gemacht und die Phosphorsäure nach dem Erkalten mit Magnesiatinktur (110 g Magnesiumchlorid, 140 g Chlorammonium, 1300 ccm Wasser mit Ammoniak von 0,96 spez. Gewicht auf 2 Liter auffüllen) sorgfältig gefällt, geglüht und als Magnesiumpyrophosphat ($Mg_2P_2O_7$) gewogen.

Das als Metall ausgeschiedene Zinn wird samt Filter in einen gewogenen Porzellantiegel gebracht und mit Salpetersäure zu Zinnoxyd oxydiert. Dazu bringt man das als Schwefelzinn gesammelte Zinn und erhitzt langsam. Auf diese Weise wird alles Zinn in Zinnoxyd umgewandelt und als solches gewogen.

Will man das Arbeiten mit Cyankalium vermeiden, so kann man die Seidenasche sofort mit einer Soda-Schwefelmischung durch

Schmelzen aufschließen, die Schmelze lösen und das Zinn aus derselben durch Säurezusatz als Schwefelzinn fällen, filtrieren, rösten etc. und als Zinnoxyd bestimmen. — Oder man schmilzt die Seidenasche im Silbertiegel mit Ätznatron, wobei das Zinn in zinnsaures Natron übergeht. Die Lösung wird angesäuert, mit Schwefelwasserstoff übersättigt, das Schwefelzinn wie vorher behandelt und als Zinnoxyd bestimmt. — Schließlich kann man das nach Gnehm metallisch gewonnene Zinn einfacher im Kohlensäurestrom mit Salzsäure lösen und mit titrierter Eisenchloridlösung, Jodlösung oder Chamäleonlösung unter Anwendung einer Kupferjodür-Jodwasserstoff-[1]) und einer Stärkelösung als Indikator titrieren.

# Bestimmung der Appretur auf der Faser.

Die Bestimmung der Appretur [2]) auf der Faser gehört vielfach zu den schwierigsten und subtilsten textilchemischen Untersuchungen, erstens weil zu solchen Bestimmungen meist nur geringfügige Quantitäten Ware zur Verfügung stehen (relativ zu dem auf der Ware befindlichen Appretmengen), zweitens weil eine große Anzahl der angewandten Mittel keine exakten und präzisen Reaktionen und Trennungsmethoden besitzen, drittens weil gewisse pflanzliche Extrakte, präparierte Apprete und Mischungen sich während und nach den Appreturprozessen auf der Faser verändern, ihre typischen Eigenschaften einbüßen, sich verflüchtigen etc. Man kann infolgedessen behaupten, daß die vollkommene Feststellung der stattgehabten Appretur unter Umständen eine vollkommene Unmöglichkeit ist. Unerläßliche Bedingung für eine erfolgreiche Untersuchung ist aber immer eine mindestens oberflächliche Bekanntschaft mit der Appreturtechnik, den gebräuchlichsten Mitteln und wichtigsten Marktwaren. Es muß demnach schon eine äußere Prüfung der Ware und Beschaffenheit der Appretur des Untersuchungsobjektes dem Gutachter den roten Faden der Untersuchung in die Hand geben.

Zunächst stelle man den Hauptcharakter der Appretur fest, ob eine Matt-, Glanz-, Füll- oder Moiré-Appretur vorliegt, d. h. ob

---

[1]) 100 T. Jodwasserstoffs., 100 T. Jodkalium, 33 T. Kupferjodür, 100 T. Wasser. Um die Lösung länger zu erhalten wird ein Streifen metallischen Kupfers eingelegt.

[2]) Vgl. auch: Depierre, Traité élementaire des apprêts; Grothe, Die Appretur der Gewebe; J. Herzfeld, Die Technische Prüfung der Garne und Gewebe; W. Massot, Kurze Anleitung zur Appretur-Analyse.

eine matte, harte, weiche, leichte, lockere, magere, schwere, feuchte, trockene, elastische oder steife Appretur vorliegt. Nach diesen General-Eigenschaften kann man schon den einen oder anderen Weg einschlagen. Mehl, Kartoffel-, Weizen-, Reis-, Mais-Stärke, Leim, Dextrin, Collodin, Apparatin, Gummi arabicum, Traganth-gummi, Pflanzenschleime und Moose geben dem Stoff eine gewisse Steifheit und Festigkeit; Fette, Öle, Seifen etc. eine gewisse Weich heit und Geschmeidigkeit; Wachs, Paraffin, Stearin, Borax, Gummi arabicum gewissen Glanz; Moose, Flohsamen, Bier gewisse Fülle und Lockerkeit zugleich; Glycerin, Chlorcalcium, Chlormagnesium, Ammoniumsalze, Zinksalze eine gewisse Feuchtigkeit und gemilderte Härte; Chinaclay, Kaolin, Kalk-, Baryt-, Bleisalze geben eine ge-wisse Schwere; Ultramarin, Ocker, Berliner-Blau, Smalte und Teer-farben dienen zum Über- oder Nachfärben in der Appretur; Metalle und Schwefelmetalle in feinster Verteilung geben den bekannten Flitterglanz u. o. w. u. o. w.

Alsdann ist Rücksicht zu nehmen auf den Artikel und die üblichen Appreturmittel für diesen Artikel. Für Baumwollgewebe und gewischte Gewebe kommen in erster Linie Mehl, Stärke, Leim, Gelatine, Talg, Wachs, Seife, Paraffin, Erschwerungsmittel und antiseptische Mittel in Anwendung; für Wollgewebe kommen Moose, Leim, Gelatine, Dextrin, Stärke, Albumin, Wasserglas in Frage; für Seide kommen Türkischrotöl, Flohsamen, Traganth, Stärke, Gummi arabicum, Gelatine, Leim, Seifen, Ricinusöl, Bier, Borax in Anwendung; für Sammet (Rückseite) kommen Gelatine, Gummi, Traganth, lösliche aufgeschlossene Stärke, Paraffin, Olivenöl etc. in Betracht. Desinfektionsmittel wie Karbolsäure, Sublimat, Formaldehyd, Salpetersäure etc. können, da in zu geringen Mengen angewandt, auf der Ware kaum nachgewiesen werden. Pech, Teer, Petroleum kommen nur für gröbere wasserdichte Gewebe in Anwendung.

Das Hauptquantum des Apprets kann meist sehr leicht durch (ev. wiederholt ausgeführtes) Abziehen mit warmem Wasser, Trocknen des Gewebes und Feststellen des Verlustes bestimmt werden. Hier-bei werden die meisten Appreturmittel, wenn nötig unter Frottieren und Reiben, heruntergezogen, teils in Lösung gehend, teils als Emul-sion. — Paraffin, Wachs etc. werden mit Äther oder Benzin herunter-gezogen. Unlöslich in der Faser niedergeschlagen bleiben verschiedene Erschwerungsmittel wie Bleisulfat etc.

Der Gang der Untersuchung würde sich zunächst auf eine

Vorprüfung erstrecken. Diese läßt nun, mit Berücksichtigung der Ware und des Genres, nach oben Gesagtem erkennen, ob man es mit einem einseitig appretierten oder imprägnierten, glacierten oder kalandrierten Gewebe zu tun hat. Ebenso läßt sich eine vorhandene Stärkekleisterung beim Halten gegen das Licht erkennen: Hierbei wird die Ware beim Reiben zwischen den Fingern ihre Steifheit und Undurchsichtigkeit verlieren. Stark beschwerte Stoffe stäuben beim Zerreißen und die Lupe läßt erkennen, ob diese Stoffe mineralischer Natur sind und ob sie durch Niederschlagen in der Faser oder durch Auftragen auf die Faser appliziert sind.

Die eigentliche chemische Untersuchung erstreckt sich auf folgende Einzeluntersuchungen.

1. **Feuchtigkeitsgehalt.** 5—10 g der Faser werden in einem mit eingeschliffenem Glasstöpsel versehenen Wägegläschen im Trockenschrank bei 105—110° C. bis zum konstanten Gewicht getrocknet, im Exsiccator erkalten lassen und, luftdicht verschlossen, zurückgewogen. Der Gewichtsverlust entspricht dem Feuchtigkeitsgehalt. Je größer der Feuchtigkeitsgehalt ist, auf desto größere Appretmengen kann man im allgemeinen schließen (Magnesiumsalze, Glycerin etc.), weil gewisse Körper hydroskopisch sind.

2. **Äther-Auszug.** Der getrocknete Stoff wird alsdann mit absolutem Äther oder Petroleumäther im Soxhlet-Apparat extrahiert. Hierbei gehen die Fette, Wachs, Paraffin, Harze etc. in Lösung, welche nach Verdampfung der Extraktionsflüssigkeit näher bestimmt werden.

Bei der Untersuchung des Ätherauszuges sind die allgemeinen Methoden der Fett- und Harzbestimmungen zu grunde zu legen (Benedikt-Ulzer, Analyse der Fette und Wachsarten). Oft genügt zur oberflächlichen Prüfung die Feststellung einiger physikalischen Konstanten: Die Unlöslichkeit in Wasser, die Bildung von Fettflecken auf Papier, die Art der Erstarrung (Paraffin, Wachs), der Geruch beim Erhitzen und Verbrennen (Harz), Sprödigkeit in der Kälte (Harz), Schwerschmelzbarkeit (Harz, Paraffin, Stearin) geben oft schon wesentliche Handhaben zur Erforschung des vorliegenden Produktes. — Ferner sind in erster Linie von exakten Bestimmungen vorzunehmen: 1. Die Feststellung des Schmelz- und Erstarrungspunktes; 2. die Feststellung, ob Fettsäure, Neutralfett, unverseifbares oder verseifbares Fett vorliegt; 3. die Säurezahl, wenn Fettsäure oder verseifbares Fett vorliegt; 4. die Jodzahl; 5. Feststellung, ob tierisches oder pflanzliches Fett vorliegt etc.

3. **Wasserlösliche Bestandteile.** Der mit Äther extrahierte Stoff wird mit destilliertem Wasser ausgekocht, wobei fast alle übrigen Appretmittel heruntergezogen werden. Dieselben gehen zum Teil in Lösung, zum Teil in Emulsion, zum Teil werden sie mechanisch herausgespült und fallen unlöslich zu Boden. Es ist deshalb von größter Wichtigkeit, darauf zu achten, ob alles in Lösung gegangen ist oder ob ein Teil unlöslich niedergeschlagen ist. Dieser in ätherischer und wässeriger Lösung suspendierte unlösliche Rückstand kann enthalten: Gips, Baryumsulfat, Bleioxyd, Magnesiumsilikat (Talcum), Tonerdesilikat (Chinaclay), Baryumkarbonat, Ultramarin, Eiweiß, Stärke etc. — In Lösung kann der wässerige Auszug enthalten: Traganth, Pflanzenschleime, Stärke, Leim, Gelatine, Seifen, Rotöl, Traubenzucker, Glykose, Rohrzucker, Dextrin, Gummi, Eiweißkörper, metallische Salze wie Glaubersalz, Bittersalz, Alaun, Ammoniakalaun, Zinksulfat, Chlorammonium, Kochsalz, Chlormagnesium, Chlorcalcium, Chlorbaryum, Natriumphosphat, Ammoniumphosphat, Wasserglas, Borax, Soda, Natriumacetat, Eisenvitriol, Kupfervitriol etc.

Die Bestimmung der **unorganischen Verbindungen** geschieht nach den allgemeinen analytischen Prinzipien. Ammonsalze und Acetate sind flüchtig und müssen vor einer eventuellen Veraschung aufgedeckt werden: Ammonverbindungen mit Neßlerschem Reagens, bezw. durch Destillation mit Ätznatron, Acetate — durch Destillation mit Schwefelsäure. — Die Vorprüfung der Asche oder des zur Trockne eingedampften Auszuges nach bekanntem Verfahren läßt Kieselsäure (Natrium-, Magnesium-, Aluminium-Silikat), die Vorprüfung mit der Flammenfärbung läßt Calcium- (gelbrote Flamme) und Baryumverbindungen (grüne Flamme) finden. — Blei-, Kupfer- und Zinnverbindungen werden mit Schwefelwasserstoff aus saurer Lösung gefällt; Aluminium, Eisen, Zink — mit Schwefelammonium aus neutraler bis alkalischer Lösung; Calcium-, Baryum, Magnesiumsalze werden mit Natriumphosphat gefällt etc. — Desgleichen werden die entsprechenden Säuren — Schwefelsäure, Salzsäure, Phosphorsäure, Borsäure, Kohlensäure, Kieselsäure, Weinsäure, Essigsäure, Citronensäure etc. nach allgemeinen analytischen Methoden bestimmt.

Schwieriger gestaltet sich die Bestimmung der organischen Bestandteile, welche sich oft mit grosser Mühe voneinander trennen lassen und vielfach nur durch charakteristische Reaktionen erkannt werden.

a) Aus der wässerigen Lösung werden mit dem achtfachen Volumen Alkohol (außer anorganischen Salzen) gefällt: Stärke, Dextrin, Gummi, Traganthschleim, Pflanzenschleime, Leim, Eiweißkörper, entweder in Form eines deutlichen Niederschlages oder bei geringen Mengen als milchige Trübung.

b) Durch Zusatz von etwas verdünnter Salzsäure zu obiger alkoholischen Trübung oder Fällung wird die durch Gummi entstandene Trübung in Flocken abgeschieden, während gefällter Leim zum geringen Teil wieder in Lösung geht.

c) Durch Zusatz von Jodlösung zu dem neutralen Original-Extrakt tritt bei Anwesenheit von Stärke Blaufärbung, bei Anwesenheit von Dextrin — violettrote bis weinrote Färbung ein.

d) Basisch essigsaures Bleioxyd (Bleiessig) gibt mit Gummi, Traganth, Pflanzenschleimen einen weißen bis gräulich-bräunlichen flockigen, klumpigen oder fadenartigen Niederschlag. Stärke gibt nur geringe Trübung, Dextrin wird in der Wärme gefällt, Sulfate, Phosphate und Silikate geben anorganische Fällung.

e) Fehlingsche Lösung reduziert Traubenzucker und Dextrin; bei langem Kochen teilweise auch Pflanzenschleime.

f) Ferrocyankalium mit wenig Essigsäure gibt bei Anwesenheit von Eiweißkörpern eine Trübung oder Fällung. Zinksalze geben weiße, Eisenoxydsalze — blaue Fällung oder Färbung, Seifen durch Säurezusatz — eine Trübung oder Fällung durch Fettsäure.

g) Salpetersäure, vorsichtig mit einer Eiweißlösung überschichtet, gibt an den Berührungsstellen einen weißen undurchsichtigen Ring von gefälltem Eiweiß. Anwesende Seife macht die Reaktion illusorisch.

h) Beim Aufkochen der neutralen Lösung koaguliert Eiweiß. Durch Zusatz von einigen Tropfen Essigsäure und nochmaligem Aufkochen wird die Eiweißfällung beschleunigt. Eiweiß-Alkali-Lösungen zersetzen sich mit Salzsäure oder Schwefelsäure und liefern milchige in Äther unlösliche Trübungen.

i) Tannin im Überschuß fällt Leim und Eiweiß und gibt mit Pflanzenschleimen und Stärkelösungen geringe Trübungen. Erstere sind in verdünnter Salzsäure löslich, letztere nicht.

k) Mit einigen Tropfen Kupfersulfat (ev. Fehlingscher Lösung) und Natronlauge versetzt, geben Leim und Eiweißstoffe sofort oder bei gelindem Erwärmen charakteristische Violettfärbung (Biuret-

Reaktion). — Eiweiß gibt dieselbe Reaktion, kann aber durch vorhergegangenes Koagulieren und Filtration abgeschieden werden.

l) Durch Säurezusatz werden Seifen milchig oder klumpig gefällt, beim Kochen ölartig abgeschieden und durch Alkali oder Äther wieder in Lösung gebracht. Harzige Partikelchen deuten auf Harzseifen. — Kaseinfällung, die obiger sehr ähnlich ist, schmilzt nicht beim Erwärmen und ist in Äther unlöslich.

m) Im Polarisations-Apparat dreht Gummi die Polarisations-Ebene nach links, Dextrin — nach rechts.

n) Mit Kaliumbisulfat (oder ohne Zusatz) auf dem Platinblech erhitzt, gibt der zur Trockne eingedampfte Extrakt bei Anwesenheit von Glycerin den bekannten Acrolein-Geruch (Acrolein-Reaktion).

o) Durch Behandlung mit Malzabkochung und nachheriges anhaltendes Kochen mit verdünnter Salz- oder Schwefelsäure wird Stärke zu Traubenzucker invertiert, welcher Fohlingsche Lösung reduziert.

p) Mit Soda verseift und durch Säure zersetzt, scheidet Kolophonium die charakteristische Silvinsäure ab.

q) Mit Ätznatron oder teilweise mit Soda gekocht und verseift und dann mit Säure zersetzt, scheiden unverseifte, aber verseifbare Fette an der Oberfläche eine Schicht von ätherlöslicher Fettsäure ab.

4. Unlösliche Rückstände. Gips (Calciumsulfat), Schwerspat (Baryumsulfat), Chinaclay (Tonerdesilikat), Witherit (Baryumkarbonat), Talk (Magnesiumsilikat), Aluminiumoxyd, Calciumphosphat, Bleioxyd etc. werden auf gewöhnlichem mineral-analytischen Wege aufgedeckt. — Stärke wird wie unter 3. mit Jodlösung nachgewiesen; Eiweiß wird durch die Biuretreaktion und durch die Reaktion nach Adamkiewicz, bezw. vermittelst des Millonschen Reagens nachgewiesen. — Ultramarin wird entdeckt, indem das als blaues Mehl sich zu Boden setzende Produkt im kleinen Becherglas mit verdünnter Salzsäure übergossen wird, ein mit alkalischer Bleilösung übergossenes Stück Filtrierpapier hineingehängt wird und das Becherglas mit einem Uhrglas zugedeckt wird. Bei Anwesenheit von Ultramarin bildet sich Schwefelwasserstoff, das das Bleipapier allmählich schwärzt. — Die Eiweißreaktion kann auch auf der Faser selbst ausgeführt werden. Bei pflanzlichen Fasern eignet sich die Biuretreaktion, bei tierischen nicht, da z. B. Seide selbst die Reaktion

# Tabelle der qualitativen Reaktionen der wichtig-

| | Traubenzucker | Rohrzucker | Dextrin | Stärke | Gummi arabic. |
|---|---|---|---|---|---|
| Alkohol | Aus konzentrierten Lösungen durch sehr viel Alkohol fällbar | durch 5—6 fach. Vol. fällbar | loser weißer Niederschlag | | verd. Lsg.: Trübung. konz + Spur Salzsäure: flockige weiße Fällung |
| Bleiessig (bas. Bleiacetat) | — | — | — | Trübung | weißer gallertartiger Niederschlag |
| Fehlingsche Lösung | Beim Erwärmen Abscheidung von rotem Kupferoxydul | — | in konz. Lösung heiß Kupferoxydul-Niederschlag | — | beim Durchschütteln mit übersch. Natronlauge weißlich blaue Flocken |
| Ferrocyankalium und Essigsäure | — | — | — | — | — |
| Tanninlösung | .. | — | in konz. Lösung weiße Trübung durch HCl stärker | weiße milchige Trübung oder Fällung | — |
| Jodlösung | — | — | wein- bis purpur- bis braunrote Färbung, beim Erhitzen verschwindend | Blaufärbung, beim Erhitzen verschwindend | — |
| Kupfersulfat und Natronlauge | beim Kochen Kupferfällung | unverändert blaue Färbung | in der Hitze allmähliche Kupferfällung | hellblauer klumpiger Niederschlag, beim Kochen nicht schwarz wenn kein Überschuß von Kupfersulfat | hellblauer flockig-klumpiger Niederschlag, beim Kochen bleibt blau |
| Kupferacetat und Essigsäure | nach Kochen beim Stehen Kupferoxydulfällung | — | Kalt 0; heiß: langsam Oxydul-Abscheidung (bei längerem Kochen und Stehen) | — | — |
| Millons Reagens | — | — | — | — | — |
| Verdünnte Salpetersäure | — | — | — | — | — |
| Verdünnte Schwefelsäure | — | beim Kochen Inversion d. h. Überführung in Fehlingsche Lösung reduzierenden Traubenzucker | | | nach längerem Kochen entstehen Inversions-Produkte, d. h. Produkte, welche Fehlingsche Lösg. reduzieren. |
| Quecksilberchlorid | — | — | — | — | — |
| 1 Vol. Konz. Schwefels. + 2 Vol. Eisessig (Adamkiewicz) | — | — | — | — | — |

## sten organischen Appreturmittel (nach W. Massot).

| Gummi Traganth. | Pflanzen-schleime | Leim (Gelatine) | Eiweißlösung | Eiweiß fest |
|---|---|---|---|---|
| beim Eingießen von Tr. in Alk. fadenartige-flockige Fällung | durch viel Alk. flockig oder gallerteartig fällbar | in konz. neutral. Lsg. zäher kleb-riger Nieder-schlag, verd. Lsg. Trübung | durch viel Alk. weiße Fällung (Koagulation) | wird bei längerer Behandlung was-serunlöslich |
| ähnlich wie Gum-mi arabic. | Fällung | in sehr konzentr. Lsg. Trübung | weiße Trübung oder Fällung | — |
| nach längerem Kochen beim Stehen manchmal Kupferfällung | häufig nach länge-rem Kochen ge-ringe Kupfer-fällung | Biuret-Reaktion (Violettfärbung) | Tropfenweise zuge-setzt: Biuret-reaktion | Biuret-Reaktion |
| — | — | — | weiße Fällung | — |
| — | Isl. Moos, Agar-Agar, Leinsa-menschleim auf Zusatz von HCl Trübung bis Fäl-lung | durch Überschuß in neutr. Lsg. klumpige Fällung, beim Erwärmen zäher werdend | durch Überschuß starke Fällung | — |
| ab und zu geringe Blaufärbung | isl. Moos ab und zu geringe Blau-färbung | — | — | — |
| klumpige blaue Fällung, selten Kupferoxydul-Abscheidung | blaue klumpige Fällung, nach längerem Kochen manchmal Kup-fer-Reduktion | 1 – 2 Tropfen Lsg. zur alkalischen Leimlösung ge-ben besond. warm Biuretre-aktion (Violett-färbung) | Biuretreaktion wie Leim | Biuret Reaktion |
| — | — | — | — | — |
| — | — | — | weiße Fällung, beim Kochen gelblich rötlich bis rosa | wie Eiweißlösg. |
| — | — | — | weißer Ring beim vorsichtigen Über-schichten | färbt gelb (Xan-thoprotein-Reak-tion) |
| nach längerem Kochen entstehen Inversions-Produkte, d. h. Pro-dukte, welche Fehlingsche Lösung reduzieren. | — | — | — | — |
| — | — | weiße Fällung bis Trübung | weiße Fällung bis Trübung | — |
| — | — | — | — | kalt langsam, warm schneller rotviolette Fär-bung. |

gibt. Dagegen führt hier die Schwefelsäure-Eisessig-Reaktion (Adamkiewicz) zum Ziel. Ein Stückchen Gewebe wird in ein Reagensglas gebracht und von einem Gemisch aus 1 Volumen konzentrierter
Schwefelsäure, und 2 Volumina Eisessig zugesetzt. Bei Anwesenheit von Eiweiß wird die Flüssigkeit bei Zimmertemperatur langsam,
— schneller beim Erwärmen, rotviolett. Diese Reaktion ist nur dem
Eiweiß eigen, während die Biuret-Reaktion auch mit Leim auftritt.
Die Färbung des Gewebes kann allerdings bei dieser Reaktion hinder-
lich sein und dieselbe vereiteln.


# Echtheitsbestimmungen der Farbstoffe auf der Faser.

Neben der Nuance, der Brillanz, Lebhaftigkeit, Färbefähigkeit
eines Farbstoffes trägt dessen Echtheit oder Unechtheit hinsichtlich
irgend welcher Ansprüche wesentlich zu dessen Bewertung bei. Nach
allen Richtungen hin total echte Farbstoffe existieren bis heute
nicht; man kann deshalb nur von relativ echten Farbstoffen sprechen
oder von Farbstoffen, welche nach gewissen Richtungen hin echt
sind. Spricht man von einem echten Farbstoff schlechtweg, so versteht man darunter in den meisten Fällen lichtechte Farbstoffe,
weil die Lichtechtheit zweifellos die wichtigste Echtheitsqualität ist.
Die lichtechtesten Farbstoffe, welche meist auch wasch- und wasserecht sind, haben aber meist andere schwache Punkte, so z. B. keine
große Reibechtheit, Chlorechtheit etc. Nehmen wir z. B. einen der
echtesten sämtlicher Teerfarbstoffe Indanthren (B), so treffen wir
bei demselben erstklassige Lichtechtheit, Wasser-, Wasch-, Walk-,
Soda-, Säure-Echtheit an, vermissen dagegen ganz tadellose Bügel-
und Chlorechtheit. Indigo, ein gleichfalls im allgemeinen vorzüglich
echter Farbstoff, ist erstklassig echt gegen Licht, Alkalien, Säuren,
dagegen puncto Reibechtheit und Chlorechtheit erst an dritter bis
vierter Stelle rangierend; Melanogen G und T (M) gekupfert ist
ebenfalls erstklassig licht-, bügel-, wasser-, wasch-, walk-, Soda-echt etc.,
läßt dagegen hinsichtlich seiner Reib- und Chlorechtheit zu wünschen
übrig etc. Wie gesagt, gehören die lichtechtesten Farbstoffe zu
unseren wertvollsten Produkten, weil beinahe jeder gefärbte Gebrauchsgegenstand dauernd oder zeitweise dem Lichte ausgesetzt wird und

eine ungenügende Lichtechtheit fast immer unangenehm empfunden wird, während nur vereinzelte Gebrauchsgegenstände eine scharfe Prüfung, z. B. auf Schweißechtheit, Chlorechtheit, Säureechtheit etc. durchzumachen haben, diese Echtheitseigenschaften somit erst in zweiter und dritter Linie in Frage kommen und sekundäre Bedeutung besitzen.

Die Prüfung der einzelnen Farbstoffe auf ihre Echtheitsgrade ist ebenso wie die Bestimmung anderer tinktorialer Eigenschaften und Kapazitäten der Farbstoffe keine absolute, sondern nur eine vergleichende, d. h. man kann den Echtheitsgrad eines Farbstoffes nicht in mathematisch-physikalischer Form präzisieren, sondern ihn nur mit einem andern Farbstoff vergleichen oder den Echtheitsgrad nach bestimmten genau feststehenden Prüfungsnormen in eine Anzahl Abteilungen und Klassen einteilen. So genau diese Prüfungsnormen aber auch gehalten sein mögen, es wird oft von einer gewissen Willkürlichkeit und individuellen Anschauung abhängen, ob der eine oder der andere Farbstoff in die eine oder andere Klasse placiert wird, wenn es in den Prüfungsvorschriften heißt: „geringe Veränderung", „ziemliche Veränderung", „starke Reaktion", „mäßiges Abrußen" etc. Man kann deswegen ganz sicher sein, daß bei einer großen Anzahl Farbstoffprüfungen durch verschiedene Gutachter ein großer Teil der Beurteilungen sich nie decken, sondern je nach den Umständen mehr oder weniger voneinander abweichen wird und muß, weil bis heute keine physikalischen Meßinstrumente für derartige Bestimmungen vorhanden sind.

Obige Bedenken wären aber noch gering im Vergleich zu der heute herrschenden Uneinheitlichkeit der Prüfungsausführungen. Wenn wenigstens einheitliche und in Interessentenkreisen allgemein anerkannte gleichmäßige Ausführungen zur Prüfung der Farbstoffe auf ihre Echtheit vorhanden wären, so könnte man sich über das Fehlen exakter physikalischer Meßinstrumente noch eher hinwegsetzen. Leider hat bis heute aber kein einheitliches System allgemeine Aufnahme gefunden [1]). Nachfolgend ist versucht worden, ein solches System

---

[1]) G. v. Georgievics Vorschläge (Zeitschr. f. Farb. u. Textilchemie 1902, S. 656) erschienen, als vorliegende Arbeit bereits im Manuskript vorlag. Dieselben decken sich zum großen Teil mit den hier in Vorschlag gebrachten bis auf geringere Abweichungen und Benennungen der einzelnen Echtheitsprüfungen. Ebenso konnten die von H. Lange auf dem V. Intern. Kongreß für angew. Chemie (Berlin, Juni 1903) gebrachten Vorschläge nicht genügend berücksichtigt werden, da die Arbeit bereits abgeschlossen war.

aufzustellen, das sich bereits in weiteren Kreisen eingeführt und bewährt hat. Das System hat erstens den Vorzug, daß es die Farbstoffe in mehrere Echtheitsgrade einteilt und somit dem praktischen Bedürfnisse nach deutlich greifbaren Differenzen Rechnung trägt; zweitens ist dasselbe technischen und praktischen Anforderungen tunlichst angepaßt. Wenn die Bedingungen zur Erfüllung der Ia Echtheit teilweise auch sehr scharf erscheinen mögen, so muß man bedenken, daß nur der geringste Teil sämtlicher vorhandenen Farbstoffe unter I rangieren darf und diese allerechtesten Repräsentanten aus der Zahl der Legionen anderer dann auch um so vorteilhafter hervortreten.

Zur Demonstration der Ia Echtheit ist im Anhang an die Beschreibung der Echtheitsprüfungen eine Zahl der wichtigsten Farbstoffe namentlich aufgeführt worden, welche nach vorgeschlagenen Prüfungsnormen sich als Ia echt erwiesen.

Vor der Bestimmung oder Vergleichung der Echtheitseigenschaften müssen die Farbstoffe zuerst auf die Faser appliziert werden. Die Wahl der Faser hängt davon ab, für welche Gespinste der Farbstoff bestimmt ist; die Färbemethode muß sich nach der jeweilig in der Technik gebrauchten richten. Sind mehrere Färbemethoden in Gebrauch, so müssen dieselben einzeln ausgeführt und die verschiedenen Färbungen geprüft werden, sofern die Färbemethoden wesentliche Unterschiede in der Echtheit erzeugen können. Dieses gilt in hervorragendster Linie von Farbstoffen, welche einerseits direkt gefärbt werden und andererseits auf Beizen gefärbt, mit Metallsalzen nachbehandelt, auf der Faser diazotiert und gekuppelt, entwickelt etc. werden können, welche also eine essentielle Veränderung ihrer Substanz durchmachen. Bei solchen Spezialbehandlungen ist jedesmal erwähnt worden, wie der Farbstoff gefärbt wurde; in den Fällen direkter Färbung ist ein weiterer Vermerk über die angewandte Färbemethode unterlassen: bei polygenetischen Farbstoffen ist die angewandte Beize genannt worden. Hinter den einzelnen Farbstoffen ist die Farbenfabrik, welche die Farbstoffe herstellt, bezeichnet, wenn es Spezialmarken sind, bei patentfreien Farbstoffen und solchen, die von vielen Fabriken hergestellt werden, ist eine solche Bezeichnung unterlassen. Die einzelnen Rubriken sind alphabetisch geordnet und beziehen sich auf Baumwolle, Wolle und Seide, bezw. auf alle Fasern. Der Lichtechtheit ist bei der großen Bedeutung derselben ein separates Kapitel gewidmet worden.

Es ist nun nach H. Lange (Vortrag V. Intern. Kongr. f. angew. Chemie Berlin, Juni 1903) wohl kaum angängig, ganz allgemein gültige Vorschriften für die Echtheitsprüfungen aufzustellen; es werden häufig Fälle eintreten, für welche die allgemein benutzte Echtheitsprüfung nicht ausreicht. Viele Gewebe müssen nach dem Färben noch mancherlei Behandlungsarten unterworfen werden, welche zum großen Teil in der Appretur bestehen, und bei denen sowohl die mechanische Behandlung der Ware auf Maschinen als auch die Einwirkung der Appretur- und Verdickungsmittel und der bei der Appretur zugesetzten Chemikalien zu berücksichtigen ist. Es sollte also der Färber möglichst genau wissen, welcher weiteren Behandlung die von ihm hergestellten Färbungen unterworfen werden, um die Wahl der Farbstoffe bezw. der Färbemethoden danach treffen zu können.

In allen Fällen ist es notwendig (H. Lange l. c.), die Echtheitsprüfungen der Färbungen so auszuführen, daß sie möglichst den Bedingungen der Praxis angepaßt sind. Bei der Beurteilung ist zu berücksichtigen:

1. welche Farbenveränderung eine Färbung erleidet,
2. ob eine Färbung Farbstoff abgibt, und
3. ob mitverarbeitetes weißes oder in anderer Farbe gefärbtes Material von dem abgegebenen Farbstoff angefärbt wird.
   Letzteres bezeichnet man mit dem Ausdruck „bluten".

Ebenso wie die Echtheit einer Färbung von der Art der Fixierung der Farbstoffe abhängt, so ergeben sich Unterschiede in der Echtheit bei Verwendung verschiedenen Fasermaterials. Es kann z. B. ein Farbstoff, nach derselben Färbemethode auf Wolle verschiedenen Ursprungs gefärbt, verschiedene Echtheitsgrade zeigen. Auch die Intensität der Färbungen ist für Echtheitsproben von großer Wichtigkeit. Dunkle Färbungen genügen vielfach den Ansprüchen an Wasch- und Lichtechtheit, während helle Färbungen, nach derselben Färbemethode hergestellt, diesen Anforderungen nicht genügen, da die entstehende Veränderung des Tones bei hellen Färbungen mehr auffällt als bei dunklen. Ferner kann eine helle Färbung genügend regenecht und wasserecht sein, während eine dunkle Färbung dieses nicht ist. H. Lange empfiehlt daher, für manche der auszuführenden Prüfungen nicht allein einen mittleren Farbton zu wählen, sondern einen hellen, einen mittleren und einen dunklen Ton. Bei sehr eingehenden Belichtungsproben dürfte sogar die Belichtung einer Schattierung von ca. 10 Tönen zu empfehlen sein. Ferner empfiehlt H. Lange manche Echtheitsproben vergleichend auszuführen, d. h. einen oder mehrere Farbstoffe, die in ihren Färbeeigenschaften diesem Farbstoff nahe stehen und die einen ähnlichen Farbton ergeben, zum Vergleich heranzuziehen. Es tritt sogar oft der Fall ein, daß die Echtheitsprüfung einer Färbung mit einem Farbstoff hergestellt nicht genügt, sondern daß Färbungen mit mehreren Farbstoffen, mit denen der zu prüfende Farbstoff zusammen gefärbt werden soll, angefertigt werden müssen. Bei einem einzelnen Farbstoff kann die Echtheit genügend erscheinen, d. h. die Farbenveränderung fällt nicht sehr auf, während die Echtheit bei Mischungen mit anderen Farbstoffen nicht genügend ist. Die Veränderung eines aufgefärbten blauen Farbstoffes kann z. B. unwesentlich erscheinen, während eine mit diesem in Verbindung mit roten und gelben Farbstoffen hergestellte Modefarbe oder sonstige Mischfarbe bezüglich der Veränderung des blauen Tones nicht mehr den Anforderungen genügt.

### Alkaliechtheit. Baumwolle[1]).

Zur Prüfung auf Alkaliechtheit von Baumwollfärbungen wird die fragliche Ausfärbung 2 Minuten lang in 10 %iges Ammoniak und in 10 %ige Sodalösung eingelegt, hierauf ohne zu spülen getrocknet und gemustert. Die einzelnen Grade der Farbenveränderung werden wie folgt eingeteilt.

I. Unverändert sowohl durch Ammoniak als auch durch Soda.

II. Erleidet durch Ammoniak oder Soda geringe Nuancenveränderung.

III. Erleidet durch Ammoniak oder Soda merkliche Änderung.

IV. Erleidet durch Ammoniak oder Soda starke Änderung.

V. Die Farbe wird durch Ammoniak oder Soda total zerstört oder umgeschlagen.

Nach dieser Vorschrift geprüft, erwiesen sich nachfolgende Farbstoffe[2]) als Ia echt, d. h. wiesen nach beschriebener Behandlung mit Ammoniak und Sodalösung keine Nuancenänderung auf. Alkalirot (D), Purpuramin DH (DH), Benzopurpurin B, 4 B, 6 B, 10 B

---

[1]) Nicht besonders vermerkte Prüfungsmethoden für bestimmte Fasern z. B. Seide werden ebenso ausgeführt wie bei den anderen Gespinnstfasern z. B. Wolle und Baumwolle.

[2]) Beziehen sich immer auf die am Kopf angeführten Fasern, hier also Baumwolle.

(By), Dianilrot 4 B (M), Brillantpurpurin R (By), Deltapurpurin 5 B (By), Diaminechtrot F (C), Diaminrot NO (C), Kongo 4 R (By), Kongo GR (A), Brillant-Kongo R, B (By), Primulin + $\beta$-Naphtol, m-Nitranilin + $\beta$-Naphtol, p-Nitranilin + $\beta$-Naphtol, $\alpha$-Naphtylamin-bordeaux + $\beta$-Naphtol (M), Dianilorange G (M), Mikadoorange G (L), Thioflavin S (C), Primulin O direkt oder gechlort (M), Diamin-echtgelb B (C), Chrysophenin (By), Diphenylechtgelb (G), Auro-phenin O (M), Oxydianilgelb O (M), Chloramingelb (By), Oxyphenin (Cl), Chloropheningelb (Cl), Dianilgrün G (M), Kolumbiagrün (A), Solid-grün O nachchromiert oder nachgeeisent (M), Chicagoblau 2 R (A), Benzorotblau R (By), Sambesiblau B + $\beta$-Naphtol (A), Indigo, Im-medialblau C mit Wasserstoffsuperoxyd nachbehandelt (C), Pyrogen-blau R mit Wasserstoffsuperoxyd nachbehandelt (J), Immedialreinblau gechromkupfert (C), Alizaringranat R auf Tonbeize (M), Dianil-braun M (M), Diaminbraun B (C), Diaminkatechin G (C), Benzo-braun R und G (By), Neutoluylenbraun R, B, BBO, M (O), Diamin-braun 3 G und V + $\beta$-Naphtol (C), Dianilbraun 3 GO, BD, G + Azophor (M), Diaminnitrazolbraun B, RD + Azophor (C), Sulfanilin-braun 4 B gechromkupfert (K), Immedialbraun B gechromkupfert (C), Diaminschwarz RO + Metaphenylendiamin (C), Diaminogen extra + $\beta$-Naphtol oder Metaphenylendiamin (C), Diaminogen B + Meta-phenylendiamin (C), Azophorschwarz S (M), Pyrolschwarz B konz. gechromkupfert (L).

## Alkaliechtheit[1]). Wolle.

Die Ausfärbung wird genetzt mit $10^0$ Bé starker Sodalösung, ausgedrückt und ohne zu spülen getrocknet und gemustert. Die verschiedenen Nuancenänderungen werden, wie folgt, klassifiziert:

I. Keine oder kaum merkliche Nuancenänderung.

II. Geringe, jedoch merkliche Nuancenänderung.

III. Beträchtliche Nuancenänderung.

IV. Starke bis sehr starke Nuancenänderung.

V. Nahezu vollständige Entfärbung oder Farbenumschlag.

Die nach dieser Vorschrift geprüften Farbstoffe ließen folgende als I a echt, d. h. den Anforderungen I entsprechend, hervorgehen.

Rose bengale B (M), Rhodamin extra (B) (M), Echtsäurefuchsin G (M), Dianilrot R, 4 B (M), Kongo (By), Benzopurpurin 4 B (By), Deltapurpurin 5 B, 7 B (By), Diaminrot B, N, NO (C), Diaminschar-

---

1) Alkaliechtheit kommt auch für Seide in Betracht.

lach B (C), Rosazurin G, B (By), Azoorseille R (A), Pyraminorange 3 G (B), Tartrazin O (M), Tartrazin S (B), Hydrazingelb (O),
Azogelb konz. (M), Indischgelb (By), Echtgelb G (By), Chrysophenin (By), Viktoriagelb konz. (M), Oxydianilgelb O (M), Dianilgelb 3 G (M), Alizaringelb GGW auf Chrom (M), Beizengelb O auf
Chrom (M), Chrysamin R auf Chrom (By), Chromechtgelb GG chromiert (A), Cypergrün B gekupfert (A), Naphtolgrün B (C), Chrompatentgrün A chromiert (K), Walkgrün S (L), Alizarinviridin chromiert (By), Framblau G (By), Lazulinblau R (By), Cyperblau R
gekupfert (A), Sulfonazurin (By), Sulfoncyanin GR, 5 R (By), Toledoblau V chromiert (L), Indigo, Brillant-Alizarin-Cyanin G, 3 G chromiert (By), Brillant-Alizarinblau G chromiert (By), Alizaringranat R
auf Chrom (M), Alizarinbordeaux auf Chrom (By), Diaminechtrot F
auf Chrom (C), Chrombraun RO chromiert (M), Diamantbraun 3 R
chromiert (By), Janusbraun R, B (M), Dianilbraun M, O, B, BD
(M), Säureanthracenbraun R chromiert (By), Palatinchrombraun W
chromiert (B), Säurealizarinbraun B chromiert (M), Metachrombraun (A),
Azo-Alizarin-Corinth eisenchromiert (DH), Alizarinblauschwarz B,
3 B chromiert (By), Phenylaminschwarz 4 B (By), Chromotrop 2 B,
8 B chromiert (M), Chromschwarz B, T gechromkupfert (M), Säure-
Alizarinschwarz R, 3 B chromiert (M), Palatinschwarz A, 3 B chromiert (B), Anthracensäureschwarz LW, ST chromiert (C), Anthracenchromschwarz F, 5 B chromiert (C), Diamantschwarz auf Chrom (By),
Diamantschwarz NG, NK, F, 2 B, GA chromiert (By), Granitschwarz
chromiert (A), Chromechtschwarz chromiert (A), Chrompatentschwarz
T, TG, TB, TR chromiert (K), Domingochromschwarz D chromiert
(L), Alizarinechtschwarz T auf Chrom (By).


**Appreturechtheit.** Alle Gewebe.

Eine genaue Definition für Appreturechtheit läßt sich kaum
geben, da die Appreturmassen in ihren Grundzusammensetzungen
und ihren Reaktionen zu verschieden sind. Es kommen saure und
alkalische, dick- und dünnflüssige Appreturen der verschiedensten
Zusammensetzungen vor; nach der Appretur macht das Gewebe
höhere und geringere Wärme-, Preß- und Dämpf-Prozeduren durch etc.,
so daß eine einheitliche Prüfungsnorm nicht möglich ist. Einen Ausschlag gebenden Aufschluß kann lediglich eine fabrikmäßig durch-
geführte Appretur geben, welche dem entsprechenden Stoff und dem

verlangten Appretureffekt angepaßt ist. — Wollte man dennoch einen Normal-Versuch anstellen, so käme eine schwach essigsaure Stärkeverdickung in Frage. Der gefärbte Stoff oder das Garn müßte durch einen schwach mit Essigsäure angesäuerten Stärkekleister, welcher 20 g Kartoffelstärke im Liter enthält, lauwarm durchgezogen, mit den Händen lebhaft frottiert, abgestreift und über heißem Metall getrocknet, bezw. gebügelt werden. Bei Garn müßte dasselbe mit Weiß zusammen zu einem Zopf verflochten und auf geeignetem Apparat heiß getrocknet werden (z. B. auf mit Dampf geheizten Lüstrier-Walzen o. ähnl.). In diesem Falle würden diejenigen Farbstoffe als appreturecht bezeichnet werden können, welche puncto Säureechtheit „mäßig echt" und puncto Bügelechtheit — echt sind. Die einzelnen Abstufungen wären etwa:

I. Stärkekleister, gefärbte und weiße Faser bleiben unverändert.

II. Stärkekleister und Faser zeigen kaum merkliche Änderung.

III. Stärkekleister und Faser zeigen merkliche Änderung.

IV. Stärkekleister und Faser zeigen starke Änderung.

V. Stärkekleister und Faser zeigen sehr starke Änderung.

H. Lange äußerte sich auf dem Chemie-Kongreß 1903 über die Appreturechtheitsprüfung von Seidenfärbungen wie folgt:

Viele Farben auf Seide dürfen durch das Cylindrieren, d. h. das Passieren der Ware auf einem mit Dampf geheizten Cylinder und Sengen auf einer Gassengmaschine nicht dauernd verändert werden. Die Farben, die bügelecht sind, werden dieser Anforderung im allgemeinen entsprechen. Der Versuch kann ausgeführt werden, indem ein Strang Seide 4—5 mal rasch durch eine Gasflamme passiert (Sengen) und langsam über ein Dampfrohr gezogen wird. (Cylindrieren.)

Die Beständigkeit der Farben gegen Spritzappret oder gegen die sonst in der Seidenappretur gebräuchlichen Mittel kann nur in der Appretur mit Sicherheit geprüft werden, da die Zusammensetzung der Appreturmassen eine außerordentlich verschiedene ist. Im allgemeinen kommen bei Appreturmassen Tragantschleim unter Zusatz von Ricinusöl oder Stärkepräparate, z. B. mit Natronlauge aufgeschlossene Stärke oder Dextrin eventuell in Verbindung mit Leim in Anwendung. Eine Prüfung in dieser Hinsicht wird für den Koloristen einer Farbenfabrik kaum notwendig sein, da ja bei seidenen oder halbseidenen Waren meistens nur die linke Seite mit Appreturmasse in Berührung kommt.

## Bügelechtheit[1]). Baumwolle.

Die Bügelechtheit wird ermittelt durch Beobachtung der Farbenveränderung nach Aufsetzen eines stark erhitzten Bügeleisens. Es bedeutet:

I. Die Nuance wird bei heißem Bügeln und Pressen nicht verändert.

II. Die Nuance wird durch Bügeln wenig verändert, der Farbton kehrt rasch zurück.

III. Die Nuance wird durch Bügeln stark geändert, doch kehrt der ursprüngliche Farbton rasch zurück.

IV. Die Nuance wird durch heißes Bügeln dauernd, aber schwach geändert.

V. Die Nuance wird durch heißes Bügeln dauernd und stark geändert.

Als total bügelecht können in diesem Sinne z. B. folgende Farbstoffe bezeichnet werden (auf Baumwolle gefärbt).

Titanrot 3 B (H), Deltapurpurin G (By), Brillant-Kongo B (By), Tanninorange R (C), Dianilorange G (M), Pyraminorange 3 G (B), Kongo-Orange G (By), Oxydiaminorange G, R (C), Janusgelb G, R (M), Phosphin, Thioflavin S (C), Dianilgelb 3 G, R (M), Primulin, Diamingelb N (C), Diaminechtgelb A, B (C), Chrysamin R (By), Brillantgelb (L), Diamingoldgelb (C), Diphenylcitronin (G), Thiazolgelb (B), Chloramingelb (By), Oxydiamingelb GG (C), Mimosa (G), Hessisch-Gelb (L), Baumwollgelb G, GR (B), Clayton-Gelb (Cl), Alkaligelb R (D), Mikadogelb (L), Oxyphenin (Cl), Direktechtgelb (L), Dianildirektgelb (M), Curcumin S extra, W (L), Chloropheningelb (Cl), Direktgelb J (P), Dianilgelb 3 G, R (M), Alizaringelb GG, R (M), Malachitgrün, Brillantgrün, Caprigrün (L), Methylengrün extra gelblich (M), Janusgrün G (M), Dianilgrün G (M), Katigengrün 2 B (By), Katigenolive (By), konz. Baumwollblau R (M), Reinblau R (M), Setoglaucin (G), Türkisblau BB (By), Brillantbenzoblau 6 B (By), Chicagoblau B gekupfert (A), Alizarinblau SB (M), Alizarindunkelblau S (M), Indigo, Immedialblau C (C), Pyrogenblau R (J), Immedialreinblau (C), Melanogenblau B (M), Kryogenblau R, G (B), Alizarinmarron (M), Janusbraun R (M), Benzochrom-

---

1) Kommt auch in zweiter Linie für Wolle und Seide in Betracht.

braun 5 G (By), Oxydiaminbraun G (C), Diaminnitrazolbraun RD (C), Mikadobraun B, G, M (L), Toluylenbraun B, R, M (O), Neutoluylenbraun R, BBO, B (O), Chicagobraun B, 2 G (G), Dianilbraun 5 G (M), Baumwollbraun V entw. $+$ $\beta$-Naphtol (C), Diamin-Katechu $+$ $\beta$-Naphtol (C), Diaminnitrazolbraun RD $+$ Azophor (C), Alizarinbraun Teig (M), Sulfogenbraun G, B, D (J), Sulfanilinbraun 4 B (K), Thiogenbraun R (M), Katigenschwarzbraun N (By), Katigenchrombraun 5 G (By), Katigengelbbraun 2 G (By), Immedialbraun B (C), Immedialbronze A (C), Azophorschwarz S (M), Immedialschwarz V extra, G extra, FF extra (C), Pyrogenschwarz B, G (J), Katigenschwarz SW, TG (By), Noir Vidal (P), Melanogen G, T gekupfert (M).

## Chlorechtheit. Baumwolle.

Die Chlorechtheit wird gemessen nach den Nuancenveränderungen, die die Behandlung der Ausfärbungen oder Drucke mit Chlorkalklösung von 1° Bé und 0,1° Bé während einer Stunde in der Kälte hervorbringt. Die Chlorlösung wirkt im allgemeinen auf Druckfarben schwächer als auf im Farbbad erzeugte Färbungen. (A. Lehne trocknet obendrein nach dem Chloren bei 100° C. auf dem Dampfcylinder.) Es bedeutet:

I. Hält 1° Chlorkalklauge ohne oder ohne nennenswerte Nuancenveränderung aus.

II. Hält 0,1° Chlorkalklösung aus, verändert sich wenig durch 1° Chlorkalklösung.

III. Verändert sich wenig durch 0,1°, stark — durch 1° Chlorkalklösung.

IV. Verändert sich stark durch 0,1°, wird durch 1° Chlorkalklösung ganz zerstört.

V. Wird schon durch Chlorkalkl. 0,1° Bé gänzlich zerstört.

Nach dieser Prüfung sind als sehr chlorecht (I) z. B. folgende Farbstoffe zu bezeichnen:

Paranitranilin $+$ $\beta$-Naphtol (Azophorrot), Alphanaphtylaminbordeaux $+$ $\beta$-Naphtol, Metanitranilin $+$ $\beta$-Naphtol (Azophororange), Diaminorange G (C), Mikadoorange G (L), Chloraminorange G (By), Primulin O gechlort (M), Diaminechtgelb A, B (C), Chrysophenin (By), Diamingoldgelb (C), Diphenylcitronin (G), Diphenylechtgelb (G), Polyphenylgelb 3 B konz. (G), Aurophenin O (M), Oxydianilgelb O

(M), Chloramingelb (By), Mikadogelb (L), Oxyphenin (Cl), Curcumin S extra (L), Chloropheningelb (Cl), Direktgelb J (P), Indanthren C, X wird vorübergehend grün, durch Hydrosulfit kehrt die ursprüngliche Farbe wieder zurück (B).

Nach H. L a n g e (l. c.) soll das Chloren nur mit schwacher Chlorkalklösung vorgenommen werden, und es dürfte die Behandlung mit einer $1/2^0$ Bé starken Lösung 2—3 Stunden genügen. Hier ist weiße Baumwolle mitzuchloren. Nach dem Chloren wird mit Schwefelsäure oder Salzsäure schwach abgesäuert. Auch die Behandlung mit einer $1^0$ Bé starken Chlorkalklösung 1 Stunde lang wird ein genügendes Bild über die Chlorechtheit geben. Für Druckfarben wird oft Chlorechtheit verlangt, weil die Stücke nach dem Drucken im Dampf nachgechlort werden. Für diese Prüfung wird der Farbstoff aufgedruckt, nach dem Fixieren durch eine Chlorkalklösung $1/2^0$ Bé stark genommen und dann einige Minuten gedämpft, gut ausgewaschen und eventuell mit Essigsäure abgesäuert.

## Dampf- und Dekaturechtheit. Alle Gewebe.

Auf Dampf- und Dekaturechtheit läßt sich im kleinen ohne die entsprechenden Apparate kaum einwandfrei prüfen. Es empfiehlt sich deshalb (wie bei der Prüfung auf Appreturechtheit) die Ausfärbung auf Stück im Fabrikbetriebe selbst zu prüfen, indem eine Probe durch Dämpfen zwischen den Lagen eines im großen zu dämpfenden Stückes geprüft wird, wobei sich die Farbe nicht verändern darf. Da ungefärbte Wolle unter Umständen selbst schon durch Dekatieren gelber wird, erscheint es geboten, daneben eine Probe ungefärbten gleichen Stoffes zu dämpfen. Die meisten Farbstoffe halten die Dekatur bequem aus, besonders diejenigen Farbstoffe, welche bügelecht sind, ohne gerade sehr bügelecht zu sein.

Die Unterabteilungen lassen sich wie bei Bügelechtheit machen.

I. Verträgt starke Dekatur ohne Änderung der Nuance.

II. Verträgt starke Dekatur ohne dauernde Änderung der Nuance.

III. Wird während der Dekatur stark geändert, Nuance kehrt rasch wieder.

IV. Erleidet durch Dekatur eine dauernde, aber geringe Änderung.

V. Erleidet durch Dekatur eine dauernde starke Änderung.

Nach H. Lange (l. c.) kommt Naß- und Trocken-Dekatur in Frage. Es wird ein Muster mit weißer Wolle, Baumwolle, Seide in passender Weise vereinigt, in kochend heißes Wasser gelegt, öfters mit den Händen wie beim Walken behandelt, und in dem Wasser erkalten lassen. Ein zweites Muster wird in nassem und ein drittes in trockenem Zustande $1/2$ Stunde gedämpft. Ist ein Dekaturcylinder vorhanden, so geschieht das Dämpfen auf diesem. Eine genaue Probe auf **Krappechtheit** läßt sich, falls keine Krappmaschine zur Verfügung steht, ausführen, indem man ein Muster öfters durch heißes Wasser nimmt und jedesmal zwischen den Walzen einer Quetsche scharf auspreßt.

Gefärbte Baumwolle, welche dekatiert werden soll, darf keine Mineralsäuren und keine starken organischen Säuren enthalten, da beim Dämpfen durch diese Säuren eine Schwächung der Faser (Karbonisation) leicht eintreten kann. Bei Schwefelfarben, welche mit Wolle verwebt dekatiert wurden, ist diese Schwächung der Faser öfters vorgekommen.


**Degummierungs- oder Entbastungsechtheit.** Seide, Baumwolle.

Gefärbte Seide und Baumwolle wird häufig für Effekte ganz- oder halbseidener Waren verwebt, die aus roher Grège-Kette und Baumwollen- oder Seideneinschlag hergestellt sind. Nach dem Weben werden die Stücke entbastet; hierbei müssen die Farben eine 2 stündige Behandlung in einem kochend heißen Seifenbad von 15 g Marseiller- seife im Liter aushalten, ohne allzuviel an ihrer Farbe einzubüßen und ohne die weiße Seide oder Baumwolle anzufärben. Die Prüfung wird dementsprechend ausgeführt. (H. Lange l. c.).


### Egalisierfähigkeit[1]). Wolle.

Die Egalisierfähigkeit dient zur Beurteilung der Brauchbarkeit für Modefarben und volle Farben, für leicht und schwer egalisierende Waren beim Färben im sauren Bade.

    I. Der Farbstoff egalisiert auf allen Stoffen, in den hellsten Tönen, in frischen und alten Bädern.

    II. Der Farbstoff egalisiert in mittleren Tönen bei Kochhitze, auf alten Bädern auch in kleinen Zusätzen.

---

[1]) Kommt auch für andere Fasern (Baumwolle, Seide) in Betracht.

III. Der Farbstoff egalisiert in mittleren Tönen und auf alten Bädern bei Kochhitze, ist aber für zarte Modefarben ungeeignet.

IV. Der Farbstoff egalisiert in dunkleren, volleren Tönen bei Kochhitze, jedoch ist schwächerer Säurezusatz oder niedere Eingangstemperatur bei schwer egalisierender Ware erforderlich.

V. Der Farbstoff egalisiert schwer, Zusätze bei Kochhitze sind unzulässig, schwer egalisierende Waren werden nicht durchgefärbt. Dieselben können aber bei Einhaltung besonderer Färbemethoden sehr gut egalisieren.

Farbstoffe, welche sehr gut egalisieren (I), sind z. B. folgende: Fuchsin, Neufuchsin O (M), Rhodamin extra (M), Rhodamin B (B), Echtsäureeosin G (M), Echtsäurephloxin A (M), Säure-Rhodamin R (B) (J), Echtsäurefuchsin G (M), Azokarmin (B), Rosindulin SS (K), Auramin, Phosphin, Chinolingelb (B) (M), Alizarin-Saphirol SE (By), Echtsäureblau B (By), Alkaliblau, Methylalkaliblau MLB (M), Patentblau N, V (M), Neu-Patentblau B, 4 B (M), Cyanin B (M), Cyanol extra (C), Eriocyanin (Gy), Echtsäureviolett 10 B (By), Alkaliviolett O (M), Chromogen I (M).

## Karbonisierechtheit. Wolle.

Die Färbungen werden mit Schwefelsäure von $3^0$ Bé gut getränkt, scharf abgewunden, 2 Stunden bei $80^0$ C. im Trockenschrank karbonisiert, mit verdünnter Sodalösung ($3^0$ Bé) neutralisiert, gespült, getrocknet und geprüft. Zur Erkennung des richtigen Karbonisierungsgrades werden einige Baumwollfäden in die Stoffprobe eingezogen, an deren Verkohlung der Grad der Karbonisur erkannt wird. Es bedeutet:

I. Keine Änderung der Nuance.

II. Geringe Änderung der Nuance.

III. Beträchtliche Änderung der Nuance.

IV. Sehr starke Änderung der Nuance.

V. Totale Farbenzerstörung oder Farbenumschlag.

Nach diesen Vorschriften geprüft, sind z. B. folgende Farbstoffe Ia echt.

Ponceau B extra, GG, G, R, 2 R, 3 R, 4 R (M), Ponceau 10 RB (A), Walkrot R (D), Neucoccin O (M), Coccinin O (M), Viktoria-

scharlach G, 2 R, 4 R, 6 R (M), Croceinscharlach 3 BX (By), Brillantbordeaux S (A), Amidonaphtolrot G (M), Azoeosin (By), Brillant-
sulfonrot B (J), Orange G, R (M), Orange ENL (C), Brillantorange
G, O, R (M), Tartrazin O (M), Tartrazin S (B), Hydrazingelb (O),
Flavazin S (M), Azogelb konz. (M), Indischgelb (By), Azoflavin FF
(B), Walkgelb O (C), Alizarincyaningrün auf Chrom, oder nachchromiert, oder gefluorchromt oder direkt sauer gefärbt (By), Neuviktoriablau B (By), Viktoriablau R (B), Alkaliblau 2, 6, R (M),
Alkaliblau, Methylalkaliblau MLB (M), Wasserblau SV (M), Wasser-
blau (B), Bleu de Lyon RR (M), Opalblau (M), Vollblau O (M), Indigo-
karmin, Echtblau G extra, O, D, 5 R extra (M), Echtblauschwarz O
(M), Echtdunkelblau R (M), Framblau G (By), Alizarinblau SBW,
SRW, DNW, R, F, A auf Chrom (M), Indigo, Alizarinblau GW
dopp. (By), Alizarindunkelblau S auf Chrom (M), Säure-Cerise N (M),
Säureviolett 7 BN, 5 BF (M), Säureviolett 5 BF chromiert (M), Alkali-
violett O (M), Säure-Alizaringranat R chromiert (M), Chrombraun
RO, BO chromiert (M), Chromogen I chromiert (M), Tiefschwarz
(M), Anthracitschwarz B (C), Naphtolblauschwarz (C), Phenolblau-
schwarz 3 B (By), Phenolschwarz SS (By), Phenylaminschwarz 4 B,
T (By), Biebricher Patentschwarz BO, 3 BO, 4 BN (K), Chromotrop
7 B chromiert, 10 B chromiert (M), Chromschwarz B und T gechrom-
kupfert (M), Säure-Alizarinschwarz R, 3 B, 3 B extra chromiert (M),
Palatinschwarz A, 3 B chromiert (B), Alizarinchromschwarz W chro-
miert (B), Granitschwarz chromiert (A), Chromechtschwarz chromiert
(A), Alizarinschwarz SW, WR auf Chrom und WR chromiert (B).

Nach H. Lange (l. c.) kommt hauptsächlich die Einwirkung
der Schwefelsäure beim Karbonisieren, oder für weniger säureechte
Farben die Einwirkung des Chloraluminiums oder des Chlormag-
nesiums in Betracht. Die Wolle wird zur Prüfung mit 4—6° Bé.
starker Schwefelsäure getränkt, die überschüssige Schwefelsäure gut
ausgedrückt und bei 80—90° C. getrocknet. Bei der Prüfung mit
Chloraluminium oder mit Chlormagnesium wendet man eine Lösung
von 5—7° Bé an und trocknet bei etwas höherer Temperatur, bei
etwa 110° C. Nach dem Karbonisieren werden die Muster gespült
und die mit Schwefelsäure behandelten mit etwas schwacher Sodalösung neutralisiert und wieder gespült. Die mit Chloraluminium
oder Chlormagnesium karbonisierten werden dagegen mit Walkerde
gewaschen.

## Laugenechtheit und Mercerisierechtheit. Baumwolle.

Hin und wieder wird von einer Farbe auch Laugenechtheit verlangt, d. h. die Farbe soll in einer kalten Natronlauge von 25—30° Bé, wie sie zum Mercerisieren benutzt wird, nicht wesentlich verändert werden und soll sämtliche Manipulationen aushalten, die beim Mercerisieren zur Erzeugung von Seidenglanz in Frage kommen. Die Prüfung wird dem Mercerisierprozeß entsprechend vorgenommen, indem die Baumwolle mit weißer Baumwolle zusammen verflochten, etwa 5—10 Minuten mit Natronlauge behandelt, dann mit kaltem, hierauf mit warmem Wasser ausgewaschen und zum Schluß mit Essigsäure abgesäuert wird.

Ob eine Färbung mit roher Baumwolle verwebt, das Bleichen der letzteren im Stück aushält, läßt sich feststellen durch Ausführung des Bleichprozesses. Das Kochen einer Probe, 2 Stunden lang, mit Natronlauge 2° Bé stark vor dem Chloren gibt gleichzeitig noch Aufschluß über die Echtheit gegen kochende Alkalien.

Färbungen auf Leinen und Ramie werden in derselben Weise geprüft wie Baumwollfärbungen.

Für Jute kommen diese Echtheitsprüfungen wenig in Betracht. Hier würde es sich besonders darum handeln, daß die Färbungen wasserecht, eventuell wasch- und lichtecht sind. Gerade dadurch, daß Jutefärbungen, die zu Streifen in Mehlsäcken Verwendung fanden, nicht genügend wasserecht waren, haben sich einige Male recht große Unannehmlichkeiten herausgestellt, indem das Mehl durch die nicht wasserechte Farbe angefärbt wurde. (H. Lange, V. Int. Kongr. f. angew. Chemie. Berlin, 1903.)

## Lichtechtheit, Luftechtheit, Wetterechtheit. Alle Fasern.

Die Ausfärbungen werden auf einem glatt gehobelten Brett oder Pappdeckel nebeneinander befestigt, etwa zur Hälfte mit Karton fest bedeckt und zusammen mit bekannten Lichttypen (Indigoblau, Alizarinrot, Waugelb, Tartrazin u. s. w.) dem Licht, der Luft, dem Wetter gleichmäßig ausgesetzt. Färbt man auf Stoffe, so lassen sich diese sehr leicht belichten, indem man sie auf gutem Pappdeckel oder auf Brettern aufheftet und zur Hälfte zudeckt, um gleich auf einem Muster den Vergleich der belichteten gegen nichtbelichtete Ware zu haben. Will man Garne belichten, so müssen diese zuerst auf Brettchen oder Pappe straff aufgewickelt werden, sodaß die Fäden möglichst in derselben Lage bleiben; auch hier kann die Hälfte des Musters zugedeckt werden. Man kann auch zwei Kärtchen zu gleicher Zeit aufwickeln, hiervon das eine aufbewahren und das andere belichten. Die Himmelsrichtung sei tunlichst Süden, die Jahreszeit — Sommer oder Frühling, das Licht — möglichst direkt und intensiv. Die Belichtung ist eine kontinuierliche, d. h. dauert Tag und Nacht fort etc. — Geschieht die Belichtung unter Glas, so nennt man es Lichtechtheit; geschieht sie an freier Luft, aber vor Regen, Staub etc. geschützt, so nennt man es — Luftechtheit; geschieht sie im Freien unter Aussetzung allen Wetterunbilden, so nennt man es — Wetterechtheit. — Im allgemeinen wird aber fehlerhafterweise auch da „Lichtechtheit" gesagt, wo man „Luft-" oder „Wetterechtheit" meint. — Die Ansichten sind geteilt, ob man die maßgebende Prüfung (ganz gleich, ob man sie Licht-, Luft- oder Wetterechtheit bezeichnet) unter Glas, oder im Freien geschützt, oder im Freien ungeschützt auszuführen hat? Logisch und praktisch erscheint es allerdings folgerichtiger, die Belichtung im Freien auszuführen, dagegen sprechen andere Bedenken ganz energisch dagegen. So werden z. B. durch das Belichten im Freien fremde und unnötige Wirkungsmomente eingeführt, welche nicht kontrollierbar, nicht meßbar und nie gleich gehalten werden können (Rauchgase, saure alkalische Atmosphärilien, Staub, Regen etc.). Man arbeitet auf solche Weise heute unter ganz anderen Verhältnissen wie morgen, hier anders — wie dort; man erhält und muß ungleichmäßige, widersprechende Resultate erhalten, was bei einer Belichtung unter Glas, oder in geschützter freier Luft nicht der Fall ist. Es ist demnach entschieden der Prüfung unter Glas oder in (von Rauch, Staub, Großstadt- und Industriestadt-Atmosphärilien) geschützter freier Luft der Vorzug zu geben. (Näheres s. im Spezial-Kapitel „Lichtechtheit".)

Verbrauchsgegenstände, die der Witterung ausgesetzt werden, müssen lichtechter sein, als diejenigen, die nur mit dem Licht in Wohnräumen in Berührung kommen. Es ist daher nach H. Lange zweckmäßig, die Belichtung doppelt vorzunehmen, und zwar einmal unter Glas, so daß nur die Einwirkung des Lichtes konstatiert wird, das andere Mal im Freien, um zugleich mit der Einwirkung des Lichtes auch die der Witterung feststellen zu können. Da es nicht leicht ist, zwei verschiedene Farbstoffe in gleicher Tiefe auszufärben, so empfiehlt Lange, je drei Färbungen, eine helle, eine mittlere und eine dunkle, anzufertigen. Bei sehr wichtigen Untersuchungen ist es sogar ratsam, Schattierungen von 10 Tönen von hell bis dunkel zu färben und diese vergleichsweise zu belichten.

Die dem Licht ausgesetzten Muster müssen von Zeit zu Zeit beobachtet und die Veränderungen festgelegt werden. Letzteres kann dadurch geschehen, daß alle 8 Tage ein Streifen des belichteten Stoffes fest zugedeckt wird. Belichtet man z. B. 4 Wochen und deckt alle 8 Tage einen Streifen zu, so sieht man nachher auf demselben Muster die Veränderung, die die Farbe nach 8 Tagen, nach 14 Tagen, nach 3 Wochen und nach 4 Wochen erlitten hat.

Die Prüfung auf Licht- und Wetterechtheit geschieht bei Seide in derselben Weise. Nur hat der Seidenfärber, der nicht allein die Seide färben, sondern auch beschweren muß, noch zu berücksichtigen, daß außer der Veränderung der Farbe durch das Licht die Haltbarkeit der Seide nach der Beschwerung nicht zu sehr durch Witterungseinflüsse beeinträchtigt werden darf. Es kann eine Farbe, auf unbeschwerte Seide gefärbt, genügend lichtecht sein, während sie auf beschwerte Seide gefärbt, den Anforderungen nicht genügt. Die Feststellung genügender Haltbarkeit gefärbter und beschwerter Seide nach längerer Einwirkung des Lichtes muß durch Reißversuche belichteter und nicht belichteter Seide festgestellt werden. Zum Vergleich wird zweckmäßig noch in derselben Farbe gefärbte nicht beschwerte Seide hinzugenommen.

Die Lichtechtheits-Ansprüche, die an Wollfärbungen gestellt werden, sind höher, als die an Baumwollfärbungen gestellten, weil die Wollfärbungen, mit denselben Farbstoffen gefärbt, meist an sich schon wesentlich lichtechter sind. Man kann bei diesen zwei Grundfasern z. B. folgende Echtheitsgrade festlegen.

Wolle:
    I. Keine merkliche Änderung nach 1 Monat.
   II. Geringe Änderung nach 1 Monat.
  III. Merkliche Änderung nach 1 Monat, nach 14 Tagen geringe Änderung bemerkbar.
  IV. Starke Änderung nach 14 Tagen.
   V. Starke Änderung nach 3—7 Tagen, nach 1 Monat total verblichen.

B a u m w o l l e:

    I. Keine oder nur unmerkliche Änderung nach 1 Monat.

    II. Ziemliche Änderung nach 1 Monat, geringe — nach 14 Tagen.

    III. Starke Änderung nach 14 Tagen, geringe — nach 8 Tagen.

    IV. Starke Änderung nach 8 Tagen.

    V. Starke Änderung nach 1 Tage.

**Regenechtheit.** Wolle, Baumwolle, Seide.

Diese muß für diejenigen Gewebe, die häufig dem Regen ausgesetzt sind, eine größere sein, als für diejenigen, die nicht durch Regen benetzt werden. Besonders Buntgewebe, Fahnenstoffe u. s. w. müssen regenecht sein, sodaß sie das vollständige Durchnässen mit Regen und das langsame Trocknen bei gewöhnlicher Temperatur ohne auszulaufen (zu bluten) aushalten können. Zur Ausführung der Prüfung auf Regenechtheit wird nach L a n g e (l. c.) zweckmäßig eine Färbung auf weiße Wolle, Baumwolle und Seide aufgenäht oder eine Garnfärbung mit den Garnen verflochten und dann durch Bespritzen mit Regenwasser vollständig durchnäßt oder dem Regen ausgesetzt und hierauf langsam bei gewöhnlicher Temperatur getrocknet. Dieser Versuch ist mehrmals zu wiederholen, da bei Säurefarbstoffen das Bluten der Farbe oft erst dann eintritt, wenn die von der Färbung noch im Stoff befindliche Säure durch den Regen herausgewaschen ist. Als Parallelversuch kann auch noch je ein Muster längere Zeit in Regenwasser eingelegt und nach dem Herausnehmen langsam getrocknet werden.

Die Beobachtungen beziehen sich auf Nuancenänderung und Ausbluten auf Weiß.

  a) N u a n c e n ä n d e r u n g:

    I. Es findet keine Änderung der Nuance statt.

    II. Es findet sehr geringe Änderung der Nuance statt.

    III. Es findet merkliche Änderung der Nuance statt.

    IV. Es findet starke Änderung der Nuance statt.

    V. Es findet totales Abziehen der Färbung statt.

  b) A u s b l u t e n a u f W e i ß:

    I. Es findet kein Bluten statt.

    II. Es findet sehr geringes Bluten statt.

III. Es findet merkliches Bluten statt.

IV. Es findet starkes Bluten statt.

V. Es findet totales Ausbluten statt.

## Reibechtheit. Baumwolle.

Die Reibechtheit der Baumwollfärbungen wird beurteilt nach dem Effekt, der durch kräftiges Reiben (etwa 10—20 mal hin und her) der trockenen Färbung auf weißem Baumwollstoff (umgekehrt ist die Wirkung eine viel stärkere) entsteht. Die Grade der Reib- oder Rußechtheit werden bezeichnet mit:

I. Reibt in satten Tönen nicht ab.

II. Reibt in satten Tönen wenig ab.

III. Reibt in satten Tönen merklich ab.

IV. Reibt in mittleren Tönen merklich ab.

V. Reibt in mittleren Tönen sehr stark ab.

Farbstoffe, die in diesem Sinne sehr reibecht (I) sind, sind z. B.: Geranin G (By), Rosazurin G (By), Brillantgeranin 3 B (By), Toluylenrot 8 B (O), Columbiaechtscharlach 4 BS (A), Lachsrot (NJ), Thiazinrot R (B), Alkalirot (D), Dianilorange G (M), Mikadoorange G (L), Chicagoorange G (G), Benzoechtorange S (By), Dianilgelb 3 G direkt oder chromiert, 2 R direkt (M), Polyphenylgelb 3 G konz. (G), Oxydianilgelb O (M), Dianilgrün G direkt oder chromiert (M), Diaminreinblau FF (C), Dianilblau B, R, G (M), Brillantbenzoblau 6 B direkt oder gekupfert (By), Dianildunkelblau R gekupfert (M), Chicagoblau B gekupfert (A), Indanthren X (B), Dianilbraun R direkt (M), Diaminbraun M gechromkupfert (C), Benzoschwarzblau 5 G gekupfert (By), Diaminogenblau BB + $\beta$-Naphtol (C), Sambesireinblau 4 B + $\beta$-Naphtol (A), Dianilschwarz gechromkupfert (M).

## Reibechtheit[1]). Wolle.

Das Abrußen oder Abreiben der Wollfärbungen wird durch kräftiges Reiben der trockenen Färbung auf Leinwand geprüft. Die einzelnen Echtheitsklassen sind:

I. Reibt absolut nicht ab.

II. Reibt in satten Tönen wenig ab.

III. Reibt in satten Tönen merklich ab.

IV. Reibt in mittleren Tönen stark ab.

V. Reibt sehr stark ab; auch in hellen Tönen merklich.

---

[1]) Auch für Seidenfärbungen von Bedeutung.

Als total reibechte Wollfarbstoffe sind z. B. folgende zu bezeichnen: Säurefuchsine z. B. 3 G, extra (M), Ponceau GG, G, R, 2 R, 3 R, 4 R, 5 R, 6 R (M), Palatinscharlach (B), Wollrot B (C), Kristall-Ponceau 6 R (C) (M), Ponceau 10 R B (A), Neucoccin O (M), Coccinin (M), Viktoria-Scharlach G, 3 G, 2 R, 4 R, 6 R (M), Brillant-Crocein bläulich (M), Croceinscharlach 3 B, 3 B X, 7 B (By), Brillant-Karmesin B, O (M), Azorubin S (A), Azorubin A (C), Brillantbordeaux S (A), Amaranth O, G (M), Naphtolrot O (M), Naphtylaminrot G (B), Naphtorubin O (M), Palatinrot (B), Brillant-Orseille C (C), Azo-Orseille R (A), Biebricher Säurerot 3 G (K), Alkaliechtrot R (M), Azosäurekarmin B (M), Echtsäurefuchsin B (By), Lanafuchsin SB, SG (C), Tolanrot B (K), Amidonaphtolrot G, 6 B (M), Azogrenadin L (By), Azokorallin (D), Guineakarmin B (A), Guinearot 4 R (A), Chromazonrot (G), Brillantsulfonrot B (J), Floridarot B, G (L), Chromotrop 2 R, 2 B, 6 B, 8 B, 10 B sauer gefärbt (M), Orange G (M), Tartrazin O (M), Tartrazin S (B), Hydrazingelb (O), Cypergrün B, R (A), Echtsäureblau B (B), Indigokarmin, Azosäureblau B (M), Azosäureblau 6 B (By), Periwollblau B (C), Sulfoncyanin G, GK, 3 R, 5 R (By), Sulfonsäureblau B, R (By), Lanacylblau 2 B, R, B (C), Lanacylmarineblau B, 3 B (C), Säureviolett 3 RS, 4 RS (M), Azosäureviolett R extra, 4 R (By), Echtsulfonviolett 4 R (J), Viktoriaviolett 4 BS, 8 BS (M), Azosäureschwarz B, G, R, BL, GL, GR (M), Brillantschwarz B, E (B), Naphtolschwarz B, 3 B, 6 B (C), Biebricher Patentschwarz BO, 3 BO (K).

**Säureechtheit.** Baumwolle.

Salzsäure- und Essigsäureechtheit.

a) Die Salzsäureechtheit wird beurteilt nach der Nuancenänderung, die das Betupfen mit einer verdünnten Salzsäure, die im Liter 100 ccm konz. Salzsäure von 22 ° Bé enthält, hervorbringt. Die Nuancenverschiebung wird ca. 10 Minuten nach dem Betupfen beobachtet. Es bedeutet:

I. Es findet keine Nuancenänderung statt.

II. Es findet geringe Nuancenänderung statt.

III. Es findet deutliche Nuancenänderung statt, aber noch nicht eine Farbe des Spektrums betragend.

IV. Es findet Änderung um eine volle Farbe des Spektrums statt.

V. Es findet totaler Farbenumschlag oder Zerstörung der Farbe statt.

b) Die Essigsäureechtheit wird beurteilt nach der Nuancenänderung, die durch Betupfen mit Essigsäure von $8^0$ Bé hervorgebracht wird und nach 10 Minuten zur Beobachtung gelangt. Es bedeutet:

I. Es findet keine Änderung der Nuance statt.

II. Es findet geringe Änderung der Nuance statt.

III. Es findet deutliche Änderung der Nuance statt.

IV. Es findet Änderung der Nuance um eine Farbe des Spektrums statt.

V. Es findet totaler Farbenumschlag statt.

Zu den Farbstoffen, welche Ia säureecht (salzsäureecht I) sind, gehören z. B. folgende:

Columbiaechtscharlach 4 BS (A), Thiazinrot G, R (B), Tronarot GG (By), Purpuramin DH (DH), Rosophenin (Cl), Primulin O + $\beta$-Naphtol + Solidogen (M), Alpha-Naphtylaminbordeaux + $\beta$-Naphtol (M), Paranitranilin + $\beta$-Naphtol, Dianilorange G (M), Azophosphin GO auf Tannin (M), Dianilgelb 2 R (M), Primulin O gechlort (M), Diaminechtgelb A (C), Diphenylcitronin (J), Oxydianilgelb O (M), Mikadogelb (L), Oxyphenin (Cl), Dianildirektgelb S (M), Curcumin S extra (L), Direktgelb J (P), Methylengrün extra grünl. auf Tannin (M), Benzodunkelgrün direkt oder chromiert (By), Benzoolive (By), Solidgrün O chromiert (M), Dianilblau R, B, G direkt (M), Chicagoblau 4 B direkt (A), Kongoechtblau B (A), Brillantbenzoblau 6 B (By), Brillant-Azurin 5 B (By), Diamineralblau R, B (C), Benzoindigoblau (By), Benzocyanin R (By), Dianildunkelblau R (M), Dianilblau 2 R gechromt (M), Indigo, Indanthren X (B), Immedialreinblau gechromkupfert (C), Kryogenblau R, G direkt (B), Dianilbraun R direkt (M), Baumwollbraun RV direkt (C), Diaminkatechin G direkt (C), Diaminnitrazolbraun G direkt (C), Toluylenbraun B direkt (O), Dianilbraun BD, G + Azophor (M), Diaminnitrazolbraun B + Azophor (C), Sulfogenbraun B, D direkt (J), Sulfanilinbraun 4 B direkt oder gechromkupfert (K), Thiogenbraun R direkt (M), Katigenschwarz N direkt (By), Katigenchrombraun 5 G gechromkupfert (By), Sambesireinblau 4 B + $\beta$-Naphtol (A), Dianilschwarz PR, PG direkt (M), Dianilschwarz CR chromiert oder + $\beta$-Naphtol (M), Dianilschwarz T + Metaphenylendiamin (M), Diaminschwarz RO + $\beta$-Naphtol oder Metaphenylendiamin (C), Diaminblauschwarz E $+$ $\beta$-Naphtol (C), Diaminogen extra $+$ $\beta$-Naphtol oder Metaphenylendiamin (C), Diaminogen B $+$ Metaphenylendiamin (C), Dianilschwarz PR, PG $+$ Azophor (M), Pyrolschwarz B konz. direkt oder gechromkupfert (L).

### Säureechtheit[1]). Wolle.

Der Stoff, bezw. die Färbung wird mit 12,5 %iger Salzsäure (1 Vol. konz. Salzsäure 22 ⁰ Bé und 2 Vol. Wasser) betupft und die Wirkung nach ca. 2 Stunden beobachtet.

    I. Es findet absolut keine Nuancenänderung statt.

    II. Es findet geringe Nuancenänderung statt.

    III. Es findet deutliche Nuancenänderung statt.

    IV. Es findet Nuancenänderung um eine Farbe des Spektrums statt.

    V. Es findet totaler Farbenumschlag oder Zerstörung der Farbe statt.

Als sehr säureechte Farbstoffe (I) sind in diesem Sinne folgende zu bezeichnen:

Echtsäurefuchsin G (M), Viktoriascharlach 6 R (M), Crocein-scharlach 3 BX (By), Azofuchsin G, B (By), Azoeosin (By), Brillant-sulfonrot (J), Orange G, R (M), Chinolingelb (B) (M), Alizaringrün SW auf Chrom (B), Alkaliblaus, z. B. 2, 4 (M), Methylalkaliblau MLB (M), Opalblau (M), Indigokarmin, Alizarinblau SBW, SRW, R, F, A auf Chrom (M), Indigo, Alizarinblau GW dopp. auf Chrom (By), Alizarindunkelblau S auf Chrom (M), Alizarinindigo-blau SW (B), Chrombraun RO, BO auf Chrom (M), Chromogen I auf Chrom (M), Chromotrop SR, S chromiert (M), Brillantschwarz B, E (B), Wollschwarz (B), Naphtolschwarz E (B), Anthracitschwarz B, R (C), Naphtolschwarz B, 3 B (C), Naphtolblauschwarz (C), Naphtyl-aminschwarz R, S (C), Amidonaphtolschwarz S (M), Neuviktoria-schwarz B (By), Phenolschwarz SS (By), Biebricher Patentschwarz BO, 3 BO, 4 BN (K), Chromschwarz B, T gechromkupfert (M), Säure-Alizarinschwarz R, 3 B gechromt (M), Palatinchromschwarz A, 3 B (B), Alizarinchromschwarz W chromiert (B), Alizarinschwarz SW, WR auf Chrom (B), Alizarinschwarz WR chromiert (B).

Säureechtheit kommt nach Lange für Seide weniger in Frage. Soll die Färbung nur ein Avivagebad aushalten, so wird sie durch ein lauwarmes Bad genommen, das 1 ccm konzentrierte Schwefel-

---

[1]) Auch für Seidenfärbungen von Bedeutung.

säure in einem Liter enthält. Kommt ein Färbebad in Betracht, so wird sie in verdünnter Säure etwa $^1/_2$ bis 1 Stunde lang kochend behandelt.

## Säure-Kochechtheit. Baumwolle.

Die Säure-Kochechtheit, bezw. der Grad derselben wird geprüft durch einstündiges Kochen eines Stranges der gefärbten Baumwolle mit gleichviel weißer Baumwolle und Wolle in einem Bade, das bezogen auf Faser-Gewicht mit 4 $^0/_0$ techn. Schwefelsäure 66$^0$ Bé und 10 $^0/_0$ Glaubersalz bestellt ist. Diese Zahlen beziehen sich auf ein normales Verhältnis von Fasermaterial zu Flotte, wo also mit der ca. 40 fachen Menge Flotte operiert wird. Bei Versuchen mit wesentlich mehr Flotte muß entsprechend modifiziert werden und als Grundverhältnis etwa 1 g techn. Schwefelsäure 66$^0$ Bé und 2,5 g Glaubersalz pro Liter angenommen werden (10 g gef. Bw., 10 g weiße Bw., 10 g weiße Wolle $+$ 1,2 g Schwefelsäure $+$ 3 g Glaubersalz $+$ 1,2 Liter Flotte). Die Prüfung dient zur Beurteilung der Verwendbarkeit für Halbwoll- und Halbseidengewebe, bei welchem Wolle oder Seide im Stück sauer gefärbt wird. Obiges Verhältnis entspricht dem hierbei angewandten saurem Bade. — Die hierbei stattfindenden Veränderungen können doppelte sein: a) Nuancenänderung, b) Bluten auf Weiß.

    a) Nuancenänderungen:
        I. Es findet keine Nuancenänderung statt.
       II. Es findet geringe Nuancenänderung statt.
     III. Es findet deutliche Nuancenänderung statt.
     IV. Es findet Nuancenänderung um eine Farbe des Spektrums statt, oder der Farbstoff wird stark abgezogen.
      V. Es findet totaler Farbenumschlag oder Zerstörung der Farbe statt.
    b) Bluten auf Weiß:
        I. Die Färbung blutet nicht.
       II. Die Färbung blutet wenig.
     III. Die Färbung blutet deutlich.
     IV. Die Färbung blutet stark.
      V. Die Färbung geht zum größten Teil oder ganz auf die Wolle über.

Farbstoffe, welche bezüglich Nuancenänderung und Bluten den Anforderungen I (also I a und I b) entsprechen, sind z. B. folgende:

Katigenolive direkt (By), Katigenolive gekupfert (By), Benzodunkelgrün gechromt (By), Janusblau R auf Antimon-Tannat (M), Indanthren X (B), Sulfogenbraun G, B direkt oder gechromkupfert (J), Sulfanilinbraun 4 B gechromkupfert (K), Thiogenbraun R direkt (M), Thiogenbraun R gekupfert (M), Immedialbraun B gekupfert oder gechromkupfert (C), Immedialbronze A direkt oder gekupfert (C), Pyrolschwarz B konz. direkt (L), Katigenschwarz SW, TG direkt (By), Immedialschwarz V extra, G extra, FF extra gekupfert (C), Pyrolschwarz B konz. gechromkupfert (L), Katigenschwarz SW, TG gekupfert (By), Melanogen G, T gekupfert (M).

## Schwefelechtheit[1]. Wolle.

Der Grad der Schwefelechtheit wird geprüft durch Seifen, Schleudern (bezw. Auswinden) und 12 stündiges Schwefeln in der Schwefelkammer eines Zopfes aus gefärbtem und weißem Wollgarn, sowie weißem Baumwollgarn. Die Beobachtung bezieht sich auf a) Nuancenänderung und b) Ausbluten auf Weiß. Zum Schwefeln wird entweder eine reguläre technische Schwefelkammer benutzt oder eine entsprechende Miniaturvorrichtung geschaffen. Die schweflige Säure wird entweder durch Verbrennen von Schwefel bei kontinuierlicher Luftzufuhr oder durch Zersetzen von Sulfit- bezw. Bisulfitlösungen vermittelst Schwefelsäure erzeugt. Das Erzeugen von schwefliger Säure durch Reduktion von Schwefelsäure mit Kohle ist unhandlicher und beschwerlicher für die kontinuierliche Erzeugung größerer Mengen. — Das Einlegen der Färbung in wässerige schweflige Säure (sp. Gew. 1,032 $= 4^{1}/_{2}{}^{0}$ Bé) während 12 Stunden wirkt wesentlich schwächer und kann nicht mit der Wirkung der Schwefelkammer verglichen werden. — Die Abstufungen der Schwefelechtheit werden wie folgt normiert.

a) Nuancenänderung.

I. Es findet keine Nuancenänderung statt.

II. Es findet geringe Nuancenänderung statt.

III. Es findet merkliche Nuancenänderung statt.

IV. Es findet starke Nuancenänderung statt.

V. Es findet totale Nuancenänderung statt.

---

[1] Auch für Seidenfärbungen von Bedeutung.

b) **Ausbluten auf Weiß.**

    I. Es findet kein Ausbluten statt.

    II. Es findet geringes Ausbluten statt.

    III. Es findet merkliches Ausbluten statt.

    IV. Es findet starkes Ausbluten statt.

    V. Es findet sehr starkes Ausbluten statt.

Farbstoffe, welche als I a und I b-echt (in Nuancenänderung und Ausbluten I echt) zu bezeichnen sind, wären etwa folgende:

Echtsäureeosin G (M), Echtsäurephloxin A (M), Walkrot G, R (C), Walkrot R (D), Cochenille, Anthracenrot auf Tonbeize oder auf Chrombeize (J), Säurealizarinrot G chromiert (M), Dianilorange G direkt (M), Tartrazin O (M), Tartrazin S (B), Hydrazingelb (O), Walkgelb O (C), Oxydianilgelb O (M), Dianilgelb 2 R (M), Flavin, Säure-Alizaringrün G gefluorchromt (M), Alizarin-Cyaningrün direkt oder auf Chrombeize oder nachgechromt oder gefluorchromt (By), Echtsäureblau R konz. (M), Alizarinblau B direkt oder chromiert (By), Neu-Patentblau GA (By), Wollblau 2 B (B), Framblau G (By), Lazulinblau R (By), Sulfonazurin direkt (By), Alizarinblau SBW, SRW, DNW, R, F, A auf Chrom (M), Alizarinblau GW dopp. auf Chrom (By), Alizarindunkelblau S auf Chrom (M), Säure-Alizarinblau BB gefluorchromt (M), Anthracenblau SW gefluorchromt (B), Brillant-Alizarinblau G auf Chrombeize oder nachchromiert (By), Brillant-Alizarinblau R gechromt (By), Säure-Alizarinblau GR gefluorchromt (M), Indigo, Säure-Alizarin-Granat R gechromt (M), Chromogen I gechromt (M), Chrombraun RO, BO gechromt (M), Chrombraun RO mit Chromkali, Schwefelsäure und Milchsäure entwickelt (M), Brillantschwarz B direkt (B), Anthracitschwarz B direkt (C), Naphtolschwarz B, 3 B, 6 B direkt (C), Phenolblauschwarz 3 B direkt (By), Chromotrop 2 B, 8 B, 10 B, SR, S, FB gechromt (M), Chromotrop FB, F 4 B, S mit Chromkali, Schwefelsäure und Milchsäure entwickelt (M), Säure-Alizarinschwarz R chromiert (M), Palatinchromschwarz 3 B chromiert (B), Alizarinchromschwarz W chromiert (B), Granitschwarz A chromiert (A), Chromechtschwarz chromiert (A), Alizarinblauschwarz W auf Chrom (B), Alizarinschwarz SW, WR auf Chrom (B), Alizarinschwarz WR chromiert (B), Alizarinechtschwarz T auf Chrom (By).

Ganz ähnlich ist das Verfahren **Langes** (l. c.). Nach ihm wird die Probe in der Weise ausgeführt, daß die gefärbte Wolle, vereinigt mit weißer Wolle, Baumwolle und Seide, in einem Seifenbad, etwa 6 g Marseillerseife im Liter, geseift, dann ausgedrückt (ausgeschleudert) und hierauf 12 Stunden im Schwefelkasten geschwefelt wird. Schließlich wird gut gespült. Zum Schwefeln für kleine Proben läßt sich sehr gut eine auf einer Glasplatte stehende Glasglocke verwenden, in welcher die Muster auf einem passenden Stock, den man fest andrückt, befestigt werden. In einem Schälchen wird Schwefel durch Entzünden mit einer Gasflamme zum Brennen gebracht und die Glocke mit den Mustern darüber gestülpt.

**Schweißechtheit.** Alle Fasern.
Schweißechtheit und Schweißersatz-Echtheit.

a) Streng genommen müßte die Schweißechtheit eines Farbstoffes nach der Wirkung beurteilt werden, welche menschlicher Schweiß (möglichst andauernd sekretiert) auf die Färbung ausübt. Es wäre dieses aber mit großen Schwierigkeiten und Unregelmäßigkeiten verknüpft. Es sei z. B. darauf hingewiesen, daß der Schweiß in der ersten Periode der Sekretion saurer ist und bei lange andauernder Sekretion neutral bis schwach alkalisch werden kann; ferner daß bestimmte Völkerrassen (Perser, Neger) „alkalischer schwitzen" als die Bewohner der gemäßigten Zonen und die weißen Völkerstämme. Ganz abgesehen davon läßt sich nicht immer und zu jeder Zeit ein genügendes Quantum nascenten Schweißes beschaffen. — Es ist deshalb verschiedentlich z. B. von G. Stein, vorgeschlagen worden, als Ersatz das Pferd zu derartigen Versuchen heranzuziehen und die zu prüfende Färbung zusammen mit Weiß unter den Sattel eines Pferdes zu schnallen, dasselbe bis zur intensiven Schweißsekretion zuzureiten und die Färbung nach dem Trocknen (bei Zimmertemperatur bis 40° C.) auf Nuancenänderung und Ausbluten zu prüfen. Aber auch hier stehen dieselben Schwierigkeiten für eine systematische und jederzeit auszuführende Prüfung entgegen. Außerdem dürfte die Wirkung des Pferdeschweißes anders geartet sein als diejenige des menschlichen Schweißes.

Man ist infolgedessen vielfach gezwungen, zu Ersatzmitteln des Schweißes zu greifen, was um so bedauerlicher ist, als man bezüglich der aktiven Bestandteile der menschlichen Transpirationsprodukte noch gar nicht im klaren ist. Für gewöhnlich nimmt man an, daß die im Schweiß enthaltenen fetten Säuren wie Essig-, Butter-, Caprin-, Capron-Säure etc. diejenigen Bestandteile sind, welche die Farbstoffe in der Schweißwirkung zersetzen oder verändern. Nach den neuen Untersuchungen von P. Sisley (Zeitschrift für Farben- und Textil-Chemie, I. Heft 20 und 21 u. Rev. gén. mat. color. 1902, 6, 239) scheint aber nicht die Fettsäure, sondern dem im Schweiße enthaltenen Kochsalz die Hauptrolle der Schweißwirkung zuzufallen. Diese Frage kann nach den veröffentlichten umfassenden Untersuchungen wenigstens bezüglich der studierten Fälle als feststehend angesehen werden. Sisley stellte u. a. auch fest, daß die von ihm studierten schweißunechten Färbungen durch Kochsalzlösungen von bestimmtem Gehalt genau dieselben Veränderungen durchmachten, wie der naturelle Schweiß und zwar fand er dabei, daß je konzentrierter die Lösung ist, desto schneller die Farbenveränderung vor sich geht.

Die Stofffärbungen wurden von Sisley mit verschiedenhaltigen Kochsalzlösungen betupft, getrocknet, unter Ausschluß von Licht aufbewahrt und von Zeit zu Zeit beobachtet. 25 %ige Kochsalzlösungen zeigten ebenso wie 10 %ige Kochsalzlösungen den der Schweißwirkung analogen Effekt nach 8 Tagen, 5 %ige Salzlösung lieferte eine geringere, 2 1/2 %ige Salzlösung eine noch geringere Veränderung nach 20 Tagen (und nach 2 bis 3 Monaten deutliche Flecken), 1 %ige Salzlösung lieferte dieselben charakteristischen Flecke erst nach 8 Monaten, während 0,5 %ige Salzlösungen auch nach 14-monatlicher Beobachtungszeit keine wahrnehmbaren Veränderungen mehr erzeugten.

Da nun Kochsalz, abgesehen von obigen Untersuchungs-Resultaten, bekanntermaßen ein integrierender Bestandteil des menschlichen Schweißes ist, so empfiehlt es sich entschieden, dasselbe mit in die Schweißersatz-Prüfung hereinzuziehen. Im Gegensatz dazu konnten R. Gnehm, v. Georgievics u. a. die Sisleyschen Mitteilungen nicht bestätigen. Dieselben Färbungen lieferten unter verschiedenen klimatischen und atmosphärischen Verhältnissen z. T. ganz verschiedene Ergebnisse, woraus R. Gnehm seinerseits den Atmosphärilien eine nicht unbedeutende Rolle zusprach.

b) Schweißersatz-Echtheit. Das zu prüfende Muster wird 1 Stunde lang zusammen mit weißer Wolle und Baumwolle in einem 40° C. warmen Bade behandelt, das pro Liter 50 g Essigsäure von 8° Bé (und ev. 100 g Kochsalz) enthält, darauf ausgewunden, getrocknet und von Zeit zu Zeit beobachtet. — Eine Stoffausfärbung wird mit obiger Essigsäure-(Kochsalz)lösung nötigenfalls wiederholt betupft, getrocknet und innerhalb 4 Wochen von Zeit zu Zeit beobachtet. — Die Beobachtungen beziehen sich auf Nuancenänderung und Ausbluten auf Weiß.

a) Nuancenänderung.

I. Es findet keine Nuancenänderung statt.

II. Es findet geringe Nuancenänderung statt.

III. Es findet deutliche Nuancenänderung statt.

IV. Es findet Nuancenänderung um eine Farbe des Spektrums statt, oder die Einbuße der Farbtiefe beträgt die Hälfte.

V. Es findet totaler Farbenumschlag oder sehr starkes Abziehen der Farbe statt.

b) Ausbluten auf Weiß.

I. Es findet kein Ausbluten auf Weiß statt.

II. Es findet geringes Ausbluten auf Weiß statt.

III. Es findet merkliches Ausbluten auf Weiß statt.

IV. Es findet starkes Ausbluten auf Weiß statt.

V. Es findet starkes Ausbluten mit veränderter Farbe statt.

Farbstoffe, die der Echtheit I a und I b entsprechen [1]), sind z. B. (auf Baumwolle fixiert) folgende:

Alizarin (Altrot und Neurot), Rhodamin 4 G, 6 G auf Antimon-Tannat, Janusrot B auf Antimon-Tannat (M), Primulin O $+$ $\beta$-Naphtol $+$ Solidogen (M), Alphanaphtylaminbordeaux $+$ $\beta$-Naphtol (M), Paranitranilin $+$ $\beta$-Naphtol [Azophorrot (M)], Metanitranilin $+$ $\beta$-Naphtol [Azophororange (M)], Auramin auf Antimon-Tannat, Azophosphin GO auf Antimon-Tannat (M), Patentphosphin G auf Antimon-Tannat (J), Primulin O gechlort (M), Polyphenylgelb 3 B konz. (G), Direktgelb J (P), Alizaringelb GG auf Chrom (M), Janusgrün G auf Antimon-Tannat (M), Columbiagrün (A), Coerulein A chromiert (M), Katigengrün 2 B direkt oder gekupfert (By), Katigenolive direkt oder gekupfert (By), Janusblau B, R (M), Dianilblau B, 2 R gechromt (M), Alizarinblau SB gechromt (M), Alizarindunkelblau S gechromt (M), Indigo, Indanthren X (B), Melanogenblau B $+$ Fixiersalz M (M), Kryogenblau R, G direkt (B), Janusbraun R, B auf Antimon-

---

[1]) Die Prüfungen beziehen sich noch auf kochsalzfreie Essigsäurelösung, da die neuen Gesichtspunkte bezüglich der Kochsalzwirkung zu jungen Datums und noch nicht einwandfrei für alle Fälle der Schweißwirkung nachgewiesen sind.

Tannat (M), Diaminkatechin G direkt (C), Neutoluylenbraun R direkt (O), Dianilbraun 3 GO, BD, D, G chromiert (M), Dianilbraun 3 GO gechromkupfert (M), Dianilbraun BD, G, M + Azophor (M), Diaminitrazolbraun B, RD + Azophor (C), Benzonitrolbraun 2 R + Azophor (By), Sulfogenbraun B, D direkt (J), Sulfogenbraun G, B, D gechromkupfert (J), Sulfanilinbraun 4 B direkt oder gechromkupfert (K), Thiogenbraun R direkt (M), Katigengelbbraun 2 G gekupfert (By), Immedialbraun B direkt oder gechromkupfert (C), Immedialbronze A direkt (C), Dianilschwarz PR direkt (M), Columbiaschwarz FB (A), Dianilschwarz T gechromkupfert (M), Dianilschwarz T + Metaphenylendiamin (M), Diaminschwarz RO + Metaphenylendiamin (C), Diaminogen B + Metaphenylendiamin (C), Dianilschwarz N + Azophor (M), Azophorschwarz S + $\beta$-Naphtol (M), Immedialschwarz V extra, G extra, FF extra direkt oder gekupfert (C), Pyrolschwarz B konz. direkt oder gechromkupfert (L), Katigenschwarz SW, TG direkt oder gekupfert (By), Pyrogenschwarz B, G gekupfert (J), Noir Vidal direkt oder gekupfert (P), Melanogen G, T gekupfert (M).

Auch H. Lange (l. c.) macht die interessante Beobachtung, daß ein Kleidungsstück von einem Menschen längere Zeit getragen werden kann, ohne durch den Schweiß eine wesentliche Veränderung der Farbe zu erleiden, während die Farbe eines Kleidungsstückes aus demselben Stoff durch den Schweiß eines anderen Menschen bedeutend verändert wird. Bei der Herstellung von Stickereien, Kunstgeweben, Gobelins u. s. w., bei denen die Gespinste mit den Händen der Arbeiter in häufige Berührung kommen, zeigt es sich öfters, daß dieselbe Farbe, von zwei Arbeitern verarbeitet, bei dem einen keine Veränderung erleidet, während bei dem anderen Arbeiter eine starke Farbenveränderung eintritt. Die Prüfung der mit weißer Wolle, Baumwolle und Seide in entsprechender Weise vereinigten Färbung durch Einlegen in Essigsäure (2 bis 3 ° Bé. stark) auszuführen, gibt auch nach Lange kein sicheres Resultat. Bei genauen Prüfungen empfiehlt er, verschiedene Muster von einzelnen Leuten, welche häufig Schweiß absondern, 4—6 Tage lang auf der Brust oder unter den Achselhöhlen tragen zu lassen. — Bei der Schweißechtheit der Baumwolle kommt besonders die Veränderung bunter Wäsche und der mit dem Körper bezw. der weißen Wäsche in innigste Berührung gelangenden Kleidungsgegenstände, z. B. Hosenträger, in Betracht. Die durch den Schweiß entstehend-Farbenveränderung, sowie das Anfärben der Leibwäsche sind besonders zu berücksichtigen.

## Soda-Kochechtheit.  Baumwolle.

Die Soda-Kochechtheit wird bemessen nach den Nuancenänderungen und dem Ausbluten auf Weiß, welche eine
Färbung durch halbstündiges Kochen mit weißer Baumwolle in einer
0,2 %igen Sodalösung (2 g calcin. Soda im Liter) erleidet.  Es
bedeutet:

a) Nuancenänderung:
    I. Es findet keine Nuancenänderung statt.
    II. Es findet geringe Nuancenänderung statt.
    III. Es findet deutliche Nuancenänderung statt.
    IV. Es findet starke Nuancenänderung bezw. Verlust statt.
    V. Es findet totaler Nuancenumschlag bezw. Farben-
       zerstörung statt.

b) Ausbluten auf Weiß.
    I. Es findet kein Bluten statt.
    II. Es findet geringes Bluten statt:
    III. Es findet merkliches Bluten statt.
    IV. Es findet starkes Bluten statt.
    V. Es findet starkes Bluten mit veränderter Nuance statt.

Folgende Farbstoffe halten die Prüfung I a und zugleich I b
aus und sind in diesem Sinne als total sodakochecht zu bezeichnen:

Alizarin auf Tonerde (als Altrot), Katigenolive gekupfert (By),
Indanthren X (B), Kryogenblau R, G (B), Sulfanilinbraun 4 B gechromkupfert (K), Katigengelbbraun 2 G gekupfert (By), Immedialbraun B gechromkupfert (C), Immedialbronze A gekupfert (C), Pyrolschwarz B konz. (L), Noir Vidal (P), Immedialschwarz V extra,
G extra, FF extra gekupfert (C), Pyrolschwarz B konz. gechromkupfert (L), Pyrogenschwarz B, G gekupfert (J), Katigenschwarz
SW, TG gekupfert (By), Melanogen G, T gekupfert (M).


## Sodaechtheit.  Wolle.

Außer der allgemeinen Alkaliechtheit wird manchmal ganz besondere Echtheit gegen Soda verlangt (beim Entgerben der Wolle
d. i. Entfernen des Fettes aus der Wolle) und dabei Nuancen-,
sowie Ausblut-Echtheit beobachtet.  Dieselbe sei mit dem Namen
Sodaechtheit bezeichnet.  Sie wird ausgeführt durch sechsstün-

diges Einlegen neben weißer Wolle und Baumwolle in $2^0$ige ($2^0$ Bé) Sodalösung.

    a) **Nuancenänderung.**

        I. Es findet keine Nuancenänderung statt.

        II. Es findet geringe Nuancenänderung statt.

        III. Es findet merkliche Nuancenänderung statt.

        IV. Es findet starke Nuancenänderung statt.

        V. Es findet totaler Umschlag oder totales Abziehen der Farbe statt.

    b) **Ausbluten auf Weiß.**

        I. Es findet kein Bluten statt.

        II. Es findet geringes Bluten statt.

        III. Es findet merkliches Bluten statt.

        IV. Es findet starkes Bluten statt.

        V. Es findet sehr starkes Bluten statt.

Als I blut- und nuancenecht sind folgende Farbstoffe zu bezeichnen:

Walkgelb O (C), Flavazol auf Chrom (A), Galloflavin W auf Chrom (B), Resoflavin auf Chrom (B), Alizarinviridin chromiert (By), Naphtolgrün B direkt (C), Toledoblau V chromiert (L), Indigo (Waid- und Hydrosulfitküpe), Brillant-Alizarinblau G, R chromiert (By), Brillant-Alizarinblau G auf Chrom (By), Diamantbraun 3 R chromiert (By), Palatinchrombraun W chromiert (B), Säure-Alizarinbraun B chromiert (M), Alizarinblauschwarz B, 3 B chromiert (By), Alizarin-Echtschwarz T auf Chrom (By).

## Straßenschmutzechtheit [1]. Wolle.

Die Straßenschmutzechtheit läßt sich ebenso wie die Schweißechtheit aus naheliegenden Gründen nicht naturell mit Straßenstaub-, -schmutz oder -kot ausführen, schon wegen der außerordentlich schwankenden Zusammensetzung des Straßenschmutzes. Es empfiehlt sich deshalb eine Ersatzprüfung als vollgültig anzuerkennen. Als solche würde das Ammoniak als zu schwach bezeichnet werden müssen, während die Ätzkalkprobe zwar sehr scharf ist, aber in ihrem Effekt der natürlichen dauernden Staub- und Schmutz-Wirkung am nächsten kommt.

Die zu prüfende Färbung wird mit frisch gelöschtem Kalkbrei (200 g frischgebrannter Kalk nach und nach mit $1^1/_2$ Liter Wasser

---

[1] Auch für Seidenfärbungen in Frage kommend.

gelöscht) betupft und eintrocknen lassen. Nach dem Abbürsten des trocknen Kalks wird gemustert.

   I. Es findet keine Nuancenänderung statt.

   II. Es findet geringe Nuancenänderung statt.

   III. Es findet merkliche Nuancenänderung oder Abblassen statt.

   IV. Es findet starke Nuancenänderung oder Farbverlust statt.

   V. Es findet totaler Farbenumschlag oder Farbenzerstörung statt.

Den Anforderungen I genügen z. B. folgende Farbstoffe:

Dianilrot R (M), Kongo (By), Dianilrot 4 B (M), Benzopurpurin 4 B (By), Rosazurin G, B (By), Walkrot G (C), Diaminechtrot F auf Chrom (C), Pyraminorange 3 G (B), Chrysophenin (By), Walkgelb O (C), Alizaringelb GGW, RW auf Chrom (M), Flavazol auf Chrom (A), Chrysamin R auf Chrom (By), Diamantflavin G auf Chrom (By), Chromechtgelb GG auf Chrom (A), Chromechtgelb GG chromiert (A), Naphtolgrün B (C), Chrompatentgrün A chromiert (K), Alizarinviridin chromiert (By), Lazulinblau R (By), Sulfonazurin (By) Toledoblau V chromiert (L), Indigo, Brillant-Alizarincyanin G chromiert (By), Azo-Alizarinkorinth gefluorchromt (DH), Säure-Alizaringrau G direkt oder chromiert (M), Chrombraun RO gechromt oder mit Chromkali, Schwefelsäure und Milchsäure entwickelt (M), Diamantbraun 3 R chromiert (By), Anthracensäurebraun V chromiert (C), Säure-Anthracenbraun R chromiert (By), Palatinchrombraun W chromiert (B), Säure-Alizarinbraun B chromiert (M), Metachrombraun (A), Phenylaminschwarz 4 B direkt (By), Chromotrop 7 B chromiert (M), Chromschwarz B, T gechromkupfert (M), Säure-Alizarinschwarz R, 3 B, 3 B extra chromiert (M), Anthracensäureschwarz LW, ST chromiert (C), Anthracenchromschwarz F, SB chromiert (C), Diamantschwarz F chromiert (By), Granitschwarz chromiert (A), Chromechtschwarz chromiert (A), Alizarinschwarz WR chromiert (B).

H. Lange (l. c.) arbeitet mit Ätzkalk und Ammoniak, indem er entweder den Stoff mit einer Lösung von 10—20 g Ätzkalk und 10 g Ammoniak pro Liter betupft oder darin kurze Zeit einlegt, ohne auszuwaschen trocknen läßt, abbürstet und mustert.


**Vergrünungsechtheit.** Baumwolle (Halbwolle, Halbseide).

a) Nahe verwandt mit der Lichtechtheit ist die Vergrünungsechtheit. Dieselbe kommt nur für Schwarz und zwar Anilinschwarz rein oder in Verbindung mit anderen Farbstoffen in Frage und bezieht sich auf das Vergrünen bezw. Grünwerden der Schwarzfärbungen unter dem Einfluß der Atmosphärilien. Das unter Lichtechtheit Gesagte gilt auch hier über die Verschiedenartigkeit der atmosphärischen Bestandteile. Streng genommen läuft also die Vergrünungsechtheit auf die Wetterechtheit puncto Grünerwerden aus. Demnach kommt bei der naturellen Prüfung dieselbe Prüfungsmethode in Betracht wie bei der Wetter- bezw. — Luftechtheitsprüfung. Man setzt in bekannter Weise die fragliche Schwarzfärbung der Luft oder dem Wetter aus und beobachtet die vor sich gehenden Veränderungen im Laufe von ca. 4—8—12 Wochen. Da die Schwarzfärbungen vielfach für Regenschirmstoffe benutzt werden, so ist es bei denselben angebracht, die Färbungen dem Wetter und nicht nur der Luft auszusetzen. Ein zurückgehaltener Teil der zu prüfenden Färbung wird im Dunkeln aufbewahrt und von Zeit zu Zeit mit dem ausgesetzten Teil verglichen. Die Unterschiede in der Vergrünungsechtheit bei scheinbar gleichen Färbungen sind ganz außerordentliche.

b) Statt dieser natürlichen Probe greift man vielfach zu einer künstlichen Vergrünungsprobe. Dabei wird von dem Standpunkt ausgegangen, daß die natürliche Vergrünung auf einem Reduktionsprozeß des Anilinschwarz zu Anilingrün (Emeraldin) beruht und dieser Prozess künstlich durch wässerige schweflige Säure ersetzt werden kann. Die Vorteile der Zeitersparnis sind evident, da man in wenigen Stunden ein Resultat in Händen hat, das bei der natürlichen Vergrünung oft erst nach Wochen und Monaten erhältlich wäre. Im allgemeinen stimmt auch die künstliche Probe mit der Naturprobe überein; indessen sind aber auch bei einzelnen Schwarzfärbungen klaffende Abweichungen und Unregelmäßigkeiten beobachtet worden. So erweist sich z. B. Monnets Anilinschwarz (s. u.) bei der Kunstprobe unter dem Einfluß der wässerigen schwefligen Säure als wenig oder kaum vergrünend, während dasselbe Schwarz bei dreimonatlicher Lüftung merklich vergrünt. Umgekehrt verhält sich dagegen Lehnes Anilinschwarz (Färber-Zeitung 1890, S. 332), welches bei der Naturprüfung fast unvergrünlich ist, durch wässerige schweflige Säure dagegen stark vergrünt. — Trotz solchen einzelnen Ausnahmen bleibt die Kunstprobe im großen und ganzen eine bequeme und willkommene Handhabe, schnell ein orientierendes Resultat zu erreichen. Es empfiehlt sich aber auch, bei genauen Untersuchungen die Naturprobe nebenbei auszuführen.

Nölting und Lehne (Anilinschwarz und seine Anwendung in Färberei und Zeugdruck) arbeiteten ein solches Kunstverfahren aus und prüften nach demselben die nach verschiedenen Methoden hergestellten Anilinschwarzfärbungen. Genannte Forscher mischen 20 Teile Natriumbisulfitlauge (38° Bé) mit 20 Teilen Salzsäure (21° Bé) und 500 Teilen Wasser, überschütten mit dieser Lösung die zu prüfende Färbung im Reagensglase, lassen 10 Minuten kalt stehen, waschen gründlich mit destilliertem Wasser, trocknen und mustern. Die verschiedenen Stufen der Vergrünung bezeichnen sie mit:

I. Keine oder kaum merkliche Vergrünung.

II. Merkliche Vergrünung.

III. Beträchtliche Vergrünung.

IV. Sehr starke Vergrünung.

Die nach dieser Prüfungsmethode untersuchten diversen Anilinschwarzfärbungen wurden wie folgt rangiert:

Unter I: Monnets Anilinschwarz (Gemisch aus Paraphenylendiaminchlorhydrat und Anilinchlorhydrat, Alkalichlorat und Vanadinat); Höchster Anilinschwarz (Anilinchlorhydrat, Kupfervitriol, Ammoniumchlorid, Kaliumchlorat, — Chromierung, — Chlorsaures Aluminium); Cassellas Anilinschwarz (Grundierung mit Diaminschwarz BO + Phenylendiamin, — Aufsatz von Anilinchlorhydrat, Kupfervitriol, Natriumchlorat, Ammoniumchlorid); Anilinschwarz aus gleichen Teilen Para- und Orthotoluidin hergestellt.

Unter II: Cassella-Anilinschwarz II (Grundierung mit Diaminschwarz RO, Aufsatz von Anilinchlorhydratschwarz); Anilinschwarz (mit salpetersaurem Eisen hergestellt); Kertész-Anilinschwarz (Ferrocyan-Ammonium, Mather-Platt-Entwickelung).

Unter III: Lehne-Anilinschwarz (Schwefelkupfer-Anilinchlorhydrat-Schwarz), Hermsdorf-Anilinschwarz (sog. Diamantschwarz, Verfahren unbekannt. Dasselbe ist gegen Luft unvergrünlich), Wolf-Anilinschwarz (sog. Diamantschwarz, Verfahren unbekannt, in Natur unvergrünlich).

Unter IV: Boboeuf-Anilinschwarz (Anilin-Chrom-Dämpf-Schwarz), Lohmann-Anilinschwarz (Stoff mit Schwefelkupfer oder Grünspan präpariert, Anilinchlorhydrat aufgesetzt).

In den letzten Jahren hat die Technik weitere Fortschritte gemacht und neue Arbeitsverfahren gebracht, nach denen vorzügliches unvergrünliches Anilinschwarz erzeugt werden soll. Z. B.: Drehersches Schwarz (D. R. P. 127 361) aus 1 Teil Anilinöl und 1 Teil m-Nitranilin; Schwarz der Farbwerke vorm. Meister Lucius & Brüning (Fr. P. 313 035) aus primären, sekundären und tertiären Amido- und Amidooxydiphenylaminen; Albert Scheurersches Schwarz aus mit Benzidin, Tolidin, Naphtylamin, p-Toluidin versetztem Anilin (Bulletin Soc. Jnd. Mulh. März-April 1900); Schwarz durch Nachbehandeln des Anilinschwarz mit Dinitrosoresorcin (ebenda) etc.

## Walkechtheit[1]). Wolle.

Die Walkechtheit wird geprüft durch energische Handwalke von gefärbter Wolle neben weißer Wolle und Baumwolle einerseits in stark alkalischer lauwarmer (30° C.) Seifenlösung (25 g neutraler Seife + 25 g calcin. Soda pro Liter Bad), andererseits in neutraler Seife (50 g neutr. Seife pro Liter). — Bei der Beurteilung können auch die Ergebnisse der Prüfung auf Alkaliechtheit und Wasserechtheit berücksichtigt werden. — Auch diese Prüfung soll stets nur ein Notbehelf gegenüber der technischen Prüfung in der Fabrikwalke sein. — Die Beobachtungen beziehen sich auf Nuancenänderung und Ausbluten auf Weiß.

    a) Nuancenänderung.

        I. Es findet keine Änderung bei der stärksten Tuchwalke statt.

        II. Es findet keine Änderung bei der mittleren Buxkinwalke statt.

        III. Es findet keine merkliche Änderung bei der neutralen Seifenwalke (Flanellwalke) statt.

        IV. Es findet keine merkliche Änderung bei der Kaltwasserwalke statt.

        V. Vollständig walkunecht.

    b) Ausbluten auf Weiß.

        I. Es findet kein Bluten bei der stärksten Tuchwalke statt.

        II. Es findet kein Bluten bei der normalen Buxkinwalke statt.

        III. Es findet kein Bluten bei der neutralen Seifenwalke oder dem Auswaschen von leichten Stoffen (Flanell) statt.

---

[1]) Auch für Seidenfärbungen in Betracht kommend.

IV. Es findet kein Bluten bei der Kaltwasserwalke statt.

V. Es findet schon Bluten bei der leichtesten Wasser-
oder Tonwalke statt.

Folgende Farbstoffe sind als I nuancen- und blutecht zu bezeichnen. (Die in Klammern angeführten Farbstoffe haben die Echtheit I b und I—II a, d. h. sind blutecht, zeigen aber sehr geringe
Nuancenänderung bei starker Walke.)

[Sandel auf Chrom oder mit Eisen gedunkelt], Azo-Alizarin-
Corinth gefluorchromt (DH), [Gallein Teig A auf Chrom (M)], Walk-
gelb O direkt (C), Flavazol auf Chrom (A), Alizaringelb Teig auf
Chrom (M), Galloflavin W auf Chrom (B), Resoflavin auf Chrom
(B), Anthracengelb GG chromiert (C), [Gelbholz auf Chrom], Naphtol-
grün B (C), Alizarinviridin chromiert (By), [Coerulein A, SW auf
Chrom (M)], Toledoblau V chromiert (L), Coelestinblau B auf Chrom
(By), Brillant-Alizarinblau G chromiert oder auf Chrombeize (By),
Brillant-Alizarinblau R chromiert (By), [Gallaminblau auf Chrom
(By)], [Alizarinblau SBW, SRW, DNW, R, F, A auf Chrombeize
(M)], [Indigo-Küpe], [Alizarinblau GW dopp. auf Chrom (By)], [Ali-
zarindunkelblau S auf Chrom (M)], [Alizarinindigoblau SW auf Chrom
(B)], [Säure-Alizarinblau BB chromiert (M)], Chromogen I chromiert
(M), Palatinchrombraun W chromiert (B), Säure-Alizarinbraun B
chromiert (M), Alizarinblauschwarz B chromiert (By), Alizarinblau-
schwarz 3 B chromiert (By), Alizarin-Echtschwarz T auf Chrom (By),
[Alizarin-Chromschwarz W chromiert (B)], [Alizarinschwarz WR auf
Chrom (B)], [Blauholzschwarz auf Chrom].

H. Lange (l. c.) präzisiert seine Ansichten folgendermaßen:
Bei dieser Untersuchung ist zu berücksichtigen, welche Walke eine
Ware aushalten soll, und die beste Prüfung wird dadurch erzielt,
daß man ein Gewebe herstellt und in der gebräuchlichen Weise
walkt. Diese ist jedoch nur in einzelnen Etablissements ausführ-
bar, und man wird erst dazu übergehen, wenn man sich durch
andere leichter und in kürzerer Zeit ausführbare Versuche überzeugt hat, daß die Farben voraussichtlich den Anforderungen an
Walkechtheit entsprechen werden. Der Kolorist einer Farbenfabrik
wird sich meistens darauf beschränken müssen, mit weißer Wolle,
Seide und Baumwolle verflochtene Färbungen einer Handwalke zu
unterziehen, oder aus loser Wolle einen Filz herzustellen und diesen
mit entsprechendem weißen Material zusammen zu walken. Ist
eine Walkmaschine vorhanden, so kann ein Geflecht oder Filz auf

weiße Ware aufgenäht werden, oder auf gefärbte Ware, von der man bestimmt weiß, daß die Farbe beim Walken nicht blutet. Als Zusatz ist eine starke Lösung einer allgemein üblichen Walkseife zu benutzen. Bei der Behandlung mit der Hand legt man die Walkmuster ca. 2—3 Stunden in eine lauwarme Seifenlösung von ca. 100 g Seife im Liter und walkt von Zeit zu Zeit tüchtig durch. So dürfte man der Behandlung der Ware beim Walken ziemlich nahe kommen und ein genügendes Urteil über die Echtheit erhalten. Für ganz scharfe Walke kann auch ein Sodazusatz von etwa 5 g pro Liter gemacht werden. Bei Waren, die leicht walken, bedarf es einer derartig scharfen Prüfung nicht; es wird hier eine Behandlung mit einer Lösung von 20—30 g Seife pro Liter unter Zusatz von 2—3 g Soda eine Stunde lang vollständig genügen. Zu berücksichtigen ist hierbei noch, daß die Ware auf der Walke oft während der Arbeitspausen in der Seife steht. Ob eine Farbe bei längerem Stehen in der Seife, z. B. während der Mittagspause, blutet, kann dadurch festgestellt werden, daß man einen Teil des Musters in der Seife liegen läßt und dann auswäscht, den anderen Teil dagegen direkt wäscht. Selbstverständlich ist das Antrocknen der seifenhaltigen Ware in der Walke zu vermeiden, da sich die Seife dann nur schwer auswaschen läßt. Auch soll die Ware nach dem Walken möglichst bald gewaschen werden, damit sich beim Liegen auf dem Bock in aufgetafeltem Zustande nicht die Seife nach den Leisten zieht und dadurch entweder Farbenveränderung auf gefärbter Ware oder Schwierigkeiten beim nachfolgenden Färben der Ware eintreten können.

Da in einzelnen Industrien, z. B. in der Hutindustrie, auch die saure Walke in Anwendung kommt, so ist für diese Zwecke ein entsprechender Walkversuch mit verdünnter Schwefelsäure (5 ccm in 1000 ccm Wasser) oder mit Essigsäure (1 : 3) auszuführen. Die saure Walke erfordert ziemlich säurebeständige Färbungen.

### Walkechtheit. Baumwolle.

Bei der Beurteilung der Walkechtheit von Baumwollfärbungen sind in Rücksicht zu ziehen: Die Handwalke mit Schmierseife, 12-stündiges Einlegen in Seifenlösung 1 : 100, 12-stündiges Einlegen in Sodalösung von 2 ° Bé, 12-stündiges Einlegen in Wasser. — Bei allen diesen Proben wird das gefärbte Garn mit weißer Wolle und weißer Baumwolle zu einem Zopf verflochten und dieser Zopf den Behandlungen unterworfen. Die Beobachtungen beziehen sich auf Nuancenänderung und Ausbluten auf Weiß.

a) Nuancenänderung.

I. Es findet bei stärkster Walke (neutral und alkalisch) keine Änderung statt.

II. Es findet geringe Änderung in neutraler oder alkalischer Walke statt.

III. Es findet merkliche Änderung in alkalischer oder neutraler Walke statt.

IV. Es findet starke Änderung oder merklicher Verlust statt.

V. Es findet starkes Abziehen der Farbe in der Walke statt.

b) Bluten auf Weiß.

I. Es findet bei keiner Walke Bluten statt.

II. Es findet schwaches Bluten statt.

III. Es findet deutliches Bluten statt.

IV. Es findet starkes Bluten statt.

V. Es findet starkes Bluten mit anderer Nuance statt.

Zu den Farbstoffen, welche den Anforderungen I a und zugleich I b genügen, sind etwa folgende zu rechnen. (Die in Klammern beigefügten Farbstoffe haben die Echtheit I b und I—II a, d. h. sind total blutecht, büßen aber etwas von ihrer Nuance ein.)

Alizarin Nr. 1 auf Tonerde nach dem Altrotverfahren (M), [Katigenolive direkt oder gekupfert (By)], [Coerulein A Teig chromiert (M)], Indanthren X (B), [Indigo], [Nitrosoblau M (M)], [Sambesireinblau 4 B + $\beta$-Naphtol (A)], [Melanogenblau B mit Fixiersalz M behandelt (M)], Sulfogenbraun D gechromkupfert (J), Sulfanilinbraun 4 B gechromkupfert (K), Thiogenbraun R direkt (M), Katigengelbbraun 2 G gekupfert (By), Immedialbraun B gechromkupfert (C), Immedialbronze A gekupfert (C), [Benzochrombraun 3 G gechromkupfert (By)], [Sulfanilinbraun 4 B direkt (K)], Pyrolschwarz B konz. direkt oder gechromkupfert (L), Katigenschwarz SW, TG direkt oder gekupfert (By), Immedialschwarz V extra, G extra, FF extra gekupfert (C), Pyrogenschwarz B, G gekupfert (J), Melanogen G, T gekupfert (M), [Immedialschwarz V extra, G extra, FF extra direkt (C)].

## Waschechtheit. Baumwolle.

Die Waschechtheit wird beurteilt durch $^1/_2$ stündiges Behandeln der Färbung ohne Weiß bei 60⁰ und 100⁰ C. mit Seifenlösung von 2 g Marseiller Seife pro Liter. Zur Ermittelung der Zahlen für die Echtheitsgrade wird lediglich der absolute Nuancenverlust, bezw. die Nuancenänderung in Rücksicht gezogen, das Ausfärben der Bäder und Ausbluten auf Weiß jedoch nicht beachtet. Es bedeutet darnach:

I. Hält Wäsche bei 100⁰ C. ohne Nuancenänderung aus.

II. Hält Wäsche bei 60⁰ ohne Änderung aus, erleidet bei 100⁰ C. geringe Einbuße.

III. Erleidet bei 60⁰ geringe —, bei 100⁰ C. starke Einbuße.

IV. Erleidet bei 60⁰ C. merkliche Einbuße.

V. Erleidet bei 60⁰ C. starke Einbuße, wird bei 100⁰ C. gänzlich abgezogen.

Als sehr waschechte (I) Baumwollfarbstoffe können folgende bezeichnet werden:

Alizarin Nr. 1 auf Tonerde als Altrot (M), Paranitranilin + β-Naphtol (Azophorrot) (M), Alizarinorange N auf Chrom (M), Metanitranilin + β-Naphtol (Azophororange) (M), Janusgelb R auf Antimon-Tannat (M), Primulin gechlort, Katigenolive direkt oder gekupfert (By), Dianisidin + β-Naphtol gekupfert (Azophorblau) (M), Indanthren X (B), Immedialblau C mit Wasserstoffsuperoxyd nachbehandelt (C), Pyrogenblau R mit Wasserstoffsuperoxyd nachbehandelt (J), Melanogenblau B + Fixiersalz M (M), Kryogenblau R, G direkt (B), Hessisch-Braun BBX, MM direkt (L), Toluylenbraun B direkt (O), Baumwollbraun V + β-Naphtol oder + Metaphenylendiamin (C), Diaminbraun V + β-Naphtol (C), Diaminkatechu + β-Naphtol (C), Diaminnitrazolbraun RD, B + Azophor (C), Benzonitrolbraun 2 R + Azophor (By), Sulfanilinbraun 4 B direkt oder gechromkupfert (K), Katigengelbbraun 2 G direkt oder gekupfert (By), Immedialbraun B gechromkupfert (C), Dianilschwarz T gechromkupfert (M), Immedialschwarz V extra, G extra, FF extra direkt oder gekupfert (C), Pyrogenschwarz B, G direkt oder gekupfert (J), Pyrolschwarz B konz. direkt oder gechromkupfert (L), Noir Vidal direkt oder gekupfert (P), Katigenschwarz SW, TG direkt oder gekupfert (By), Melanogen G, T gekupfert (M).

Hierzu spricht sich H. Lange (l. c.) folgendermaßen aus: Viele Baumwollfärbungen werden häufig gewaschen und müssen daher eine starke Hauswäsche von etwa 5 g Schmierseife und 3 g Soda pro Liter gut handwarm mehrmals, ohne zu starke Schädigung der Farbe zu erleiden, aushalten. Dabei soll durch den abgehenden Farbstoff anders gefärbte Baumwolle, bezw. weiße Wolle, Seide oder Baumwolle nicht angefärbt werden. Für einzelne Färbungen, die zum Sticken von Namen in Wäsche oder im Rande weißer Tischwäsche oder Hemden Verwendung finden, wird sogar verlangt, daß sie das Kochen der weißen Wäsche mit Soda und Seife aushalten. (Eigentliche Buntgewebe sollten nicht gekocht, sondern nur warm gewaschen werden.) Zur Prüfung in dieser Hinsicht muß die Färbung, mit weißer Baumwolle vereint, etwa 2 Stunden das Kochen in oben erwähntem Waschbade vertragen und dabei nicht bluten. Zweckmäßig ist es, diese Versuche mehrere Male zu wiederholen, um so auch der Hauswäsche entsprechend zu arbeiten und festzustellen, ob die Färbungen mehrmaliges Waschen lauwarm oder eventuell kochend aushalten.

## Waschechtheit. Wolle.

Die Waschechtheit der Wollfärbungen[1]) wird geprüft durch $^1/_4$-stündiges Behandeln bei $60^0$ und $100^0$ C. mit alkalischer Seifenlösung (2 g Seife und 0,5 g calcinierte Soda im Liter). Die einzelnen Grade der Echtheit bedeuten:

    I. Verträgt kochende Seifenlösung ohne merkliche Einbuße.

    II. Es findet merkliche Nuancenänderung beim kochenden Seifen statt.

    III. Es findet bei $60^0$ C. keine merkliche Einbuße statt.

    IV. Es findet bei $60^0$ C. merkliche Änderung oder Einbuße statt.

    V. Es findet nahezu gänzliches oder totales Abziehen der Farbe statt.

Als sehr waschecht (I) können in diesem Sinne folgende Wollfarbstoffe bezeichnet werden:

Säure-Alizaringranat R chromiert (M), Alizaringranat R auf Chrom (M), Alizaringelb Teig auf Chrom (M), Galloflavin W auf Chrom (B), Resoflavin auf Chrom (B), Walkgelb 6 G direkt (L), Gelbholz auf Chrom, Coerulein A, SW auf Chrom (M), Alizaringrün S auf Chrom (M), Alizaringrün SW auf Chrom (B), Alizarinviridin chromiert (By), Coelestinblau B auf Chrom (By), Alizarinblau SBW, SKW, DNW, R, F, A auf Chrom (M), Alizarinblau GW

---

[1]) Seidenfärbungen werden bei $40^0$ geprüft. S. folg. S. unten.

dopp. auf Chrom (By), Anthracenblau WR auf Chrom (B), Alizarin-dunkelblau S auf Chrom (M), Alizarinindigoblau SW auf Chrom (B), Brillant-Alizarinblau G, R chromiert (By), Gallein Teig A auf Chrom (M), Chromogen I chromiert (M), Diamantbraun 3 R chromiert (By), Säure-Anthracenbraun R chromiert (By), Palatinchrombraun W chromiert (B), Säure-Alizarinbraun B chromiert (M), Metachrombraun (A), Alizarinblauschwarz B, 3 B chromiert (By), Alizarinchromschwarz W chromiert (B), Chromechtschwarz chromiert (A), Alizarinblau-schwarz auf Chrom (B), Alizarinschwarz SW, WR auf Chrom (B), Alizarinschwarz WR chromiert (B), Alizarin - Echtschwarz T auf Chrom (By).

H. Lange (l. c.) spricht sich hierzu wie folgt aus. Unter Waschechtheit versteht man das Verhalten der Färbung in einer normalen Hauswäsche. Nur in einzelnen Fällen werden größere Anforderungen gestellt. Wolle soll nicht heißer als handwarm ge-waschen werden, nicht längere Zeit ruhig in dem Waschbad liegen und direkt nach dem Waschen gründlich gespült und getrocknet werden. Für die Prüfung auf Waschechtheit wird eine Lösung von 5 g Schmierseife und 3 g Soda pro Liter Bad, die einer starken Lauge für Hauswäsche entspricht, zum Behandeln der Färbungen während einer Stunde vollständig genügend sein. Bei größeren An-forderungen an die Waschechtheit ist diese Prüfung zwei- bis drei-mal zu wiederholen. Das Bluten einfarbiger Gewebe bei der Wäsche ist nicht schlimm, wenn die Farbe sich nicht zu sehr verändert. Es sollten jedoch für einfarbige Gewebe nur solche Farben ver-wendet werden, die nicht bluten, da bekanntlich beim Waschen wollener Waren im Haushalt die verschiedenfarbigsten Gewebe zu gleicher Zeit in einem Waschbade behandelt werden, und das Bluten zu Übelständen Veranlassung geben kann. Auch hier wird zweck-mäßig bei der Prüfung wieder weiße Wolle, weiße Seide, weiße Baumwolle in passender Weise mit der Färbung zu einem Muster vereinigt, um feststellen zu können, ob der Farbstoff das eine oder andere Material anfärbt.

Manche seidene Buntgewebe müssen selbst mehrmaliges Waschen in einem lauwarmen Bade (40° C.), etwa 5 g Marseiller-seife im Liter, aushalten. Die mit weißer Seide, Wolle und Baum-wolle vereinigte gefärbte Seide wird mehrere Male dieser Prüfung unterworfen.

## Wasser-Kochechtheit. Baumwolle.

Die Wasserkochechtheit wird beurteilt durch $^1/_2$-stündiges Kochen der gefärbten Baumwolle mit weißer Wolle und Baumwolle in kalkhaltigem Brunnenwasser und durch Einlegen eines Zopfes aus dem gefärbten Garn mit weißer Wolle und Baumwolle während 12 Stunden in destilliertes, anfangs heißes und dann erkaltendes Wasser. Bei der Beurteilung wird der Nuancen-Verlust nicht in Betracht gezogen, sondern lediglich das Bluten auf Weiß. Die Prüfung auf Wasserkochechtheit dient zugleich zur Beurteilung der Verwendbarkeit für Heiß- und Kalt-Wasserwalke, sowie für halbwollene Gewebe, die den sog. Pottingprozeß durchmachen. Die Grade der Wasserechtheit werden bezeichnet:

I. Es findet weder bei der Kochprobe noch beim Einlegen Bluten statt.

II. Blutet schwach bei der Kochprobe, blutet nicht beim Einlegen.

III. Blutet merklich bei der Kochprobe, schwach — beim Einlegen.

IV. Erleidet starke Einbuße bei der Kochprobe, blutet merklich beim Einlegen.

V. Wird beim Kochen ganz abgezogen, erleidet starke Einbuße beim Einlegen.

Zu den sehr wasserechten (I) Farbstoffen auf Baumwolle kann man etwa folgende rechnen:

Alizarin Nr. 1 (Altrotverfahren) (M), Paranitranilin + $\beta$-Naphtol (Azophorrot) (M), Alizarinorange N auf Ton- oder Chrombeize (M), Metanitranilin + $\beta$-Naphtol (Azophororange) (M), Thioflavin T auf Antimon-Tannat (C), Janusgelb G auf Antimon-Tannat (M), Direktgelb J (P), Janusgrün G, B auf Antimon-Tannat (M), Coerulein A Teig chromiert (M), Solidgrün O mit Eisen gedunkelt (M), Katigenolive direkt oder gekupfert (By), Katigengrün 2 B gekupfert (By), Janusblau G, B, R auf Antimon-Tannat (M), Janusdunkelblau R, B auf Antimon-Tannat (M), Alizarinblau SB chromiert (M), Alizarindunkelblau S chromiert (M), Dianisidin + $\beta$-Naphtol gekupfert (Azophorblau) (M), Indanthren X (B), Melanogenblau B mit Fixiersalz M behandelt (M), Kryogenblau G direkt (B), Dianiljaponin O gekupfert (M), Benzochrombraun 3 G gechromkupfert (By), Alizarinbraun Teig chromiert (M), Sulfogenbraun G, B, D gechromkupfert

(J), Sulfanilinbraun 4 B direkt (K), Thiogenbraun R direkt oder gekupfert (M), Katigenschwarzbraun N direkt (By), Katigenchrombraun
5 G gechromkupfert (By), Katigengelbbraun 2 G direkt oder gekupfert (By), Immedialbraun B gekupfert oder gechromkupfert (C),
Immedialbronze A direkt (C), Janusschwarz I auf Antimon-Tannat
(M), Dianilschwarz T gechromkupfert (M), Azophorschwarz S +
$\beta$-Naphtol (M), Immedialschwarz V extra, G extra, FF extra direkt
oder gekupfert (C), Pyrogenschwarz B, G direkt oder gekupfert (J),
Pyrolschwarz B konz. direkt (L), Katigenschwarz SW, TG direkt
oder gekupfert (By), Noir Vidal direkt oder gekupfert (P), Melanogen
G, T gekupfert (M).

## Wasser-Kochechtheit[1]). Wolle.

Die Wasserkochechtheit wird geprüft durch 1-stündiges Kochen
des gefärbten Garns in kalkhaltigem Wasser neben weißem Woll-
und Baumwollgarn und durch 12-stündiges Einlegen in kaltes
Wasser. Die Probe dient zur Beurteilung der Verwendbarkeit für
Heiß- und Kalt-Wasserwalke und die Naß-Dekatur. Als Maßstab
dient hier das Ausbluten in Weiß, während der im allgemeinen beträchtliche Nuancenverlust nicht in Betracht gezogen wird.

    I. Es findet in kochendem Wasser kein Bluten statt.

    II. Es findet in kochendem Wasser geringes Bluten statt.

    III. Es findet in kaltem Wasser (auch in satten Tönen) kein
Bluten statt.

    IV. Es findet in kaltem Wasser bei hellen Tönen kein Bluten
statt.

    V. Es findet starkes Bluten in kaltem Wasser statt.

Farbstoffe, die den Ansprüchen I genügen, sind z. B. folgende:
Alizaringelb Teig auf Chrom (M), Galloflavin W auf Chrom (B),
Resoflavin auf Chrom (B), Coerulein B, BWK chromiert (M), Coeru-
lein A, SW auf Chrom (M), Säure-Alizaringrün G gefluorchromt
(M), Alizarinviridin chromiert (By), Coelestinblau B auf Chrom (By),
Alizarinblau SBW, SRW auf Chrom (M), Säure-Alizarinblau BB
chromiert oder gefluorchromt (M), Anthracenblau SWX gefluorchromt
(B), Brillant-Alizarinblau R, G chromiert (By), Indigo-Küpe (Waid-
oder Hydrosulfitküpe), Blauholzblau (Beize: 8 %/o Alaun, 3 %/o Wein-
stein, 2 %/o Oxalsäure, 1 %/o Kupfersulfat, $^{1}/_{2}$ %/o Chromkali), Gallein
Teig A auf Chrom (M), Chromogen I chromiert (M), Alizarinbraun

---

1) Seidenfärbungen sind ebenso zu prüfen.

auf Chrom (M), Palatinchrombraun W chromiert (B), Säure-Alizarinbraun B chromiert (M), Alizarinblauschwarz B chromiert (By), Alizarinblauschwarz 3 B chromiert (By), Alizarinchromschwarz W chromiert (B), Alizarinschwarz SW, WR auf Chrom (B), Alizarinschwarz
WR chromiert (B), Blauholzschwarz (Beize: 3 % Chromkali, 1 %
Kupfervitriol, 1 % Schwefelsäure).

## Wasserechtheit. Wolle, Baumwolle, Seide.

Die Wasserechtheit beim Spülen oder Waschen der Färbungen
in Wasser wird beurteilt durch Einlegen der Färbung in kaltes
destilliertes Wasser innerhalb 12 Stunden oder durch Einlegen in
fließendes Wasser innerhalb $1/2$ Stunde. Als Maßstab dient die
Nuancenveränderung der ursprünglichen Färbung und das Ausbluten
auf Weiß. — Eine Aufzählung der wasserechten Farbstoffe würde
zu weit führen, da deren Zahl eine außerordentlich große ist.

Die Beobachtungen beziehen sich auf Nuancenänderung und
Ausbluten auf Weiß:

    a) Nuancenänderung:

        I. Es findet keine Änderung der Nuance statt.

        II. Es findet sehr geringe Änderung der Nuance statt.

        III. Es findet merkliche Änderung der Nuance statt.

        IV. Es findet starke Änderung der Nuance statt.

        V. Es findet totales Abziehen der Färbung statt.

    b) Ausbluten auf Weiß:

        I. Es findet kein Bluten statt.

        II. Es findet sehr geringes Bluten statt.

        III. Es findet merkliches Bluten statt.

        IV. Es findet starkes Bluten statt.

        V. Es findet totales Ausbluten statt.

## Wasserstoffsuperoxydechtheit. Baumwolle, Seide.

In bestimmte Artikel bes. stückgefärbte Halbseidenstoffe wird
gefärbte mercerisierte Baumwolle eingewebt, welche die später folgende
Passage der Entbastung (s. Degummierungsechtheit) und Bleichung
aushalten muß. Das Bleichen der halbseidenen Stücke geschieht
heute fast ausschließlich vermittelst Wasserstoff- oder Natriumsuper-
oxyd mit verschiedenen Zusätzen wie Wasserglas, Bittersalz, Am-

moniak u. s. w. Bei der Prüfung der Färbung gegen diese Bleichprozedur hat man sich, wie immer, der Praxis anzuschließen, die in diesem Falle außerordentlich verschieden arbeitet (H. Lange).

I. Die Färbung erleidet keine Veränderung.
II. Die Färbung erleidet geringe Veränderung.
III. Die Färbung erleidet merkliche Veränderung.
IV. Die Färbung erleidet starke bis sehr starke Veränderung.
V. Die Färbung wird total zerstört oder umgeschlagen.

# Lichtechtheit (Luft-, Wetterechtheit).

Die Lichtechtheit eines Farbstoffes, d. h. der Echtheitsgrad eines Farbstoffes gegen die Wirkungen des Lichtes (im nachstehenden ist der Kürze halber stets nur von „Lichtechtheit" gesprochen, auch wo es sich zugleich in Verbindung mit Luft- und Wetterechtheit handelt) kann als wichtigste Eigenschaft desselben bezeichnet werden, welche dem Farbstoff den Stempel der umfassenden Brauchbarkeit aufdrückt.

Worauf die Lichtechtheit der Farbstoffe beruht oder wie der Prozeß der Lichtbleichung vor sich geht und welchen Urprozessen er unterliegt, ist bis heute eine ungelöste Frage trotz zahlreicher nach dieser Richtung hin angestellter Forschungen. Es läßt sich auf Grund derselben keine befriedigende einheitliche Antwort geben, was um so mehr zu der Annahme drängt, daß die Lichtbleichung selbst der Urprozeß ist und nebenher laufende beobachtete sekundäre Vorgänge (wie Reduktion, Oxydation etc.) nicht die Ursachen, sondern die Folgen der „lichtlichen Urwirkung" sind.

Zur näheren Charakterisierung der Lichtwirkung seien hier einige Forschungs-Resultate mitgeteilt. — Chevreul fand, daß das Licht allein nicht seine intensive typische Bleichwirkung besitzt, sondern erst bei Anwesenheit von Luftsauerstoff und Wasserdämpfen. So wurden in luftleeren (bezw. mit indifferenten Gasen gefüllten) Gläsern eingeschlossene Färbungen durch das Licht nur schwach gebleicht; desgleichen — in wasserdampffreier Atmosphäre. Zu denselben Resultaten kamen auch Abney und Russel (Photogr. Wochenbl. 1889, 213), sowie Buisine (Compt. rend. 1891, 112, S. 738), welch letzterer in Kohlensäure- und Stickstoffatmosphäre nur ganz langsames Verbleichen beobachten konnte.

Frank fand (Journ. Soc. Dyers & Col. 1886, 94), daß mit Leinöl-Naphta getränkte und getrocknete Färbungen echter gegen die Wirkung des Lichtes wurden. — A. Scheurer und Cam. Schön untersuchten die Kupferwirkung, welche bestimmte Färbungen lichtechter macht und erklärten die Wirkung durch Ablagerung von Kupfer in der Faser und dadurch entstandenes Sieben des Lichtes, bezw. durch die Rückoxydation der Farbstoffe durch das Kupfer. — A. v. Grabowski (D. R. P. A. 15882 vom 11. Juli 1901) fand, daß sich auch Zinkpolyglykosat besonders dazu eignet, Färbungen lichtechter zu machen. — Aykroyd und Krais erhöhen die Lichtechtheit von Baumwollfärbungen durch Imprägnieren mit Nickel- und Kobaltsalzen, sowie mit Natriumthiosulfat und Ferrocyankalium (Chem. Ztg. 1901, 25, 74 u. 547, Rev. gén. d. m. col. 1902, S. 36; Färber-Ztg. 1902, S. 127). — O. Jaeck erhöht die Lichtechtheit von mit Schwefelfarbstoffen gefärbter Textilwaren durch Behandlung mit neutralen Sulfiten (Amerik. Pat. 717749) etc.

Décaux, Depierre und Clouet, ferner Fizeau und Foucault untersuchten die Wirkung des elektrischen Bogenlichtes im Verhältnis zu derjenigen des Sonnenlichtes. Die hierüber gemachten Angaben sind z. T. sehr unklar und unpräzis gehalten, da Stärke des Bogenlichtes, der Gasflammen, des Sonnenlichtes und der Tagesstunden etc. fehlen. So gibt Décaux die Wirkung eines elektrischen Bogenlichtes (200 Glasflammen stark) in der Entfernung von 150 cm vom Belichtungsobjekt einem Drittel der Sonnenwirkung gleich an. — Depierre und Clouet (Mitt. techn. Mus. Wien 1884, Heft 3 u. 4) fanden, daß das Sonnenlicht fünfmal so stark wirkt als das elektrische Licht und dieses letztere in seiner Wirkung den roten Sonnenstrahlen gleichkommt. — Genauer sind die Angaben Fizeaus und Foucaults. Diese fanden, daß die Wirkung des mit 80 Bunsenelementen erzeugten elektrischen Lichtes sich zu der Lichtwirkung eines heiteren Augusttages verhält wie 23 : 100.

Auch die Wirkung der einzelnen Lichtspektren wurde von verschiedenen Forschern studiert. Während man hier erwarten mußte, daß die Wirkung der violetten und ultravioletten Strahlen am intensivsten wirken würde, weil diese Strahlen die stärkste chemische Wirkung besitzen, kamen genannte Depierre und Clouet, sowie Abney zu dem Ergebnis, daß die blauen Strahlen die stärkste Bleichwirkung besitzen. Nach beiden ersteren kommt das violette und rote Licht erst an letzter Stelle, nach Abney das violette — an zweiter Stelle.

Die von Depierre und Clouet gefundenen Werte sind folgende:

Weißes Licht: 100 Einheiten der Wirkung,

| | | | |
|---|---|---|---|
| Blaues | „ | 56,07 % der Weißlichtwirkung | |
| Gelbes | „ | 55,63 % „ | „ |
| Grünes | „ | 42,90 % „ | „ |
| Orange | „ | 37,94 % „ | „ |
| Violettes | „ | 31,60 % „ | „ |
| Rotes | „ | 23,62 % „ | „ |

Weißes elektr. Licht: 20,57 % „ Sonnenlichtwirkung.

Ferner eruierten die beiden Autoren die Lichtwirkung verschiedener Spektren auf verschiedene Färbungen und fanden:

| stärkste Wirkung: | schwächste Wirkung: | auf Färbung: |
|---|---|---|
| gelbes Licht | rotes Licht | rote Färbung |
| blaues „ | „ „ | orange „ |
| blaues „ | „ „ | gelbe „ |
| blaues „ | „ „ | grüne „ |
| gelbes „ | „ „ | blaue „ |
| blaues „ | „ „ | violette „ |

In der Praxis kommen obige Momente bei der Beurteilung der Lichtechtheit eines Farbstoffes weniger in Frage. Und dennoch stehen einer einwandfreien Beurteilung und Bemessung der Lichtechtheit der Farbstoffe unzählige Hemmnisse im Wege, die die Einheitlichkeit der erhaltenen Ergebnisse ins Wanken bringen. Denn wenn man auch nur weißes Licht in den Kreis der Beobachtungen zieht, so wirkt solches zu verschiedenen Jahreszeiten und Intensitäten, Himmelsrichtungen und der Art der Exponierung sehr verschieden. Exponiert man die Färbungen in freier Luft, so kommen noch sekundäre Wirkungen der Atmosphärilien hinzu, exponiert man unter Glas und Riegel, so entfernt man sich zu sehr von den Bedingungen, welche an eine praktische Lichtechtheit gestellt werden. Ferner ist die Tiefe der Ausfärbungen von großer Wichtigkeit für die Beurteilung der Lichtechtheit, da dunklere Färbungen oft unverhältnismäßig haltbarer erscheinen. Die Art der Farbstofffixierung, das gewählte Fasermaterial, die Einwirkungsdauer, ob kurze oder längere Zeit belichtet, fallen ebenfalls gravierend in die Versuchsergebnisse ein.

Wie verschieden sich z. B. die einzelnen Farbstoffe auf verschiedenen Fasern verhalten, wird durch das Indigoblau illustriert, welches auf Wolle wesentlich echter ist als auf Baumwolle; Indigokarmin ist viel echter auf Seide als auf Wolle; Orseille ist am echtesten auf Wolle; Alizarin ist auf Baumwolle echter als auf Wolle; Malachitgrün auf Baumwolle ist wesentlich unechter als auf Wolle; eine Menge substantiver Farbstoffe sind auf Baumwolle sehr empfindlich, während sie auf Wolle aufgefärbt gut lichtecht sind etc.

Ähnliche Unregelmäßigkeiten treten als Folge der verschiedenen Farbstofffixierungen auf. Manche Farbstoffe liefern mit allen Beizen gleich oder annähernd gleich lichtechte Färbungen, so z. B. das Alizarin, die Cochenille; die meisten Farbstoffe geben aber mit verschiedenen Beizen verschieden echte Färbungen. So erweist sich Blauholz als Eisen-, Chrom- oder Kupferlack bedeutend echter als der Tonerde- oder Zinnlack; Gelbholz ist als Chromlack viel echter als in Form des Zinnlacks; Alizarin auf Chrombeize ist unvergleichlich echter als mit Zinkbeize fixiert. Im allgemeinen kann man sagen, daß die Chrom-, Eisen- und Kupferlacke der Beizenfarbstoffe durchweg echter sind als die entsprechenden Zinn- und Tonerdelacke. Desgleichen sind die auf Ölbeize und Gerbsäure hergestellten Färbungen unechter als die auf gerbsaurem Metall aufgefärbten Farbstoffe.

Charakteristisch ist ferner der ungleichmäßige Verlauf der Bleichwirkung bei manchen Farbstoffen. Während die meisten Farbstoffe der Zeit bezw. der Lichtintensität entsprechend gleichmäßig verschießen, nehmen manche Farbstoffe in der ersten Zeitperiode ihrer Belichtung einen schroffen Nuancenwechsel vor und bleiben dann längere Zeit stabiler; andere wieder erscheinen von Anfang an sehr lichtwiderstandsfähig, bis sie auf einmal merklich umschlagen.

Ferner erscheinen manche Farbstoffe in hellen Ausfärbungen echter als in dunkeln, — andere umgekehrt in dunkeln echter als in hellen Ausfärbungen. Setzt man z. B. eine helle und eine dunkle Färbung mit Erika B und eine helle und eine dunkle Färbung mit Safranin (auf Tanningrund) dem Lichte aus, so bemerkt man, daß die helle Erikafärbung sehr lichtecht, die dunkle gar nicht lichtecht ist. Die Safraninfärbung ist umgekehrt in der dunklen Ausfärbung wesentlich echter als in der hellen. Man kann sich dieses so erklären, daß beim Safranin die Veränderung durch das Licht nach und nach eintritt, d. h. daß jede Stunde Belichtung eine bestimmte Menge Farbstoff zerstört, während bei Erika die Nuance des ganzen Farbstoffes rasch verändert wird und in ein nach grau ziehendes, rötliches Blau umschlägt. Diesen Umschlag sieht man natürlich besser bei der dunkeln Färbung, während die systematisch vor sich gehende Zerstörung des Farbstoffes leichter bei lichten Ausfärbungen wahrnehmbar ist (P. Krais, Färber-Ztg. 1902, S. 128).

Alle diese Umstände erklären es, daß man bis heute nur von relativer Lichtechtheit, d. h. von einer Lichtechtheit im Vergleich zu derjenigen anderer bekannter Farbstoffe oder Typen sprechen kann. Ferner drängen diese Umstände dahin, sich zwecks einheitlicher Resultate auch über einheitliche Arbeitsbedingungen und vor allen Dingen über einheitliche genau definierte Belichtungstypen zu einigen.

Einen Anlauf hierzu nahm die „British Association", über deren Ergebnisse J. J. Hummel (Chem. News. 1893, 68, 155; Färber-Ztg. 1892/93, 172) Bericht erstattete. Die Arbeitsweise war folgende. Die für die Belichtungsversuche ausgesuchten Färbungen wurden ein ganzes Jahr hindurch belichtet. Das Jahr wurde wieder in mehrere Abschnitte, sog. „Bleichzeiten", eingeteilt. Während jeder Bleichzeit wurden die Färbungen mit sog. „Typen" zusammen belichtet und verglichen. Das Ende der Bleichzeit wurde durch die auf den Typen hervorgebrachte Bleichwirkung gemessen und kontrolliert. Nach Beendigung einer Bleichzeit wurden an Stelle der alten — neue Typenfärbungen ausgesetzt, welche gewissermaßen die Uhr abgaben und solange hängen blieben, bis sie soweit verschossen waren, wie die vorhergehenden Typen: Dann war wieder eine „Bleichzeit" oder besser „Bleichperiode" verstrichen etc. Das ganze Jahr wurde auf solche Weise in 5 Teile geteilt und zwar fielen die Abschnitte: I. Bleichzeit vom 24. Mai — 14. Juni. II. Bleichzeit vom 14. Juni — 21. Juli, III. Bleichzeit vom 21. Juli — 14. August, IV. Bleichzeit vom 14. August — 16. Februar, V. Bleichzeit vom 16. Februar — 24. Mai. Selbstverständlich hängt die Dauer jeder einzelnen Bleichzeit von den Zufälligkeiten des Wetters ab. — Die Auswahl der Typen ist leider nicht angegeben worden. Die Belichtung fand unter Glas in gefilterter Luft statt. Man ersieht daraus, daß es auch berufene Fachmänner gibt, welche das

Belichten unter Glas für einwandfreier halten als dasjenige in freier Luft. — Die englische Kommission teilte alsdann sämtliche Farbstoffe nach dem Grade der Lichtechtheit in vier Klassen ein: I. Echte, II. ziemlich echte, III. mäßig echte, IV. unechte. Da die Versuche der englischen Kommission nicht abgeschlossen worden sind, besitzen die Ergebnisse nur beschränktes Interesse.

Von anderer Seite wurden die Belichtungsversuche von Farbstoffen in ähnlicher Weise ausgeführt. Man ist sich wohl über die meisten Bedingungen der Ausführung einig bis auf die Frage der luft- und wetterfreien oder der Exponierung unter Glas, sowie über die Wahl feststehender Belichtungstypen. Zu ersterer dieser beiden strittigen Fragen kann man sich wohl dahin entscheiden, daß man die Belichtungsversuche in freier, aber von Regen, Staub etc. geschützter, Luft vornimmt, wenn die Gegend, wo die Versuche zur Ausführung gelangen, eine gleichmäßige und reine Luft gewährleistet, also abseits von Fabriken, einer größeren Stadt etc. liegt, wo — je nach der Windrichtung — heute reine, rauchfreie, morgen stark rauchhaltige, saure oder alkalische Luft weht. Im andern Falle, wo der Luftstrom durch die unmittelbare Umgebung merkliche Mengen Verunreinigungen mit sich führt, — ist es unter allen Umständen geboten, unter Glas und zwar möglichst unter Zufuhr filtrierter Luft zu operieren.

Der zweite Punkt, betreffend einheitliche und von jedermann herstellbare und kontrollierbare Belichtungstypen, ist durch A. Scheurer und A. Brylinsky (Bull. Soc. Jnd. Mulh. 1898, S. 119, 1899, S. 93) in ein neues Stadium gerückt worden und von diesen Forschern in so präziser und exakter Form beschrieben, daß ein Zweifel kaum möglich ist. Scheurer und Brylinsky benutzen als Wertmesser für die Lichtechtheit Küpenfärbungen auf Baumwolle von drei Intensitäten. Deren Abschwächung im Sonnenlicht wird mit der gleichzeitig eintretenden Veränderung der zu prüfenden Färbung verglichen. Vom Küpenblau werden drei Abstufungen im Vorrat gehalten.

    I. Typ: Dunkelblau, enthaltend 1,2 g Indigotin pro qm Gewebe, mit 4 Zügen hergestellt (75/26 Elsässer).

    II. Typ: Mittelblau, enthaltend 0,52 g Indigotin pro qm, mit 2 Zügen hergestellt.

    III. Typ: Hellblau, enthaltend 0,25 g Indigotin pro qm, mit 1 Zuge hergestellt.

Der zu untersuchende Farbstoff wird ebenfalls in drei Stärken, je einer dunklen, mittleren und hellen Färbung ausgefärbt. Die Belichtung wird **hinter Glas** ausgeführt und zwar gleichzeitig mit der Kontrolle eines **Marchand**schen Apparates und dauert zunächst so lange, bis Typ III (hellindigoblau) die Hälfte seiner Stärke eingebüßt hat. Nimmt das Auge an der schwächsten Färbung der zu untersuchenden Probe noch keine Veränderung wahr, so wird die Belichtung fortgesetzt, bis Typ II (mittelindigoblau) um die Hälfte abgeblaßt ist etc. Als **sehr lichtecht** wird diejenige Färbung bezeichnet, welche größere Widerstandsfähigkeit zeigt als Typ I (dunkelindigoblau); als **lichtecht** wird bezeichnet, welche sich **so gut** verhält wie Typ I, **halbecht** — Typ II entsprechend, **wenigecht** — wenn dem Typ III entspricht; **unecht**, wenn die Färbung geringere Widerstandskraft gegen Licht besitzt als Typ III.

Sehr interessant sind die Ergebnisse der beiden Forscher, zu welchen sie bei der Feststellung der durch die Belichtung von einem Quadratmeter mittelblau (II) zerstörten Indigomenge kamen. Das bis zur Hälfte abgeblaßte Muster ergab nach der Eisessig-Extraktionsmethode (s. u. Indigo) einen Verlust entsprechend 0,25 g Indigotin auf einen Quadratmeter Stofffläche, also nahezu die theoretische Menge. Auf solche Weise läßt sich der Wert der Belichtung gleichzeitig durch das Gewicht des pro 1 qm zerstörten Indigos und durch das Volumen der entwickelten Kohlensäure ausdrücken. Für letztere Messung dient der Apparat von **Marchand**, wobei als Einheit der Lichtwirkung diejenige Lichtmenge vorgeschlagen wird, welche einen ccm Kohlensäure, reduziert auf $0^0$ und 760 mm Druck, pro 1 qcm beleuchteter Fläche in dem Apparat entwickelt. — Indes sind die Beziehungen zwischen zerstörter Indigomenge und entwickelter Kohlensäure nach den **Scheurer-Brylinsky**schen Versuchen keine gleichmäßigen, was dieselben auf die schützende Schicht der Zersetzungsprodukte des Indigos, die während der Versuchsperiode sich bildete, zurückführen.

Obige **Scheurer-Brylinsky**sche Methode gibt uns gewissermaßen **einen absoluten Maßstab** in die Hand, mit dem man also verschiedene Farbstoffe, ohne dieselben **zeitlich und örtlich nebeneinander** zu vergleichen, in ihrer Echtheit präzisieren kann. Ihre schwierige Handhabung und genauen Einstellungen werden dieselbe aber wohl nicht so leicht zu einem **allgemeinen Maßstab** erheben.

Eine weitere Methode, die Lichtechtheit von Färbungen exakt zu messen und in Zahlen auszudrücken, beschrieb P. Dosne (Bull. Soc. Ind. Mulh. 1900, 207). Zur Messung bedient er sich des Aktinometers von Bellani mit einer Abänderung von Descroix, welches die thermoaktinische Kraft der Sonnenstrahlen an der Verdunstung von Alkohol mißt.

# Lichtechtheitstabellen.

Die Absicht des Verfassers, sämtliche wichtigeren Farbstoffe des Handels nach ihrer Lichtechtheit, auf Baumwolle, Wolle und Seide gefärbt, genau und präzise zu sortieren, wie er dieses früher[1]) ausführte, erscheint heute bei der Legion von Farbstoffen und einer nicht einwandfrei einheitlichen Untersuchung kaum noch möglich. Man muß sich heute begnügen, die wichtigeren Farbstoffe in 5 Klassen zu teilen, wenn man eine größere Zahl von Repräsentanten bearbeitet, da die Unterschiede zwischen manchen Farbstoffen, bezw. die allmähliche Abstufung eine so minimale ist, daß sie oft kaum noch recht faßbar ist. Verfasser hat demnach die früher von ihm veröffentlichte Tabelle in diesem Sinne umgearbeitet und Gruppeneinteilungen vorgenommen. Von Fasern wurden die Baumwolle und Wolle bearbeitet. Die Gesichtspunkte bei der Beurteilung der Echtheit und Einteilung der Klassen sind bereits oben (S. 240 ff.) dargelegt.

Nachfolgend sind die einzelnen Farbstoffe für praktische Orientierungszwecke namentlich aufgezählt. Deren Placierung innerhalb der einzelnen Klassen selbst kann nur als annähernd bezeichnet werden in dem Sinne, daß die zuerst aufgezählten Farbstoffe sich mehr der vorhergehenden, die letzten schon mehr der nächsten Klasse nähern. Die Gruppierung der Farbstoffe ist z. T. nach eigenen Belichtungsversuchen des Verfassers, z. T. nach Privatmitteilungen der entsprechenden Farbenfabriken vorgenommen worden.

Es war nicht möglich, sämtliche Fabrikate des Handels zu berücksichtigen, auch nicht sämtliche Synonyma für ein und denselben Farbstoff aufzuzählen, wie dieselben von den verschiedenen Fabriken eingeführt werden. Auch erschien letzteres zwecklos und

---

[1]) Deutsche Färber-Zeitung 1893, Nr. 20—27.

sei zur Orientierung über die Zusammensetzung der Farbstoffe, etwaige Synonyme u. s. w. das bereits erwähnte Werk von Schulz-Julius, (Tabellarische Übersicht der künstlichen organischen Farbstoffe, 1902) empfohlen. Einzelne Fälle von wichtigen synonymen Produkten sind in den Tabellen aufgenommen, ebenso wie mitunter synonyme Körper an verschiedenen Stellen placiert werden, wie sich solches aus der Untersuchung ergab und wohl auf bestimmte Verunreinigungen oder Darstellungsmethoden zurückzuführen sein dürfte. Im übrigen ist Bedacht darauf genommen worden, aus allen Farbstofffamilien und -klassen einige oder mehr wichtigste Repräsentanten auszuwählen. In der Regel würden die analogen Marken in der Nähe zu placieren sein.

### Rote Farbstoffe auf Baumwolle.

I. Klasse. Alizarin[1]) $V_I$ neu (B), Alizarin SX (B), Alizarin RG (B), Alizarinrot I extra, SX extra, X (By), Alizarin Nr. 1, RX (M), Azophorrot (M).

II. Klasse. Diaminechtrot F (C), Diaminbordeaux B (C), Alizaringranat R (M), Alizarinmarron (M), Brillant-Crocein MOO (C) = Baumwollscharlach (B), Baumwollscharlach G (J), Ponceau 4 RB (A) = Croceinscharlach 3 B (By), Ponceau 6 RB (A) = Croceinscharlach 7 B (By), Scharlach für Baumwolle (A), Ponceau 3 RB (A) = Biebricher Scharlach (K) = Echtponceau B (B), Scharlach 3 B (By), Alphanaphtylaminbordeaux (M), Brillant-Geranin B 3 B (By).

III. Klasse. Brillant-Rhodulinrot B, BD (By), Rhodulinrot G, GD (By), Pyronin G (L), Thiazinrot R (B), Direktrosa GN, BN (J), Kardinalrot G (J), Primulinrot (Br S), Primulinbordeaux (Br S), Rhodamin 4 G (M), Rhodamin B (B), (J), (M), Rhodamin G, 6 G (B) (J), Rhodamin S (B), (By) (J), Janusrot B (M), Akridinrot 3 B (L), Oxaminrot (B), Columbiarot (A), Tanninheliotrop (C), Diaminscharlach B, 3 B (C), Chicagorot (G), Baumwollrot 11 B, 12 B (J), Diaminrosa BD, BG, GD (C), Erika A (C), Erika BN, B, GN (A), Irisamin G (C), Geranin G, BB (By), Diaminbrillantscharlach S (C), Chlorantinrot 4 B, 8 B (J), Chlorantinrosa (J), Direktrosa (G), Acetopurpurin 8 B (A), Scharlach R (By), Direktsafranin G, B (J), Stilbenrot (A), Columbiaechtscharlach 4 BS (A), Benzoechtscharlach 4 BS (By).

---

[1]) Wo die Färbemethode nicht speziell angegeben ist, versteht sich die technisch maßgebende; bei Türkischrot z. B. Tonbeize u. s w.

IV. Klasse. Anisoline pur (Mo), Brillantsafranin G, 2 G (A), — 3 G (G), Safranin T extra, BS (B), — FF extra, BB extra (By), — G 000, B 000 (J), — AN extra (M), — T (O), Baumwollrot C, D, B (J), Benzopurpurin B (A) (By), Parafuchsin (O), Diamantfuchsin, Neufuchsin O (M) (O), Neutralrot extra (C), Diaminpurpurin B, 3 B, 6 B (C), Brillantpurpurin R (A) (By), Brillant-Kongo R, G (A) (By), Oxydiaminrot S (C), Diaminviolettrot (C), Kongo 4 R (A) (By), — GR (A), Toluylenrot 8 B (O), Benzopurpurin 4 B (A) (By), = Baumwollrot 4 B (B) (O) = Dianilrot 4 B (M), Benzopurpurin 6 B (A) (By), Deltapurpurin 7 B (A) (By), Deltapurpurin 5 B (A) (By) = Baumwollpurpur 5 B (B), Kongo-Corinth B, G (A) (By) (O) = Baumwoll-Corinth B, G (B) = Dianilbordeaux B, G (M), Thiazolrot 6 B, 10 B (O), Diphenylrot 8 B (G), Kongo-Rubin (A) (By), Salmrot (A), Stanleyrot (Cl), Rosophenin (Cl), Purpuramin DH (DH), Lachsrot (NJ), Tronarot 2 G (By), Azo-Orseilline (A), Diaminrot NO (C).

V. Klasse. Heliotrop BB (By), Diaminrot 3 B, B (A), Benzopurpurin 10 B (A) (By), Rouge St. Denis (P), Rosazurin B, G (By), Alkalirot R, B (D), Hessisch-Purpur N extra, D, NB (L), Hessisch-Brillantpurpur N extra (L), Thiorubin (D), Thiobraunrot (D), Titanrot 3 B (H), Titanscharlach C, D (H), Eosin BN (B), (O), Eosin RG (B), Erythrosin (B) (M), — A (M), Phloxin (M), — B (B), Phloxin jodfrei (B), Rosebengale B (B) (M), Dianthine 4 B (Br S).

## Rote Farbstoffe auf Wolle.

I. Klasse. Alizarinrot 1 WS, 3 WS (M), Alizarinrot W (By), — PS (By), Alizarinrot S (B), Alizarin-Purpurin (By), Säure-Alizaringranat (M), Säure-Alizarinrot G (M), Anthracenchromrot (C), Tuchrot B, G, G extra chromiert (By) (O), Tuchrot GA, BA chromiert (A), Metachrombordeaux B, G (A), Alizarinbordeaux (By).

II. Klasse. Azococcin 7 B (A), Ponceau 10 RB (A), Bordeaux G (By), Ponceau SS extra (A), Diaminechtrot F (C), Ponceau 4 RB, 6 RB (A), Ponceau BO extra, BOG (A), Brillant-Crocein bl. u. gelbl. (M), Tuchrot O (M), Anthracenrot I (J), Sorbinrot (B), Croceinscharlach 3 B (By), Croceinscharlach 7 B (By), Cochenilleersatz G, 3 B (J), Echtbordeaux O (M), Brillantsulfonrot B (J), Floridarot B, G (L), Cochenillescharlach PS (By), Echtponceau B (B) = Biebricher Scharlach (K) = Ponceau 3 RB (A), Ponceau S extra (A) = Echtponceau 2 B (B), Chromotrop 2 R (M), Brillant-Ponceau 5 R (By),

Chromotrop 2 B, 8 B, 10 B (M), Azo-Orseille R (A), Papierrot E, V (J), Azococcin 2 R (A), Baumwollscharlach (B), Viktoriascharlach 4 G, G (A), Brillant-Crocein M OO (C), Benzylrot S (J), Alkaliechtrot R (M), Azosäurekarmin B (M), Azosäurefuchsin B, G (M), Thiazinrot gekupfert (B), Wollrot B (C), Toluylenrot (O), Chromazonrot (G), Anthracenrot (By), Chromechtrot B, G (A), Eosamin B (A), Palatinscharlach A (B), Roceellin (J), Echtrot AV (B), Azogrenadin L (By) = Azocorallin (D), Amidonaphtolrot G, 2 B, 6 B (M), Cochenille.

III. Klasse. Brillantbordeaux S (A), Brillantcochenille 2 R, 4 R (C), Marsrot G (B), Echtrot C (B) (O), Lanafuchsin 6 B, SG, SB (C), Cerasin (J), Azorubin A (C) (O) = Azorubin S (A) = Brillant-Karmesin O (M), Palatinrot A (B), Ponceau 5 R (M) = Erythrin X (B), Ponceau 6 R (B) (M), Diphenylrot (G), Azofuchsin G, S, B (By), Echtsäureviolett A, 2 R, R (M), Echtsäurefuchsin G (M), Säurerosamin A (M), Echtsäurerot A (M), Ponceau B extra (M), Neucoccin O (M), Viktoriascharlach G — 6 R (M), Diaminrosa BD, BG, GD (C), Eriorubin (G), Eriokarmin (G), Azococheuille (By), Erika G, B (A), Geranin G, BB (By), Diaminscharlach B, 3 B (C), Thiazinrot R (B), Cochenillerot A (B), Kristallponceau 6 R (C) (M) = Kristallponceau (B), Palatinchromrot R (B), Doppelbrillantscharlach 3 R (A), Wollponceau R, 3 R (A), Orseille-Ersatz N (C), Orseille-Ersatz G (M), Amaranth O, G (M) (C) = Bordeaux S (A) = Naphtolrot S (B), Amaranth G, B (J), Benzoechtrot (By), Azoeosin (By), Echtrot B (B) = Bordeaux B (A), Echtrot E (B) (By) = Echtrot A, AB extra (A), Oxaminrot (B), Echtsäureeosin G (M), Echtsäurephloxin A (M).

IV. Klasse. Säure-Rhodamin R, 3 R (B) (J), Rhodamin extra (M), Rhodamin 6 G (B) (J), Rhodamin B, G (B) (M), Azocochenille (By), Rosazurin G, B (By), Azokarmin G (B), Tuchrot 3 B (By), Tolanrot B (K), Tuchscharlach G, R (K), Echtrot A (B), (O), Naphtolrot C, EB (C), Diaminbordeaux B (C), Orseille-Ersatz 3VN (P), Brillant-Orseille C (C), Deltapurpurin 7 B (A) (By) = Diaminrot 3 B (C), Deltapurpurin 5 B (A) (By) = Diaminrot B (C), Azokarmin B (B) = Rosindulin 2 B (K), Azo-Orseille 2 B (C), Rosindulin 3 B (K), Fuchsin, Neufuchsin O (M), Grenadin extra konz. (M), Tuchrot 3 B extra (By), Apollorot (G), Diaminbordeaux S (C), Kongo-Corinth G, B (A) (By) (O) = Baumwoll-Corinth G (B), Dianilrot R, 4 B (M), Heliotrop BB (By), Benzopurpurin 4 B (By) = Baumwollrot 4 B (B), Brillant-Orseille C (C), Diaminpurpurin B, 3 B, 6 B, (C), Kongorot (By) (O) = Dianilbordeaux B, G (M), Brillant-Kongo R, G (A) (By), Oxydiaminrot S (C), Diaminviolettrot (C), Benzopurpurin 10 B (A) (By) (O), Orseille, Echtsäurefuchsin B (By).

V. Klasse. Hessisch-Brillantpurpur (L), Hessisch-Purpur NB (L), Patentacid (Br S), Säurefuchsin S, 2 S (A) (O), Safranin T extra (B) (O), — BS (C), Rosindulin G, GG (K), Eosin extra (M), Eosin BN (A) (B) (O), Methyl-Eosin (A), Erythrosin (A) (J) (M), Phloxin (A) (M), Phloxin jodfrei (B), Rose bengale B (A) (B).

### Orange-Farbstoffe auf Baumwolle.

I. Klasse. Alizarinorange N auf Chrom (M), Alizarinorange auf Chrom (B), Alizaringelb R auf Chrom (M), Diaminorange B gekupfert (C), Mikado-Orange G (L).

II. Klasse. Orange II (B) (O), Chloraminorange G (By), Immedialorange C (C), Chromorange (By), Mikado-Orange R, 3 R, 4 R (L), Dianilorange G (M), Neutoluylenorange G (O), Pluto-Orange G (By), Brillant-Orange G (A), Toluylenorange G (O), Direktorange G, R (J), Chlorantinorange TR, TRR (J), Mikado-Orange 2 R (L).

III. Klasse. Kongo-Orange R (A) (By), Baumwollorange G, R (B), Chicago-Orange G, 3 G (G), Diphenylorange RR (G), Crocein-Orange G (By), Diamin-Orange G (C), Oxydiaminorange G, R (C), Tannin-Orange R (C), Brillant-Orange G (M), Columbia-Orange R (A), Orange GR (B), Akridin-Orange (L), Ponceau 4 GB (A), Crocein-Orange R (By), Benzoechtorange S (By), Orange TA (A).

IV. Klasse. Toluylenorange R (O), Benzo-Orange R (By), Pyraminorange 3 G (B), Kongo-Orange G (A) (By), Diamin-Orange G (C), Vesuvin 4 BG konz. (M), Phosphin (A), Phosphin N (B) (O), Patentphosphin G (J), Azophosphin GO (M), Aurophosphin (A), Chrysoidin A (B) (M).

V. Klasse. Ledergelb (O), Alkaliorange (D), Chicago-Orange R, 2 R (G), Diaminorange B (C).

### Orange-Farbstoffe auf Wolle.

I. Klasse. Alizarin-Orange W, N auf Ton oder Chrom (B) (M), Alizarin-Orange G, GG auf Tonerde (M), Diamin-Orange gekupfert (C).

II. Klasse. Metachromorange R (A), Brillant-Orange O, R (M) = Orange ENL (C), Ponceau 4 GB, 4 GBR (A), Crocein-Orange G, R (By).

III. Klasse. Orange GR (B), — II, N, R (J), Orange G (A) (B) (M) = Orange GG (C), Orange R (A) (C) (M), Orange Nr. 1, 2, 4, 4 LL (M), Orange II B (By), Orange II (B) (O), Orange extra (C) = Goldorange (By) = Mandarin G extra (A), Dianil-orange G (M), Mandarin G (By), Säuregelb krist. (C), Tuchorange auf Chrom (By), Diaminorange B, F (C).

IV. Klasse. Kongo-Orange G, R (By), Benzo-Orange (By), Oxydiamin-Orange G, R (C), Naphtolorange (A), Chrysoidin A (B) (O).

V. Klasse. Phosphin N (B) (O), Phosphin extra (M), Leder-gelb (O).

### Gelbe Farbstoffe auf Baumwolle.

I. Klasse. Alizaringelb GG (M), Galloflavin (B), Primulin O gechlort (M), Primulingelb gechlort (By), Primulin gechlort (A), Pyrogengelb M gechlort (J), Kryogengelb R (B), Chloropheningelb (Cl), Oxyphenin (Cl) = Chloramingelb GG, M (By), Diaminecht-gelb B, 2 F (C), Oxydianilgelb O (M), Beizengelb 3 R (B) = Ali-zaringelb R (M), Diamingelb CP (C), Chrysamin R gekupfert (A) (By), Chrysamin G gechromkupfert (A) (By) = Pyramingelb G (B), Kresotingelb (O), Chrysophenin G (A) (L), — GS (By), Aurophenin O (M), Anthracengelb chromiert (By), Diamingoldgelb (C).

II. Klasse. Pyramingelb R (B), Chrysamin G, R (A) (By), Diamingelb N (C), Diphenylechtgelb (G), Diphenylgelb 3 G konz. (G), Diamantflavin G chromiert (By), Diamantgelb G auf Chrom (By), Beizengelb G, GR, R (B), Baumwollgelb G, GI (B), — CH (J), Curcumin S (A), Curcumin S extra, W (L), Chlorantingelb JJ, JG, (J), Solidgelb R (J), Janusgelb R (M), Dianilgelb R, 2 R (M), Poly-phenylgelb 3 G (G), Pyrogengelb M direkt (J), Mikadogoldgelb (A) (L), Diaminechtgelb A, AR (C), Immedialgelb D (C), Mikadogelb (L), Columbiagelb (A).

III. Klasse. Janusgelb G (M), Direktgelb (K), Brillantgelb (L), Toluylengelb (O), Primulingelb = Thiochromogen (D) = Poly-chromin (G), Dianilgelb 3 G (M), Direktechtgelb (L), Diphenyl-citronin G (G), Auramin O (B) (J), — konz. (M), Thiazolgelb (B) (J), Phosphin superf. (M).

IV. Klasse. Chromin G (K), Hessisch-Gelb (L), Neu-Phosphin G, R (C), Benzoflavin (O), Akridingelb (L), Thioflavin T (C), Patentphosphin G, R (J), Azophosphin GO (M), Phosphin N (B) (O).

V. Klasse. Mimosa (G) = Thiazolgelb (A) (By), Primulin O direkt (M), Primulin direkt (A), Thioflavin S (C), Dianilgelb G (M), Oxydiamingelb GG (C), Clayton-Gelb (Cl), Alkaligelb R (D) = Baumwollgelb R (B) = Oriolgelb (G).

### Gelbe Farbstoffe auf Wolle.

I. Klasse. Alizaringelb Teig (M), — GGW (M), Alizaringelb 3G auf Chrom (By), Resoflavin (B), Beizengelb O (B) (M), Flavazin L (M), Beizengelb 3R (B), Baumwollgelb G I (B), Oxydianilgelb O (M), Anthracengelb C chromiert (C) = Echtbeizengelb G chromiert (B), Chromgelb G, R extra auf Chrom (By), Metachromgelb R (A), Anthracengelb BN, 2G (C), Walkgelb O, OO (C), Säuregelb AT (C), — G, R (A), Chromgelb S (K), Anthracengelb Teig (By), Walkgelb 6G (L), Brillantgelb (By) (L).

II. Klasse. Azo-Alizaringelb G, 6G (DH), Flavazin S (M), Tartrazin S (B) (J) = Tartrazin O (M) = Hydrazingelb (O), Hydrazingelb S (O), Diaminechtgelb R, 2F (C), Diamingelb CP (C), Diamantflavin G auf Chrom (By), Chrysamin G chromiert (A) (By), Gelb WR (J), Chromechtgelb G, GG (A) (J), Chloramingelb M (By), Chrysamin R chromiert (A) (By), Alizaringelb RW (M), Dianilgelb R, 2R (M), Diamingoldgelb (C), Chinaldingelb (J), Gelbholz auf Chrom, Chrysophenin G (By) (L), Pyramingelb G (B), Galloflavin W (B), Metanilgelb (B) (O), Diamantgelb G auf Chrom (By), Resorcingelb (A), Viktoriagelb konz. (M), Chrysoin G (M), Echtlichtgelb G (By), Echtgelb extra (By), Echtgelb (B).

III. Klasse. Isochrysamin N extra (NJ), Chinolingelb (A) (B), — O (M), Azosäuregelb (A), Dianilgelb 3G (M), Azogelb O (J), Azoflavin S (B) = Azogelb R (M) = Indischgelb (By) (C), Citronin (O), Flavazol auf Chrom (A), Tropäolin O, OO, G (C), Orange II (B) = Säuregelb D (A) (O), Orange N, GS (O), Neugelb (By), Dianilgelb G (M), Curcumin extra (A).

IV. Klasse. Azoflavin FF (B), Flavin, Naphtolgelb (A), Naphtylamingelb (By), Martiusgelb (A), Naphtolgelb S (B) (J) (M) (O), Auramin O (B) (G), — konz. (M).

V. Klasse. Pikrinsäure krist. (A), Phosphin N (B) (O), Chrysoidin A (B) (O), Uranin (A).

### Grüne Farbstoffe auf Baumwolle.

I. Klasse. Alizaringrün S (B), Alizarin-Viridin DG, FF auf Chrom (By), Alizarin-Cyaningrün auf Chrombeize, nachchromiert oder gefluorchromt (By), Coerulein A (B) (By) (M), Kryogenolive gekupfert (B), Katigengrün 2B gekupfert (By), Methylengrün extra gelblich (M), Eclipsgrün (G).

II. Klasse. Azingrün T (L), Caprigrün B (L), Brillantbenzogrün B (By), Dianilgrün G (M), Dinitrosoresorcin = Dunkelgrün (B) = Chlorin (DH), Pyrogengrün B (J), Pyrogenolive (J), Diamingrün B, G (C), Benzoolive (By), Solidgrün O auf Chrom (M), Katigengrün 2B direkt (By), Katigenolive direkt (By).

III. Klasse. Direktgrün B, G, J (J), Direktolive G (J), Tolamingrün (J), Benzodunkelgrün B (By), Diaminschwarzgrün N (C), Columbiagrün (A), Columbiaschwarzgrün (A), Solidgrün O (M), Diphenylgrün (G).

IV. Klasse. Malachitgrün BB (M), Benzolgrün (O), Neuviktoriagrün extra krist. (B) = Solidgrün krist. O (C) = Neugrün (By), Solidgrün O, J (J), Brillantgrün (B) (By) (C) (M) (O) = Diamantgrün G (B) = Smaragdgrün (By) = Malachitgrün G (B), Janusgrün G, B (M).

V. Klasse. Chinagrün (By), Methylgrün Pulver (By), Methylgrün krist. (A), Äthylgrün (A), Laubgrün (A).

### Grüne Farbstoffe auf Wolle.

I. Klasse. Alizarin-Cyaningrün E, G extra, K (By), Alizarinviridin FF, DG (By), Naphtolgrün B auf Eisen (C), Grün PL (B), Chromgrün G (K), Walkgrün S (L).

II. Klasse. Alizaringrün SW (B), Coerulein SW (B), Coerulein A, SW (M), — A (B) (By), Alizaringrün S (M), Diamantgrün B gechromt (By), Coerulein B, BRW (M), Anthracensäuregrün (J), Säure-Alizaringrün G (M), Baumwollwalkgrün B (C), Cyanolgrün B, 6G (C), Dinitrosoresorcin = Dunkelgrün (B) (O) = Chlorin (DH) auf Eisen, Dioxin auf Eisen (L), Gambin R, J (H).

III. Klasse. Brillantwalkgrün B (C), Brillantsäuregrün 6B (By), Chrompatentgrün A (K), Cypergrün B, R (A), Wollgrün S (B) (J), Wollgrün BS (By) = Cyanolgrün BW (C), Echtsäuregrün

B, BN (C), Patentblau (M), Echtgrün bläulich extra (By), Eriochlorin 2 B (G), Benzylgrün (J), Patentgrün O, V (M), Naphtalingrün V (M), Kitongrün (J), Azogrün auf Chrom (By), Chromgrün auf Chrom (By), Benzolgrün (O).

IV. Klasse. Malachitgrün B (B) = Neuviktoriagrün extra krist. (B) = Diamantgrün B, G, (B) = Brillantgrün (B) (By) (C) (M) (O), Nachtgrün (t. M), Lichtgrün SF (B) = Säuregrün (By) (O), Säuregrün konz. (M), Säuregrün O gelbl., O bläul. (J).

V. Klasse. Methylgrün (By), Neu-Guineagrün B, BV (A).

## Blaue Farbstoffe auf Baumwolle.

I. Klasse. Indanthren S, C (B), Azophorblau (M), Immedialblau C, CB, CR mit Wasserstoffsuperoxyd behandelt (C), Immedialdirektblau (C), Immedialindon R konz. (C), Diamineralblau R gekupfert (C), Pyrogenblau R mit $H_2O_2$ behandelt (J), Pyrogendirektblau rötl., grünl. (J), Eclipsblau (G), Alizarin-Cyanin R auf Chrom (By), Alizarinsaphirol B, C, SE, FBS auf Chrom (By), Benzo-Kupferblau B gechromkupfert (By), Benzo-Reinblau gekupfert (By) = Diaminreinblau gekupfert (C), Diaminblau RW gekupfert (C), Diaminblau C 4 B gekupfert (C), Diaminbrillantblau G gekupfert (C), Indigo-Küpe, Indigo rein (B), Indigo synthetisch (M), Alizarinblau X (B), Brillant-Alizarinblau G (By), Alizarinblau SB (M).

II. Klasse. Brillant-Azurin 5 G gekupf. (By), Benzo-Azurin G, R, 3 G gekupf. (A), (By), Chicagoblau 6 B, 4 B, B, RW gekupf. (A), Direkthimmelblau grünl. gekupf. (J), Baumwollblau 3 G gekupf. (J), Indolblau R, B (A), Gallocyanin E, D (B), Gallaminblau B (By), Benzoechtblau B (By), Oxaminblau 3 R entwickelt (B), Direktindigoblau A entwickelt (J), Immedialblau CR direkt (J), Capriblau GO (L), Toluidinblau (A) (B) (M) (O) = Neumethylenblau GG (C) = Thioninblau GO (M), Methylenblau B (B) (By) (O) = Methylenblau BB konz. (M), Methylenblau (A), — G (J), Äthylblau BF (M), Neumethylenblau R, 3 R (C), Sambesischwarz F, R, BR gechromkupfert (A), Columbiaschwarzblau gechromkupfert (A), Oxaminblau B, BG, A (B), Melantherin 3 G (J), Acethylenblau 6 B (J), Coelestinblau B (By), Solidblau MD, MB (J), Neublau RS (J), Azindonblau R, G (K), Methylindon B, R (C), Naphtindon 2 B (C), Äthylenblau (O), Paraphenylenblau G, R (O), Diaminechtblau C, CG (C), Diaminogenblau G, 2 B + $\beta$-Naphtol (C), Diamineralblau R direkt (C), Immedialreinblau gechromkupfert (C), Melanogenblau B mit Fixiersalz M (M), Alizarindunkelblau S (M), Diamindunkelblau R (C), Diaminazoblau R, 2R + $\beta$-Naphtol (C), Naphtogenblau + $\beta$-Naphtol (A), Sambesireinblau + $\beta$-Naphtol (A), Diaminogenblau 6B + $\beta$-Naphtol (C), Diaminogendunkelblau + $\beta$-Naphtol (C), Dianildunkelblau R gechromkupfert (M), Indigenblau B, R (J), Gallein A (B) (M), Indaminblau 2G (NJ), Indaminküpenblau (NJ), Diaminblauschwarz E (C), Indaminblau NB extra (M), Indoinblau BB (B), Janusblau R (M), Indophenblau B (M), Echtbaumwollblau R (O).

III. Klasse. Chlorantinblau B, 2B (J), Baumwollblau 3G (J), Acetylenblau 3R (J), Tolaminblau 2B (J), Direktindigoblau A, BN, BK (J), Benzoindigoblau (By), Diaminazoblau R (C), Nilblau A (B), Setoglaucin (G), Setocyanin (G), Direktblau BX (J), Direktlichtblau (J), Diphenblau B, R (A), Echtblau R für Baumwolle (A) = Neublau R (By) = Baumwollblau R (B), Kresylblau 2B (L), Echtneublau 3R krist. (M), Indaminblau N extra, superf. (M), Indaminblau JD (NJ), Janusblau G (M), Baumwollblau R (O), Echtmarineblau (O), Diamineralblau R direkt (C), Helvetiablau (G), Janusdunkelblau R, B (M), Brillantfirnblau (J), Metaphenylenblau B, BB (C), Immedialreinblau (C), Diaminneublau R, G (C), Baumwollblau OO (O), Reinblau (O).

IV. Klasse. Oxaminblau 3R (B), Neutoluylenblau 2B (O), Diaminblau C 4B (C), — NC (C), Kryogenblau R, G direkt (B), Kongo-Echtblau B (A), Triazoldunkelblau B, 3R (O), Nitrosoblau M (M), Oxydiaminblau 3R (C), Columbiaechtblau 2G (A), Indazin M (C), Azoschwarzblau (O), Sambesischwarz F, R, BR direkt (A), Columbiaschwarzblau direkt (A), Parablau (NJ), Direkthimmelblau grünl. (J), Türkisblau 2B (By), Dianilblau 4R (M), konz. Baumwollblau R (M), Methylblau für Baumwolle (M), Reinblau dopp. konz. (M), Bayrischblau DBF (A) = Methylwasserblau (B), Diaminbrillantblau G (C), Diaminblau BG, RW (C), Dianildunkelblau R (M), Dianilblau R, B, G, 2R (M), Diazurin B + $\beta$-Naphtol (By), Diazoblau + $\beta$-Naphtol (By), Dianilblau BX, E, ET (M), Kongoechtblau B, R (A), Diazoindigoblau (By), Diaminreinblau (C) = Benzoreinblau (By), Diaminblau 2F (C), Diaminblau 2B, 3B, 3R (C) = Benzoblau 2B, 3B, 3R (By), Triazolblau BB (O), Naphtazurin 2B (O), Azoblau (By), Violettschwarz (B), Dianildunkelblau 3R (M), Dianilindigo (O), Diphenylblau B (G), Oxydiaminblau R, G, 3G, 5G (C), Diphenylblauschwarz (G), Benzochromschwarzblau B (By), Azoschwarzblau B (O), Sambesi-Indigoblau R + $\beta$-Naphtol

(A), Brillantsulfonazurin R (By), Benzo-Azurin 3 G (By) (O), Naphtazurin B (O), Triazolblau RR, 3 R (O), Diaminblau BX (C), Kongoblau BX (A), Viktoriablau R, B (A) (B) (J) (M) (O), Nachtblau
(B), (J), Kongoblau 2 B (A), Baumwollblau BR (O), Neuviktoriablau
B (By).

V. Klasse. Diaminstahlblau L (C), Benzokupferblau B (By),
Benzoindigoblau (By), Benzo-Cyanin R, B, 3 B (By), Diaminblau
6 G (C), Columbiablau G, R (A), Chicagoblau 2 R, 4 R (A), Chicago-
blau RW direkt, B, R, 2 B, 4 B, 6 B (A), Benzomarineblau B (By),
Benzo-Azurin G (By) (O), Diazoblau (By), Sambesiblau R (A), Direkt-
blau B, 2 BX, 3 BX (K), Brillantbenzolblau 6 B (By), Pfaublau (By),
Triazol-Indigoblau (O), Polyphenylblau G (G), Titanblau R, 3 R (H),
Titanmarine R, B (H), Titancomo A, R, S (H), Neutralblau (C).

## Blaue Farbstoffe auf Wolle.

I. Klasse. Indigo-Küpe, Indigo rein und synthetisch (B) (M),
Chromotrop F 4 B, FB (M), Anthracyanol R auf Chrom (B), Anthra-
chinonblau SR auf Chrom (B), Anthracenblau WR, WB, WGG auf
Chrom (B), Anthracendunkelblau W auf Chrom (B), Brillant-Alizarin-
cyanin G, 3 G auf Chrom (By), Alizarin-Cyanin G extra auf Chrom
(By), Alizarin-Reinblau B auf Chrom (By), Alizarin-Cyanin G,
R, 3 R, NS auf Chrom (By), Alizarin-Saphirol B, C, SE auf
Chrom (By).

II. Klasse. Brillant-Alizarinblau G, R auf Chrom (By), Ali-
zarinindigoblau SW auf Chrom (B), Anthracenblau WG, SWX auf
Chrom (B), Alizarinblau SW auf Chrom (B), (By), Alizarinblau
DNW, F, A auf Chrom (M), Alizarindunkelblau S auf Chrom (M),
Säure-Alizarinblau BB, GR auf Chrom (M), Kupferblau B gekupfert
(M), Echtsäureblau R konz. (M), Brillant-Azurin 5 G gekupfert (By),
Benzo-Azurin G gekupfert (By), Diaminneublau B, G gekupfert (C),
Diaminbrillantblau G gekupfert (C), Diaminblau BG gekupfert (C),
Oxydiaminblau R, G, 3 G, 5 G gekupfert (C), Diaminreinblau 2 F
gekupfert (C), Diaminblau RW gekupfert (C), Lanacylblau 2 B, R
(C), Indocyanin B (A), Periwollblau B, G, BG (C), Tuchechtblau G,
R, B, RB (J), Naphtolblau R, G (C), Lanacylmarineblau 2 B, 3 B
(C), Acetylenblau 3 R gekupfert (J), Sulfonsäureblau B, R (By),
Cyperblau R gekupfert (A).

III. Klasse. Gallocyanin F, D (B), — DH, BS, SR, (J), Gal-
lazinblau A (DH), Gallein (B) (By) (M), Sulfoncyanin G, GR (By),

Naphtazinblau (D), Uraniablau (D), Gallaminblau (By) (G), Indulin (J), — 3 B (C) (O), Solidblau (O), Echtblau B, 5 B (A) (B), Nigrosin WL (B), Sulfon-Cyanin G, GR, 3 R, 5 R (By), Wollindulin B (K) (O), Wasserblau SV (M), — IV (B) (O), — C III (J), Bleu de Lyon RR (M), Reinblau AJ, BSJ (J), Patentblau N, V, A (M), Ketonblau 4 BN (M), Indigotin M (A), Benzylblau B, S (J), Indigokarminblau (A), Indigo-Ersatz BS (M), Alkaliblau Nr. 2, 6, R (M), — B, 6 B, 2 R (B) (O), Alkaliblau R, B (A) (J), Methylalkaliblau MLB (M), Azowollblau B (C), Marineblau BN (B) (O), — 5 R (J), Sulfoncyanin G, R (By), Brillantsulfonazurin R, 5 G (By), Cyanol extra, 2 F (C), Kitonblau B (J), Erioglaucin A, extra (G), Säureblau EG (L), Eriocyanin (G), Wollblau N extra (By), Naphtalinblau B, D (M), Neupatentblau B (By), Coelestinblau B (By), Framblau G (By), Lazulinblau R (By), Bleu fluorescent (J), Walkblau (K), Indigokarmin.

IV. Klasse. Erioazurin (G), Azosäureblau B (M), — 4 B (By), Formylblau B (C), Biebricher Säureblau (K), Echtsäureviolett 10 B (By), Diaminneublau B, G (C), Diaminbrillantblau G (C), Indigoblau SGN (C), Sulfon-Azurin (By), Benzo-Azurin G, 3 G (By) (O), Chromblau (By), Toledoblau V (L), Karminblau (By), Diaminblau 2 B, 3 B (C) = Benzoblau 2 B, 3 B (By), Diaminblau BG (C), Dianilblau G, B, R, 2 R (M), Dianildunkelblau (M), Viktoriamarineblau (By), Säureblau GJ (J).

V. Klasse. Oxydiaminblau 3 R, R, G, 3 G, 5 G (C), Diaminreinblau 2 F (C), Diaminblau RW (C), Viktoriablau B (B) (M) (O) = Neuviktoriablau B (By), Viktoriablau 4 R (B), Wollblau S (B), — 5 B, 2 B, R (A), Säureblau (By), Janusblau G, R (M), Methandunkelblau R (B), Azoblau (By), Nachtblau (B), Thiokarmin R (C), Pfaublau (By), Neutralblau (C).

## Violette Farbstoffe auf Baumwolle.

I. Klasse. Alizarinbordeaux B, BD, BBD auf Chrom (By), Alizaringranat R auf Chrom (M).

II. Klasse. Azoviolett gekupfert (By), Methylenheliotrop O (M), Rosolan O (M), Paraphenylenviolett (D), Chlorantinbordeaux B (J), Diaminviolett N (C).

III. Klasse. Methylenviolett 3 RA (M), Clematin (G), Chlorantinviolett R, BB (J), Benzoechtviolett R (By), Direktviolett B, N

(J), Diaminheliotrop G, O, B (C), Gallein (B) (By) (M), Direktviolett C, CB (J), Dianilbordeaux B, G (M), Diphenylviolett (G).

IV. Klasse. Kongo-Corinth B (A) = Baumwollcorinth G (B), Triazolcorinth (O), Columbiaviolett R (A), Oxydiaminviolett B, R, G (C), Oxaminviolett B (B), Azoviolett (A) (By), Chromviolett auf Chrom (G), Oxaminmarron (B), Kristallviolett B (B), — O, 5 BO (M), Benzylviolett, Methylviolett 6 B (B) (O), Methylviolett (A), Violett R, B, 2 R, 2 B (J), Äthylviolett (B) (J), Methylviolett B (B) (O), — 4 B — 6 B (M), Hofmanns Violett = Rotviolett 5 R extra (B), Rubinviolett (A).

V. Klasse. Hessisch-Violett (L), Neutralviolett (C) (DH), Benzo-violett R (By), Chloraminviolett R (By), Heliotrop BB (By).

## Violette Farbstoffe auf Wolle.

I. Klasse. Alizarinbordeaux BD, BBD, B auf Chrom (By), Alizaringranat R auf Chrom (M), Anthrachinonviolett (B).

II. Klasse. Lanacylviolett B (C), Palatinchromviolett (B), Azosäureviolett B extra, R extra, 4 R (By), Säureviolett 4 R (B), Echtsäureviolett B, R (M), Echtsulfonviolett 4 R, (J), — R extra (By).

III. Klasse. Guinea-Violett 4 B (A), Alkaliviolett O (M), Azo-violett (By), Säureviolett 6 BN (B).

IV. Klasse. Alkaliviolett R, 4 B, 6 B (B), — R (By), — C, CA (C), — 4 R, 6 BN (J), Säureviolett 3 B extra, 8 B extra, 6 B (By), — 3 BN (B), — 5 BF, 7 BN, N (M), — 5 BX, 6 BC, 4 RS (C), Formylviolett S 4 B, 5 B, 6 B, 10 B (C), Säureviolett 5 B (G), Reginaviolett (A), Violamin B (M), Rotviolett 5 RS (B), Viktoria-violett 4 BS (M), — 5 B extra (By), Chromviolett (G) = Chrom-rubin (By), Diaminheliotrop G, O, B (C), Oxydiaminviolett B, R, G (C), Wollviolett 6 B (C), Chromviolett (By).

V. Klasse. Methylviolett B, 2 B, 5 B (B) (M) (O), Kristall-violett B (B), — O (M), Äthylviolett (B), Benzylviolett (J) = Methylviolett 6 B (B), Netralviolett extra (C) (DH), Echtsäureviolett 10 B (By).

## Braune Farbstoffe auf Baumwolle.

I. Klasse. Thiogenbraun R gekupfert (M), Kryogenbraun G gekupfert (B), Immedialbraun B gekupfert (C), Katigengelbbraun 2 G gekupfert (By), Sulfogenbraun G, B, D gechromkupfert (J), Anthracen-braun (B) (By) (M), Alizarinorange N auf Chrom (M), — G, GG auf Chrom (By), — A auf Chrom (B), Katigenschwarzbraun N direkt (By), Thiogenbraun R direkt (M), Katigenchrombraun 5 G gechromkupfert (By), Benzochrombraun G, 3 G gechromkupfert (By).

II. Klasse. Dianiljaponin G gekupfert (M), Dianilbraun 5 G, 3 R gekupfert (M), Dianilkupferbraun O gekupfert (M), Immedialbraun 2 R (C), Immedialdunkelbraun A (C), Immedialbraun B (C), Direktbraun R gekupfert (J), Cupranilbraun G, R gekupfert (J), Diaminbraun M, B, R gechromkupfert (C), Diamineralbraun G gekupfert (C), Immedialbraun G gekupfert (C), Diaminkatechin B gekupfert (C), Diaminbraun 3 G gekupfert (C), Diaminkatechin G, 3 G gekupfert (C), Schwefelbraun G, 2 G (A), Chromanilbraun 2 G, R chromiert (A), Kongobraun gekupfert (A), Catechubraun gekupfert (A), Pyrogenbraun G, B, R gekupfert (J), Eclipsbraun B (G), Sulfogenbraun G, B, D direkt (J), Sulfanilinbraun 4 B gechromkupfert (K), Immedialbronze A gekupfert (C), Katigengelbbraun 2 G direkt (By), Thiazinbraun G, R (B), Benzochrombraun R gechromkupfert (By), Sambesibraun + Toluylendiamin (A), Benzochrombraun G direkt (By), Diaminbraun M direkt (C).

III. Klasse. Dianiljaponin G direkt (M), Dianilbraun 3 R direkt (M), Diaminbraun B, V direkt (C), Oxydiaminbraun G direkt (C), Direktbraun G direkt (G), Benzochrombraun 3 R gechromkupfert (By), Katigenchrombraun 5 G direkt (By), Immedialbronze A direkt (C), Dianilbraun 2 G, 5 G direkt (M), Benzobraun G direkt (By), Dianilbraun 3 GO chromiert oder gechromkupfert (M), Dianilbraun 2 G chromiert (M), Dianilbraun 3 R, 3 GO + Azophor (M), Diaminnitrazolbraun RD, BD, T, B, G + Nitrazol (C), Pyrogenbraun G, B, R direkt (J), Oxydiaminbraun G + Nitrazol (C), Benzonitrolbraun G + Paranitranilin (By).

IV. Klasse. Diphenylbraun BN, RN (G), Janusbraun R, B (M), Dianilbraun R, 3 GO, 3 GJ, BD, G, M, B, D direkt (M), Benzobraun R direkt (By), Benzonitrolbraun 2 R direkt (By), Benzochrombraun R direkt (By), Direktbraun J, R (G), Chloraminbraun G (By), Toluylenbraun B (O), Dianilbraun BD chromiert oder gechromkupfert (M), Dianilbraun R, D, B, M, G chromiert (M), Baumwollbraun A + $\beta$-Naphtol (C), Diaminbraun 3 G + $\beta$-Naphtol (C), Dianilbraun G, M, B, BD + Azophor (M), Nitranilbraun RD, G, B (J), Diaminbraun 3 G direkt (C), Diaminkatechin G direkt (C).

V. Klasse. Dianilkupferbraun O direkt (M), Baumwollbraun A, N, RV, G, R direkt (B) (C), Diaminkatechu direkt (C), Benzo-

braun BX, NBX, NB, NBR, 2G, R extra, 5R direkt (By), Benzo-
chrombraun 5G, 3R direkt (By), Benzodunkelbraun direkt (By),
Diaminnitrazolbraun RD, G direkt (C), Benzoschwarzbraun direkt
(By), Hessisch-Braun MM, BBX (L), Mikadobraun B, G, M (L),
Toluylenbraun R, M (O), Neutoluylenbraun R, BBO, B, M (O),
Helgolandbraun (NJ), Chicagobraun G, 2G, B, 2B (G), Terracotta
F (G), Titanbraun O, R, Y (H), Diaminkatechu + $\beta$-Naphtol (C),
Columbiabraun direkt oder + Toluylendiamin (A), Benzobraun GG,
R, B (By), Tanninbraun (C), Bismarckbraun R (A) (B) (J) (O),
Philadelphiabraun (A), Chrysoidin, Vesuvin.

### Braune Farbstoffe auf Wolle.

I. Klasse. Säure-Alizarinbraun B auf Chrom (M) = Palatin-
chrombraun W auf Chrom (B), Alizarinbordeaux GG, GD, G auf
Chrom (By), Alizarinorange W auf Chrom (B) (By), — N auf Chrom
(M), Alizaringranat R auf Chrom (M), Anthracenbraun W (B) (By),
Anthracenchrombraun D (C), Anthracensäurebraun R, G, N auf
Chrom (C), Säure-Anthracenbraun R, T auf Chrom (By), Diamineral-
braun G gekupfert (C), Diaminbraun M, B, R gekupfert (C), Meta-
chrombraun B (A), Chromechtbraun R, B (J).

II. Klasse. Chromogen I chromiert (M), Chrombraun RO,
BO chromiert (M), Pegubraun G chromiert (L), Diamantbraun 3R
chromiert (By), Anthracensäurebraun B, SW auf Chrom (C), Alizarin-
braun Teig (M), Alizarin-Marron W (B), Dinitrosoresorcin auf Chrom
= Chlorin auf Chrom (DH) = Dunkelgrün in Teig auf Chrom (B),
Dioxin auf Chrom (L).

III. Klasse. Diamantbraun chromiert (By), Chrombraun R
chromiert (By), Tuchbraun gelblich auf Chrom (By), Sulfondunkel-
braun (By), Dianilbraun 3GJ, 3GO (M), Dianilbraun 3GO, R,
BD, M, D, B, G (M), Tuchbraun rötl. auf Chrom oder direkt (By),
Tuchorange auf Chrom (By), Sulfonbraun R direkt (By), Echtbraun O
(M), Naphtylaminbraun (B), Diamineralbraun G direkt (C), Diaminbraun M, B, R direkt (C), Echtbraun G, 3B (A), — B (B).

IV. Klasse. Diaminbraun V (C), Janusbraun R, B (M),
Säurebraun R extra, G extra (A), — B, G, V (J), Benzobraun B,
G (By).

V. Klasse. Bismarckbraun R (B) (O), Resorcinbraun (A) (J).

## Schwarze Farbstoffe auf Baumwolle.

I. **Klasse.** Melanogen G, T gekupfert (M), Immedialschwarz V, G, FF, NB, NS, NR, NF, NN konz. gekupfert (C), Pyrogenschwarz G, GN gekupfert (J), Pyrolschwarz B konz. gechromkupfert (L), Kryogenschwarz B, G, BN, GN, BA, BNA, BNC, D (B), Noir Vidal gekupfert (P), Katigenschwarz SW, TG gekupfert (By), Eclipsschwarz B (G), Schwefelschwarz T extra, TB extra, 2B extra (A), Anilinschwarz unvergrünlich, Immedialschwarz V, G, FF direkt (C), Pyrogenschwarz G direkt (J), Katigenschwarz SW, TG direkt (By), Noir Vidal direkt (P).

II. **Klasse.** Alizarinblauschwarz B (By), Alizarin-Cyaninschwarz G (By), Alizarin-Echtschwarz BG, T (By), Sambesischwarz F, BR gechromkupfert (A), Diaminogen extra + Diamin, $\beta$-Naphtol oder Resorcin (C), Diaminschwarzblau B (C), Diamintiefschwarz OO, 2S (C), Diaminogen B + Diamin, $\beta$-Naphtol oder Resorcin (C), Diamintiefschwarz RB (C), Diaminschwarz BH + $\beta$-Naphtol oder Resorcin (C), Oxydiaminogen OB, OT + Diamin (C), Chromanilschwarz 3BF, 2BF, BF, RF, 2RF gechromkupfert (A), Thiophenolschwarz T, T extra (J), Dianilschwarz CR gechromkupfert (M), Azophorschwarz + $\beta$-Naphtol (M), Benzochromschwarz B, N gechromkupfert (By), Diazoechtschwarz 3B, G gekupfert (By), Sambesischwarz D + Toluylendiamin oder Nerogen (A), Diazoschwarz 3B gekupfert (By), Diaminbetaschwarz B, 2B + $\beta$-Naphtol (C), Diaminnitrazolschwarz B + Nitrazol (C), Oxydiaminschwarz A, SA, NI (C), Sambesischwarz F, R, BR, V 2G + Toluylendiamin oder $\beta$-Naphtol (A), Dianilschwarz T, AC, E gekupfert (M), — CB, RN extra gekupfert (M), Dianilneuschwarz CBJ gekupfert (M), Pyrogenschwarz B direkt (J).

III. **Klasse.** Diamineralschwarz B, 3B, 6B gechromkupfert (C), Oxydiaminschwarz NF, S000, JE, JW, N (C), Diphenyltiefschwarz (G), Dianilschwarz T gechromkupfert (M), Dianilschwarz HW + $\beta$-Naphtol (M), — N chromiert oder + Phenylendiamin (M), — G, T, RN extra, E direkt (M), Diamineralschwarz B direkt (C), Diamintiefschwarz BB direkt (C), Diaminblauschwarz E direkt (C), Dianilschwarz T + Phenylendiamin oder $\beta$-Naphtol (M), Polyphenylschwarz (G), Toluylenschwarzblau G, R (O), Toluylenschwarz G, B (O), Oxaminschwarz A entwickelt (B).

IV. **Klasse.** Janusschwarz J (M), Diaminblauschwarz R direkt (C), Diaminschwarz BH direkt (C), Direktblauschwarz B (By), Direkt-

schwarz E (By), Dianilschwarz R, N, CR, HW, CB, AC direkt (M),
— R, G, CR chromiert (M), Dianilneuschwarz LBJ chromiert (M),
Dianilschwarz CR, R, G + β-Naphtol oder Phenylendiamin (M),
Diaminschwarz RO, BO + β-Naphtol oder Metaphenylendiamin (C),
Diaminblauschwarz E + β-Naphtol (C), Dianilschwarz R, G, N,
CB + Azophor (M), Dianilneuschwarz LBJ + Azophor (M), Nyanza-
schwarz (A), Taboraschwarz (A), Baumwollschwarz BH, 3G (B),
Oxaminschwarz A (B), Indigenschwarz B, HS entwickelt (J), Nero-
palin P entwickelt (J).

V. Klasse. Kohlschwarz O (M), Dianilschwarz PR, PG direkt
(M), Oxydiaminschwarz A direkt (C), Plutoschwarz BS extra direkt
(By), Columbiaschwarz FB direkt (A), Dianilschwarz CR, PR, PG,
AC + Azophor (M), Benzoschwarz (By), Indigenschwarz B, HS
direkt (J), Neropalin P direkt (J), Carbidschwarz E, S, SO (J),
Direkttiefschwarz (J), Juteschwarz N, V (J), Lederschwarz J, CJ
(J), Papierschwarz GN, N (J).

## Schwarze Farbstoffe auf Wolle.

I. Klasse. Chromotrop S, SR, SB chromiert (M), Alizarin-
Echtschwarz T auf Chrom (By), Alizarin-Cyaninschwarz G auf Chrom
(By), Diamantschwarz NG, NR, GA, F, 2B auf Chrom (By), Diamant-
schwarz NG, NR, GA chromiert (By), Säure-Alizarinschwarz R, 3B
extra chromiert (M), Palatinchromschwarz A, 3B chromiert (B),
Chromotrop F 4B, FB, mit Chrommilchsäure entwickelt (M), Chromo-
trop FB chromiert (M), Diamantschwarz F, 2B chromiert (By), Säure-
Alizarinblauschwarz B chromiert (By) (M), Säure-Alizaringrau G
direkt oder chromiert (M), Naphtylblauschwarz N gekupfert (C),
Naphtylaminschwarz R gekupfert (C).

II. Klasse. Anthracitschwarz R (C), Säure-Alizarinschwarz
3B chromiert (M), Anthracenchromschwarz F, FE, 5B chromiert (C),
Granitschwarz A chromiert (A), Chromechtschwarz A, B chromiert
(A), Chromechtschwarz F, R, BB (J), Chrompatentschwarz T, TG,
TB, TR chromiert (K), Domingo-Chromschwarz D chromiert (L),
Sambesischwarz BR gekupfert (A), Brillantschwarz B, E (B), Naphtol-
schwarz E (B) (D), — B, 3B, 6B (C), Anthracitschwarz B (C),
Phenolblauschwarz 3B (By), Phenolschwarz SS (By), Wollschwarz
B, N4B (By), Chromotrop 10B chromiert (M), Kupferschwarz S ge-
kupfert (M), Anthracensäureschwarz LW, SB, ST, SE chromiert (C),
Dianilschwarz R, G (M), Columbiaschwarz FF extra (A), Sambesi-

schwarz D extra (A), Chromanilschwarz BF (A), Diamintiefschwarz
OO, SS (C), Direktblauschwarz N (By), Direkttiefschwarz G, RW,
E extra (By), Halbwollschwarz B, BGS (By), Chromatschwarz 6B,
4B, T (A).

III. Klasse. Naphtylaminschwarz T, R, TJ direkt (C), Naphtylblauschwarz N direkt (C) = Alphylblauschwarz O (M), Naphtolblauschwarz (C), Amidonaphtolschwarz 4B, 6B, S (M) = Naphtylaminschwarz 4B, 6B, S (C), Viktoriaschwarz B, G, 5G (By), Neu-
Viktoria-Schwarz B, 5G (By), Biebricher Patentschwarz BO, 3BO,
4BN, 4AN direkt (K), Wollschwarz II (L), Wollschwarz P, 6B
(D), Säureschwarz (J), Sambesischwarz F (A), Chromotrop 8B, 10B
chromiert (M), Wollschwarz (B), Naphtylaminschwarz X2B, X3B,
D (C), Sulfonblauschwarz (By), Sulfonschwarz G, 3B, 4BT, R (By),
Biebricher Patentschwarz AN (K), Domingoblauschwarz B, 2B (L),
Domingoviolettschwarz SO (L), Chromschwarz B, T gechromkupfert
(M), Alizarinchromschwarz B chromiert (B), Alizarinblauschwarz W
auf Chrom (B), Alizarinschwarz SW, WR auf Chrom (B), — WR
auch nachchromiert (B), Dianilschwarz N (M), Nyanzaschwarz B (A),
Blauholzschwarz (auf Eisenkupferbeize), Sambesischwarz BR (A),
Diaminschwarz BO, RO (C).

IV. Klasse. Blauholzschwarz auf Chrombeize, Azosäureschwarz
BL, GL, 3BL, 3BL extra (M), Palatinschwarz 4B, 5BN (B), Phenylaminschwarz 4B, T (By), Wollschwarz B, 4B, 6B (A), Azosäureschwarz TL konz., TL extra (M), Jetschwarz R (By), Naphtalin-
säureschwarz 4B (By), Wolltiefschwarz 2B, 3B (A), Sudanschwarz I
(P), Dianilschwarz CR, HW (M), Chromanilschwarz F, RF, BF (A),
Diaminschwarz BH, RMW (C), Halbwollschwarz S (C), Benzoecht-
schwarz B (By), Direkttiefschwarz R, T (By], Tiefschwarz 1718 (J).

V. Klasse. Azosäureschwarz B, G, R, GR (M), Dianilschwarz
PR, PG (M), Columbiaschwarz B, 2B, R, FB (A), Oxydiaminschwarz
N, S000 (C), Plutoschwarz BS extra (By), Halbwollschwarz B (B),
Baumwollschwarz B (B), Methanschwarz E, 3BN (B).

# Untersuchung der Farbstoffe auf der Faser.

Die Untersuchung der Farbstoffe auf der Faser hat sich in ihrer Bedeutung mit dem immensen Anwachsen der Farbstoffe verschoben. Während in den Anfangsepochen der Teerfarbenindustrie meist nur vereinzelte Repräsentanten der verschiedenen Farbstoffgruppen existierten, welche nach den typischen Reaktionen schnell entdeckt wurden, vertreten heute Dutzende und Hunderte von Farbstoffen und Marken dieselben Gruppen, die sich vielfach in ihrem gesamten färberischen Verhalten ganz analog verhalten. Es kommt deshalb dem Praktiker meist nur darauf an, zu erfahren, welcher Art der Farbstoff ist, welcher Gruppe oder Gruppenserie[1]) er angehört und nicht, welche spezielle Fabrikationsmarke aufgefärbt ist. Denn sobald der Techniker weiß, welcher Art der Farbstoff ist und welcher Gruppenserie er angehört, ist er zugleich über die Anforderungen orientiert, die an eine entsprechende Färbung billigerweise gestellt werden dürfen und er wird oft Dutzende von Farbstoffen zur Verfügung haben, um dieselbe Färbung mit denselben Eigenschaften prompt herzustellen.

Aber nicht allein das Bedürfnis des Technikers ist es, sondern eben mit dem enormen Anwachsen der Zahl der Farbstoffe wächst die allgemeine Unsicherheit der Bestimmungen und oft gehört eine ganz genaue Bestimmung der aufgefärbten Farbstoffmarken in ihren Gemischen zu einer absoluten Unmöglichkeit. Dahingegen ist es stets möglich, den Charakter der Färbung, die Farbstoffgruppen und meist auch die einzelnen Serien ausfindig zu machen, sobald sich von denselben genügend auf der Faser befindet, bezw. auch ablösen läßt (Spektroskopie).

Zu der allerersten und wichtigsten Orientierung kann die Beantwortung der Frage gerechnet werden, ob der Farbstoff vermittelst einer Beize oder ohne Beize gefärbt ist. Sobald dieses entschieden, wird der Kreis der in Frage kommenden Farbstoffe schon wesent-

---

1) Unter „Serie" von Farbstoffen wird hier eine Reihe nahe verwandter, oder homologer Farbstoffe verstanden z. B. die verschiedenen Methylvioletts, Malachitgrüns, Alkaliblaus, Eosine, Rhodamine etc., die in grosser Zahl vorhanden, aber meist mit denselben Grundeigenschaften ausgestattet sind.

lich enger gezogen werden, da nur bestimmte Farbstoffgruppen vermittelst einer Beize, bestimmte Farbstoffgruppen ohne Beize fixiert werden können. Über die Untersuchung der Beizen ist bereits a. a. O. (s. S. 177, Untersuchung der Beizen auf der Faser) ausführlich gesprochen worden und sei deswegen dahin verwiesen. Ebenso erfolgt aus dem ersten Teil dieser Arbeit (Qualitative Ausfärbung) alles Nähere über die Färbemethoden der Farbstoffe und ihre verschiedenen Fixationsmethoden. Es verbliebe demnach nur noch, die Entdeckung der Farbstoffe selbst, ihre Gruppen- und Einzel-Reaktionen zu behandeln.

Die hier folgenden Gruppen-Reaktionen wurden von J. Herzfeld (Technische Prüfung der Garne und Gewebe), die nachfolgenden Einzel-Reaktionen von Knecht, Rawson und Löwenthal (Handbuch der Färberei der Spinnfasern) aufgestellt. Letztere sind von R. Gnehm weiter ausgebaut und in Lunges „Chemisch-technische Untersuchungsmethoden", sowie Gnehm und Surbecks „Taschenbuch für die Färberei und Farbenfabrikation" übergegangen. Vom Verfasser[1]) sind dann diese Tabellen noch wesentlich erweitert und komplettiert worden.

---

[1]) Für vorliegende Arbeit vom Verfasser ausgearbeitet und noch unveröffentlicht.

# Gruppen-Trennung und Gruppen-Reaktionen.

## Rote und rotbraune Farbstoffe[1]).

Man kocht das gefärbte Muster einige Zeit mit verdünntem Alkohol und ziemlich starker Lösung von schwefelsaurer Tonerde:

<table>
<tr>
<td rowspan="2">Kein Auszug, oder fluoreszierender Auszug.</td>
<td colspan="5">Gelber bis roter Auszug ohne Fluoreszenz.</td>
</tr>
<tr>
<td colspan="5">Man setzt Natriumbisulfit hinzu:</td>
</tr>
<tr>
<td rowspan="9">Krapp, Eosine, Safranine, Rhodamine.</td>
<td colspan="2">Sofort entfärbt.</td>
<td colspan="3">Nicht entfärbt.</td>
</tr>
<tr>
<td colspan="2">Sandel, Rotholz, Fuchsin, Fuchsin S, Safflor.</td>
<td colspan="3">Cochenille, Lacdye, Orseille, Anthracen-, Azo-, Benzidinfarbstoffe.</td>
</tr>
<tr>
<td colspan="2">Man erhitzt mit verdünntem Alkokol:</td>
<td colspan="3">Man erhitzt mit sehr verdünnter Salzsäure:</td>
</tr>
<tr>
<td>Roter Auszug.</td>
<td>Wenig oder kein Auszug.</td>
<td>F. unverändert.</td>
<td>F. gedunkelt (braun bis blau).</td>
<td>F. u. L. gelb.</td>
</tr>
<tr>
<td rowspan="5">Sandel, Fuchsin.</td>
<td rowspan="5">Fuchsin S, Rotholz, Safflor.</td>
<td>Azofarbst. Orseille, Lacdye, Cochenille.</td>
<td rowspan="5">Kongorot, Benzopurpurin etc.</td>
<td rowspan="5">Alizarin, Alizarin-Orange mit Chrombeize.</td>
</tr>
<tr>
<td>Erhitzen mit verd. Lösung von essigsaurem Blei:</td>
</tr>
<tr>
<td>
<table>
<tr><td>F. unverändert.</td><td>F. dunkelbraun bis violett.</td></tr>
<tr><td>Orseille, Azofarbstoffe.</td><td>Cochenille Lacdye.</td></tr>
</table>
</td>
</tr>
</table>

[1]) Abkürzungen: F. = Faser, L. = Lösung.

## Orange und gelbe Farbstoffe.

Man erhitzt die gefärbte Faser mit Zinnsalz und Salzsäure:

| F. unverändert. L. gelb bis farblos. | | F. entfärbt. L. farblos. | F. erst rot bis blau-rot, dann entfärbt. | F. hellgelb. L. gelb. |
|---|---|---|---|---|
| Holzfarben und einige Anilinfarben. | | Chromgelb, Rostgelb, Azofarbstoffe. | Echtgelb, Metanilgelb, Orange IV, Brillantgelb. | Alizarin-Orange. |
| Mit Kalklauge erhitzt: | | Mit Schwefelammonium erhitzt: | | |
| F. rötlich oder braun. | wenig verändert. | unverändert. | F. u. L. rot. | F. geschwärzt. |
| Fisetholz, Curcuma, Orange, (Cochenille, Quercitron). | Gelbholz, Quercitron, Flavin, Orlean, Chinolingelb, Phosphin, Orange aus Rotholz u. Gelbholz. | Naphtholgelb S, Auramin, Tartrazin, Citronin, Azoflavin, Orange II, Galloflavin, Chrysoidin, Curcumin S, Chrysophenin. | Pikrinsäure. | Chromgelb, Rostgelb. |

## Grüne Farbstoffe.

Man erhitzt die Färbung mit verdünntem Alkohol:

| F. ungefärbt. | | | | F. grün gefärbt. | | |
|---|---|---|---|---|---|---|
| Indigoküpe + Gelbholz, Blauholz + Gelbholz (Holzgrün), Naphtolgrün, Coerulein, Solidgrün. | | | | Brillantgrün, Malachitgrün, Methylgrün, Alkaligrün, Lichtgrün, Indigokarmin + Pikrinsäure, Indigokarmin + Quercitron. | | |
| Man erhitzt mit verdünnter Salzsäure: | | | | Man erhitzt mit verdünnter Salzsäure: | | |
| F. blau, L. gelb. | F. u. L. rot. | F. unverändert, L. gelblich. | F. entfärbt, L. gelblich. | F. heller, L. blau. | F. wenig verändert. | F. entfärbt, L. gelblich. |
| Indigoküpe + Gelbholz, Indigoküpe + Chromgelb. | Holzgrün (Blauholz + Gelbholz). | Coerulein. | Naphtolgrün, Solidgrün. | Indigokarmin + Pikrinsäure, Indigokarmin + Quercitron. | Lichtgrün S, Alkaligrün. | Brillantgrün, Malachitgrün, Methylgrün. |

## Blaue und violette Farbstoffe.

Man erhitzt das Muster mit verdünntem Alkohol und setzt einige Tropfen Salzsäure zu:

| Keine Veränderung. | F. blau, L. blau. | | | F. verändert, L. gelbrot. |
|---|---|---|---|---|
| Küpenblau, Berlinerblau, Alizarinblau S und andere Alizarin- und Anthracenblaus. | Indigokarmin und meiste Teerfarben. | | | Holzblau (Blauholz, Gelbholz), Holzviolett, Orseilleviolett, Alizarinviolett, Krappviolett, Gallein, Azoblau. |
| | Neue Probe mit konz. Schwefelsäure: | | | |
| | F. u. L. grün. | F. u. L. gelb bis braunrot. | F. unveränd. L. blau. | |
| | Methylenblau, Äthylenblau etc. | Spritblau, Wasserblau, Alkaliblau, Methylblau, Viktoriablau, Spritviolett, Methylviolett, Säureviolett. | Indigokarmin, Indulin, Solidblau. | |

## Schwarze Farbstoffe.

Erhitzen mit verdünnter Salzsäure:

| F. und L. rot bis gelb. | F. unverändert. |
|---|---|
| Blauholzschwarz, Blauholzschwarz mit Küpengrund, Tanninschwarz, Katechuschwarz, Alizarinschwarz, Resorcinschwarz. | Alizarinschwarz (Naphtazurin L. schwach grünlich-blau), Anilinschwarz, Wollschwarz (L. hellblau), Naphtolschwarz (L. rötlich), Cachou de Laval (L. schwach grau), Brillantschwarz (L. schwach rotviolett). |

# Braune, graue, Misch- und Modetöne.

Die gefärbte Faser wird mit verdünnter Oxalsäurelösung erhitzt und längere Zeit darin liegen lassen:

| F. unverändert, L. farblos oder schwach gefärbt. | F. fast entfärbt, L. ziemlich farblos. | F. bedeutend heller, Farbton meist verändert, L. gelbrot. |
|---|---|---|

**Spalte 1 — F. unverändert, L. farblos oder schwach gefärbt.**

Mit Zinnsalz und Salzsäure erwärmt:

| L. u. F. farblos oder schwach gelblich. | F. erst blaurot dann entfärbt. | F. und L. fuchsinrot. | F. blaugrau b. blau, durch Waschen wieder hergestellt. |
|---|---|---|---|
| Orange II, Naphtolgelb S, Tartrazin, Orseille, Orseillerot A, Bordeaux, Echtrot A, Biebricher Scharlach, Indigokarmin, Fuchsin, Lichtgrün S. | Orange IV, Echtgelb, Brillantgelb. | Fuchsin S, Rotviolett 4 R S. | Indulin, Solidblau, Echtblau R, Methylviolett, Säureviolett. |

Das Muster wird ferner wiederholt mit verdünnter Sodalösung abgekocht, dann der Lösung Zinkstaub und Salzsäure zugesetzt und filtriert:

| Farbe kehrt bei Luftzutritt überhaupt nicht mehr zurück. | Farbe kehrt bei Luftzutritt sofort zurück. | Farbe kehrt beim Neutralisieren mit Natriumacetat u. Erhitzen zurück. |
|---|---|---|
| Azofarbstoffe, Rotviolett 4 R S, Fuchsin S, Echtblau. | Indigokarmin, Orseille (Trennung durch Schütteln mit Äther). | Lichtgrün S, Indulin. Methylviolett, Säureviolett. |

**Spalte 2 — F. fast entfärbt, L. ziemlich farblos.**

Eisen-, Kupfer-, Tonerdelacke von Katechu, Rotholz. Gelbholz, Fisetholz, Quercitron, Blauholz etc.

Anilinfarbenüberfärbung, die besonders bei braunen, grauen und Modetönen auf Baumwolle, weniger Wolle, angewandt wird, wird durch Alkohol leicht von der Faser heruntergezogen.

Einen event. Gerbstofflack behandelt man durch Kochen mit Natronlauge; Niederschlag wird abfiltriert und Filtrat neutralisiert (man trennt dadurch Gerbstoff vom Faserstoff).

Einzel-Nachweise.

Gerbstoff und Katechu: Kochen mit gelb. Blutl.salz + Ammoniak = F. wird braun.

Blauholz: Kochen mit gelb. Blutl.salz + Ammoniak = ziemliche Entfärbung; Kochen mit Borax = gelbrote Lösung; Zusatz von Zinnsalz + Salzsäure = lebhafte rosarote Färbung.

Rotholz: Kochen mit schwefelsaurer Tonerde = roter Auszug; Zusatz von Natriumbisulfit = sofortige Entfärbung.

Gelbholz: Kochen mit essigsaurer Tonerde = gelbe Lösung mit grüner Fluoreszenz.

**Spalte 3 — F. bedeutend heller, Farbton meist verändert, L. gelbrot.**

Chrom-, Eisen-, Kupfer-, Tonerdelacke von Alizarinfarbstoffen, Katechu, Krapp, Sandel, Rotholz, Gelbholz, Fisetholz, Quercitron, Blauholz etc.

Sehr widerstandsfähig gegen kochende Alkalien, durch Säure leicht verändert. — Überfärbung durch verdünnte Sodalösung oder Ammoniak extrahierbar.

Längere Zeit kochen mit Lösung von gelbem Blutlaugensalz + Ammoniak:

| F sehr wenig verändert. | F. heller. |
|---|---|
| Alizarin, Alizarin S, Alizarin-Orange, Marron, Anthracenbraun, Gallein, Galloflavin, Krapp, Sandel, Katechu, Gelbholz, Quercitron. | Alizarinblau, Coerulein, Alizarinschwarz, Rotholz, Blauholz, (bedeutend heller). |

## Untersuchungs-Reaktionen schwarzer Färbungen (Nölting und Lehne).

| | Anilinschwarz-Monnet (Anilin und Phenylendiamin zu gleichen Teilen). | Anilinschwarz Lohmann (Vgl. Vergrünungsechtheit). | Ortho- und Paratoluidinschwarz (1:1). | Anilinschwarz + Diaminschwarz RO. | Anilinschwarz + diazotiertes Schwarz. | Diazotiertes Schwarz. | Blauholzschwarz. | Schwarz aus Alizarin- u. Methylenblau. | Benzoschwarz. | Alizarinschwarz (Naphtazurin). |
|---|---|---|---|---|---|---|---|---|---|---|
| Verdünnte Salzsäure 1 T. Salzs. 21° Bé: 10 T. Wasser. | Kalt unverändert, heiß L. rötlich, + Natronlauge kaum verändert. | unverändert. | heiß L. rot, + Ätznatron erhitzt = bräunl., Bildung farbl. Niederschlages. | heiß L. fahlrot, + Ätznatron = hell bräunlich. | heiß L bräunlich, + Ätznatron gekocht = bläulichrot. | heiß L. schwach rötlichen Schein, + Natronlauge = entfärbt. | kalt L. rot, F. mißfarbig, L. + Ammoniak = dunkler. | heiß L. intensiv grün¹), + Ätznatron = lebhaft violett. | unverändert. | kalt L. blaßrotviolett, + Ätznatron = intensiv reinblau. |
| 5% Sodalösung (Calcin. Soda). | unverändert. | unverändert. | unverändert. | unverändert. | unverändert. | unverändert. | heiß L. gelbbraun, + Säure = hellgelb. | heiß L. rotviolett, + Säure = grün. | heiß L. lebhaft karmesinrot, + Säure = beinahe entfärbt (hellviolett). | kalt L. blaßblau, heiß tiefer blau, + Säure = rötlich. |
| Zinnsalz-Salzsäure (1:1). | warm L. braun, F. dunkelbraun. | warm L. braun, F. dunkelbraun. | warm L. bräunlich, F. braun. | warm L. bräunlichgelb, F. schmutzig hellbraun. | warm L. braun, F. dunkelrotbraun. | warm L. rötlich, F. nach längerem gelinden Erwärmen = hellgrau. | kalt L. intensiv karmesinrot, F. schmutzigrot. | kalt L. gelb, F. gelbbraun, warm F. entfärbt. | kalt F. blaugrau, warm entfärbt, L. farblos. | kalt L. intensiv gelb, warm L. bräunlichgelb, F. braun. |
| Alkohol (90%). | heiß L. erhält dunkelvioletten Schein. | unverändert. | heiß L. braun, + Salzsäure = rotviolett. | heiß L. hellbraun, + Säure = rotviolett. | heiß L. bräunlich, + Säure = unverändert. | heiß L. blauviolett. | unverändert. | heiß L. grünlichblau, + Säure = grünlicher. | heiß intensiv rotviolett, + Ätznatron = rot. | heiß blaßviolett, + Ätznatron = blau. |

¹) Methylenblau wird gelb, Alizarinblau — blau; blau + gelb = grün.

# Spezial-Nachweis und Verhalten einiger Färbungen.

Indigo. Reine Indigofärbung gibt beim Kochen mit Wasser nichts an die Lösung ab; ebenso nicht an kochenden Alkohol: mechanisch mitgerissene Spuren Indigo setzen sich beim Erkalten des Lösungsmittels ab und lassen letztere klar und farblos erscheinen. Desgleichen zieht kochende Borax- und Alaunlösung keinen Indigo ab. — Wenn die Indigofärbung mit Blauholz überfärbt ist, so wird die Boraxlösung rot; bei Gegenwart von Anilinfarben oder Indigokarmin wird die Boraxlösung blau gefärbt. Wird diese blaue Abkochung mit konz. Schwefelsäure versetzt, so geht das Blau bei Gegenwart der meisten Anilinfarben in gelb oder rot über; Indigokarmin bleibt blau. — Befindet sich Berliner-Blau auf der Faser, so wird die Faser durch Sodalösung mehr oder weniger bräunlich (Bildung von Eisenoxyd). Wird die Soda-Extraktionslösung angesäuert und mit Eisenoxydsalz versetzt, — so fällt das Berliner-Blau wieder aus; bei geringeren Mengen Berliner-Blau tritt klare Blaulösung ein (s. a. Berliner-Blaubestimmung auf der Faser S. 215.) Indigokarmin wird gleichfalls durch Sodalösung abgezogen und beim Ansäuern wieder tiefblau. — Bei andauerndem Kochen der Indigofärbung mit Eisessig, Chloroform etc. (s. Indigotinbestimmungen auf der Faser, Extraktionsmethoden S. 150 u. 159) kann der Indigo quantitiv abgezogen und durch Verdampfung des Lösungsmittels in trockner Form wiedergewonnen werden. Wird die eisessigsaure Indigolösung mit Äther geschüttelt und dann mit Wasser versetzt, so scheidet sich der Indigo aus der unteren Ätherschicht wieder ab. Liegt eine reine Indigofärbung vor, so ist die darunter liegende essigsaure Wasserschicht farblos; wenn Holzfarben mit Indigo kombiniert waren, so ist die wässerige Schicht gelb; wenn Indigo mit Anilinfarben zusammen aufgefärbt war, so ist die Wasserschicht violett oder blau. — Mit heißer alkalischer Hydrosulfitlösung oder Zinnoxydul-Lösung wird der Indigo von der Faser unter Reduktion mit gelber Farbe extrahiert und an der Luft durch Sauerstoffaufnahme allmählich wieder zu blauem Indigo oxydiert. — Mit Salpetersäure betupft geben Indigofärbungen den bekannten gelben Indigofleck, der jedoch auch vielen anderen Teerfarben zukommt.

— Durch vorsichtiges Erhitzen läßt sich bei tiefen Indigofärbungen ein Teil des fixierten Indigos heraussublimieren (s. Indigo, Sublimationsverfahren S. 149).

**Anthracenfarbstoffe.** Eine größere Menge des gefärbten Musters wird wiederholt längere Zeit mit verdünnter Salzsäure, zuletzt mit verdünnter Sodalösung abgekocht, die Auszüge vereinigt, mit Ätznatron neutralisiert und nochmals gekocht. Hierbei scheiden sich abgelöste Farblacke fast alle sofort aus (z. B. Alizarinmarron [blauroter Niederschl.], Anthracenbraun [dunkelgrauer Niederschl.], Coerulein [grüner Niederschl.], Alizarinblau [grünlich-blauer Niederschl.], Alizarinschwarz [blaugrauer Niederschl.], Gallein [violetter Niederschl.]).

Manche Farbstoffe, wie Alizarin, Alizarinorange, Galloflavin scheiden sich nur zum geringen Teil aus (12 Stunden stehen lassen) und hinterlassen deutlich gefärbte Lösungen. Die Niederschläge werden gut ausgewaschen und mit konz. Schwefelsäure längere Zeit behandelt, die Lösung alsdann stark verdünnt und 6—8 Stunden stehen gelassen. Der Farblack ist auf solche Weise zersetzt und der Farbstoff scheidet sich beim Stehen in Flocken aus. Dieselben können abfiltriert, gewaschen und ev. getrocknet und sublimiert oder wieder ausgefärbt und auf der Faser durch die Reaktionen identifiziert werden. — In konz. Natronlauge löst sich Alizarin mit violetter, Alizarinmarron und Alizarinorange mit blauroter Farbe.

**Alizarin-Rot und Krapp-Rot.** Beim Kochen mit schwefelsaurer Tonlösung tritt bei Krapp Fluoreszenz, bei Alizarin keine Fluoreszenz auf. — Chlorkalk und Chromsäure wirken auf Alizarin bleichend. — Mit Barytwasser gekocht, wird die Faser violett. — Salpetersäure liefert einen gelben Fleck. — Alkalische Lösung von gelbem Blutlaugensalz und Chamäleonlösung sind ohne Einfluß. — Salpetrigsäure-Dämpfe verwandeln das Alizarin in Gelb. — Scharfes Trocknen oder langes Kochen benimmt der Alizarinfärbung seine Lebhaftigkeit und macht bräunlich; an der Luft erholt sich der Ton wieder.

**Alizarinblau.** Salpetersäure verursacht einen lebhaften gelben Fleck, der allmählich nach Braun übergeht. — Chlorkalk wirkt nicht ein. — Phosphorsäure extrahiert eine orangerote Lösung, die beim Verdünnen mit Wasser und auf Zusatz von Ammoniak wieder blau wird. — Eine verdünnte alkoholische Ammoniaklösung zeigt charakteristische Absorptionsstreifen im Spektrum.

Blauholz. Mit gelbem Blutlaugensalz und Ammoniak gekocht, wird die Faser bedeutend heller. — Mit Boraxlösung wird rotgelbe Lösung extrahiert; mit Essigsäure neutralisiert und mit Eisenvitriollösung versetzt, entsteht allmählich Schwarzfärbung oder ein Niederschlag. — Abkochen mit verdünnter Essigsäure gibt eine gelbrote Lösung; nach dem Erkalten und Zusatz von Zinnsalz und Salzsäure tritt rosarote Färbung ein. — Gegen verdünnte Säuren ist die Blauholzfärbung von geringer Widerstandsfähigkeit. — Die Asche enthält Eisen, Chrom, Tonerde etc.

Gelbholz. Beim Abkochen mit essigsaurer Tonerde entsteht eine gelbe Lösung mit intensiver bläulich-grüner Fluoreszenz, welche durch schweflige Säure nicht zerstört wird. — Mit Eisenchlorid erwärmt, wird die gelbholzgefärbte Faser olivenfarbig. — Salpetersäure läßt das Gelb blasser werden.

Rotholz. Der mit schwefelsaurer Tonerde erhaltene rote Auszug wird im Gegensatz zum Gelbholz durch schweflige Säure zerstört. — Alkohol extrahiert keinen Farbstoff. — Verdünnte Säuren und Alkalien ziehen leicht ab.

Gelbholz und Küpenblau. Essigsäure extrahiert bei Kochhitze eine grüne Lösung, beim Verdünnen mit Wasser wird die Lösung blau. — Kochende schwefelsaure Tonlösung liefert eine gelbe Lösung mit grüner Fluoreszenz. — Durch Kochen mit verdünnter Sodalösung wird das Gelb entfernt und die Faser erscheint blau.

Curcuma. Durch Salpetersäure wird die curcumagefärbte Faser blaß. — Durch Behandlung mit einer alkoholischen Bor-Salzsäurelösung entsteht lebhafte bräunlichrote Färbung.

Orlean. Orleangefärbte Faser wird durch Behandlung mit einer Lösung von gelbem Blutlaugensalz und Salzsäure blau gefärbt.

Katechubraun. Die Asche enthält meist Chrom und zuweilen Kupfer. — Chlorkalk zerstört bei Kochhitze die Farbe mehr oder weniger. — Gegen Säuren sehr widerstandsfähig.

Tanninschwarz. Die Asche enthält Eisen. — Sehr empfindlich gegen verdünnte Mineralsäuren. — Mit Salzsäure behandelt, wird die Faser strohgelb; nachheriges Eintauchen in Ammoniak liefert braune schmutzige Farbe.

Anilinschwarz. Chlorkalklösung verwandelt das Schwarz in Braunrot. — Mehrere Passagen abwechselnd durch eine konzentrierte Lösung von Chamäleon und Oxalsäure entfärben die Faser.

— Schwache Oxydationsmittel und Säuren haben keine Wirkung. — Schweflige Säure verwandelt mehr oder weniger in Grünschwarz (s. Vergrünungsechtheit S. 257).

Fuchsin. Reine Fuchsinfärbung wird durch Schwefelnatrium entfärbt. Von Orseille und Aurin ist es durch Amylalkohol-Extraktion zu unterscheiden. Fuchsin liefert mit Amylalkohol einen bläulich-roten —, Aurin — einen gelben und Orseille — einen rosa-violetten Auszug. Auf Zusatz von Ammoniak zu dem Amylalkohol-Extrakt wird Fuchsin entfärbt, Orseille — bläulich, Aurin bleibt unverändert.

Eosine. Eosin G mit 20—40 % konz. Kalilauge gekocht gibt eine orangerote Lösung, die durch längeres Kochen purpurfarbig und endlich blau wird und starke grüne Fluoreszenz zeigt. Farbe und Fluoreszenz bleiben beim Verdünnen unverändert. — Eosin B, mit Kalilauge gekocht, gibt bläulich-violette Lösung mit blaßgrüner Fluoreszenz. Beim Verdünnen wird die Lösung purpurfarbig. — Eosin BN, mit Kalilauge gekocht, gibt zuletzt eine olivgrüne Lösung ohne Fluoreszenz.

Kongorot. Reine Kongorot-Färbung gibt mit Salpetersäure einen schwarzblauen Fleck, der durch Ammoniak in das ursprüngliche Rot zurückverwandelt wird. — Salpetrige Säure macht die Faser rotbraun; mit Ammoniak wird die ursprüngliche Färbung aber nicht wiederhergestellt, sondern die Faser wird purpurbräunlich, die Lösung bläulich-rot. Durch Pikrinsäure wird die Faser blauschwarz. (Benzopurpurin-B — gefärbte Faser wird durch salpetrige Säure bräunlich-schwarz, Pikrinsäure — gefärbte Faser wird rotbraun).

Methylenblau. Salpetersäure erzeugt auf methylenblaugefärbter Faser einen grünen Fleck, der sich nicht weiter verändert. — Chlorkalklösung macht erst grün und entfärbt allmählich. — Die Methylenblau-Färbung ist sehr empfindlich gegen Chromsäure. Eine 3 %-ige Lösung von Kaliumbichromat verwandelt das Blau erst in Violett und entfärbt endlich. Wenn Methylenblau auf Tannin aufgefärbt ist, so hinterbleibt eine braune Färbung.

Primulinrot. Mit Primulinrot gefärbte Faser wird beim Kochen mit alkalischer Zinnoxydullösung gelb. Wird dieselbe mit salpetriger Säure behandelt, gewaschen und in eine alkalische Lösung von $\beta$-Naphtol gebracht, so tritt wieder Rotfärbung ein.

Pikrinsäure. Mit Cyankaliumlösung erwärmt nimmt Pikrinsäure-Färbung durch Bildung von Isopurpursäure rote Farbe an. — In Kombination mit Küpenblau wird Pikrinsäure schon durch Einlegen in kaltes Wasser extrahiert. Die gelöste Pikrinsäure kann vermittelst der Cyankalium-Reaktion nachgewiesen werden.

Naphtolgelb. Naphtolgelb wird mit Wasser von der Faser extrahiert und auf Zusatz von Schwefelsäure entfärbt. Kochende Cyankalilösung extrahiert eine rote Lösung. — In weißes Papier gehüllt und auf 120 ⁰ C. erhitzt, hinterläßt Naphtolgelb einen Fleck auf dem Papier. (Naphtolgelb S ist nicht so leicht mit Wasser abziehbar und hinterläßt auf Papier keinen Fleck.)

Azoblau. Durch Pikrinsäure wird die Faser schwärzlichbraun.

Methylgrün. Auf 100 ⁰ C. erwärmt wird Methylgrün-Färbung bläulich-violett, Malachitgrün bleibt unverändert.

Resorcingrün. Die Asche enthält stets Eisen. — Salpetersäure erzeugt einen gelbbraunen Fleck.

Trennung von Teerfarbstoffen durch Amylalkohol. Es gelingt häufig, einzelne Farbstoffe eines Farbstoffgemisches vermittelst Amylalkohol zu trennen. Ein größeres Muster einer Färbung wird wiederholt mit Sodalösung (oder anderen Lösungsmitteln) abgekocht und der Farbstoff-Auszug mit frischem Amylalkohol mehrmals und andauernd ausgeschüttelt. In die amylalkoholische Lösung gehen z. B. über: einige Azofarbstoffe, wie Orange, Bordeaux, Orseillerot etc., während in der wässerigen Lösung z. B. zurückbleiben: Indigokarmin, Orseille, Echtblau, Indulin, Echtgelb etc. Aus der wässerigen Lösung kann man durch Schütteln mit Äther Orseille isolieren, die wässerige Lösung mit einigen Tropfen Schwefelsäure ansäuern, neue Faser darin ausfärben und nach den Reaktionstabellen prüfen. — Den Farbstoff, der in den Amylalkohol übergegangen ist, löst man nach Verdampfung des Lösungsmittels in Wasser, stellt ebenfalls eine neue Ausfärbung her und bestimmt ihn nach den Reaktionstabellen. — Formánek (Spektroskopischer Nachweis von künstlichen Farbstoffen) und Pokorny (l. c.) benutzten ebenfalls den Amylalkohol zur Trennung bestimmter Farbstoffe und spektroskopierten direkt die erhaltene amylalkoholische Lösung (s. a. u. Spektroskopie S. 68 ff. u. 308).

Berliner-Blau. Das Berliner-Blau kommt nur bei animalischen Fasern zur Anwendung. Die Asche enthält Eisenoxyd. — Konzentrierte Salpetersäure erzeugt einen grünen Fleck. — Mit verdünnten Soda- und Ätzalkalilösungen behandelt (warm bis kochend), wird das Blau zerstört, Eisenoxyd bleibt auf der Faser, Ferrocyanalkali geht in Lösung und kann durch Ansäuern und Zusatz von Eisenoxydsalz wieder in Berliner-Blau (Färbung oder Niederschlag) verwandelt werden (Über quantitative Bestimmung des Berliner-Blau s. u. Seidenerschwerung S. 215).

Eisen-Chamois (Rostgelb). Wird auf Baumwolle durch Passieren von Eisenbeize und nachfolgende Sodapassage erzeugt. Enthält Eisen als Oxyd oder Oxyhydroxyd auf der Faser. — In der Asche ist Eisenoxyd nachweisbar.

Manganbister. Durch abwechselnde Passagen von Manganchlorür und heißer Natronlauge (ev. Chlorkalklösung) erzeugt. — Asche enthält Mangan. Sehr widerstandsfähig gegen Schwefelsäure, Ätznatron, Ammoniak. Salzsäure entfärbt langsam, Zinnsalz und Salzsäure — schnell.

Chromgelb, Chromorange. Durch Niederschlagen von neutralem und basischem Bleichromat auf der Faser erzeugt. Es sind auf der Faser demnach Blei und Chromsäure nachweisbar.

Chromgrün. Durch Niederschlagen von Chromhydroxyd auf der Faser erzeugt. Asche enthält Chromoxyd. Kaum noch allein angewandt.

Khaki-Farben. Enthalten wechselnde Mengen von Eisen- und Chrom-Oxyden. Besonders ausgezeichnet durch hervorragende Licht- und Alkali-Echtheit. — In Kombination mit Gerbstoffen schon nicht mehr als reine Khaki-Färbungen zu bezeichnen. Asche enthält Eisen- und Chromoxyde.

Gelbes Ultramarin. Durch Niederschlagen von chromsaurem Baryum auf der Faser erzeugt. Es hat vor Chromgelb den Vorzug, daß es durch Schwefelwasserstoff nicht geschwärzt wird. — Kaum noch für einzelne Zwecke im Zeugdruck benützt.

Ultramarin (Lasurblau, Azurblau). Kaum noch für einige Zwecke im Zeugdruck angewandt. — Beim Veraschen hinterbleibt blau gefärbte Asche, welche Kieselsäure-, Tonerde- und Schwefelhaltig ist. Bei der Behandlung mit Säure entwickelt sich Schwefelwasserstoff. Bei höherer Temperatur und beim Glühen unter Luftzutritt wird Ultramarin farblos, bei gelinder Rotglut unter Luftabschluß bleibt es unzersetzt (blau).

# Spektroskopischer Nachweis von Färbungen.

Unzweifelhaft der sicherste Nachweis von Farbstoffen auf der Faser (ebenso wie in Substanz) bleibt der spektroskopische, sofern er überhaupt zu führen ist, da in einzelnen Fällen solches bis heute noch nicht möglich ist. Trotzdem hat sich dieses Spezial-Gebiet besonders durch die unermüdlichen Arbeiten Formáneks fortwährend weitergebildet und befindet sich heute am Vorabend einer neuen Ära der Farbstoff-Untersuchungen und Konstitutionsermittelungen von Farbstoffen (Z. f. Farben- u. Textilchemie 1903, V. Intern. Kongreß für angew. Chemie, Berlin, Juni 1903). Es kann deshalb diese Methode allen Interessenten nicht warm genug empfohlen werden, trotzdem wie oben erwähnt (S. 69) die Zahl der praktischen Freunde in Anbetracht der Neuheit der nötigen Einarbeitung und Apparatur eine verhältnismäßig noch nicht bedeutende ist. Nach Formánek (Privat-Mitteilung) genügt indes ein Zeitraum von einer bis einigen Wochen (je nach der Geschicklichkeit), um sich in diese seine Methode hinreichend einzuarbeiten.

Wie in Substanz, so werden auch die auf der Faser fixierten Farbstoffe untersucht, man braucht sie nur mit geeigneten Lösungsmitteln in die Lösung zu bringen und nach der Anleitung zu untersuchen. Diese Lösungsmittel sind reiner Äthylalkohol, gleiche Teile von Äthylalkohol und Wasser, 90 $^0/_0$ige Essigsäure und gleiche Teile von Anilin und Essigsäure. Diese Lösungsmittel reichen in den meisten Fällen aus.

Um den Farbstoff von der Faser zu lösen, bringt man den Stoff in ein Kölbchen, fügt Äthylalkohol zu und kocht aus. Entfärbt sich die Faser durch diese Behandlung nicht vollständig, so verwendet man die Essigsäure und endlich Anilin-Essigsäure. Durch dieses systematische Behandeln des ausgefärbten Stoffes erzielt man schon die Trennung der Farbstoffe nach ihrer Löslichkeit. So löst z. B. aus einem Gemische von Methylenblau und Methylviolett reiner Äthylalkohol nur das Methylviolett, während das Methylenblau erst mit verdünntem Äthylalkohol oder noch besser mit Essigsäure aufgenommen wird.

Aus einem Gemische von Patentblau und Cyperblau löst sich mit Essigsäure nur das Patentblau, während das Cyperblau nur von einem Gemische von Anilin und Essigsäure aufgenommen wird.

Die mit verschiedenen Lösungsmitteln gewonnenen Lösungen werden dann einzeln auf ihre Absorptionsspektra untersucht; haben die Absorptoinsspektra einen gleichen Charakter, so vereinigt man die Lösungen, um mehr Material zu haben, teilt das Gemisch in drei Teile, dampft auf dem Wasserbade ab, löst die Rückstände in Wasser, Äthylalkohol und Amylalkohol und untersucht die Lösungen spektroskopisch.

Was die Fähigkeit der spektroskopischen Analyse, die Farbstoffe in Mischungen nachzuweisen, anbelangt, so lassen sich viele Gemische vorzüglich bestimmen, besonders solche von Triphenylmethanfarbstoffen, Chinonimidfarbstoffen und Akridinfarbstoffen, weil die Lösungen der Farbstoffe dieser Gruppen meistens scharfe, schmale Absorptionsstreifen liefern. Auch bei den Mischungen von Azofarbstoffen mit den anderen Farbstoffen leistet das Spektroskop vorzügliche Dienste. Was die Mischungen von Azofarbstoffen selbst anbelangt, so ist ihr spektroskopischer Nachweis oft schwierig, manchmal unmöglich, weil viele Azofarbstoffe breitere, unscharfe Absorptionsstreifen liefern, wodurch bei den Gemischen Mischspektra von unbestimmtem Charakter entstehen.

Daß ein Gemisch vorliegt, erkennt man spektroskopisch nach der unregelmäßigen Anordnung der Absorptionsstreifen im Spektrum, welche den üblichen Formen der Absorptionsspektra nicht entspricht. Erscheint z. B. im Spektrum neben einem starken Absorptionsstreifen ein schwacher, dann wieder ein starker Absorptionsstreifen, so liegt sicher ein Gemisch vor, weil eine solche Anordnung der Absorptionsstreifen bei einheitlichen Farbstoffen nicht vorkommt. Liegen die Absorptionsstreifen einzelner Farbstoffe von ähnlicher Nuance nahe aneinander, so beeinflussen sie sich manchmal, und zwar ändern sie teilweise ihre Lage oder fließen zusammen; doch kommen diese Fälle in der Praxis seltener vor.

Bei den Gemischen von Farbstoffen verschiedener Farbe wie z. B. bei einem Gemische von Methylenblau, Methylenviolett und Benzoflavin treten natürlich keine Änderungen der Spektra auf.

In solchen Fällen, wo die Absorptionsspektra einzelner Farbstoffe aufeinander wirken oder zusammenfließen, leisten die Reaktionen mit Säure oder Alkali sehr oft vorzügliche Dienste. Beobachtet man z. B. die wässerige Lösung eines Gemisches von Indulin und Methylviolett, so bemerkt man die Absorptionsstreifen des Methylvioletts im Spektrum nicht, weil sie durch den Indulinstreifen verdeckt bleiben; setzt man aber zur Lösung verdünnte Säure hinzu, so verschiebt sich das Absorptionsspektrum des Methylvioletts nach links, während das Absorptionsspektrum des Indulins unverändert bleibt, und man sieht beide Absorptionsspektra nebeneinander.

Um sich die Untersuchung der schwierigen Gemische zu erleichtern, trennt man einzelne Farbstoffe, indem man das verschiedene Löslichkeitsvermögen der Farbstoffe in Amylalkohol ausnützt. Hat man z. B. ein Gemisch von Nilblau A und Methylviolett, und behandelt dieses Gemisch mit Amylalkohol, so löst sich in demselben nur Methylviolett, während das Nilblau A in Amylalkohol ungelöst bleibt.

Was den Einfluß der Beizen auf die Absorptionsspektra der Farbstoffe anbelangt, so werden die Absorptionsspektra basischer Farbstoffe, welche mit Tannin auf der Faser fixiert sind, überhaupt nicht verändert, und man kann die Lösungen ohne weiteres untersuchen. Farbstoffe, welche mit Aluminium, Eisen, Chrom und Zinn auf der Faser fixiert sind, ändern in Lösung gebracht, wohl teilweise die Lage, selten aber den Charakter des Absorptionsspektrums, sodaß man mit Hilfe der Reaktionen charakteristische Farbstoffe trotzdem nachweisen kann wie z. B. das Alizarin.

Den Einfluß der Beizen hebt man dadurch auf, daß man die Essigsäurelösung teilweise verdampft, die Flüssigkeit, welche etwas sauer bleiben muß, mit Wasser verdünnt und vorsichtig mit Amylalkohol mischt. Der Farbstoff geht in den Amylalkohol über, während die Beize zurückbleibt. Die amylalkoholische Lösung wird von der wässerigen Lösung getrennt und sodann spektroskopisch untersucht.

Zum Schluß sei noch hervorgehoben, daß das Spektroskop außerdem noch vorzügliche Dienste in der Erkennung der Zusammensetzung und der Konstitution der Farbstoffe zu leisten vermag. Vergleicht man nämlich die Absorptionsspektra der Farbstoffe, welche verschiedenen chemischen Gruppen angehören, so bemerkt man, daß bestimmte Formen der

Absorptionsspektra der Farbstoffe im allgemeinen bestimmten chemischen Gruppen derselben eigen sind, und daß einzelne Farbstoffgruppen ihre eigene Grundform des Absorptionsspektrums aufweisen, welche bei einer andern Gruppe regelmässig nicht vorkommt. So zeigen z. B. die Lösungen der Diamidoderivate der Triphenylmethanfarbstoffe einen Absorptionsstreifen mit einem Schatten rechts, die Lösungen der Triamidoderivate der Triphenylmethanfarbstoffe zwei ungleiche, symmetrische Absorptionsstreifen, die Lösungen der Thiazine zwei ungleiche, unsymmetrische Absorptionsstreifen, die Lösungen der Alizarinfarbstoffe drei Absorptionsstreifen, die Lösungen der Azofarbstoffe einen oder zwei breitere Absorptionsstreifen u. s. w. Man kann daher in zahlreichen Fällen nach dem Charakter des Absorptionsspektrums einer farbigen Lösung feststellen, in welche chemische Gruppe der in der Lösung anwesende unbekannte Farbstoff gehört, welche Bindungen und Konstitution dem Farbstoff zu grunde liegt u. s. w. Es eröffnet sich hieraus eine weite Perspektive zur Untersuchung der Teerfarbstoffe von völlig neuen Gesichtspunkten aus, welche sicherlich noch manche Überraschung, Aufklärung und Umgestaltung der z. Z. gültigen Konstitutionsformeln zeitigen wird.

# IV. Teil.

## Reaktionen der Farbstoffe auf der Faser[1]).

### Schwarze, violette und blaue Farbstoffe.

| Farbstoff[2]) | konz. $H_2SO_4$ | 10% $H_2SO_4$ | konz. HCl[3]) | 10% HCl | $HNO_3$ s = 1,40 | $NH_3$ s = 0,91 | 10% NaOH[4]) | $SnCl_2$ + HCl[5]) |
|---|---|---|---|---|---|---|---|---|
| **Schwarze, violette und blaue Farbstoffe** | | | | | | | | |
| Indigo (Küpen-Blau) Wolle | F[6]): olivgrün, nach Wasserzusatz heller blau<br>L: erst gelb, dann olive und grün, zuletzt tief blau | keine Wirkung | F: keine Wirkung<br>L: . . . | — | gelb mit grünem Rand | F: keine Wirkung<br>L: . . . | F: keine Wirkung<br>L: . . . | beim Erwärmen Faser heller,<br>L: grüngelb |
| Blauholz mit Chrombeize Wolle | F: olivbraun<br>L: gelb | violett | F: langsam rotviolett<br>L: rotviolett | — | orange mit rotem Rand | F: langsam violett<br>L: . . . | F: violett<br>L violett | erst purpur, dann braun |
| Blauholz mit Eisenbeize Wolle | F: olivbraun<br>L: gelb | F: stumpf purpur<br>L: hellrot | F: karmesin<br>L: karmesin | — | gelborange | F: langsam violett<br>L: . . . | F: violett<br>L: violett | erst purpur, dann braun |
| Chromschwarz mit Indigogrund Wolle | F: schmutzig rotbraun<br>L: schmutzig grüngelb, beim Verdünnen grün | wenig Veränderung | F: röter<br>L: karmesin | — | gelb mit rotem Rand | F: röter<br>L: . . . | F: röter<br>L: . . . | wenig Veränderung |

[1]) Die Tabellen enthalten jeweils zuerst die Beizenfarbstoffe (für Wolle, Seide, Baumwolle), dann die direkt ziehenden (für W., S., B). Zur Prüfung auf der „Faser" bringt man kleine Abschnitte des gefärbten Gewebes oder Garnes in Porzellanschälchen und versetzt mit ca. 1 ccm Reagenslösung. Die Angaben der Tabellen beziehen sich auf die Erscheinungen, welche sofort oder doch nur sehr kurze Zeit nach dem Zusammenbringen mit den Reagentien eintraten. Siehe auch „Journ. of the Scc. of Dyers and Colorists": Illustrating new Colouring matters etc. **1900.** Nr. 48—58. (Jan. bis Nov.); **1901.** Nr. 59—66 (Jan. bis Okt.), sowie Handbuch der Färberei der Spinnfasern von Knecht, Rawson, Löwenthal, ferner Lunge, chemisch-technische Untersuchungsmethoden (Gnehm) und Gnehm, Taschenbuch für Färberei und Farbenfabrikation; Blumer und Kölle, Färber-Ztg. 1899. 240, 258, 273, 288, 306, 326, 346, 364.

[2]) Die Farbstoffe ohne Merkmal beziehen sich auf die Beobachtungen bezw. Mitteilungen von Knecht und Rawson, mit * bezeichnete Farbstoffe — auf Lunge-Gnehm, mit ** bezeichnete Farbstoffe — auf Gnehm-Surbeck, mit 0 bezeichnete Farbstoffe — auf die Beobachtungen des Verfassers.

[3]) Mit * bezeichnete Salzsäure-Reaktionen beziehen sich auf Säure vom spez. Gew. 1,16.

[4]) Mit ** bezeichnete Natronlauge-Reaktionen beziehen sich auf 5%ige Natronlauge.

[5]) Aus 100 g Zinnsalz, 100 g konz. Salzsäure und 50 ccm Wasser.

[6]) Abkürzungen: F = Faser, L = Lösung.

| Farbstoff | konz. H$_2$SO$_4$ | 10% H$_2$SO$_4$ | konz. HCl | 10% HCl | HNO$_3$ s=1,40 | NH$_3$ s = 0,91 | 10% NaOH | SnCl$_2$ + HCl |
|---|---|---|---|---|---|---|---|---|
| Alizarinschwarz mit Chrombeize Wolle | F: wenig Veränderung L: schmutzig grau | ... | F: wenig Veränderung L: schmutzig rosa | — | olivebraun | F: grünblau L: ... | F: dunkel grünblau L: ... | schmutzig olive-gelb |
| Diamantschwarz mit Chrombeize Wolle | F: grüner L: blaugrün b. Verdünnen violett | ... | F: dunkel blaugrün L: farblos | — | dunkelrot | F: ... L: blaugrau | F: dunkler L: blaugrau | entfärbt |
| **Diamantschwarz 2 B nachbeh. mit Chromkali Wolle | blau | ... | ... | *etwas grüner | hellbraun | ... | **etwas blauer | rot, nach kurzer Zeit entfärbt |
| **Diamantschwarz F R nachbeh. mit Chromkali Wolle | dunkelblau | ... | ... | unverändert | rötlich braun | ... | **Farbstoff ausgezogen | langsam entfärbt |
| Gallein mit Chrombeize Wolle | F: dunkelbraun L: bräunlich | rotviolett | F: dunkelrot L: bernsteingelb | — | gelb | F: keine Veränderung L: ... | F: etwas blauer L: ... | braunrot |
| Gallocyanin mit Chrombeize Wolle | F: blauer L: tiefblau, beim Verdünnen rosa | F: wenig Wirkung L: schwach violett | F: violett L: violett | — | rotbraun | F: ... L: ... | F: schmutzig purpur L: ... | ... |
| Cölestinblau B mit Chrombeize Wolle | F: beinahe entfärbt L: lebhaft blau | röter | F: rotviolett L: rotviolett | -- | gelb | F: wenig Wirkung L: ... | F: entfärbt L: ... | entfärbt |
| Alizarinblau S mit Chrombeize Wolle | F: grüner L: tief grünblau | keine Veränderung | F: röter L: hellrot | — | gelb mit violettem Rand | F: wenig Wirkung L: ... | F: blaugrün L: farblos | dunkel stumpf-violett |
| Brillant-Alizarinblau G mit Chrombeize Wolle | F: grüngelb, b. Verdünnen violett bis blau L: grün | ... | F: lebhaft grün, b. Verdünnen violett L: ... | — | gelb | F: grünblau L: ... | F: grünblau L: farblos | entfärbt |
| Alizarinindigoblau mit Chrombeize Wolle | F: dunkler L: dunkel rotblau | ... | F: etwas dunkler L: rosa | — | schmutzig gelb mit violettem Rand | F: grüner L: ... | F: grüner L: farblos | ... |

| | | | | | | | | |
|---|---|---|---|---|---|---|---|---|
| Alizarincyanin R mit Chrombeize Wolle | F: tief rotblau<br>L: tief blau, b. Verdünnen violett | dunkler | F: röter<br>L: hellblau | — | schmutzig grün | F: . . .<br>L: . . . | F: grüner<br>L: . . . | röter |
| **Neuanthracenblau W G mit Chrombeize Wolle | L: hellrot | . . . | . . . | *L: hellrot | gelb | . . . | **unverändert | hellrot |
| Chromblau mit Chrombeize Wolle | F: karmesin<br>L: schmutzig marron | . . . | F: karmesin<br>L: rosa | — | grüngelb | . . . | . . . | etwas grüner |
| Chromviolett (Bayer) mit Chrombeize Wolle | F: orangegelb<br>L: gelb | . . . | F: lebhaft karmesin<br>L: rosa | — | gelb mit rotem Rand | F: heller<br>L: . . . | F: beim Stehen heller<br>L: . . . | . . . |
| *Chrompatentschwarz T G mit Chrombeize Wolle | F: dunkelgrün, dann braun<br>L: rot | keine Veränderung | F: dunkelrot<br>L: schwach rosa | keine Veränderung | braunrot | keine Veränderung | dunkelblau | entfärbt |
| *Chrompatentschwarz B T mit Chrombeize Wolle | F: grün, dann rot<br>L: grün, dann rot | keine Veränderung | F: schwach blau<br>L: schwach rosa | keine Veränderung | braun | keine Veränderung | schwach blau | entfärbt |
| *Chrompatentschwarz T R mit Chrombeize Wolle | F: grün, dann braun<br>L: grün, dann braun | keine Veränderung | dunkelblau | keine Veränderung | braun | geringe Veränderung | rotviolett | entfärbt |
| *Chrompatentschwarz T mit Chrombeize Wolle | dunkelgrün | keine Veränderung | blaugrün | keine Veränderung | braunrot | keine Veränderung | schwach blau | entfärbt |
| *Azosäureschwarz 3 B L mit Chrombeize Wolle | karminrot | keine Veränderung | F: rötlich<br>L: rosa | keine Veränderung | blau-schwarz | grünlich | blau | hellgrün |
| *Seidengrau O, wasserecht Seide | gelbgrün | keine Veränderung | grünlich | keine Veränderung | gelbgrün | geringe Veränderung | etwas röter | farblos |
| *Seidengrau R Seide | gelbgrün | keine Veränderung | grünlich | keine Veränderung | gelbgrün | geringe Veränderung | etwas röter | farblos |
| *Helvetiablau Seide | rot | keine Veränderung | grünblau | keine Veränderung | blau | farblos | braun | färbt ab |
| *Capriblau Seide | grün | färbt rot ab | rot | färbt rot ab | moosgrün | geringe Veränderung | heller | geringe Veränderung |
| *Patentblau Seide | grün, dann gelb | grün | gelb | grün, dann hellgelb | gelb | färbt schwach ab | färbt schwach ab | blaugrün |

| Farbstoff | konz. $H_2SO_4$ | 10% $H_2SO_4$ | konz. HCl | 10% HCl | $HNO_3\ s=1{,}40$ | $NH_3\ s=0{,}91$ | 10% NaOH | $SnCl_2$ + HCl |
|---|---|---|---|---|---|---|---|---|
| *Patentblau A Seide | grün, dann gelb | geringe Veränderung | grün, dann gelb | grasgrün | grün, sofort gelb | dunkler | dunkler | grün, färbt gelb ab |
| *Patentblau N Seide | grün, dann braungelb | grün | grün, dann gelb | grün, dann gelb | grün, sofort gelb | färbt schwach ab | färbt schwach ab | grün, färbt gelb ab |
| *Patentblau V Seide | grün, dann braungelb | grün | grün, dann gelb | grün, dann gelb | grün, sofort gelb | färbt schwach ab | färbt schwach ab | bläulich grün |
| *Chrompatentschwarz T G Wolle | F: grün, dann braun L: rot | dunkelbraun | F: dunkelbraun L: rosa | keine Veränderung | rötlich gelb | rötlichblau | dunkelblau | entfärbt |
| *Chrompatentschwarz B T Wolle | F: braun L: grün, dann rot | F: geringe Veränderung L: rötlich braun | F: blau L: rosa | keine Veränderung | braun | F: geringe Veränderung L: weinrot | F: blau L: blau | entfärbt |
| *Chrompatentschwarz T R Wolle | F: grün, dann braun L: grün, dann braun | F: geringe Veränderung L: rötlich braun | F: braun L: rosa | keine Veränderung | rötlich gelb | blauviolett | stark blauviolett | entfärbt |
| *Chrompatentschwarz T Wolle | grün, dann dunkelgrün | ganz geringe Veränderung | F: blaugrün L: rötlich violett | keine Veränderung | rötlich gelb | schwach blau | blau | entfärbt |
| *Azosäureschwarz 3 B L Wolle | karminrot | schwach rötlich | ziegelrot | schwach ziegelrot | rotbraun | schwach bordeauxrot | bordeauxrot | entfärbt |
| **Naphtalinsäureschwarz 4 B Wolle | bläulich purpur | . . . | . . . | *etwas blauer | entfärbt | . . . | **heller | heller |
| **Palatinchromschwarz 3 B mit Chromkali nachbeh. Wolle | dunkelblau | . . . | . . . | *unverändert | dunkelbraun | . . . | **Farbstoff ausgezogen | blaurot |
| Naphtolschwarz B Wolle | F: dunkel blaugrün L: grünblau, b. Verdünnen violett | wenig Veränderung | F: wenig Veränderung L: farblos | — | orangerot | F: blauviolett L: violett | F: wenig Veränderung L: . . . | karmesinrot |
| Naphtolschwarz 3 B Wolle | F: dunkel blaugrün L: grünblau | wenig Veränderung | F: wenig Veränderung L: . . . | — | rot | F: blauviolett L: violett | F: wenig Veränderung L: . . . | stumpfkarmesin |

|  |  |  |  |  |  |  |  |  |
|---|---|---|---|---|---|---|---|---|
| Naphtolschwarz 6 B Wolle | F: grüner<br>L: grünlich, b. Verdünnen blauviolett | wenig Veränderung | F: röter<br>L: farblos | — | rot | F: . . .<br>L: hellblau | F: wenig Veränderung<br>L: . . . | dunkelpurpur |
| Naphtylaminschwarz D Wolle | F: . . .<br>L: blauschwarz, b. Verdünnen rotviolett | wenig Veränderung | F: wenig Veränderung<br>L: hellgrün | — | braun | F: . . .<br>L: hell rotviolett | F: blauer<br>L: blau | wenig Veränderung |
| **Naphtylaminschwarz N B B mit CuSO$_4$ nachbeh. Wolle | L: dunkelblau | . . . | . . . | *unverändert | rötlichbraun | . . . | **unverändert | wenig verändert |
| **Naphtylaminschwarz S Wolle | unverändert | . . . | . . . | unverändert | unverändert | . . . | **Farbe teilweise abgezogen | etwas blasser |
| **Phenylaminschwarz T Wolle | dunkelbläulich purpur | . . . | . . . | *unverändert | braun<br>L: rot | . . . | **wenig verändert | nach einiger Zeit entfärbt |
| **Phenylenschwarz 4 B Wolle | blau | . . . | . . . | *unverändert | braun | . . . | **unverändert<br>L: blaßblau | unverändert, L: beim Erwärmen blau |
| Anthracitschwarz D Wolle | F: grüner<br>L: grünlich grau | wenig Veränderung | F: violett<br>L: . . . | — | grünlich gelb mit braunem Rand | . . . | F: wenig Veränderung<br>L: rosa | tief rotviolett |
| Viktoriaschwarz 5 G Wolle | F: . . .<br>L: schmutzig grün | . . . | F: grüner<br>L: farblos | — | schmutzig rot | F: . . .<br>L: blauviolett | F: dunkelgrün<br>L: grün | entfärbt |
| Viktorischwarzblau Wolle | F: . . .<br>L: blaugrün | . . . | . . . | — | rotgelb mit rotem Rand | F: . . .<br>L: rotviolett | L: grüner<br>L: schmutzig violett | . . . |
| Jetschwarz R Wolle | F: tiefblau<br>L: tiefblau | wenig Veränderung | F: wenig Veränderung<br>L: schwach grün | — | gelb mit rotbraunem Rand | F: wenig Veränderung<br>L: . . . | F: dunkelgrün<br>L: . . . | heller, schließlich farblos |
| Wollschwarz Wolle | F: . . .<br>L: tiefblau, b. Verdünnen violett | . . . | F: braun purpur<br>L: schmutzig braun | — | gelb mit rotem Rand | . . . | F: allmählich dunkelviolett<br>L: violett | hell olivbraun, allmählich farblos |

| Farbstoff | konz. $H_2SO_4$ | 10% $H_2SO_4$ | konz. HCl | 10% HCl | $HNO_3$ s=1,40 | $NH_3$ s=0,91 | 10% NaOH | $SnCl_2$ + HCl |
|---|---|---|---|---|---|---|---|---|
| *Nyanzaschwarz B Wolle | dunkler mit Grünstrich | blauer | blauviolett | blauer | braunrot | dunkler | grauer | geringe Veränderung |
| *Chromechtschwarz B Wolle | blau | geringe Veränderung | geringe Veränderung | geringe Veränderung | schmutzig braun | geringe Veränderung | geringe Veränderung | geringe Veränderung |
| *Nerol B Wolle | blau | keine Veränderung | geringe Veränderung | keine Veränderung | braunrot | geringe Veränderung | geringe Veränderung | geringe Veränderung |
| *Nerol B B Wolle | blau | keine Veränderung | blauer | keine Veränderung | braunrot | geringe Veränderung | geringe Veränderung | geringe Veränderung |
| *Biebricher Patentschwarz Wolle: blauschwarz | blaugrün | keine Veränderung | färbt schwach rötlich ab | keine Veränderung | braunrot | färbt blau ab | färbt bläulich ab | keine Veränderung |
| *Alizarin-Blauschwarz B Wolle | blauviolett | keine Veränderung | violett | geringe Veränderung | braungelb | geringe Veränderung | färbt bläulich ab | F: heller<br>L: braungelb |
| *Wollschwarz 6 B Wolle | blauschwarz | keine Veränderung | ,Lösung rötlich | keine Veränderung | bordeaux-rot | blau | blau | keine Veränderung |
| *Wollschwarz 4 B F Wolle | blauschwarz | keine Veränderung | violettrot | keine Veränderung | tief bordeaux | blau | rotstichig blau | keine Veränderung |
| *Wolltiefschwarz 2 B Wolle | blauschwarz | keine Veränderung | violettrot | keine Veränderung | rotbraun | blau | blau | keine Veränderung |
| *Wolltiefschwarz 3 B Wolle | blauschwarz | keine Veränderung | violettrot | keine Veränderung | braunrot | blau | blau | keine Veränderung |
| *Taboraschwarz X Wolle | blauschwarz | keine Veränderung | keine Veränderung | keine Veränderung | braunrot | blau | rötlich violett | farblos |
| **Kumassiwollschwarz 4 B S Wolle | dunkel bläulich purpur | . . . | . . . | *dunkel bläulich-purpur | entfärbt<br>L: rot | . . . | **wenig verändert | nach kurzer Zeit entfärbt |
| **Periwollblau B Wolle | violett | . . . | . . . | *violett | marron | . . . | **violett | violett |
| Wollgrau Wolle | F: schmutzig hellmarron<br>L: schmutzig grau | grauviolett | F: heller<br>L: bräunlich marron | — | grüngelb mit grünem Rand | F: stumpfbraun<br>L: . . . | F: stumpf hellbraun<br>L: . . . | violett |
| Echtviolett rötlich Wolle | F: dunkel schiefergrau<br>L: blau | lebhafter | F: blauer<br>L: hellblau | — | orangerot mit blauem Rand | F: wenig Veränderung<br>L: . . . | F: blau<br>L: schwach violett | stumpfrot |

| | | | | | | | | |
|---|---|---|---|---|---|---|---|---|
| Echtviolett bläulich Wolle | F: dunkelgrün<br>L: dunkelgrün | lebhafter | F: dunkelblaugrün<br>L: ... | — | orangerot mit blaugrünem Rand | . . . | F: rotblau<br>L: ... | stumpfrot |
| Viktoriaviolett 4 B S Wolle | F: blauviolett<br>L: violett | etwas röter | F: rotviolett<br>L: rosa | — | orangerot | F: braunrot<br>L: ... | F: braunrot<br>L: beim Erwärmen entfärbt | . . . |
| Rotviolett 4 R S und 5 R S Wolle | F: stumpf gelb<br>L: gelb | lebhafter | F: beinahe entfärbt<br>L: ... | — | lebhaft gelb | F: entfärbt<br>L: ... | F: entfärbt<br>L: ... | wenig Veränderung |
| Säureviolett 2 B Wolle | F: stumpf gelb<br>L: gelb | grünlich gelb | F: grünlich gelb<br>L: ... | — | gelb mit grünblauem Rand | F: entfärbt<br>L: ... | F: beinahe entfärbt<br>L: ... | blauer |
| Säureviolett 4 B N Wolle | F: rötlich gelb<br>L: gelb | lebhafter | F: lebhaft gelb<br>L: gelb | — | gelb mit grünlichem Rand | F: entfärbt, Farbe kehrt an der Luft wieder<br>L: ... | F: entfärbt<br>L: ... | pfaugrün |
| Formylviolett S 4 B Wolle | F: rötlich gelb<br>L: gelb | blauer | F: rötlich gelb<br>L: hellgelb | — | gelb | F: heller<br>L: ... | F: fast entfärbt<br>L: ... | lebhaft grün |
| **Formylviolett 6 B Wolle | F: hellgelbbraun<br>L: gelb | keine Veränderung | F: gelblich grün<br>L: gelblich grün | grün | grün | blau | hellgrau | rotbraun |
| Echtsäureviolett 10 B Wolle | F: grün, dann grüngelb<br>L: gelblich | lebhaft blaugrün | F: lebhaft grün, dann bernsteingelb<br>L: gelblich | — | grün mit grüngelbem Rand | F: ...<br>L: hellblau | . . . | . . . |
| Alkaliviolett Wolle | F: lebhaft orange<br>L: gelb | blaugrün | F: lebhaft orange<br>L: gelb | — | gelb | F: farblos<br>L: ... | F: farblos<br>L: ... | blaugrün |
| Reginaviolett Wolle | F: braun<br>L: schmutzig braun | blauer | F: dunkelgrau<br>L: hellbraun | — | gelb mit blaugrünem Rand | F: entfärbt<br>L: ... | F: entfärbt (schmutzig braun)<br>L: ... | viel blauer |
| Violamin R Wolle | F: rot<br>L: schmutzigrot | . . . | F: blauer<br>L: rosa | — | stumpf scharlach | F: ...<br>L: rosa | F: kirschrot<br>L: ... | blauer |

| Farbstoff | konz. $H_2SO_4$ | 10% $H_2SO_4$ | konz. HCl | 10% HCl | $HNO_3$ s=1,40 | $NH_3$ s=0,91 | 10% NaOH | $SnCl_2$ + HCl |
|---|---|---|---|---|---|---|---|---|
| Violamin B Wolle | F: lebhaft scharlach L: stumpf rot | . . . | F: blauviolett L: . . . | — | lebhaft scharlach | F: röter L: rosa | F: rotviolett L: . . . | . . . |
| Indigoextrakt Wolle | F: olivgrau, b. Verdünnen blau L: grau | keine Veränderung | F: stumpfer L: hellblau | — | gelb mit grünem Rand | F: grün L: hellgelb | F: gelb L: gelb | langsam entfärbt |
| Sulfocyanin G Wolle | F: blaugrün L: hellblau | keine Veränderung | F: grün L: . . . | — | bräunlich | F: keine Wirkung L: hellblau | F: keine Wirkung L: . . . | entfärbt |
| Sulfocyanin 3 R Wolle | F: blaugrün, b. Verdünnen blau L: blau | keine Veränderung | F: dunkelgrün, Farbe kehrt b. Verdünnen wieder L: . . . | — | orange | F: keine Wirkung L: hellviolett | F: keine Wirkung L: . . . | entfärbt |
| Alkaliblau 4 B Wolle | F: lebhaft rot L: braunrot | keine Veränderung | F: röter L: hellgrün | — | grün mit dunklem Rand | F: entfärbt L: hellblau | F: purpurbraun L: . . . | . . . |
| Wasserblau Wolle | F: stumpf rot L: rot | keine Veränderung | F: lebhafter L: hellblau | — | grün | F: entfärbt L: . . . | F: hell braunrot L: . . . | wenig Veränderung |
| Patentblau (superfein) Wolle | F: grüner, wird dunkelgelb L: . . . | lebhaft smaragdgrün | F: lebhaft gelbgrün, wird bernsteingelb L: hellgelb | — | gelb mit grünem Rand | F: wenig Veränderung L: farblos | F: grüner L: hellblau | zuerst lebhaft grün, dann hellgelb |
| Cyanin B Wolle | F: grün, wird schmutzig gelb L: . . . | lebhaft grünblau | F: lebhaft grünblau, wird gelb L: . . . | — | gelb mit grünem Rand | F: lebhafter L: schwach blau | F: olivgrün L: . . . | . . . |
| Echtsäureblau B Wolle | F: hellbraun, b. Verdünnen blau L: hellbraun, b. Verdünnen hellblau | wenig Veränderung | F: gelb, b. Verdünnen blau L: . . . | — | gelbgrün | F: wenig Veränderung L: . . . | F: hellblaugrün L: farblos | grün |

| | | | | | | | | |
|---|---|---|---|---|---|---|---|---|
| **Wollblau N extra Wolle | rötlichbraun, beim Waschen ursprüngliche Farbe wieder hergestellt | . . . | . . . | *rötlich-braun, beim Waschen die ursprüngliche Farbe wiederhergestellt | olivegrün, b. Waschen ursprüngliche Farbe wieder hergestellt | . . . | **rötlich-purpur, ursprüngliche Farbe durch Waschen wieder hergestellt | rötlich braun, ursprüngliche Farbe durch Waschen wieder hergestellt |
| **Wollblau R extra Wolle | gelblich braun | . . . | . . . | *gelblich grün | gelblich grün | . . . | **rot | grün, durch Waschen blaßblau |
| **Alizarinsapphirol S E Wolle | olive | . . . | . . . | *hellgrün | F: braun<br>L: grün | . . . | **wenig verändert | blaßblau |
| Thiokarmin R Wolle | F: dunkelgrün<br>L: schmutzig grün, b. Verdünnen blau | . . . | F: blaugrün<br>L: blaugrün | — | grün mit hellerem Rand | F: etwas dunkler<br>L: . . . | F: dunkler<br>L: . . . | etwas grüner |
| Indulin N N (wasserlöslich) Wolle | F: lebhafter und röter<br>L: blau, beim Verdünnen violett | wenig Veränderung | F: lebhafter<br>L: hellblau | — | dunkelviolett | F: wenig Veränderung<br>L: farblos | F: rotviolett<br>L: farblos | wenig Veränderung |
| Nigrosin (wasserlöslich) Wolle | F: dunkelviolett<br>L: blau | . . . | F: dunkler<br>L: rötlich blau | — | . . . | F: marron<br>L: . . . | F: schmutzig marron<br>L: . . . | . . . |
| Naphtazinblau Wolle | F: grünblau<br>L: blaugrün, b. Verdünnen rotblau | wenig Veränderung | F: . . .<br>L: blau | — | dunkelviolett | F: wenig Veränderung<br>L: . . . | F: dunkler<br>L: . . . | stumpfer |
| Naphtylblau Wolle | F: grün<br>L: wenig Veränderung | wenig Veränderung | F: wenig Veränderung<br>L: . . . | — | braunrot | F: stumpfer<br>L: . . . | F: stumpfer<br>L: . . . | keine Wirkung |
| Naphtylviolett Wolle | F: grün<br>L: wenig Veränderung | röter | F: röter<br>L: . . . | — | dunkelrot | F: keine Wirkung<br>L: . . . | F: grauer<br>L: . . . | keine Wirkung |

| Farbstoff | konz. H$_2$SO$_4$ | 10% H$_2$SO$_4$ | konz. HCl | 10% HCl | HNO$_3$ s=1,40 | NH$_3$ s = 0,91 | 10% NaOH | SnCl$_2$ + HCl |
|---|---|---|---|---|---|---|---|---|
| Methylviolett B Wolle | F: orange, Farbe kehrt b. Verdünnen wieder L: gelb | F: blaugrün L: grünblau | F: orange, Farbe kehrt b. Verdünnen wieder L: gelb | — | gelb mit grünem Rand | F: beinahe entfärbt L: . . . | F: entfärbt langsam L: . . . | blaugrün |
| Methylviolett 6 B Wolle | F: orange, beim Verdünnen lebhaft blau L: gelb, b. Verdünnen lebhaft blau | grünblau | F: orange L: gelb | — | gelb | F: viel heller L: farblos | F: viel heller L: farblos | blau |
| Kristallviolett Wolle | F: orange, beim Verdünnen grün bis violett L: orange, beim Verdünnen grün | dunkelgrün | F: orange L: gelb | — | gelb mit dunklerem Rand | F: heller L: . . . | F: heller L: . . . | dunkelgrün |
| Äthylviolett Wolle | F: orange, beim Verdünnen grün bis violett L: gelb, b. Verdünnen gelb | F: dunkel-olivgrün L: gelb | F: orange L: gelb | — | gelb mit orangem Rand | F: blauer L: . . . | F: blauer L: . . . | grün |
| Viktoriablau B Wolle | F: rot, Farbe kehrt b. Verdünnen wieder L: rot | F: keine Veränderung L: gelblich | F: rot, Farbe kehrt b. Verdünnen wieder L: rot | — | grüngelb mit rotem Rand | F: schmutzig violett L: farblos | F: dunkel marron L: farblos | dunkler |
| Viktoriablau 4 R Wolle | F: rot, Farbe kehrt b. Verdünnen wieder L: rot | keine Veränderung | F: rot, Farbe kehrt b. Verdünnen wieder L: rot | — | grüngelb m. braunem Rand | F: geringe Veränderung L: . . . | F: rötlich violett L: . . . | . . . |
| **Viktoria-Marineblau Wolle | grüner | . . . | . . . | *viel röter | hellbraun | . . . | **rötlich-schwarz | wird rotstichiger, nach einiger Zeit rot grüner |
| Nachtblau Wolle | F: rot L: rot | F: grün L: gelb | F: lebhaft rot L: rot | — | rot mit grünem Rand | F: grau L: . . . | F: rötlich-braun L: . . . | grüner |

| | | | | | | | | |
|---|---|---|---|---|---|---|---|---|
| Methylenblau 4 B Wolle | F: olivgrün<br>L: grün | F: wenig Veränderung<br>L: hellblau | F: heller<br>L: blau | — | grün | F: wenig Veränderung<br>L: . . . | F: stumpf blauviolett<br>L: . . . | entfärbt |
| Toluidinblau Wolle | F: dunkelolivgrün<br>L: grünlich | F: keine Wirkung<br>L: hellblau | F: geringe Veränderung<br>L: blau | — | olivgrün | . . . | F: stumpf karmesin<br>L: . . . | entfärbt |
| Nilblau Wolle | F: rot<br>L: braun | F: grüner<br>L: hellgelb | F: grüngelb<br>L: grüngelb | — | braungelb mit grünem Rand | F: dunkelviolett<br>L: . . . | F: tiefkarmesin<br>L: . . . | . . . |
| Neutralblau Wolle | F: orange<br>L: gelb | lebhaft grün | F: lebhaft orange<br>L: gelb | — | grün mit gelb-orangem Rand | L: lavendel<br>L: . . . | F: viel heller<br>L: . . . | grün |
| Basler Blau Wolle | F: olivgrün<br>L: gelb | . . . | F: röter, beim Verdünnen blau<br>L: rotviolett | — | blaurot | F: keine Veränderung<br>L: hellblau | F: dunkler<br>L: . . . | lebhafter |
| Indazin Wolle | F: schmutzig dunkelgrün<br>L: . . . | F: wenig Veränderung<br>L: schwach rotblau | F: dunkler<br>L: blau | — | marron mit grünlichem Rand | . . . | F: röter<br>L: . . . | . . . |
| Metaphenylenblau B Wolle | F: schmutzig grau<br>L: . . . | . . . | F: . . .<br>L: blau | — | stumpf grün | . . . | F: stumpfer<br>L: . . . | . . . |
| Paraphenylenblau Wolle | F: dunkler<br>L: blau | . . . | F: dunkler<br>L: blau | — | grüngelb | F: violett<br>L: . . . | F: purpur<br>L: . . . | heller |
| Indaminblau B Wolle | F: viel dunkler<br>L: lebhaft blau | dunkler | F: dunkler<br>L: lebhaft blau | — | stumpf grün | . . . | F: purpur<br>L: . . . | . . . |
| Indoinblau Wolle | F: dunkel olivgrün, b. Verdünnen blauviolett<br>L: olivgrün | . . . | F: blaugrün<br>L: schieferfarbig | — | lebhaft grüngelb | . . . | F: beim Stehen violett<br>L: rosa | grüner |
| **Indoinblau 2 B tann. Baumwolle | grünlich gelb | . . . | . . . | *grün | dunkelgrün | . . . | **L: schwach gelb | unverändert |

21*

| Farbstoff | konz. $H_2SO_4$ | 10% $H_2SO_4$ | konz. HCl | 10% HCl | $HNO_3$ s=1,40 | $NH_3$ s = 0,91 | 10% NaOH | $SnCl_2$ + HCl |
|---|---|---|---|---|---|---|---|---|
| *Lanacylblau B B Wolle | grün | geringe Veränderung | violettrot | keine Veränderung | braungelb | geringe Veränderung | rot | langsam schwächer |
| *Wollviolett S Wolle | rot | geringe Veränderung | rot | rot | gelb | geringe Veränderung | violetter | langsam schwächer |
| *Delphinblau B Wolle | rotviolett | keine Veränderung | rot | keine Veränderung | braun | violetter | violetter | etwas schwächer |
| *Neupatentblau Wolle | grüngelb | geringe Veränderung | farblos | grünlicher | grün, sofort gelb | geringe Veränderung | färbt schwach ab | geringe Veränderung |
| *Cyanol extra Wolle | grün, dann heller, zuletzt gelb | keine Veränderung | grün, dann gelb werdend | grün | gelb | dunkler, blau abfärbend | schmutzig grün | dunkelgrün |
| *Alizarin-Saphirol B Wolle | gelbbraun | keine Veränderung | braungelb | keine Veränderung | grün | färbt schwach ab | färbt schwach ab | geringe Veränderung |
| *Chromazonblau Wolle | geringe Veränderung | geringe Veränderung | rot | geringe Veränderung | braun | geringe Veränderung | violetter | schwächer |
| *Wollblau B B Wolle | grün | geringe Veränderung | gelb | geringe Veränderung | braungelb | schwächer | schwächer | dunkler mit Grünstich |
| *Wollblau R Wolle | grün | geringe Veränderung | gelb | geringe Veränderung | braungelb | geringe Veränderung | geringe Veränderung | dunkler mit Grünstich |
| *Erioglaucin Wolle | geringe Veränderung | geringe Veränderung | gelb | geringe Veränderung | rotgelb | färbt blau ab | Stich ins Grüne | grüner |
| *Eriocyanin Wolle | geringe Veränderung | keine Veränderung | gelbgrün | geringe Veränderung | rotgelb | lebhafter | geringe Veränderung | geringe Veränderung |
| *Lanacyl-Marineblau Wolle | F: dunkelgrün<br>L: dunkelgrün | keine Veränderung | F: rötlicher<br>L: rötlich | F: rötlicher<br>L: farblos | dunkelgelb | F: blau<br>L: blau | F: dunkelrotbraun<br>L: rötlich | entfärbt |
| *Janusblau G Baumwolle Wolle, Seide | schmutzig gelblich grün | keine Veränderung | dunkelgrün | keine Veränderung | blaugrün | keine Veränderung | keine Veränderung | Baumwolle: farblos<br>Wolle: farblos<br>Seide: blaugrau, etwas geschwächt |
| *Janusblau R Baumwolle Wolle, Seide | schmutzig gelblich grün | keine Veränderung | dunkelgrün | keine Veränderung | Baumwolle: gelbgrün<br>Wolle: gelbgrün<br>Seide: bläulich grün | keine Veränderung | keine Veränderung | Baumwolle: farblos<br>Wolle: farblos<br>Seide: blaugrau, etwas geschwächt |

| | | | | | | | | |
|---|---|---|---|---|---|---|---|---|
| *Janusdunkelblau R Wolle | gelbgrün | etwas violett | grünstichig blau | keine Veränderung | dunkelgrün | keine Veränderung | keine Veränderung | hell rotbraun |
| *Janusdunkelblau B Wolle | gelbgrün | schwach violett | grünstichig blau | keine Veränderung | dunkelgrün | keine Veränderung | keine Veränderung | hell rotbraun |
| Nigrosin (spritlöslich) Wolle | F: dunkelgrünlich schiefer L: dunkelgrau | ... | F: dunkelschiefer L: ... | — | ... | F: braun L: grau | F: purpurbraun L: ... | ... |
| *Indol-BlauR auf Tannin-Antimon Baumwolle | dunkelgrün | keine Veränderung | blaugrün | keine Veränderung | gelbgrün | violett | färbt bräunlich gelb ab | färbt rötlich ab |
| *Janusdunkelblau R Baumwolle | gelbgrün | keine Veränderung | grünstichig blau | keine Veränderung | dunkelgrün | F: geringe Veränderung L: rötlich | rötlich | hellbraun |
| *Janusdunkelblau B Baumwolle | gelbgrün | keine Veränderung | grünstichig blau | keine Veränderung | dunkelgrün | F: geringe Veränderung L: rötlich | rötlich | hellbraun |
| Nigrisin Baumwolle | F: grünoliv L: grünlich | wenig Veränderung | F: bräunlich L: ... | — | zuerst bräunlich, dann farblos | F: wenig Wirkung L: ... | F: bräunlich L: bräunlich | entfärbt |
| *Meldolablau Baumwolle | F: schwarz, Farbe kehrt b. Verdünnen wieder L: schwärzlich, b. Verdünnen blau | ... | F: violettgrau L: rötlich | — | F: violett L: violett | F: dunkelrotbraun L: schwach bräunlich | F: dunkelrotbraun L: schwach bräunlich | zuerst grün, dann langsam entfärbt |
| *Prune pure Baumwolle | blau | rot | blau | rot | graugrün | färbt violett ab | färbt violett ab | schwach gelbgrün |
| *Muscarin J Baumwolle | grün | geringe Veränderung | färbt blau ab | geringe Veränderung | violettrot | färbt schwach ab | grau | farblos |
| *Setoglaucin Baumwolle | braungelb | L: grünlich gelb | orange | Lösung grünlich gelb | braunschwarz | heller | geringe Veränderung | orange |
| *Setocyanin Baumwolle | braungelb | L: grünlich gelb | orange | Lösung grünlich gelb | braunrot | dunkelgrün | braungelb | orange |

| Farbstoff | konz. $H_2SO_4$ | 10% $H_2SO_4$ | konz. HCl | 10% HCl | $HNO_3\ s=1{,}40$ | $NH_3\ s=0{,}91$ | 10% NaOH | $SnCl_2 + HCl$ |
|---|---|---|---|---|---|---|---|---|
| *Neumethylenblau Baumwolle | moosgrün | geringe Veränderung | grün | geringe Veränderung | dunkelgrün | violett | rot | farblos |
| *Gallazin Baumwolle | grünlich blau | geringe Veränderung | geringe Veränderung | keine Veränderung | braungelb | geringe Veränderung | schmutzig rotviolett | schwächer |
| *Coreine A B Baumwolle | bordeauxrot | färbt rötlich ab | rot | färbt rötlich ab | gelbbraun | blauer | blauer | schwächer |
| *Phenocyanin Baumwolle | blaugrün | geringe Veränderung | schwächer | geringe Veränderung | braungelb | geringe Veränderung | geringe Veränderung | lebhafter |
| Diaminschwarz R O Baumwolle | F: tiefblau<br>L: blau | keine Veränderung | F: röter<br>L: farblos | — | violett | F: wenig Veränderung<br>L: . . . | F: rot-violett<br>L: rosa | entfärbt |
| Diaminschwarz B O Baumwolle | F: tiefblau<br>L: blau | . . . | F: röter<br>L: farblos | — | violett | F: wenig Veränderung<br>L: . . . | F: röter<br>L: rosa | entfärbt |
| Diaminschwarz B O mit Phenylendiamin entwickelt Baumwolle | F: tiefblau<br>L: . . . | keine Veränderung | F: keine Veränderung<br>L: . . . | — | . . . | F: keine Veränderung<br>L: . . . | F: keine Veränderung<br>L: . . . | entfärbt |
| Diaminblauschwarz mit Resorcin entwickelt Baumwolle | F: dunkler<br>L: . . . | keine Veränderung | F: keine Veränderung<br>L: . . . | — | . . . | F: keine Veränderung<br>L: . . . | F: keine Veränderung<br>L: . . . | entfärbt |
| Diaminjetschwarz O O Baumwolle | F: tiefblau<br>L: b. Verdünnen violett | keine Veränderung | F: keine Veränderung<br>L: hell violett | — | dunkelgraue bis schwarze Lösung | F: röter<br>L: blaurot | F: röter<br>L: blaurot | entfärbt |
| Oxydiaminschwarz N Baumwolle | F: stumpf grün-blau<br>L: b. Verdünnen stumpf violett | keine Veränderung | F: keine Veränderung<br>L: hell violett | — | rotbraun | F: röter<br>L: hellbraun | F: beinahe entfärbt<br>L: hellrot | entfärbt |
| Diazobrillantschwarz B mit β-Naphtol entwickelt Baumwolle | F: dunkelblau<br>L: blau | . . . | F: dunkelgrün<br>L: . . . | — | purpur | F: keine Veränderung<br>L: . . . | F: keine Veränderung<br>L: . . . | gelb |

| | | | | | | | | |
|---|---|---|---|---|---|---|---|---|
| Violettschwarz Baumwolle | F: tiefblau<br>L: blau | wenig Veränderung | F: blauer<br>L: farblos | — | rotorange | F: wenig Veränderung<br>L: violett | F: wenig Veränderung<br>L: rosa | entfärbt |
| **Columbiaviolett R Baumwolle | blau | . . . | . . . | *violett | entfärbt | . . . | **unverändert | unverändert |
| Columbiaschwarz R Baumwolle | F: tief rotblau<br>L: b.Verdünnen purpur | wenig Veränderung | F: wenig Veränderung<br>L: . . . | — | dunkelbraun | F: wenig Wirkung<br>L: . . . | F: . . .<br>L: blaßrot | beinahe entfärbt |
| *Columbiaschwarz F F extra Baumwolle | grünschwarz | keine Veränderung | blauschwarz | keine Veränderung | rot | geringeVeränderung | geringeVeränderung | farblos |
| Benzoschwarz S extra Baumwolle | F: dunkelviolett<br>L: violett | grüner | F: dunkelviolett<br>L: farblos | — | gelbrot | F: rot-violett<br>L: rosa | F: rot-violett<br>L: schwach rot | entfärbt |
| Benzograu S extra Baumwolle | F: dunkelviolett<br>L: grünblau | grün | F: blauer<br>L: farblos | — | gelbrot | F: röter<br>L: . . . | F: rot-violett<br>L: farblos | entfärbt |
| Benzoechtgrau Baumwolle | F: grünlich grau<br>L: b. Verdünnen schmutzig purpur | . . . | F: dunkle=<br>L: . . . | — | hellbraun | F: . . .<br>L: purpur | F: . . .<br>L: hellbraun | entfärbt |
| *Neutralgrau G Baumwolle | schwarzgrün | violett | blau | violett | blau | geringeVeränderung | geringeVeränderung | farblos |
| *Palatinschwarz 4 B | färbt blau ab | geringeVeränderung | färbt etwas blauviolett ab | geringeVeränderung | braun abfärbend | blau | blau | geringe Veränderung |
| *Chromanilschwarz F Baumwolle: grauschwarz | blau | keine Veränderung | Lösung bräunlich gelb | keine Veränderung | L: gräulich blau mit violettem Stich | geringeVeränderung | färbt ganz schwach ab | gelblich |
| *Chromanilschwarz B F Baumwolle: grauschwarz | blauschwarz | keine Veränderung | Lösung gelb | keine Veränderung | L: rotbraun | färbt schwach ab | färbt ganz schwach ab | bräunlich gelb |
| *Chromanilschwarz R F Baumwolle: grauschwarz | blauschwarz | keine Veränderung | Lösung grünlich gelb | keine Veränderung | L: rotbraun | färbt ganz schwach ab | färbt etwas rötlich ab | gelblich grün |

| Farbstoff | konz. $H_2SO_4$ | 10% $H_2SO_4$ | konz. HCl | 10% HCl | $HNO_3$ s=1,40 | $NH_3$ s=0,91 | 10% NaOH | $SnCl_2$ + HCl |
|---|---|---|---|---|---|---|---|---|
| ˙Dianilschwarz G Baumwolle | blau | keine Veränderung | F: bläulich L: rötlich | keine Veränderung | F: grauschwarz L: rotbraun | keine Veränderung | geringe Veränderung | farblos |
| ˙Dianilschwarz R Baumwolle | blau | keine Veränderung | F: bläulich L: rötlich | keine Veränderung | grauschwarz | keine Veränderung | geringe Veränderung | schwach braungelb |
| ˙Direkt-Tiefschwarz E Baumwolle | bläulich violett | keine Veränderung | färbt rötlich ab | keine Veränderung | braunrot | — | geringe Veränderung | bleibt lange unverändert |
| ˙Diazoschwarz R Baumwolle | blau | keine Veränderung | Faser blauer | keine Veränderung | schmutzig rotbraun | geringe Veränderung | wird etwas violett | farblos |
| ˙Vidal-Schwarz Baumwolle | grünschwarz | keine Veränderung | geringe Veränderung | keine Veränderung | färbt grau ab | geringe Veränderung | färbt blaugrün ab | schmutzig gelbbraun |
| ˙Vidal-Schwarz S Baumwolle | blauschwarz | keine Veränderung | geringe Veränderung | keine Veränderung | violett | geringe Veränderung | färbt blaugrün ab | schmutzig gelbbraun |
| ˙Plutoschwarz G Baumwolle | braunschwarz | keine Veränderung | violett | keine Veränderung | braunrot | blauer | blauer | farblos |
| ˙˙Plutoschwarz F R Baumwolle | L: blau | . . . | . . . | unverändert | rötlich braun | . . . | ˙˙unverändert | geringe Veränderung |
| ˙˙Plutoschwarz B S extra Baumwolle | unverändert | . . . | . . . | unverändert | rot | . . . | ˙˙wird röter | unverändert |
| ˙Polyphenylschwarz B Baumwolle | blau | keine Veränderung | blau | keine Veränderung | braunrot | blauer | blauer | farblos |
| ˙Diphenylblauschwarz Baumwolle | blauer | keine Veränderung | violetter | keine Veränderung | grau | violetter | violetter | farblos |
| ˙Immedialschwarz V extra Baumwolle | blaugrau | fast keine Veränderung (bläulich) | geringe Veränderung (bräunlich) | keine Veränderung | F: bräunlich L: bordeauxrot | keine Veränderung | keine Veränderung | entfärbt |
| ˙Immedialschwarz V extra, nachbeh. mit $K_2Cr_2O_7$, $CuSO_4$ Baumwolle | blaugrau | etwas bläulich | keine Veränderung | keine Veränderung | F: braun L: bordeauxrot | keine Veränderung | schwach blau | entfärbt |
| ˙˙Immedialschwarz F F extra, nachbeh. mit Chromalaun Baumwolle | L: blau | . . . | . . . | unverändert | blutet etwas | . . . | ˙˙unverändert | kalt: geringe Veränderung, beim Erwärmen: olivebraun |

| | | | | | | | | |
|---|---|---|---|---|---|---|---|---|
| **Immedialschwarz 2 F, nachbeh. mit $K_2Cr_2O_7$ Baumwolle | L: wenig blau | . . . | . . . | unverändert | unverändert<br>L: grün | . . . | **unverändert | unverändert |
| **Immedialschwarz N G Baumwolle | unverändert | . . . | . . . | unverändert | unverändert | . . . | **unverändert | unverändert |
| **Immedialschwarz W B Baumwolle | unverändert<br>L: blau | . . . | . . . | *violett, d. Waschen ursprüngliche Farbe | unverändert<br>L: dunkelrot | . . . | **unverändert | dunkelgrün |
| **Kryogenschwarz B, nachbeh. mit $CuSO_4$ und $K_2Cr_2O_7$ Baumwolle | unverändert<br>L: violett, dann braun | . . . | . . . | *unverändert,<br>L: gelb | entfärbt<br>L: marron | . . . | **unverändert | braun |
| **Immedialblau C Baumwolle | unverändert | . . . | . . . | unverändert | grün | . . . | **unverändert | unverändert,<br>L: beim Kochen blau |
| **Katigenchromblau 6 G, nachbeh. mit $CuSO_4$ und $K_2Cr_2O_7$ Baumwolle | violett | . . . | . . . | *violett, d. Waschen ursprüngliche Farbe | violett, d. Waschen ursprüngliche Farbe teilweise wieder hergestellt | . . . | **blau durch Waschen ursprüngliche Farbe | blau |
| *Diamineralschwarz B Baumwolle | blauviolett | bläulich | blau | schwach blau | hell rotbraun | schwach hellblau | schwach bräunlich | zuerst lila, dann entfärbt |
| *Diamineralschwarz B nachbeh. mit $K_2Cr_2O_7$, $CuSO_4$ Baumwolle | blauviolett | bläulich | blau | schwach bläulich | rotbraun | hellblau | schwach blau | entfärbt |
| *Sambesischwarz Baumwolle | dunkelgrün | bräunlich | braun | bräunlich | magenta | schwach violett | schwach blau | entfärbt |
| *Sambesischwarz, entwickelt mit Nerogen Baumwolle | blauviolett | keine Veränderung | bläulich | keine Veränderung | dunkel rotbraun | keine Veränderung | keine Veränderung | entfärbt |
| *Sambesischwarz D Baumwolle: graublau | Faser u. Lösung grün m. blauem Stich | Faser rötlich violett | F: schmutzig braungelb L: bläulich | rötlich violett | blauviolett | färbt schwach graublau ab | färbt graublau ab | farblos |

| Farbstoff | konz. H$_2$SO$_4$ | 10% H$_2$SO$_4$ | konz. HCl | 10% HCl | HNO$_3$ s=1,40 | NH$_3$ s = 0,91 | 10% NaOH | SnCl$_2$ + HCl |
|---|---|---|---|---|---|---|---|---|
| *Sambesischwarz F Baumwolle: graublau | blauschwarz | geringe Veränderung | F: geringe Veränderung L: schwach bläulich | geringe Veränderung | blaugrün, nach einiger Zeit rotbraun | färbt bläulich ab | geringe Veränderung | farblos |
| *Sambesischwarz B R Baumwolle: graublau | grün mit bläulichem Stich | keine Veränderung | geringe Veränderung | geringe Veränderung | violett mit rötlichem Stich | färbt blau ab | färbt bläulich ab | schwach bläulich grün |
| *Oxydiaminschwarz A Baumwolle | blau | keine Veränderung | keine Veränderung | keine Veränderung | dunkelrot | F: dunkler L: schwach blau | F: dunkler L: schwach blau | entfärbt |
| *Cubaschwarz R (Petersen) Baumwolle | blau | keine Veränderung | etwas blau | keine Veränderung | rotbraun | schwach violett | schwach violett | entfärbt |
| *Diazoblau Baumwolle | blau | keine Veränderung | graublau | keine Veränderung | braunrot | geringe Veränderung | geringe Veränderung | rasch rosa werdend |
| *Glycinblau Baumwolle | blau | etwas blauer | violett | etwas blauer | grün | etwas röter | etwas röter | violett, langsam entfärbend |
| *Azo-Schwarzblau Baumwolle | blauer | blauer | violetter | geringe Veränderung | schmutzig braunrot | geringe Veränderung | violett-schwarz | blauviolett |
| *Phenaminblau Baumwolle | grün | geringe Veränderung | etwas schwächer | geringe Veränderung | violettrot | geringe Veränderung | schwächer | farblos |
| *Erie-Blau G G Baumwolle | grünblau | keine Veränderung | grünblau | keine Veränderung | braungelb | violettblau | violettblau | entfärbt |
| *Trisulfonblau B Baumwolle | grünblau | geringe Veränderung | dunkler | keine Veränderung | rötlich | violett | violett | violett |
| *Trisulfonblau R Baumwolle | grünblau | geringe Veränderung | dunkler | keine Veränderung | rötlich | geringe Veränderung | violett | violett |
| *Trisulfonviolett B Baumwolle | dunkelblau | geringe Veränderung | violetter | keine Veränderung | rötlich-braun | violett | violett | schwach violett |
| *Oxaminblau R R R Baumwolle | dunkel blaugrün | geringe Veränderung | dunkler | keine Veränderung | rot | violett | violett | schwach violett |
| **Oxaminblau G Baumwolle | blauer | . . . | . . . | *blauer | dunkelrot | . . . | **unverändert | unverändert |
| **Oxaminblau B G Baumwolle | röter | . . . | . . . | *röter | entfärbt | . . . | **unverändert | etwas röter |
| **Oxaminviolett diaz. und entwickelt mit β-Naphtol Baumwolle | röter | . . . | . . . | unverändert | viel röter | . . . | **unverändert | wenig röter |

| | | | | | | | | |
|---|---|---|---|---|---|---|---|---|
| **Oxaminschwarz N entwickelt mit β-Naphtol Baumwolle | unverändert | . . . | . . . | unverändert | blaßrot, fast entfärbt | . . . | **L: tiefblau | unverändert |
| *Oxaminviolett Baumwolle | dunkelblau | geringe Veränderung | dunkler | keine Veränderung | schmutzig violett | röter | röter | schwach violett |
| **Chloraminviolett R Baumwolle | blau, ursprüngliche Farbe d. Waschen wieder hergestellt | . . . | . . . | *blau, ursprüngliche Farbe durch Waschen wiederhergestellt | entfärbt | . . . | **unverändert | entfärbt |
| *Sambesiindigblau Baumwolle | blaugrün | keine Veränderung | F: violett L: schwach violett | keine Veränderung | karminrot | F: geringe Veränderung L: violett | färbt rötlich ab | entfärbt |
| *Sambesiindigblau mit β-Naphtol entwickelt Baumwolle | blaugrün | keine Veränderung | keine Veränderung | keine Veränderung | hell rotbraun | keine Veränderung | keine Veränderung | entfärbt |
| *Diaminogen mit β-Naphtol Baumwolle | violettschwarz | keine Veränderung | blau | keine Veränderung | rot | violetter | blauer | farblos |
| *Diaminogenblau B B Baumwolle | blauviolett | keine Veränderung | F: etwas blauer L: schwach blau | keine Veränderung | schwach braunrot | F: geringe Veränderung L: schwach blau | F: violett L: schwach violett | entfärbt |
| *Diaminogenblau B B mit β-Naphtol entwickelt Baumwolle | rötlich grau | keine Veränderung | F: etwas blauer L: schwach weinrot | keine Veränderung | hellbraun | F: dunkler L: schwach rötlich | F: etwas blauer L: rot-violett | entfärbt |
| *Diamineralblau R Baumwolle | F: blaugrün L: blaugrün | etwas blauer | etwas blauer | etwas blauer | hell rotbraun | F: schwach violett L: schwach violett | F: schwach violett L: schwach violett | lila |
| *Diamineralblau R nachbeh. mit K$_2$Cr$_2$O$_7$ Baumwolle | F: blau L: blau | keine Veränderung | schwach violett | keine Veränderung | dunkel rotbraun | keine Veränderung | schwach violett | entfärbt |

| Farbstoff | konz. H$_2$SO$_4$ | 10% H$_2$SO$_4$ | konz. HCl | 10% HCl | HNO$_3$ s=1,40 | NH$_3$ s=0,91 | 10% NaOH | SnCl$_2$ + HCl |
|---|---|---|---|---|---|---|---|---|
| Benzoschwarzblau G Baumwolle | F: grün<br>L: schwach blau | keine Veränderung | F: grüner<br>F: farblos | — | bräunlich rot | F: keine Veränderung<br>L: . . . | F: etwas dunkler<br>L: farblos | entfärbt |
| Benzoschwarzblau R Baumwolle | F: grünblau<br>L: blau | wenig Veränderung | F: wenig Veränderung<br>L: . . . | — | hellbraun | F: violett<br>L: schwach rosa | F: rot-violett<br>L: farblos | entfärbt |
| **Benzoechtviolett R Baumwolle | purpur | . . . | . . . | *etwas röter | entfärbt | . . . | **etwas heller | fast entfärbt |
| **Benzonitrolschwarz mit Benzonitrol entwickelt Baumwolle | blau | . . . | . . . | *wenig verändert | marron | . . . | **unverändert | etwas heller |
| Azoviolett Baumwolle | F: grünblau<br>L: blau | blau | F: blau<br>L: farblos | — | rot | F: karmesin<br>L: . . . | F: karmesin<br>L: farblos | entfärbt |
| Azomauve Baumwolle | F: grünblau<br>L: . . . | heller | F: blau<br>L: . . . | — | . . . | F: etwas röter<br>L: . . . | F: röter<br>L: . . . | entfärbt |
| Kongokorinth G Baumwolle | F: tiefblau<br>L: blau | blau | F: blau<br>L: farblos | — | braun | F: lebhafter<br>L: rosa | F: röter<br>L: farblos | entfärbt |
| Kongokorinth B Baumwolle | F: tiefblau<br>L: blau | violett | F: rötlich blau<br>L: farblos | — | braun | F: viel röter<br>L: rosa | F: viel röter<br>L: farblos | entfärbt |
| Heliotrop 2 B Baumwolle | F: violett<br>L: violett | wenig Veränderung | F: blauer<br>L: farblos | — | rotorange | F: wenig Veränderung<br>L: . . . | F: karmesin<br>L: farblos | entfärbt |
| Diaminviolett N Baumwolle | F: grünblau<br>L: schwach grünblau | etwas blauer | F: blauer<br>L: farblos | — | braun | F: röter<br>L: . . . | F: röter<br>L: farblos | entfärbt |
| Azoblau Baumwolle | F: grünblau<br>L: blau | wenig Veränderung | F: wenig Veränderung<br>L: . . . | — | orange | F: rot-violett<br>L: rosa | F: fuchsin-rot<br>L: rosa | entfärbt |
| Benzoazurin G Baumwolle | F: grünblau<br>L: blau | röter | F: wenig Veränderung<br>L: . . . | — | hellbraun | F: rot-violett<br>L: rosa | F: karmesin<br>L: schwach rosa | entfärbt |
| Benzoazurin 3 G Baumwolle | F: grünblau<br>L: blau | wenig Veränderung | F: dunkler<br>L: farblos | — | orange | F: violett<br>L: rosa | F: rot-violett<br>L· rosa | entfärbt |

| | | | | | | | | |
|---|---|---|---|---|---|---|---|---|
| Brillantazurin 5 G Baumwolle | F: blaugrün<br>L: hellgrün | wenig Veränderung | F: wenig Veränderung<br>L: . . . | — | karmesin | F: rot-violett<br>L: farblos | F: rot-violett<br>L: farblos | entfärbt |
| **Brillantazurin 2 R Baumwolle | rot | . . . | . . . | unverändert | langsam entfärbt | . . . | **rot | unverändert |
| **Brillantazurin 5 R Baumwolle | rötlich purpur | . . . | . . . | *röter | entfärbt | . . . | **etwas heller | röter |
| Sulfonazurin Baumwolle | F: violett<br>L: violett | wenig Veränderung | F: schmutzig violett<br>L: . . . | — | gelb | F: keine Veränderung<br>L: . . . | F: keine Veränderung<br>L: . . . | entfärbt |
| **Kohlschwarz B W Baumwolle | etwas blasser | . . . | . . . | *etwas blasser | I: rötlich | . . . | **teilweise entfärbt | unverändert |
| *Diamintiefschwarz S S Baumwolle | blauschwarz | geringe Veränderung | blauviolett | geringe Veränderung | braunrot | dunkler | violett | farblos |
| **Diaminbetaschwarz B entwickelt mit β-Naphtol Baumwolle | L: dunkelblau | . . . | . . . | unverändert | L: bläulich-rot | . . . | **blutet langsam | unverändert |
| Diaminblau 3 R Baumwolle | F: grünblau<br>L: blau | wenig Veränderung | F: dunkler<br>L: farblos | — | orangegelb | F: rot-violett<br>L: rosa | F: fuchsin-rot<br>L: rosa | entfärbt |
| Diaminblau od. Benzoblau, B X, 2 B, 3 B Baumwolle | F: grünblau<br>L: blau | röter | F: violett<br>L: farblos | — | hellbraun | F: violett<br>L: farblos | F: rot-violett<br>L: farblos | entfärbt |
| Diaminblau 6 G Baumwolle | F: schmutzig olivgrau<br>L: . . . | wenig Veränderung | F: wenig Veränderung<br>L: . . . | — | gelb | F: wenig Veränderung<br>L: . . . | F: röter<br>L: farblos | hell violett |
| Chicagoblau B Baumwolle | F: grünblau<br>L: grünblau, b. Verdünnen violett | keine Veränderung | F: keine Veränderung<br>L: . . . | — | hellrot | F: keine Wirkung<br>L: . . . | F: wenig Wirkung<br>L: . . . | entfärbt |
| **Eboliblau 2 R Baumwolle | dunkelblau, beim Verdünnen L. rötlich purpur | . . . | . . . | *dunkel purpur | schmutzig rotbraun | . . . | **rötlich purpur, etwas blutend | sehr langsam entfärbt |
| **Eboliblau 6 B Baumwolle | dunkel grünlich-blau<br>L: beim Verdünnen blau | . . . | . . . | *dunkler | tintenblau | . . . | **röter, blutet etwas | langsam entfärbt |

| Farbstoff | konz. $H_2SO_4$ | 10% $H_2SO_4$ | konz. HCl | 10% HCl | $HNO_3$ s=1,3 | $NH_3$ s=0,925 | 10% NaOH | $SnCl_2$ + HCl |
|---|---|---|---|---|---|---|---|---|
| [0]Domingochromschwarz FF (L) nachchromiert, Wolle | L: blaugrün b. V. [1]): violett-rosa | 0 | f. 0 | 0 | [2]) f. o. L: Sp. rötlich F: b. St. rötl. braun | 0 | 0 | 0 |
| [0]Domingochromschwarz MOO (L) nachchromiert Wolle | L: schwärzlich-blau b. V.: violett-rosa | 0 | L: gelblich | 0 | f. 0 F: b. St. rötl. braun L: gelblich | 0 | 0 | 0 |
| [0]Palatinchromviolett (B) einbadig nachchromiert Wolle | L: rotviolett b. V. L: rot | f. 0 | f. 0 | f. 0 | f. 0 | 0 | L: Sp. rosa | 0 |
| [0]Anthracenblau W B (B) auf Chrombeize Wolle | F: tief violett L: violett b. V. F. u. L: violett | f. 0 | F: violett | f. 0 | F: schm. grün | 0 | f. 0 | F: violetter |
| [0]Anthrachinonblau S R in Teig (B) auf Chrombeize Wolle | F: heliotrop b. V. F: blaugrün L: bläulich | f 0 | F: blauviolett | f. 0 | F: schm. gelbbraun | F: etwas blauer | F: etwas blauer | F: schm. blauer |
| [0]Antrachinonviolett in Pulv. (B), nachchrom. Wolle | F: schm. braunrötlich b. V. F. u. L: violett | 0 | f. 0 | 0 | F: heller bordeaux | F: lebhafter | F: Sp. dunkler | f. 0 |
| [0]Anthracendunkelblau W in Teig (B) auf Chrombeize Wolle | L: int. blau-violett b. V. L: schwärzlichviolett | 0 | f. 0 | 0 | F: etwas brauner L: hellviolett | 0 | 0 | 0 |
| [0]Chromatschwarz 4 B (A), gechromkupfert Wolle | L: bläulich schwarz b. V. L: schm. rotviolett | 0 | L: Sp. gelblich | 0 | F: Sp. violetter | 0 | f. 0 L: allm. Sp. rötlich | 0 |

[1]) Abkürzungen: b. V. = beim Verdünnen; f. = fast; 0 = unverändert; f. 0 = sehr unwesentliche Veränderung; b. St. = beim Stehen; allm. = allmählich; int. = intensiv; üb. = über; n. = nach; k. = kalt; h. = heiß; sof. = sofort; langs. = langsam; schn. = schnell; schm. = schmutzig; schw. = schwach; Sp. = Spur; t. = tief; dir. = direkt.

[2]) Es wurde Salpetersäure sp. G. 1,3 genommen, weil Übergänge besser zur Geltung kommen. — Ammoniak wurde als 20%ige Lösung oder sp. G. 0,925 angewandt.

| Farbstoff | konz. H$_2$SO$_4$ | 10% H$_2$SO$_4$ | konz. HCl | 10% HCl | HNO$_3$ s=1,3 | NH$_3$ s=0,925 | 10% NaOH | SnCl$_2$ + HCl |
|---|---|---|---|---|---|---|---|---|
| ⁰Chromatschwarz T (A) gechromkupfert Wolle | L: rötlich schwarz b. V. L: schm. rot | 0 | F: Sp. röter L: Sp. gelblich | 0 | F: Sp. röter | 0 | f. 0 L: allm. Sp. rötlich | 0 |
| ⁰Anthracensäure-schwarz L W (C) nach-chromiert Wolle | L: blaugrün b. V. L: rot-violett | 0 | 0 | 0 | f. 0 | 0 | 0 | f. 0 |
| ⁰Anthracenchrom-schwarz F (C) nach-chromiert Wolle | L: schm. schwarzblau, b. V. rot-violette L. | 0 | 0 | 0 | f. 0 | 0 | 0 | 0 |
| ⁰Anthracenchrom violett B (C) Wolle | L: rotviolett b. V. F: rot, L: violettrosa | 0 | f. 0 | 0 | f. 0 | 0 | 0 | 0 |
| ⁰Alizarin-Irisol R in Pulv. (By) Wolle | F: dunklerblau L: bläulich | 0 | f. 0 | 0 | F: langs. braun-orange | F: etwas blauer | F: etwas blauer | 0 |
| ⁰Säure-Alizaringrau G (M) nachchromiert Wolle | F. u. L: braun-rot b. V. L: blau, F: graublau | 0 | f. 0 | 0 | F: brauner | 0 | 0 | 0 |
| ⁰Chromotrop F B (M) nachchromiert Wolle | L: bläulich b. V. L: rot-violett | 0 | f. 0 | 0 | F: etwas brauner | 0 | F: röter L: rötlich | f. 0 |
| ⁰Chromotrop S (M) nach-chromiert Wolle | L: schm. blau-grün b. V. L: violett | 0 | f. 0 | 0 | f. 0 | 0 | L: allm. Sp. rötlich | 0 |
| ⁰Säure-Alizarinblau B B (M) gefluorchromt Wolle | L: schm. blau b. V. L: rot-violett | 0 | f. 0 | 0 | f. 0 | 0 | 0 | 0 |
| ⁰Anthracenblau B (B) auf Chrombisulfit-beize Baumwolle | L: blau b. V. L: violett | f. 0 | L: rötlich vio-lett | f. 0 | L: violett | 0 | 0 | L: Sp. violett F: Sp. röter |
| ⁰Cyananthrol R in Pulv. (B) auf Chrombeize Wolle | L: violett b. V. F: violett L: rosa | 0 | F: bordeaux | F: blauvio-lett | F: braun | 0 | f. 0 | F: violett |

| Farbstoff | konz. $H_2SO_4$ | 10% $H_2SO_4$ | konz. HCl | 10% HCl | $HNO_3$ s=1,3 | $NH_3$ s=0,925 | 10% NaOH | $SnCl_2$ + HCl |
|---|---|---|---|---|---|---|---|---|
| °Domingoblauschwarz 2 B (L) dir. Wolle | L: bläulich schwarz b. V. L: blauviolett | 0 | f. 0 | 0 | L: rötlich | L: bläulich | L: Sp. rötlich | 0 |
| °Naphtalinblau B (M) dir. Wolle | L: gelblich b. V. F: heliotrop L: orange | 0 | F: braunrot L: rötlich | F: rotbraun | F: bräunlich rot L: rötlich | F: rotbraun | F: braunrot L: rötlich | F: brauner b. V. F: grün |
| °Janusschwarz I (M) auf Halbwolle einbadig mit Chromalaun sauer gefärbt | L: reingrün b. V.: blau | L: Sp. bläulich | L: blaugrün b. V : blau | L: bläulich | L: blau | 0 | 0 | F: n. braun Bw. schneller als Wolle |
| °Janusschwarz O (M) auf Halbwolle wie oben gefärbt | L: rein gelblich grün b. V.: blau | L: Sp. bläulich | L: blaugrün b. V.: blau | L: bläulich | L: blau | 0 | 0 | wie oben |
| °Benzylschwarz B (J) dir. Wolle | L: blauschwarz b. V.: rotviolett | 0 | f. 0 | 0 | F: etwas brauner | f 0 | L: allm. bläulich | 0 |
| °Benzylschwarz 4 B (J) Wolle | L: blauschwarz b. V.: rotviolett | 0 | f. 0 | 0 | F: brauner L: Sp. bräunlich | f. 0 | L: allm. bläulich | 0 |
| °Erio-Azurin B (G) Wolle | F. u. L: violett b. V. L: rosa | F: bordeaux | F: orangerot | F: scharlach | F: bräunlich-orange | F: dunkelbraun | F: bräunlichrot L: hellrosa | F: bläulich rot langs. blasser |
| °Erio-Violett B (G) Wolle | F: blau L: Sp. violett b. V.: rosa | F: dunkel violett | E: bordeaux L: hellrosa | F: dunkel rotviolett | F: rotbraun | F: dunkelbraun | F: dunkelrotbraun L: hellrosa | F: heliotrop, allm. heller |
| °Setopalin (G) Seide | F: üb. grün nach gelb b. V.: citronengelb | F: grüner | F: int. grün L: gelb b. V. F. u. L: bis blau | F: üb. grün n. gelb L: gelb b. V. F: grün bis blau | F: üb. grün n. gelb L: gelb | f. 0 | F: etwas grüner | F: laubgrün L: gelb b. V. F: bis blau |
| °Cyananthrol R (B) dir. Wolle | L: violett b. V. F: entfärbt L: rosa | 0 | F: rotviolett | F: blauviolett | F: üb. violett n. braungelb | 0 | f. 0 | F: violett |
| °Indocyanin B (A) Wolle | L: reingrün F: dunkler b. V. L: heliotrop | F: etwas röter | F: dunkelbordeaux L: rosa | F: etwas röter | F: dunkler L: Sp. rötlich | F: etwas dunkler | F: braunstichig | F: dunkler |

| | | | | | | | | |
|---|---|---|---|---|---|---|---|---|
| °Echtblau 2 B (A) dir. Wolle | F: f. schwarz<br>L: violett-<br>schwarz<br>b. V. L: int. blau<br>F: f. entfärbt | f. 0 | L: blau | f. 0 | L: schm.<br>blau | F: blau-<br>violett | F: violett | F: dunkelblau-<br>grün<br>b. V.: blau |
| °Cyper-Blau R (A) nachgekupfert Wolle | L: int. schm.<br>blau<br>b. V. L: rot<br>F: violett | F: bordeaux | F: bordeaux<br>L: Sp. gelblich | F: bordeaux | F: braun<br>L: Sp. gelb-<br>lich | F: violetter | F: bordeaux<br>L: int. rot | F: üb. rot<br>allm. blaßer |
| °Naphtylblauschwarz N (C) Wolle | L: schwarzblau<br>b. V.: violett-<br>schwarz | 0 | f. 0 | 0 | F: bräun-<br>licher<br>L Sp.<br>bräunlich | 0 | f. 0 | 0 |
| °Formylblau B (C) Wolle | F: braun<br>L: gelb<br>b. V. L: gelb bis<br>grün<br>F: grünblau | f. 0 | F: braungelb<br>b. V.: grünblau | F: grün | F: schm.<br>braun<br>b V.: grün-<br>blau | F: heller | F: schm.<br>heller, an-<br>gesäuert<br>grünblau | F: gelbgrün bis<br>grau<br>b. V.: blau |
| °Indigoblau N (C) Wolle | F: schm. grün-<br>gelb<br>L: gelb<br>b. V.: grün bis<br>blau | 0 | F: schm. grün<br>b. V.: blau | F: dunkel-<br>grün | F: schm.<br>grün<br>b. V.: blau | f. 0 | F: dunkel-<br>grün | F: schm. grün<br>b. V.: blau |
| °Azomerinoschwarz B (C) Wolle | L: int. braun<br>b. V. L: braun<br>F: hell violett | f. 0 | L: orangerot | L: Sp. rötl. | F: braun<br>L: bräun-<br>lich | L: braun-<br>gelb | L: int. rot-<br>braun | F: allm. blasser<br>braun |
| °Azowollblau B (C) Wolle | F. u. L. rot<br>b. V. L: rosa<br>F: f. entfärbt | F: dunkel-<br>bordeaux | F: scharlach<br>L: rosa<br>b. V. F: violett | F: rot<br>b. V.: blau-<br>violett | F: orange-<br>rot<br>L: gelblich<br>F: allm.<br>braun | F: schm.<br>grau-<br>schwarz<br>b. V.: blau | F: schm.<br>graublau<br>b. V.: blau<br>L: rot<br>b.V.: violett | F: n. orange<br>gebleicht |
| °Alizarin-Coelestol R in Pulv. (By) Wolle | F: graubraun<br>b. V. F. u. L:<br>violett | 0 | F: braunclive<br>b. V. F. u. L:<br>violett | F: violett | F: schm.<br>violett<br>b.V.: violett | 0 | F: violetter | F: üb. schm.<br>braunolive n.<br>gelb |
| °Kaschmirschwarz B (By) Wolle | L: kirschrot<br>b. V. L: rot | F: etwas<br>brauner | F: dunkelrot<br>L: rosa | F: etwas<br>röter | F: rotbraun<br>L: rosa | L: bläulich | F: röter<br>L: violett | F: dunkelrot-<br>braun sehr<br>langs. heller |

| Farbstoff | konz. $H_2SO_4$ | 10% $H_2SO_4$ | konz. HCl | 10% HCl | $HNO_3$ s=1,3 | $NH_3$ s=0,925 | 10% NaOH | $SnCl_2$ + HCl |
|---|---|---|---|---|---|---|---|---|
| °Sulfon-Cyaninschwarz B (By) Wolle | L: schwarz b. V. L: blau-grün | 0 | f. 0 | 0 | F: langs. brauner L: gelblich | 0 | 0 | 0 |
| °Phenylblauschwarz N (By) Wolle | L: schwarzblau b. V. L: blau-violett | 0 | f. 0 | 0 | f. 0 | 0 | 0 | 0 |
| °Sulfon-Säureblau G (By) Wolle | L: schwarzblau b. V. L: blau | 0 | L: Sp. bläulich | 0 | F: langs. brauner | 0 | F: rotbraun L: rosa | 0 |
| °Firnblau (J) Seide | F: grün L: gelb b. V. L: gelb bis blau | f. 0 | F: üb. grün n. gelb L: gelb | F: blaugrün | F: üb. grün n. gelb L: gelblich | F: etwas grüner | F: orange-gelb | F: reingrün |
| Ne u-Viktoriablau G G (J) Wolle und Seide | F. u. L: üb. grün n. gelb b. V. L: gelb bis blau | F: blaugrün b. V.: blau | F: üb. grün n. gelb L: gelb b. V.: blau | F: gelbgrün b. V.: blau | F. u. L: gelb | 0 | F: schm. grüngrau | F: üb. dunkel-epheugrün langs. n. gelb |
| °Pyrolschwarz B konz. (L) Baumwolle | L: violett-schwarz b. V.: violett-schwarz | 0 | f. 0 | 0 | L: Sp. röt-lich | 0 | 0 | F: olivenbronze |
| °Auronalschwarz 2 B (t. M) dir. Baumwolle | L: schwärzlich-grün b.V.: schm. blau | 0 | f. 0 | 0 | L: Sp. schwärz-lich | 0 | 0 | F: gelblich braun h: heller |
| °do. chromiert | L: grün b. V.: schm. blau | 0 | f. 0 | 0 | L: Sp. schwärz-lich | 0 | 0 | wie oben |
| °do. gechromkupfert | L: schm. grün b. V.: schm. blau | 0 | L: Sp. grüngelb | 0 | wie oben | 0 | 0 | wie oben |
| °Dianilblau G (M) Baum-wolle | L: blaugrün b. V.: blau | 0 | F: Sp. heller | 0 | F: violett-rosa L: rosa | L: hellblau | f. 0 | f. 0 |
| °do. B (M) Baumwolle | L: grünlichblau b. V.: blau | 0 | F: Sp. rötlich | 0 | F: schm. violett L: hellrosa | L: schm. blau | F: dunkler | F: rötlicher |

| | | | | | | | | |
|---|---|---|---|---|---|---|---|---|
| ⁰Dianilblau 4 R (M) Baumwolle | L: reinblau<br>b. V.: violettrot | F: dunkler | F: dunkler | F: dunkler | F: rotbraun<br>L: orange<br>b. V. F: hell heliotrop | F: dunkler<br>L: violett<br>b. V.: blau | F: dunkler<br>L: violett | F: dunkler<br>b. V.: heliotrop |
| ⁰Methylenheliotrop O (M) dir. Baumwolle | F: üb. blau n. grün<br>b. V.: heliotrop | F: int. blau-violett | F: int. reinblau<br>L: hellblau<br>b. V.: heliotrop | F: int. blau-violett | F: üb. blau, grün bis hellgrün, f. entfärbt<br>L: bläulich grün<br>b. V.: grün | F: lebhafter | F: blauer<br>L: Sp. röt-lich | F: hellrosa, f. entfärbt<br>h: entfärbt<br>L: rosa |
| ⁰do. nachtanniert | wie oben | wie oben | wie oben | wie oben | wie oben | wie oben | wie oben | wie oben |
| ⁰Dianilschwarz CR Untergrund (M) Anilinschwarz-Aufsatz Baumwolle | L: tiefblau<br>b. V.: blau | 0 | f. 0 | 0 | L: schm. bräunlich | 0 | L: Sp. violett | F: braun |
| ⁰do. mit Blauholz geschönt Baumwolle | L: schm. grünlich blau<br>b. V.: schm. blau | 0 | L: rötlich | L: Sp. röt-lich | L: schm. braun | f. 0 | L: schm. violett | F: rotbraun<br>L: rötlich |
| ⁰Dianilschwarz CR + Azophor (M) Anilinschwarz-Aufsatz Baumwolle | L: blauschwarz<br>b. V.: blauschwarze Lösung | 0 | 0 | 0 | L: schm. bräunlich | 0 | f. 0 | F: brauner |
| ⁰do. mit Blauholz geschönt Baumwolle | L: schm. blauschwarz<br>b. V.: grauschwarz | 0 | L: rötlich | 0 | L: schm. braun | 0 | f. 0 | F: rotbrauner<br>L: rötlich |
| ⁰Dianildunkelblau 3 R (M) dir. Baumwolle | L: reinblau<br>b. V.: heliotrop | f. 0 | F: violetter | f. 0 | F: rotbraun<br>L: braunrötlich | L: schm. violett | L: schm. violett | F: üb. dunkelviolett n. hell heliotrop |
| ⁰do. + Azophorentwickl. | L: blau<br>b. V.: heliotrop | f. 0 | L: schm. violett | f. 0 | F: rotbraun<br>L: braunrötlich | L: Sp. violett | L: Sp. violett | F: üb. dunkelviolett n. hellgräulichblau |
| ⁰Melanogen T (M) gekupfert Baumwolle | L: rötlich schwarz<br>b. V.: schwärzlich grau | 0 | F: f. 0<br>L: gelblich | 0 | F: dunkelbraun<br>L: bräunlich | L: Sp. grünlich | L: Sp. grünlich | F: braun<br>L: gelblich |

22*

| Farbstoff | konz. $H_2SO_4$ | 10% $H_2SO_4$ | konz. HCl | 10% HCl | $HNO_3$ s=1,3 | $NH_3$ s=0,925 | 10% NaOH | $SnCl_2$ + HCl |
|---|---|---|---|---|---|---|---|---|
| ⁰Melanogen G (M) gekupfert Baumwolle | L: rötlich schwarz b. V.: schwärzlich blau | 0 | F: brauner L: gelblich | 0 | F: dunkelbraun L: bräunlich | L: Sp. grünlich | L: Sp. grünlich | wie oben |
| ⁰Melantherin J H (J) + β-Naphtol Baumwolle | L: blau b. V.: violett | f. 0 | f. 0 | f. 0 | F: brauner L: bräunlich | f. 0 | L: Sp. violett | F: blauviolett |
| ⁰do. + Toluylendiamin (J) Baumwolle | L: grünblau b. V.: schm. violett | f. 0 | f. 0 | f. 0 | L: Sp. gefärbt | f. 0 | f. 0 | F: heliotrop |
| ⁰Melantherin J H (J) dir. Baumwolle | L: blau b. V.: violett | f. 0 | f. 0 | f. 0 | f. 0 | L: Sp. violett | L: violett | F: heller violett |
| ⁰Polyphenylschwarz G I (G) dir. Baumwolle | L: schwarzblau b. V.: violett | 0 | f. 0 | 0 | L: hellrosa | 0 | f. 0 | F: hellgrünlichblau, allm. blasser |
| ⁰Polyphenylschwarz R I (G) dir. Baumwolle | wie oben | 0 | f. 0 | 0 | L: hellrosa | 0 | f. 0 | wie oben |
| ⁰Diphenylindigoblau (G) Baumwolle | L: bordeaux b. V.: blau | f. 0 | f. 0 | f. 0 | F: rotbrauner L: rötlich | f. 0 | L: Sp. rötlich | F: allm. blasser bis hellblau |
| ⁰Isodiphenylschwarz R (G) Baumwolle | L: schwarzblau b. V.: rotviolett | f. 0 | f. 0 | f. 0 | F: rotbrauner L: rötlich | 0 | 0 | F: blasser bis hellgrau f. entfärbt |
| ⁰Eclipsschwarz B (G) Baumwolle | L: schwarz b. V.: bläulich schwärzlich | 0 | f. 0 | 0 | f. 0 | 0 | 0 | F: braunolive |
| ⁰do. mit Chrom und Kupfer nachbehandelt | L: schwarz b. V.: grau schwärzlich | 0 | L: grünlich gelb | 0 | L: Sp. schwärzl. | 0 | 0 | F: braunolive |
| ⁰Eclipsblau B (G) Baumwolle | L: schwärzlich blau b. V.: blau | F: etwas dunkler | L: bläulich | F: etwas röter | F: dunkler violett | F: klarer blau | F: klarer blau | F: sof. hellgelb |
| ⁰Indanthren S in Teig (B) Baumwolle | braune Lösung b. V.: blau | 0 | 0 | 0 | F: üb. grün n. gelb | 0 | F: etwas dunkler grüner | f. 0 |

| | | | | | | | | |
|---|---|---|---|---|---|---|---|---|
| °Indanthren C in Teig (B) Baumwolle | braune Lösung<br>b. V.: blau | 0 | 0 | 0 | F: grün | 0 | F: etwas dunkler grüner | f 0 |
| °Triazol-Indigoblau (O) Baumwolle | L: blau<br>b. V.: blau-violett | F: f. schwarz | F: f. schwarz | F: f. schwarz | F: violett-schwarz<br>L: Sp. rosa | f. 0 | F: n. bordeaux | F: üb. violett langs. n. hell-heliotrop |
| °Triazol-Dunkelblau B (O) Baumwolle | wie oben | f. 0 | f. 0 | f. 0 | f. 0 | f. 0 | F: violetter<br>L: Sp. violett | F: üb. violett langs. n. lila |
| °Triazolblau B B (O) Baumwolle | L: grünlich blau<br>b. V.: blau-violett | F: etwas dunkler | f. 0 | F: etwas dunkler | F: schm. dunkler | F: grün-stichiger | F: violetter<br>L: schw. violett | F: langs. blas-ser bis hell-violett |
| °Triazolviolett R (O) Baumwolle | L: blau<br>b. V.: rotstichig | f. 0 | F: blauviolett | f. 0 | F: etwas trüber | F: klarer röter | F: rotvio-lett<br>L: Sp. rötl. | F: etwas blasser |
| °Toluylenschwarz G (O) Baumwolle | int. blaue L.<br>b. V.: violett-schwarz | 0 | L: Sp. schwärz-lich | 0 | L: rötlich | f. 0 | L: rötlich | F: blauviolett allm. blasser |
| °Diazo-Marineblau B (O) dir. Baumwolle | schwärzlich blau<br>b. V.: violett | F: violetter | F: violetter | F: violetter | F: violetter | f. 0 | L: violett | F: blasser vio-lett |
| °do. + $\beta$-Naphtol Baumwolle | L: schm. blau<br>b. V.: violett | f. 0 | f. 0 | f. 0 | f. 0 | f. 0 | f. 0 | F: blasser vio-lett |
| °Schwefelblau L extra (A) nachchromiert Baumwolle | violett-schwarze L.<br>b. V.: schm. violett | F: etwas brauner | F: dunkelbraun<br>L: hellgelb | F: n. braun | F: braun-röter<br>L: Sp. violett | F: dunkler | F: dunkler | F: schn. schm. grüngelb |
| °Solaminblau B (A) Baumwolle | grünlich schwarze L.<br>b. V.: blaue L. | f. 0 | F: etwas grüner | f. 0 | F: heller violetter<br>L: rötlich | L: blau | f. 0 | F: schn. ge-bleicht |
| °Sambesi-Reinblau 4 B (A) + $\beta$-Naphtol Baumwolle | grünlich schwarze L.<br>b. V.: reinblau | f. 0 | F: Sp. heller | f. 0 | F: heller violett langs. ge-bleicht<br>L: Sp. bläu-lich | F: Sp. röter | f. 0 | F: sof. braun-orange, langs. entfärbt |

| Farbstoff | konz. $H_2SO_4$ | 10% $H_2SO_4$ | konz. HCl | 10% HCl | $HNO_3$ s=1,3 | $NH_3$ s=0,925 | 10% NaOH | $SnCl_2$ + HCl |
|---|---|---|---|---|---|---|---|---|
| oNaphtogenblau 2 R (A) + β-Naphtol Baumwolle | grauschwarze L. b. V.: blau-violett | f. 0 | f. 0 | f. 0 | F: etwas brauner | f. 0 | f. 0 | F: grünlich blau |
| oSchwefelschwarz 2 B extra (A) Baumwolle | schwarze L. b. V.: schwarz | 0 | 0 | 0 | f. 0 | 0 | 0 | F: sof. schm. olivgelb |
| oSambesi-Indigo-Brillantblau R (A) + β-Naphtol Baumwolle | schm. blaue L. b. V.: blau-violett | F: violetter | L: blaugrün F: schwärzer | F: schwärzer | F: schwärzer L: blaugrün b. V. F: violett | F: dunkler | F: violetter | F: schn. üb. violett blaß |
| oAnthrachinonschwarz (B) nachchromiert Baumwolle | schwarze L. b. V.: schwarz | 0 | 0 | 0 | 0 | 0 | 0 | F: sehr wenig blasser |
| oNaphtamintiefblau R (K) Baumwolle | tiefblaue L. b. V. L: rot-violett | 0 | F: Sp. röter | 0 | f. 0 | L: violett | L: int. violett F: heller | F: heller bordeaux, langs. gebleicht |
| oNaphtaminindigo R E (K) + β-Naphtol Baumwolle | tiefblaue L. b. V.: blau | 0 | f. 0 | 0 | F: heller L: rosa | 0 | 0 | F: Sp. blasser |
| oImmedialdirektblau B (C) Baumwolle | tiefblaue L. b. V. L: schm. violett | F: schwärzer | F: schwärzer | F: schwärzer | F: schwärzer | 0 | 0 | F: schn. schm. graugelb |
| oImmedial-Indon R konz. (C) Baumwolle | tiefblaue L. b. V.: blau-violett | f. 0 | F: dunkler | f. 0 | F: dunkler L: Sp. rötlich | 0 | 0 | F: sof. f. entfärbt (gelblich) |
| oImmedialreinblau Pulver (C) gechromkupfert Baumwolle | blauviolette L. b. V. L: blau | 0 | F: schmutziger L: bläulich | f. 0 | F: violetter L: violett | L: Sp. bläulich | F: etwas violetter, allm. heller | F: sof. f. entfärbt (blassgelb) |
| oNaphtindon B B (C) Baumwolle | gelbl. schwarze L. b. V. L: blau-violett | f. 0 | F: grüner L: Sp. blaugrün | f. 0 | L: int. grün | L: Sp. rötlich | L: Sp. rötlich | F: sof. f. entfärbt (schm. grau) |
| oMethylindon R (C) Baumwolle | bläulich schwarze L. b. V. L: blau | L: Sp. violett | L: int. blau | L: Sp. violett | L: int. blau-violett | F: Sp. violetter | F: violett L: Sp. rosa | F: schm. blaß violett L: violett |

| | | | | | | | | |
|---|---|---|---|---|---|---|---|---|
| ⁰Tanninheliotrop (C) Baumwolle | int. reingrüne L.<br>b. V.: rotvio-lette L. | F: violetter<br>L: violett | F: int. blau<br>L: int. reinblau<br>L: b. V. rot-violett | F: blau<br>L: blau<br>b. V.: rot-violette L. | F: üb. blau<br>f. entfärbt<br>L: schm. blau | L: rosa | L: rosa | F: schn. üb.<br>blaugrün f.<br>entfärbt |
| ⁰Diaminheliotrop B (C) Baumwolle | int. blaue L.<br>b. V. L: rot-violett | f. 0 | F: Sp. röter | f. 0 | F: heller<br>L: violett | F: f. 0<br>L: Sp. rosa | F: allm.<br>bordeaux<br>L: rosa | F: allm. blasser<br>violett |
| ⁰Oxydiaminogen O B (C) + Diamin Baumwolle | schwarzblaue L.<br>b. V.: schwarz-blau | 0 | f. 0 | 0 | L: Sp. röt-lich | 0 | L: Sp. bläu-lich | F: langs. blasser<br>L: Sp. gelblich |
| ⁰do. + ½ Diamin + ½ β-Naphtol Baumwolle | wie oben | 0 | f. 0 | 0 | wie oben | 0 | 0 | F: langs. blasser |
| ⁰Brillant-Rhodulin-Violett R (By) Tannin-Antimon | gelbe L.<br>b. V. L: violett<br>F: f. entfärbt | F: blauer | F: sof. gelb<br>b.V.: violette L. | F: blauer | F: sof. ge-bleicht<br>zu gelb | F: rot | F: orange | F: sof. f. ent-färbt (blaßgelb) |
| ⁰Indonblau 2 B (By) Baumwolle | tiefgrüne L.<br>b. V. L: tiefblau | 0 | F: grüner<br>L: blaugrün | L: Sp. bläu-lich | L: int. grün | 0 | 0 | F: sof. gebleicht<br>(schm. grau) |
| ⁰Pyrogenschwarz B D (J) Baumwolle | schwarze L<br>b. V.: violett-schwarze L. | 0 | f. 0 | 0 | L: Sp. röt-lich | 0 | 0 | F: allm. dunkel-bronze |
| ⁰Thiophenolschwarz T extra (J) Baumwolle | wie oben | 0 | f. 0 | 0 | f. 0 | 0 | 0 | F: allm. bronze |
| ⁰Pyrogenblau R R (J) Baumwolle | viol. schwarze L.<br>b. V.: violett-schwarz | F: röter | F: röter brauner | F: röter | F: schwär-zer<br>L: rötlich | 0 | 0 | F: schm. grün-grau |
| ⁰Melanogenblau B + Fixiersalz M + Essigs. (M) Baumwolle | L: schm. grau-schwarz<br>b. V. L: grau-schwarz | f. 0 | F: brauner | F: brauner | F: heller<br>braun | f. 0 | f. 0 | F: gelbbraun<br>L: gelblich |
| ⁰Melanogenblau B (M) + Indigo-Aufsatz Baumwolle | L: schm. grün<br>b. V. L: blau | f. 0 | f. 0 | f. 0 | F: braun | 0 | 0 | F: grüner<br>L: gelb |
| ⁰Diphenylschwarzbase I geklotzt und am Tambour entwickelt (M) Baumwolle | L: schwarz<br>b. V.: schwarz | 0 | 0 | 0 | L: Sp.<br>schwärz-lich | 0 | 0 | 0 |
| ⁰Neu-Äthylblau B S (M) Tannin-Antimon Baumwolle | L: int. grün<br>b. V.: int. blau | 0 | L: violett | 0 | L: int. blau-schwarz | F: schwär-zer | F: schwärz.<br>L: Sp. rötl. | F: langs. etwas<br>heller |
| ⁰Thiogenschwarz N A (M) Baumwolle | schwarze L.<br>b. V.: schwarz-rot | 0 | F: röter | F: etwas röter | F: braun-röter<br>L: Sp. rötl. | 0 | 0 | F: gelbbraun |
| ⁰Anilinschwarz lose Baumwolle | schwarze L.<br>b. V.: schwarz-grün | 0 | f. C | 0 | L: allm.<br>braun | 0 | 0 | F: grüner |

## Gelbe und orange Farbstoffe.

| Farbstoff | konz. $H_2SO_4$ | 10% $H_2SO_4$ | konz. HCl | 10% HCl | $HNO_3$ s=1,40 | $NH_3$ s=0,91 | 10% NaOH | $SnCl_2$ + HCl |
|---|---|---|---|---|---|---|---|---|
| **Gelbe und orange Farbstoffe.** | | | | | | | | |
| Gelbholz mit Chrombeize Wolle | F: dunkelgelb, rotbraun werdend L: gelb | wenig Veränderung | lebhafter | — | dunkelbraun | dunkler | F: etwas dunkler L: schwach gelb | lebhafter |
| Quercitron mit Chrombeize Wolle | F: grüngelb, braun werdend L: gelb | wenig Veränderung | F: wenig Veränderung L: gelb | — | gelb | F: brauner L: gelb | F: etwas dunkler L: gelb | wenig Veränderung |
| Wau mit Zinnbeize Wolle | F: dunkler L: gelb | . . . | F: heller u. lebhafter L: gelb | — | hellbraun | braun | F: orange L: gelb | röter |
| Kreuzbeeren mit Zinnbeize Wolle | F: braun L: gelb | wenig Veränderung | F: sehr wenig Veränderung L: gelb | — | gelb | brauner | F: brauner L: gelb | lebhafter |
| Fisetholz mit Chrombeize Wolle | F: orange, beim Stehen gelb L: gelb | . . . | F: dunkler L: gelb | — | braungelb | F: orange L: gelb | F: rotbraun L: gelb | gelber |
| Curcuma Wolle | rotbraun | . . . | F: terrakotta, braun werdend L: hellrot | — | gelb | F: scharlach L: orange | F: scharlach L: orange | rotbraun |
| Galloflavin mit Chrombeize Wolle | mißfarbig | wenig Veränderung | F: grüner L: hellgelb | — | stumpf gelb | F: wenig Veränderung L: farblos | F: etwas dunkler L: hellgelb | heller |
| Alizaringelb A mit Chrombeize Wolle | F: stumpf dunkelgelb L: schwach gelb | . . . | F: wenig Veränderung L: . . . | — | grüngelb | F: dunkler L: . . . | F: dunkler L: . . . | . . . |
| Walkgelb mit Chrombeize Wolle | F: lebhaft rotorange L: rotorange, beim Verdünnen hellgelb | keine Veränderung | F: karmesin L: rotorange | — | orange | F: röter L: . . . | F: brauner L: lebhaft gelb | entfärbt |

| | | | | | | | | |
|---|---|---|---|---|---|---|---|---|
| Anthracengelb mit Chrombeize Wolle | F: stumpf dunkelmarron<br>L: schmutzig braunmarron | viel dunkler (braun) | F: sehr dunkel purpur<br>L: . . . | — | orangegelb mit dunkelpurpurnem Rand | F: etwas dunkler<br>L: . . . | F: dunkler<br>L: . . . | . . . |
| Flavazol mit Chrombeize Wolle | F: lebhaft scharlach<br>L: orange | scharlach | F: karmesin<br>L: gelb | — | lebhaft scharlach | keine Veränderung | keine Veränderung | scharlach |
| Diamantgelb G mit Chrombeize Wolle | F: dunkel orangerot<br>L: . . . | hell rotbraun | F: dunkel orangerot<br>L: hellgelb | — | lebhaft orangerot | F: etwas dunkler<br>L: . . . | F: etwas dunkler<br>L: . . . | hell rotbraun |
| Patentfustin mit Chrombeize Wolle | F: braunrot<br>L: rot | dunkler | F: braunrot<br>L: schwach gelb | — | stumpf rot | F: dunkelbraun<br>L: hellbraun | F: dunkelbraun<br>L: hellbraun | terrakotta |
| Alizarinorange mit Chrombeize Wolle | F: dunkler<br>L: hellbraun | F: wenig Veränderung<br>L: etwas dunkler | F: heller<br>L: gelb | — | schmutzig gelb | F: röter<br>L: . . . | F: röter<br>L: . . . | wenig Wirkung |
| Tuchorange mit Chrombeize Wolle | F: dunkel violett<br>L: tief violett | dunkler | F: dunkel violett<br>L: . . . | — | schmutzig rot mit dunkelviolettem Rand | F: etwas dunkler<br>L: hellrosa | F: dunkler<br>L: . . . | . . . |
| *Beizengelb Wolle | rot | keine Veränderung | rotbraun | röter | braunrot | geringe Veränderung | orange | röter |
| **Beizengelb G R auf Chrombeize Wolle | braunrot, durch Waschen ursprüngl. Farbe | . . . | . . . | *wie mit konz. $H_2SO_4$ | wie mit konz. $H_2SO_4$ | . . . | **braun, durch Waschen ursprüngl. Farbe | unverändert |
| **Domingochromgelb G auf Chrombeize Wolle | rot, ursprüngl. Farbe durch Waschen teilweise wiederhergestellt | . . . | . . . | *wie mit konz. $H_2SO_4$ | wie mit konz. $H_2SO_4$ | . . . | **orange | wie mit konz. $H_2SO_4$ |
| *Janusgelb R Baumwolle, Wolle, Seide | kirschrot | keine Veränderung | rot | keine Veränderung | kirschrot | färbt schwach gelb ab | rot | Baumwolle: farblos, Wolle: gelblich, Seide: gelblich |

| Farbstoff | konz. $H_2SO_4$ | 10% $H_2SO_4$ | konz. HCl | 10% HCl | $HNO_3\,s=1{,}40$ | $NH_2\,s=0{,}91$ | 10% NaOH | $SnCl_2 + HCl$ |
|---|---|---|---|---|---|---|---|---|
| Pikrinsäure Wolle | F: mißfarbig, Farbe kehrt b. Verdünnen wieder L: beim Verdünnen gelb | F: wenig Veränderung L: hellgelb | F: entfärbt L: . . . | — | strohgelb | F: orange L: gelb | F: orange L: gelb | heller |
| Naphtolgelb Wolle | F: entfärbt L: . . . | heller | F: entfärbt L: . . . | — | . . . | F: blasser L: gelb | F: wenig Veränderung L: gelb | entfärbt |
| Naphtolgelb S Wolle | F: brauner L: farblos | heller | F: entfärbt L: . . . | — | brauner | F: lebhafter L: gelb | F: wenig Veränderung L: gelb | entfärbt |
| Aurantia Wolle | F: entfärbt L: . . . | heller | F: entfärbt L: . . . | — | . . . | F: orange L: . . . | F: orange-rot L: . . . | . . . |
| Echtgelb G Wolle | F: lebhaft terrakotta L: gelb | F: orange, b. Stehen lebhaft scharlach L: rosa | F: scharlach L: rot | — | gelb, mit lebhaft rotem Rand | F: wenig Wirkung L: gelb | F: dunkler L: gelb | entfärbt ` |
| **Echtlichtgelb G Wolle | gelblichbraun, beim Waschen ursprüngliche Farbe wieder hergestellt | . . . | . . . | wie mit $H_2SO_4$ | gelborange | . . . | **Farbstoff ausgezogen | unverändert |
| Azoflavin Wolle | F: rotviolett L: . . . | dunkler | F: rotviolett L: karmesin | — | rot mit purpurnem Rand | F: wenig Wirkung L: . . . | F: grüner u. dunkler L: . . . | heller |
| Metanilgelb Wolle | F: dunkel purpur L: . . . | braunrot, purpur werdend | F: lebhaft purpur L: rötlich purpur | — | rot mit purpurnem Rand | F: wenig Wirkung L: . . . | F: lebhafter L: . . . | braun, purpur werdend |

| | | | | | | | | |
|---|---|---|---|---|---|---|---|---|
| Jaune solide N Wolle | F: schmutzig grün, beim Verdünnen violett<br>L: beim Ver- dünnen violett | F: marron<br>L: violett | F: rotviolett<br>L: rotviolett | — | gelb mit orange und marron Rand | F: lebhafter<br>L: . . . | . . . | . . . |
| Methylorange Wolle | F: karmesin<br>L: . . . | karmesin | F: karmesin<br>L: rosa | — | gelb mit karmesin Rand | F: keine Wirkung<br>L: . . . | F: wenig Wirkung<br>L: . . . | . . . |
| Tropaeolin 00 Wolle | F: dunkel blau- violett<br>L: violett | dunkel- marron | F: dunkel rot- violett<br>L: tief rotvio- lett | — | rot mit marron Rand | F: lebhafter<br>L: . . . | F: lebhafter<br>L: . . . | dunkler |
| Orange II Wolle | F: lebhaft scharlach, kar- mesin werdend<br>L: scharlach | . . . | F: scharlach bis karmesin<br>L: rosa | — | gelb mit scharlach Rand | F: dunkler<br>L: hell- orange | F. stumpf scharlach<br>L: . . . | . . . |
| Orange G Wolle | F: karmesin<br>L: rot | wenig Wirkung | F: scharlach<br>L: rosa | — | gelb mit rotem Rand | F: keine Wirkung<br>L: . . . | F: terra- kotta<br>L: . . . | entfärbt |
| Orange G T Wolle | F: lebhaft kar- mesin<br>L: karmesin | . . . | F: lebhaft rot<br>L: rosa | — | . . . | . . . | F: dunkler<br>L: . . . | . . . |
| Orange R Wolle | F: karmesin<br>L: rot | . . . | F: scharlach<br>L: rosa | — | gelb mit rotem Rand | . . . | F: terra- kotta<br>L: . . . | . . . |
| Croceinorange Wolle | F: orangegelb<br>L: rot | lebhafter | F: rot<br>L: rot | — | . . . | F: etwas dunkler<br>L: . . . | F: brauner<br>L: . . . | entfärbt |
| Tartrazin Wolle | F: dunkler<br>L: lebhaft gelb | keine Ver- änderung | F: etwas dunk- ler<br>L: gelb | — | orange | F: lebhafter<br>L: hellgelb | F: röter<br>L: lebhaft gelb | heller, langsam entfärbt |
| Walkgelb O Wolle | F: dunkel kar- mesin, b. Ver- dünnen gelb<br>L: bläulich rot | etwas dunkler | F: stumpf kar- mesin<br>L: karmesin | — | rot mit tief marron Rand | F: lebhafter<br>L: . . . | F: . . .<br>L: . . . | entfärbt |

| Farbstoff | konz. $H_2SO_4$ | 10% $H_2SO_4$ | konz. HCl | 10% HCl | $HNO_3$ s=1,40 | $NH_3$ s=0,91 | 10% NaOH | $SnCl_2$ + HCl |
|---|---|---|---|---|---|---|---|---|
| Chinolingelb Wolle | F: stumpf rot-gelb<br>L: schwach gelb | . . . | F: bernstein-gelb<br>L: schwach gelb | — | . . . | F: keine Veränderung<br>L: . . . | F: stumpfer<br>L: . . . | etwas lebhafter |
| Uranin (Fluorescein) Wolle | F: grüngelb<br>L: grüngelb | F: heller<br>L: gelb | F: lebhafter<br>L: gelb | — | wenig Ver-änderung | F: röter<br>L: tiefgelb mit stark grüner Fluoreszenz | F: orange-gelb<br>L: gelb mit stark.Fluoreszenz | wenig Verände-rung |
| Phosphin Wolle | F: schmutzig grüngelb<br>L: hellgelb | orange | F: lebhafter und heller<br>L: gelb | — | wenig Ver-änderung | F: wenig Verände-rung<br>L: . . . | F: gelb<br>L: . . . | beinahe entfärbt |
| Chrysoidin R Wolle | F: gelbbraun<br>L: gelb | orange | F: scharlach<br>L: rosa | — | orangerot | F: gelber<br>L: . . . | F: tiefer<br>L: . . . | orange |
| Thioflavin S Wolle | F: braun, beim Stehen farblos<br>L: . . . | heller | F: entfärbt<br>L: . . . | — | . . . | F: heller<br>L: . . . | F: viel heller, b. Stehen farblos<br>L: . . . | lebhafter |
| *Resoflavin Wolle | F: unverändert<br>L: schmutzig gelbgrün | unver-ändert | heller | unver-ändert | rotbraun | unver-ändert | fast ent-färbt | hellgelb |
| *Pyraminorange 3 G Wolle | gelbbraun | bräunlich | braun | gelbbraun | dunkel rot-braun | unver-ändert | röter | entfärbt |
| *Pyraminorange Baum-wolle | braungelb | keine Ver-änderung | röter | keine Ver-änderung | blau | lebhafter | lebhafter | rötlich, fast farblos |
| *Phenoflavin D F L Wolle | braungelb | keine Ver-änderung | rot | röter | rot | röter | röter | schwächer |
| *Akridingelb Wolle | grüngelb | geringeVer-änderung | rot | geringeVer-änderung | braun | geringeVer-änderung | schwach gelb | röter |
| *Akridinorange Wolle | grüngelb | röter | grüngelb | rot | gelb | grünlich gelb | grünlich gelb | gelblich ab-färbend |
| Benzoflavin Baumwolle | F: viel heller<br>L: . . . | keine Wirkung | F: orange<br>L: . . . | — | . . . | F: heller<br>L: . . . | F: heller<br>L . . . . | entfärbt |

| | | | | | | | | |
|---|---|---|---|---|---|---|---|---|
| Auramin O Baumwolle | F: olivgelb<br>L: beim Ver-<br>dünnen gelb | heller | F: heller<br>L: . . . | — | bräunlich | F: heller<br>L: . . . | F: heller<br>L: . . . | entfärbt |
| Auramin G Baumwolle | F: braun<br>L: beim Ver-<br>dünnen gelb | heller | F: entfärbt<br>L: . . . | — | strohgelb | F: röter<br>L: hell-<br>braun | F: beinahe<br>entfärbt<br>L: hellrot | entfärbt |
| *Thioflavin T Baum-<br>wolle | F: hellrot<br>L: farblos | orange | F: heller<br>L: gelb | — | braun | F: keine<br>Wirkung<br>L: . . . | F: keine<br>Wirkung<br>L: . . . | braun |
| *Neuphosphin G Baum-<br>wolle | brauner | keine Ver-<br>änderung | brauner | röter | braunrot | geringeVer-<br>änderung | dunkler | farblos |
| *Rheonin A Bauuwolle | gelblichgrün | keine Ver-<br>änderung | schmutzig<br>braunrot | geringeVer-<br>änderung | schmutzig<br>gelbgrün | geringeVer-<br>änderung | heller | schwächer |
| *Tanninorange R Baum-<br>wolle | rot | F: röter<br>L: hell<br>gelbrot | blaustichig rot | F: röter<br>L: hell<br>gelbrot | gelblicheres<br>orange | keine Ver-<br>änderung | F: keine<br>Verände-<br>rung<br>L: schwach<br>gelbrot | entfärbt |
| *Tanninorange B Baum-<br>wolle | rotviolett | färbt<br>orange ab | tiefrot | geringeVer-<br>änderung | rot | brauner | brauner | langsam farblos |
| Chrysamin G Baumwolle | F: karmesin<br>L: rotviolett | blasser | F: stumpf kar-<br>mesin<br>L: farblos | — | violett-<br>braun | F: orange<br>L: . . . | F: orange<br>L: . . . | entfärbt |
| Chrysamin R Baumwolle | F: rotviolett<br>L: . . . | heller | F: blauviolett<br>L: . . . | — | . . . | F: orange<br>L: . . . | F: rosa<br>L: . . . | entfärbt |
| Kresotingelb G Baum-<br>wolle | F: rotviolett<br>L: violett | gelb | F: rotviolett<br>L: farblos | — | v olett | F: orange<br>L: farblos | F: rot<br>L: rosa | entfärbt |
| Diamingelb N Baum-<br>wolle | F: rotviolett<br>L: violett | heller | F: rotvio_ett<br>L: . . . | — | violett | F: orange<br>L: farblos | F: rot-<br>orange<br>L: schwach<br>rosa | entfärbt |
| Karbazolgelb Baum-<br>wolle | F: dunkel grün-<br>blau<br>L: blau | olivgrün | F: stumpf vio-<br>lett<br>L: farblos | — | karmesin | F: etwas<br>röter<br>L: farblos | F: rot-<br>orange<br>L: rosa | entfärbt |
| Brillantgelb Baumwolle | F: rotviolett<br>L: rot | brauner | F: rotviolett<br>L: . . . | — | dunkel pur-<br>pur | F: schar-<br>lach<br>L: rosa | F: schar-<br>lach<br>L: rosa | entfärbt |

| Farbstoff | konz. $H_2SO_4$ | 10% $H_2SO_4$ | konz. HCl | 10% HCl | $HNO_3$ s=1,40 | $NH_3$ s=0,91 | 10% NaOH | $SnCl_2$ + HCl |
|---|---|---|---|---|---|---|---|---|
| Chrysophenin Baumwolle | F: rotviolett<br>L: violett | wenig Veränderung | F: violett<br>L: farblos | — | violett | F: keine Veränderung<br>L: . . . | F: keine Veränderung<br>L: . . . | entfärbt |
| Hessisch Gelb Baumwolle | F: karmesin<br>L: . . . | blasser | F: grau<br>L: . . . | — | stumpf karmesin | F: orange<br>L: . . . | F: scharlach<br>L: . . . | entfärbt |
| Curcumin S Baumwolle | F: rotbraun<br>L: . . . | heller | F: stumpfer<br>L: . . . | — | . . . | F: röter<br>L: . . . | F: röter<br>L: . . . | . . . |
| **Stilbengelb 4 G Baumwolle | schmutzig gelb | . . . | . . . | *unverändert | unverändert | . . . | **dunkler | unverändert |
| **Stilbengelb S G Baumwolle | rot, d. Waschen ursprüngliche Farbe | . . . | . . . | *unverändert | unverändert | . . . | **unverändert | unverändert |
| Thiazol- oder Claytongelb Baumwolle | F: bräunlich<br>L: farblos | orange | F: orange<br>L: farblos | — | entfärbt | F: orange<br>L: farblos | F: scharlach<br>L: farblos | entfärbt |
| **Claytongelb G Baumwolle | orange, durch Waschen ursprüngl. Farbe | . . . | . . . | *wie mit konz. $H_2SO_4$ | wie mit konz. $H_2SO_4$ | . . . | **feurig scharlach, durch Waschen ursprüngliche Farbe | wie mit konz. $H_2SO_4$ |
| **Chloramingelb G G Baumwolle | salmrot | . . . | . . . | *wenig heller | bedeutend heller | . . . | **wenig oder nicht verändert | nach einiger Zeit entfärbt |
| Primulin Baumwolle | F: stumpfer<br>L: hellgelb | orange | F: orange<br>L: gelb | — | gelb | F: keine Wirkung<br>L: . . . | F: orange<br>L: . . . | gelb |
| Primulin mit Resorcin entw. Baumwolle | F: karmesin<br>L: rot | röter | F: dunkelrot<br>L: rot | — | dunkelrot | F: dunkler<br>L: . . . | F: dunkel karmesin<br>L: . . . | dunkelrot |
| *Alkaligelb R Baumwolle | rot | orange | braunrot | orange | gelbrot | lebhafter | rot | fast farblos |
| *Oriol Baumwolle | rot | geringe Veränderung | rot | geringe Veränderung | rot | orange | rot | fast farblos |
| *Alizaringelb A Baumwolle | schmutzig gelbgrün | keine Veränderung | schwächer | keine Veränderung | gelblich | brauner | brauner | farblos |

| | | | | | | | | |
|---|---|---|---|---|---|---|---|---|
| *Direktgelb R Baumwolle | rot | keine Veränderung | schmutzig gelbbraun | keine Veränderung | schmutzig gelbbraun | lebhafter | röter | gelblich, fast farblos |
| **Baumwollgelb G 1 Baumwolle | violett | . . . | . . . | *marron | grün, dann braun | . . . | **violett, durch Waschen ursprüngliche Farbe | braun, beim Erhitzen heller, durch Waschen blaßgelb |
| **Pyraminorange R Baumwolle | hellbraun | . . . | . . . | *rot | hellbraun | . . . | **dunkler | entfärbt |
| *Diamingoldgelb Baumwolle | violett | keine Veränderung | violett | keine Veränderung | rotviolett | geringeVeränderung | geringeVeränderung | farblos |
| *Diaminechtgelb A Baumwolle | rot | keine Veränderung | braungelb | keine Veränderung | braungelb | röter | röter | schwächer |
| Mimosa Baumwolle | F: stumpf dunkelgelb<br>L: . . . | orange | F: orange<br>L: . . . | — | . . . | F: orange<br>L: . . . | F: orange-rot<br>L: . . . | . . . |
| **Plutoorange G Baumwolle | braun, dunkelrot werdend<br>L: beim Verdünnen fast entfärbt | . . . | . . . | *dunkel rötlichbraun, ursprüngl. Farbe beim Verdünnen wieder hergestellt | wenig verändert | . . . | **scharlachrot | olivebraun, dann sehr langsam entfärbt |
| **Plutoorange G entw. mit Benzonitrol Baumwolle | dunkel purpur<br>L: beim Verdünnen bräunlich | . . . | . . . | *dunkel braun, ursprüngliche Farbe beim Verdünnen wieder hergestellt | dunkel rotbraun | . . . | **dunkler | wenig verändert |
| Kongoorange R Baumwolle | F: tiefblau<br>L: blau | braun | F: violett<br>L: . . . | — | karmesin | F: keine Wirkung<br>L: . . . | F: keine Wirkung<br>L: . . . | karmesin |
| Benzoorange R Baumwolle | F: blau<br>L: blau | grünblau | F: blau<br>L: farblos | — | braun | F:scharlach<br>L: farblos | F: karmesin<br>L: farblos | braun |
| Toluylenorange R Baumwolle | F: braun<br>L: braun | rot | F: dunkelrot<br>L: . . . | — | . . . | F: keine Wirkung<br>L: . . . | F: röter<br>L: farblos | . . . |

| Farbstoff | konz. $H_2SO_4$ | 10% $H_2SO_4$ | konz. HCl | 10% HCl | $HNO_3$ s=1,40 | $NH_3$ s=0,91 | 10% NaOH | $SnCl_2$ + HCl |
|---|---|---|---|---|---|---|---|---|
| Mikadoorange Baumwolle | F: blau<br>L: ... | gelber | F: hellolive<br>L: ... | — | schmutzig olive | F: keine Wirkung<br>L: ... | F: wenig Wirkung<br>L: ... | schmutzig olive |
| *Dianilgelb R Baumwolle | bräunlich | orange | hellgelb | orange | hellgelb | kirschrot | kirschrot | entfärbt |
| **Dianilgelb 2 R Baumwolle | wenig oder nicht verändert | ... | ... | unverändert | wird heller | ... | **orange | wenig oder nicht verändert |

| Farbstoff | konz. $H_2SO_4$ | 10% $H_2SO_4$ | konz. HCl | 10% HCl | $HNO_3$ s=1,3 | $NH_2$ s=0,925 | 10% NaOH | $SnCl_2$ + HCl |
|---|---|---|---|---|---|---|---|---|
| ⁰Metachromorange R dopp. i. Teig (A) auf Chrombeize Wolle | F: dunkler<br>L: orange<br>b. V. L: orange | f. 0 | F: dunkler braunorange<br>L: Sp. gelblich | F: röter | F: etwas brauner<br>L: Sp. orange | f. 0 | F: brauner | F: langs. blasser |
| ⁰Metachromgelb R (A) auf Metachrombeize Wolle | F. u. L. orange-rot<br>b. V. L: orange<br>F: f. entfärbt | F: orange-rot<br>b. V.: gelb | F: karminrot<br>b. V.: gelb | F: int. rot<br>b.V.: braun-gelb bis gelb | F: karminrot<br>L: Sp. rötlich<br>b. V.: gelb | 0 | 0 | F: üb. braun n. rot allm. blasser bis entfärbt |
| ⁰Flavazin S (M) Wolle | L: gelb<br>b.V.L: reingelb | f. 0 | L: Sp. gelblich | L: Sp. gelblich | L: gelb | L: gelblich | L: gelblich | F: etwas röter |
| ⁰Akridingoldgelb (L) Baumwolle | L: grüngelb<br>b. V.: goldgelb | F: orange | F. u. L: orange | F: orange | F: schm. olivbraun<br>L: schm. gelb<br>b. St. F: f. entfärbt | f. 0 | L: Sp. rötlich | F: orange<br>L: gelb |
| ⁰Oxydianilgelb O (M) Baumwolle | L: bordeaux<br>b. V.: gelb | f.0 | F: brauner | f. 0 | L: gelblich | f. 0 | f. 0 | F: gelbbraun<br>L: gelblich |
| ⁰Dianilorange G (M) Baumwolle | L: orange<br>b. V.: orange | f. 0 | L: orange | f. 0 | L: orange | L: Sp. gelblich | L: Sp. gelblich | F: hellgelb f. entfärbt |
| ⁰Diphenylphosphin G konz. (G) Baumwolle | violette L.<br>b. V.: gelb | f. 0 | F: dunkel gelbbraun | F: brauner | F: dunkel gelbbraun | F: rötlicher | F: braunrot | F: üb. braun n. olive |

| | | | | | | | | |
|---|---|---|---|---|---|---|---|---|
| ⁰Diphenyl-Citronin (G) Baumwolle | rote L.<br>b. V.: gelb | 0 | F: dunkel braunolive | 0 | F: schm. olive | 0 | F: röter | F: etwas röter |
| ⁰Diphenylechtgelb (G) Baumwolle | bordeaux L.<br>b. V.: gelb | F: etwas röter | F: dunkel braunolive | F: braun | F: dunkel gelbolive | f. 0 | F: röter | F: brauner |
| ⁰Kryogengelb R (B) Baumwolle | gelbe L.<br>b. V.: gelb | f. 0 | F: etwas n. rot | f. 0 | F: braungelb | 0 | 0 | F: Sp. brauner |
| ⁰Pyramingelb R (B) Baumwolle | gelbe L.<br>b. V: orange | F: Sp. röter | F: rotbraun<br>L: Sp. rötlich | F: röter | F: braunröter | f. 0 | f, 0 | F: röter |
| ⁰Toluylengelb (O) Baumwolle | L: bräunlich-gelb<br>b. V.: gelb | 0 | F: Sp. bräunlicher | 0 | F: Sp. bräunlicher | f. 0 | f. 0 | f. 0 |
| ⁰Chlorophenine Y (Cl) Baumwolle | braunrote L.<br>b. V.: gelb | f. 0 | F: bräunlicher | f. 0 | F: schmutziger<br>L: gelblich | 0 | 0 | F: sof. dunkler braun |
| ⁰Oxyphenine (Cl) Baumwolle | braunrote L.<br>b. V.: gelb | f. 0 | F: bräunlicher | f. 0 | F: schmutziger langs. gebleicht<br>L: gelblich | 0 | 0 | F: sof. dunkler braun |
| ⁰Curcuphenin-Gelb (Cl) Baumwolle | bordeaux L.<br>b. V.: gelb | f. 0 | F: brauner | f. 0 | F: schmutziger langs. heller | 0 | F: Sp. röter | F: sof. schm. graugrün langs. gebleicht |
| ⁰Chlorophenin-Orange 2 R (Cl) Baumwolle | int. blaue L.<br>b. V.: orange | F: rotbraun | F: dunkelbraun | F: rotbraun | F: dunkelbraun | L: allm. gelblich | F: Sp. röter | F: schm. braun langs. gebleicht |
| ⁰Clayton-Gelb (Cl) Baumwolle (s. a. Thiazolgelb) | gelbe L.<br>b. V.: gelb | F: orange | F: orange | F: orange | F: orange<br>L: gelblich | F: orange | F: purpur | F: orange allm. gebleicht<br>L: gelblich |
| ⁰Nitrophenin (Cl) Baumwolle | rote L.<br>b. V.: gelb | F: bräunlicher | F: braun<br>L: gelb | F: brauner | F: üb. braun langs. blasser<br>L: gelblich | F: rotbraun<br>L: rosa | F: dunkelrotbraun | F: üb. dunkelbraun allm. blasser |
| ⁰Immedialgelb D (C) Baumwolle | graugelbe L.<br>b. V.: gelb | F: etwas röter | F: etwas dunkler röter | F: etwas dunkler | F: brauner dunkler | 0 | 0 | F: brauner |
| ⁰Immedial-Orange C (C) Baumwolle | braune L.<br>b. V.: braun | f. 0 | F: brauner dunkler | F: etwas röter | F: brauner dunkler | 0 | 0 | F: brauner |

| Farbstoff | konz. $H_2SO_4$ | 10% $H_2SO_4$ | konz. HCl | 10% HCl | $HNO_3$ s$=$1,3 | $NH_3$ s$=$0,925 | 10% NaOH | $SnCl_2$ + HCl |
|---|---|---|---|---|---|---|---|---|
| oAuracin G (By) Tannin-Antimon, Baumwolle | gelbe L. b. V: gelb | F: röter | F: orange L: gelb | F: orange | F: üb. orange n. schm. grau-braun L: schm. grau | L: gelblich | F: schmut-ziger L: Sp. röt-lich | F: rotorange |
| oPrimulin O (M) diazot. + $NH_3$ entw. Baum-wolle | F: etwas brauner b. V.: gelb | F: röter | F: orangerot | F: orange | F: orange L: gelblich | f. 0 | F: brauner | F: orange |
| oPrimulin O (M) diazot. mit Chlorkalk entw. Baumwolle | F. u. L: int. rot b. V.: gelb | f. 0 | F: brauner | f. 0 | F: brauner L: gelblich | f. 0 | f. 0 | F: sof. int. braun |

## Grüne Farbstoffe.

| Farbstoff | konz. $H_2SO_4$ | 10% $H_2SO_4$ | konz. HCl | 10% HCl | $HNO_3$ s$=$1,40 | $NH_3$ s$=$0,91 | 10% NaOH | $SnCl_2$ + HCl |
|---|---|---|---|---|---|---|---|---|
| **Grüne Farbstoffe.** | | | | | | | | |
| Alizaringrün mit Chrom-beize Wolle | F: tief blau L: blau | etwas blauer | F: röter L: rosa | — | braun mit purpurnem Rand | F: grüner L: . . . | F: grüner L: . . . | grau |
| Diamantgrün mit Chrom-beize Wolle | F: blauer L: grünblau | lebhafter | F: blauer L: schwach gelb | — | rot mit grünem Rand | F: keine Wirkung L: . . . | F: keine Wirkung L: . . . | wenig Verände-rung |
| Azogrün mit Chrombeize Wolle | F: hellbraun L: schmutzig gelb | . . . | F: hellbraun L: schmutzig gelb | — | gelb mit orangem Rand | F: beinahe entfärbt L: . . . | F: viel gelber L: . . . | viel gelber |
| Gambin mit Eisenbeize Wolle | F: stumpf oliv-grün L: braun | keine Wirkung | F: oliv L: lebhaft gelb | — | tiefrot mit gelb-braunem Rand | F: keine Wirkung L: . . . | F: keine Wirkung L: . . . | wenig Verände-rung |

| | | | | | | | | |
|---|---|---|---|---|---|---|---|---|
| Dioxin mit Eisenbeize Wolle | F: sehr dunkelgrün L: grünschwarz, beim Verdünnen gelb | dunkler | F: dunkel rot-braun L: rotbraun | — | ... | F: dunkel-braun L. braun | F: sehr dunkel rot-braun L: rot | ... |
| *Janusgrün G G Baumwolle, Wolle, Seide | moosgrün | blau | grün | blau | Baumwolle: bläulich grün, Wolle: grün, dann hellblau, Seide: bläulich grün | keine Veränderung | etwas dunkler | Baumwolle: farblos, Wolle: blau, Seide: schwach rötlich |
| *Janusgrün B Baumwolle, Wolle, Seide | moosgrün | keine Veränderung | grün | keine Veränderung | Baumwolle: bläulich grün, Wolle: bläulich grün, Seide: gelblich grün | blaugrün | blau | Baumwolle: gelblich, Wolle: gelblich grün, Seide: schwach rosa |
| **Cyanolgrün Wolle | orange | ... | ... | *grün, dann orange | brauner Fleck mit orangem Rand | ... | **blau | grün |
| **Cyanolgrün B Wolle | lebhaft grün, dann hellgelb, durch Waschen ursprüngliche Farbe | ... | ... | *grün, dann braun, durch Waschen ursprüngl. Farbe | braun | ... | **blauer | grüner, durch Waschen ursprüngliche Farbe |
| *Wollgrün S Wolle | gelbgrün | keine Veränderung | braungelb | keine Veränderung | braungelb | blauer | blauer | geringe Veränderung |
| **Wollgrün B S Wolle | gelb, d. Waschen ursprüngliche Farbe | ... | ... | *grüner, d. Waschen ursprüngliche Farbe | wie mit konz. $H_2SO_4$ | ... | **blau | grüner |
| *Walkgrün | gelb | keine Veränderung | fast farblos | keine Veränderung | gelb | geringe Veränderung | geringe Veränderung | grüner |

23*

| Farbstoff | konz. $H_2SO_4$ | 10% $H_2SO_4$ | konz. HCl | 10% HCl | $HNO_3$ s=1,40 | $NH_3$ s=0,91 | 10% NaOH | $SnCl_2$ + HCl |
|---|---|---|---|---|---|---|---|---|
| *Gallanilgrün | bordeauxrot | keine Veränderung | violettrot | keine Veränderung | braungelb | geringe Veränderung | geringe Veränderung | lebhafter |
| Naphtolgrün Wolle | dunkel blaugrün, allmählich zerstört | keine Veränderung | schwach blau | keine Veränderung | dunkel rotbraun | schwach bläulich | schwach blau, langs. zerstört | entfärbt |
| **Chromgrün G mit Chrombeize Wolle | unverändert | ... | ... | *unverändert | braun | ... | **blaß olive<br>L: tief olive | L: blaß braun |
| *Chrompatentgrün A Wolle | dunkelgrün, allmählich zerstört | keine Veränderung | F: geringe Veränderung<br>L: schwach violett | keine Veränderung | hell rotbraun | schwach blau | blau, langsam zerstört | entfärbt |
| Lichtgrün (gelblich) Wolle | F: orange<br>L: gelb | lebhafter | F: orange<br>L: schwach gelb | — | gelb mit lebhaft orangem Rand | F: entfärbt<br>L: ... | F: entfärbt<br>L: ... | lebhafter |
| Lichtgrün (bläulich) Wolle | F: rotbraun<br>L: schmutzig gelb | ... | F: braun<br>L: hellbraun | — | rotgelb | F: entfärbt<br>L: ... | F: entfärbt<br>L: ... | ... |
| Guineagrün Wolle | F: gelbbraun<br>L: ... | ... | F: gelbgrün<br>L: ... | — | rotgelb | F. entfärbt<br>L: ... | F: entfärbt<br>L: ... | ... |
| Echtgrün (bläulich) Wolle | F: schmutzig gelb<br>L: ... | ... | F: bernstein-gelb<br>L: ... | — | grüngelb | ... | F: grüner<br>L: ... | heller u. grüner |
| **Echtgrün C R Wolle | entfärbt, durch Waschen ursprüngl. Farbe | ... | ... | *wie mit konz. $H_2SO_4$ | wie mit konz. $H_2SO_4$ | ... | **entfärbt | entfärbt, durch Waschen ursprüngliche Farbe |
| Malachitgrün Wolle | F: gelb, b. Verdünnen grün<br>L: gelb | dunkler | F: lebhaft orange, b. Verdünnen grün<br>L: gelb | — | rot | F: entfärbt<br>L: ... | F: entfärbt<br>L: ... | ... |
| Brillantgrün Wolle | F: rot, b. Verdünnen grün<br>L: rot | heller | F: lebhaft gelb, b. Verdünnen grün<br>L: gelb | — | gelbrot | F: entfärbt<br>L: ... | F: entfärbt<br>L: ... | gelber |
| Azingrün Wolle | F: schmutzig braun<br>L: ... | ... | F: violett<br>L: ... | — | braun | ... | F: dunkler<br>L: ... | lebhafter |

| | | | | | | | | |
|---|---|---|---|---|---|---|---|---|
| *Naphtalingrün Wolle | dunkelgelb, langsam zerstört | allmählich gelb | rötlich gelb | allmählich gelb | hellgelb | allmählich entfärbt | entfärbt | orange |
| *Alizarin-Cyaningrün E Wolle | grünlich blaugrau | keine Veränderung | grau | keine Veränderung | bräunlich gelb | keine Veränderung | geringe Veränderung | F: langsam heller L: schwach gelb |
| *Alizarindunkelgrün W mit $K_2Cr_2O_7$ u. Weinstein Wolle | F: geringe Veränderung L: rötlich | keine Wirkung | F: geringe Veränderung L: schwach rötlich | keine Wirkung | braun | schwach blau | blau | gelbbraun |
| *Italienergrün Baumwolle | dunkler | keine Veränderung | dunkler | keine Veränderung | färbt braunrot ab, Faser fast schwarz | . . . | gelblich grün | braungelb |
| *Benzo-Olive Baumwolle | blauschwarz | keine Veränderung | blau | keine Veränderung | rotviolett | dunkler | braunschwarz | farblos |
| **Benzodunkelgrün 2 G Baumwolle | wird schwarz | . . . | . . . | *schwarz | dunkel violett | . . . | **schwarz | erst schwarz, dann blau, nach einiger Zeit entfärbt |
| **Brillantbenzogrün B Baumwolle | grau | . . . | . . . | unverändert | olive | . . . | **hellblau | purpur |
| *Diamingrün B Baumwolle | blauschwarz | keine Veränderung | blauschwarz | keine Veränderung | rotviolett | dunkler | grünschwarz | farblos |
| **Diamindunkelgrün N Baumwolle | schwarz | . . . | . . . | unverändert | purpur | . . . | **unverändert | — |

| Farbstoff | konz. $H_2SO_4$ | 10% $H_2SO_4$ | konz. HCl | 10% HCl | $HNO_3$ s=1,3 | $NH_3$ s=0,925 | 10% NaOH | $SnCl_2$ + HCl |
| --- | --- | --- | --- | --- | --- | --- | --- | --- |
| °Coerulein S (M) auf Chrombeize Wolle | L: schm. braun-gelb<br>b. V. L: grau<br>F: heller | 0 | L: schm. grau | 0 | F: heller braun<br>L: gelblich | 0 | f. 0 | F: rotbraun<br>L: rötlich |
| °Säure-Alizarin-Grün G (M) gefluorchromt Wolle | L: blau<br>b. V. L: violett<br>F: heller | L: schw. blaugrün | F: brauner<br>b. V.: grün<br>L: rötlich<br>b. V.: blaugrün | L: Sp. bläulich | F: dunkel rotbraun<br>b. V.: grün<br>L: rötlich<br>b. V.: blaugrün | 0 | 0 | L: Sp. rosa |
| °Brillant-Walkgrün B (C) nachchrom. Wolle | F: orangebraun<br>L: gelb<br>b. V. F. u.<br>L: grün | f. 0 | F: orangebraun<br>b. V.: grün | F: allm. gelber | F: schm. braun<br>b. V.: grün | F: etwas gelber | F: allm. schm. grau, angesäuert grün | F: schm. gelb-grün<br>b. V.: reingrün |
| °Cypergrün B (A) nach-gekupfert Wolle | L. u. F: int. kirschrot<br>b. V. L: rot<br>F: hell | F: langs. röter | F: int. rot<br>L: hell rosa | F: bordeaux | F: rotbraun<br>L: etwas rötlich | F: blau | F: blauer<br>L: bläulich<br>b. V. F. u.<br>L: blau | F: üb. violett langs. blasser |
| °Neptungrün S G (B) Wolle | F: bräunlich gelb<br>b. V. F. u.<br>L: blaßgrün | 0 | F: gelb<br>b. V.: grün | F: etwas gelber | F: hell schm. oliv-gelb<br>b. V.: grün | F: beinahe entfärbt (blaßgrün) | F: beinahe entfärbt (blaßgelb) | F: int. grün langs. blasser |
| °Alkaliechtgrün G (By) Wolle | F: gelb<br>b. V. L: gelb<br>F: hellgrün | f. 0 | F: orange<br>b. V.: grün | F: gelber schmutziger | F: orange<br>b. V.: grün | L: schw. grünlich | 0 | F: braun<br>b. V.: grün |
| °Echtsäuregrün B N (C) Wolle | F. u. L: gelb<br>b. V.: gelbgrün bis blaugrün | F: gelber | F: üb. gelbgrün n. orange<br>b. V.: blaugrün | F: laubgrün<br>b.V.: blauer | F: orange<br>b. V.: blaugrün | F: blauer | F: schm. grün angesäuert: blaugrün | F: schm. grün<br>b. V.: blaugrün |
| °Eboligrün T (L) Seide | F: violett-schwarz<br>L: violett<br>b. V.: grün | 0 | F: violett-schwarz<br>L: violett<br>b. V.: grün | 0 | F: grün-schwarz<br>L: rötlich<br>b. V. F: gelbgrün | F: dunkler<br>L: bläulich | F: grün-schwarz<br>L: schm. grün | F: allm. heller grün |
| °Eboligrün T (L) nach-chromiert Seide | wie oben | 0 | F: dunkelblau<br>L: violett<br>b. V.: grün | 0 | F: blau-schwarz<br>L. rötlich<br>b. V. F: gelbgrün | 0 | F: etwas dunkler | F: allm. heller grün |

| | | | | | | | | |
|---|---|---|---|---|---|---|---|---|
| °Eclips-Olive (G) Baumwolle | L: schwärzlich grün | F: dunkler | F: dunkler | F: dunkler | F: dunkler | f. 0 | F: heller grün | F: braun |
| °Eclips-Grün G (G) Baumwolle | L: schm. violettschwarz b. V.: bläulich | F: dunkler grün | f. 0 | F: dunkler | F: violett L: schw. violett | F: lebhafter grün | F: grünblau | F: sof. hellgelb |
| °Kryogenolive (B) Baumwolle | grünschwarze L. b. V.: schwärzlich | F: dunkler | F: f. grün-schwarz | F: dunkler | F: f. schwarz L: Sp. violett | 0 | 0 | F: sof. hell (grünlichgelb) |
| °Diphenylgrün G (G) Baumwolle | violett-schwarze L. b. V.: schm. graublau | f. 0 | F: dunkel-violett bis violettschwarz | F: schwarz-grün | F: violett-schwarz L Sp. rosa | F: dunkler L: schw. grün | F: dunkler | F: schnell gebleicht bis f. entfärbt |
| °Oxamingrün M (B) Baumwolle | gelblich schwarze L. b. V.: violett | F: dunkler | F: braunrot | F: f. schwarz | F: dunkel-violett | F: etwas dunkler | F: int. braun | F: dunkel violett langs. blasser bis hellblau-violett |
| °Diaminschwarzgrün N (C) Baumwolle | violett-schwarze L. b. V.: schm. violettschwarz | 0 | F: violett-schwarz | F: schwärzer | F: violett-schwarz | 0 | F: blauer | F: üb. violett schm. entfärbt |
| °Immedial-Olive B (C) Baumwolle | graugrüne L. b. V.: schm. olive | 0 | F: schmutziger | f. 0 | F: dunkler | f. 0 | f. 0 | F: sof. braun |
| °Katigengrün 2 B (By) Baumwolle | schwarze L. b. V. L: blau-schwarz | F: schwärzer | F: schwärzer | F: schwärzer | F: schwärzer | f. 0 | F: schwärzer | F: langs. zu hellgrün gebleicht |
| °Dianilgrün G (M) Baumwolle | L: blaugrün b. V.: schm. grün | 0 | F: schwärzer | 0 | F: etwas schwärzer | 0 | 0 | F: schm. schwärzlich |
| °Dianildunkelgrün B (M) Baumwolle | L: blaugrün b. V.: schm. grüngrau | 0 | F: schwärzer | 0 | F: etwas schwärzer | 0 | 0 | F: allm. blasser bis dunkelgrau |

## Rote Farbstoffe.

| Farbstoff | konz. $H_2SO_4$ | 10% $H_2SO_4$ | konz. HCl | 10% HCl | $HNO_3$ s=1,40 | $NH_3$ s=0,91 | 10% NaOH | $SnCl_2$ + HCl |
|---|---|---|---|---|---|---|---|---|
| **Rote Farbstoffe.** | | | | | | | | |
| Rotholz (Brasilienholz) mit Alaunbeize Wolle | F: rötlich braun L: braun | beim Stehen karmesin | F: rot L: rosa | — | gelb mit rotem Rand | F: marron L: violett | F: dunkel karmesin L: karmesin | F: beim Kochen scharlach L. rot |
| Rotholz (Brasilienholz) mit Chrombeize Wolle | F: grünlich braun L: gelb | wenig Veränderung | F: dunkel karmesin L: . . . | — | gelb mit rotem Rand | F: violett L: violett | F: marron L: violett | F: beim Kochen lebhaft karmesin L: karmesin |
| Sandelholz mit Chrombeize Wolle | F: braun L: braun | keine Veränderung | F: brauner L: . . . | — | grünlich braun | F: dunkelbraun L: farblos | F: dunkelbraun L: braun | F: lebhafter L: rosa |
| Barwood mit Chrombeize Wolle | F: terrakotta L: . . . | keine Veränderung | F: röter L: . . . | — | grünlich gelb | F: braun L: farblos | F: braun L: braun | lebhafter |
| Camwood mit Chrombeize Wolle | F: dunkel karmesin L: rot | keine Veränderung | F: dunkel karmesin L: farblos | — | braun | F: dunkel purpur L: farblos | F: dunkel purpur L: rot | F: lebhafter L: rosa |
| Krapp mit Alaunbeize Wolle | F: bräunlich rot L: rot | keine Veränderung | F: wenig Veränderung L: . . . | — | langsam orange | F: etwas blauer L: . . . | F: blauer L: . . . | lebhafter |
| Krapp mit Chrombeize Wolle | F: wenig oder keine Veränderung L: rot | orange | F: heller L: rot | — | gelb mit rotem Rand | F: karmesin L: . . . | F: purpur L: . . . | terrakotta |
| Cochenille mit Alaunbeize Wolle | F: scharlach L: . . . | gelber | F: scharlach L: . . . | — | gelb | F: rotviolett L: . . . | F: rotviolett L: . . . | orangerot |
| Cochenille mit Zinnbeize Wolle | F: dunkel purpur L: karmesin | dunkler | F: heller L: rot | — | gelb | F: karmesin L: rosa | F: karmesin L: tief karmesin | F: dunkler L: orangerot |

| | | | | | | | | |
|---|---|---|---|---|---|---|---|---|
| Lac-Dye mit Zinnbeize Wolle | keine Veränderung | F: dunkel violett<br>L: purpur | F: dunkel violett<br>L: farblos | braun | — | F: wenig oder keine Veränderung<br>L: · · · | dunkler | F: dunkel purpur<br>L: purpur |
| Orseille und Persio Wolle | entfärbt | F: violett<br>L: violett | F: violett<br>L: violett | gelb mit rotem Rand | — | F: heller<br>L: rot | lebhafter | F: purpur bis braun, b. Verdünnen fast farblos<br>L: purpur, beim Verdünnen rot |
| Alizarin mit Alaunbeize auf Baumwolle (Türkischrot) | wenig Veränderung, beim Erhitzen entfärbt | F: violett<br>L: violett | F: keine Wirkung<br>L: · · · | orange | — | F: orange bis hellgelb<br>L: hellgelb | keine Wirkung | F: wenig Veränderung<br>L: gelbrot, beim Verdünnen gelb |
| Alizarin V mit Chrombeize Wolle | F: beim Erhitzen hellbraun<br>L: gelb | F: blau-violett<br>L: blau | F: blau-violett<br>L: · · · | stumpf rot | — | F: dunkel rot-braun<br>L: schwach gelb | gelber | F: dunkel karmesin<br>L: schmutzig karmesin |
| Alizarin G mit Chrombeize Wolle | braun | F: dunkler<br>L: · · · | F: dunkler<br>L: farblos | orangegelb | — | F: dunkelbraun<br>L: schwach gelb | gelber | F: dunkel karmesin<br>L: stumpf karmesin |
| Alizarin S mit Chrombeize Wolle | terrakotta | F: purpur<br>L: violett | F: purpur<br>L: farblos | lebhaft gelb | — | F: hellbraun<br>L: · · · | gelber | F: braun<br>L: bräunlichrot |
| **Alizarinrot PS mit Chrombeize Wolle | langsam entfärbt | **L: schmutzig dunkel purpur | · · · | F: hellgelb | *blutet langsam | · · · | · · · | L: purpur |
| Purpurin mit Chrombeize Wolle | lebhafter | F: dunkel purpur<br>L: rosa | F: dunkler<br>L: · · · | gelb mit orangem Rand | — | F: marron<br>L: rot | etwas blauer | F: lebhaft karmesin<br>L: karmesin |
| Alizarinbordeaux B mit Chrombeize Wolle | · · · | F: blauviolett<br>L: blau | F: blau-violett<br>L: · · · | stumpf rot | — | F: marron<br>L: schmutzig braun | · · · | F: tief rot-violett<br>L: tief violett |
| Alizarinmarron mit Chrombeize Wolle | · · · | F: dunkler<br>L: · · · | F: dunkler<br>L: · · · | bräunlich-gelb mit braunem Rand | — | F: dunkler<br>L: schmutzig braun | dunkler | F: dunkel kirschrot<br>L: tief rot |

| Farbstoff | konz. H₂SO₄ | 10% H₂SO₄ | konz. HCl | 10% HCl | HNO₃ s=1,40 | NH₃ s = 0,91 | 10% NaOH | SnCl₂ + HCl |
|---|---|---|---|---|---|---|---|---|
| Azarin S mit Alaunbeize Baumwolle | F: fuchsinrot, beim Verdünnen rotgelb L: wie F | ... | F: dunkel braunrot L: .... | — | orangerot | F: purpur L: ... | F: purpur L: blaß rot | beim Erhitzen entfärbt |
| *Janusrot B Baumwolle, Wolle, Seide | blaugrün | keine Veränderung | blau | keine Veränderung | Baumwolle: schmutzig braunrot, Wolle und Seide: blaugrün, dann braungelb | keine Veränderung | bläulich violett | Baumwolle: rötlich, Wolle: rotviolett, Seide: rotviolett |
| *Janusbordeaux B Baumwolle, Wolle, Seide | blaugrün | keine Veränderung | blau | keine Veränderung | Baumwolle: schmutzig blau, dann rotbraun, Wolle und Seide: schmutzig blau, dann braungelb | rotviolett | rötlich violett | rotviolett |
| Tuchrot G (Oehler) Wolle | F: violett L: tief blau | keine Veränderung | F: dunkel rotviolett L: hellblau | — | schmutzig rot mit dunkel violettem Rand | F: etwas dunkler L: ... | F: viel dunkler L: .... | ... |
| Tuchrot B (Bayer) Wolle | F: dunkel marineblau L: blauschwarz | keine Veränderung | F: dunkel violett L: .... | — | gelb mit dunkel purpur Rand | F: karmesin L: rosa | F: karmesin L: .... | etwas blauer |
| Tuchrot 3 G (Bayer) Wolle | F: dunkel marineblau L: blauschwarz | keine Veränderung | F: dunkel violett L: .... | — | gelb mit dunkel purpur Rand | F: lebhafter L: ... | F: dunkler L: .... | ... |
| Clayton-Tuchrot Wolle | F: purpur, beim Verdünnen rot L: violett, beim Verdünnen rot | lebhafter | F: stumpf karmesin L: .... | — | ... | F: lebhafter und etwas dunkler L: rosa | F: karmesin L: .... | etwas dunkle |

| | | | | | | | | |
|---|---|---|---|---|---|---|---|---|
| Ponceau 2 G Wolle | F: viel dunkler<br>L: scharlach | keine Veränderung | F: . . .<br>L: rosa | — | . . . | F: . . .<br>L: rosa | F: orange-rot<br>L: . . . | . . . |
| Ponceau R (Xylidin-scharlach) Wolle | F: dunkler<br>L: rosa | lebhafter | F: stumpfer<br>L: rosa | — | gelb mit orange Rand | F: lebhafter<br>L: . . . | F: gelber<br>L: . . . | sehr langsam entfärbt |
| Ponceau 2 R (Xylidin-scharlach) Wolle | F: karmesin<br>L: karmesin | wenig Veränderung | F: etwas dunkler<br>L: rosa | — | schmutzig gelb mit hell karmesin Rand | F: lebhafter<br>L: rosa | F: orange-rot<br>L: . . . | sehr langsam entfärbt |
| Ponceau 3 R (Xylidin-scharlach) Wolle | F: blauer<br>L: bläulich scharlach | keine Veränderung | F: wenig Veränderung<br>L: rosa | — | gelb | F: wenig Veränderung<br>L: farblos | F: rot-orange<br>L: hellrot | sehr langsam entfärbt |
| Palatinscharlach A Wolle | F: karmesin<br>L: fuchsinrot | . . . | F: dunkler<br>L: rosa | — | gelb mit orange Rand | F: heller<br>L: . . . | F: rotbraun<br>L: . . . | . . . |
| Biebricher Scharlach Wolle | F: dunkelgrün<br>L: blaugrün | keine Veränderung | F: rotbraun<br>L: . . . | — | graublau | F: keine Veränderung<br>L: . . . | F: blauer<br>L: violett | beim Erwärmen entfärbt |
| Croceinscharlach 3 B Wolle und Baumwolle | F: dunkelblau<br>L: tief blau | . . . | F: dunkelblau<br>L: hellblau | — | gelb mit blauem Rand | F: . . .<br>L: rosa | F: purpur<br>L: . . . | entfärbt |
| Croceinscharlach 7 B Wolle | F: dunkelblau<br>L: blau | etwas dunkler | F: dunkelblau<br>L: hellblau | — | dunkelblau | F: lebhafter<br>L: rosa | F: bräunlich purpur<br>L: . . . | braun |
| Croceinscharlach 3 B X Wolle | F: purpur<br>L: purpur | . . . | F: karmesin<br>L: rosa | — | gelb | F: brauner<br>L: . . . | F: rotbraun<br>L: . . . | beim Kochen entfärbt |
| Brillanterocein M Wolle | F: violett<br>L: violett | . . . | F: dunkel rotblau<br>L: hellblau | — | grünblau mit dunkelblauem Rand | F: blauer<br>L: . . . | F: purpur<br>L: . . . | entfärbt |
| Brillantponceau 4 R Wolle | F: purpur<br>L: purpur | . . . | F: wenig Veränderung<br>L: . . . | — | gelb mit braunem Rand | F: etwas dunkler<br>L: rosa | F: braun<br>L: hell-braun | . . . |

| Farbstoff | konz. $H_2SO_4$ | 10% $H_2SO_4$ | konz. HCl | 10% HCl | $HNO_3$ s=1,40 | $NH_3$ s = 0,91 | 10% NaOH | $SnCl_2$ + HCl |
|---|---|---|---|---|---|---|---|---|
| Kristallponceau 6 R Wolle | F: tief violett<br>L: tief violett | keine Ver-<br>änderung | F: karmesin<br>L: . . . | — | gelb mit<br>karmesin<br>Rand | F: . . .<br>L: rosa | F: braun<br>L: . . . | . . . |
| Azoeosin Wolle | F: purpur<br>L: purpur | . . . | F: karmesin<br>L: rosa | — | gelb | F: orange<br>L: orange | F: orange<br>L: . . . | entfärbt |
| Doppelbrillantscharlach 3 R Wolle | F: dunkel vio-<br>lett<br>L: rotviolett | lebhafter | F: rotviolett<br>L: . . . | — | gelb mit<br>rot-<br>violettem<br>Rand | F: rosa<br>L: . . . | F: etwas<br>dunkler<br>L: . . . | entfärbt |
| Ponceau S extra Wolle | F: blauer<br>L: blau | keine Ver-<br>änderung | F: braun<br>L: schwach blau | — | gelb mit<br>braunem<br>Rand | F: blauer<br>L: bläulich<br>rosa | F: violett<br>L: . . . | karmesin |
| Ponceau SS extra Wolle | F: rotorange<br>L: rosa | . . . | F: gelber<br>L: rosa | — | gelb mit<br>orange<br>Rand | F: viel<br>gelber<br>L: . . . | F: orange<br>L: . . . | . . . |
| Ponceau 6 R Wolle | F: violett<br>L: blauviolett | keine Ver-<br>änderung | F: karmesin<br>L: rosa | — | gelb | F: . . .<br>L: rosa | F: braun<br>L: . . . | . . . |
| Azokardinal G Wolle | F: orangegelb<br>L: beim Ver-<br>dünnen blau-<br>rosa | . . . | F: blaurosa<br>L: . . . | — | gelb | F: . . .<br>L: blaßrot | F: tief rot-<br>braun<br>L: . . . | entfärbt |
| Echtrot A Wolle | F: tief blauvio-<br>lett<br>L: violett | keine Ver-<br>änderung | F: stumpf pur-<br>pur<br>L: . . . | — | gelb mit<br>dunkel-<br>rotem Rand | F: dunkler<br>L: . . . | F: marron<br>L: . . . | heller |
| Echtrot B Wolle | F: violett<br>L: blaurot | keine Ver-<br>änderung | F: stumpf kar-<br>mesin<br>L: rosa | — | . . . | . . . | F: bräun-<br>lich rot<br>L: . . . | heller |
| Echtrot C Wolle | F: rötlich vio-<br>lett<br>L: violett | keine Ver-<br>änderung | F: dunkler<br>L: rosa | — | gelb | F: lebhafter<br>L: rosa | . . . | heller |
| Echtrot D Wolle | F: violett<br>L: violett | keine Ver-<br>änderung | F: dunkler<br>L: rosa | — | . . . | F: dunkler<br>L: bräunlich | F: schmut-<br>zig braun<br>L: . . . | heller |

| | | | | | | | | |
|---|---|---|---|---|---|---|---|---|
| Echtrot E Wolle | F: dunkel purpur<br>L: purpur | lebhafter | F: rotmarron<br>L: rosa | — | gelb mit stumpf scharlach Rand | F: dunkler<br>L: rot | F: dunkel rotbraun<br>L: . . . | lebhafter |
| Echtrot B T Wolle | F: violett<br>L: violett | . . . | F: dunkler<br>L: . . . | — | gelb mit purpur Rand | F: dunkler<br>L: . . . | F: ziegelrot<br>L: . . . | heller |
| **Echtrot P R extra Wolle | wird rasch dunkel | . . . | . . . | *wird dunkler | gelb | . . . | **terrakotta | entfärbt |
| Palatinrot Wolle | F: tief blau<br>L: blau | wenig Veränderung | F: blauer<br>L: . . . | — | . . . | F: röter<br>L: . . . | F: braun<br>L: hellbraun | beinahe entfärbt |
| Roxamin Wolle | F: blauviolett<br>L: violett | wenig Veränderung | F: blauer<br>L: . . . | — | gelb mit blauem Rand | F: purpur<br>L: . . . | F: bräunlich purpur<br>L: . . . | . . . |
| Ponceau 10 R B Wolle | F: blau<br>L: tiefgrünblau, b. Verdünnen karmesin | wenig Veränderung | F: dunkel blauviolett<br>L: . . . | — | orange | F: . . .<br>L: rosa | F: violettbraun<br>L: . . . | entfärbt |
| Bordeaux G Wolle | F: lebhaft tiefblau, beim Verdünnen rot<br>L: dunkelblau, beim Verdünnen rot | keine Veränderung | F: blauviolett<br>L: hellblau | — | . . . | F: etwas dunkler<br>L: . . . | F: dunkel purpur<br>L: . . . | . . . |
| Bordeaux extra oder Kongo-Violett Wolle | F: violett<br>L: violett | . . . | F: dunkel violett<br>L: . . . | — | gelb mit blauem Rand | F: karmesin<br>L: rosa | F: dunkel marron<br>L: rötlich braun | blauer |
| *Brillantbordeaux S Wolle | blau | keine Veränderung | violettrot | schwach rosa abfärbend | orangegelb | abfärbend | rotbraun abfärbend | langsam entfärbt |
| Orseilleersatz G Wolle | F: dunkel purpur<br>L: hell purpur | keine Veränderung | F: karmesin<br>L: hell rosa | — | gelb mit hell karmesin Rand | F: lebhafter<br>L: hellrot | F: etwas dunkler<br>L: . . . | . . . |
| Orseilleersatz V Wolle | F: karmesin<br>L: karmesin | dunkler | F: karmesin<br>L: hell karmesin | — | gelb | F: hellmarron<br>L: . . . | F: marron<br>L: . . . | heller |

| Farbstoff | konz. H₂SO₄ | 10% H₂SO₄ | konz. HCl | 10% HCl | HNO₃ s=1,40 | NH₃ s=0,91 | 10% NaOH | SnCl₂ + HCl |
|---|---|---|---|---|---|---|---|---|
| Orseilleersatz 3 V N Wolle | F: karmesin L: karmesin | dunkler | F: karmesin L: hell karmesin | — | gelb | F: marron L: . . . | F: dunkel marron L: . . . | heller |
| Orseillin 2B Wolle | F: dunkelblau L: blau | keine Veränderung | F: violett L: . . . | — | schmutzig gelb mit blauem Rand | F: rotviolett L: schwach violett | F: rötlich violett L: schwach violett | langsam entfärbt |
| Orseillerot A Wolle | F: dunkelblau L: blau | . . . | F: violett L: . . . | — | gelb mit blauem Rand | F: stumpf karmesin L: . . . | F: bräunlich marron L: . . . | . . . |
| Azofuchsin G Wolle | F: bläulich violett L: violett-schwarz | keine Veränderung | F: lebhafter rosa | — | gelblich orange | F: lebhaft scharlach L: rot | F: rötlich violett L: schmutzig violett | schnell entfärbt |
| Azofuchsin B Wolle | F: stumpf karmesin L: schmutzig rot | keine Veränderung | F: wenig Veränderung L: rosa | — | stumpf rot | F: orange-rot L: orange | F: kirschrot L: . . . | langsam entfärbt |
| *Azofuchsin GN extra Baumwolle | violettrot | färbt schwach ab | etwas violetter | färbt schwach ab | gelbrot | färbt rot ab | färbt rot ab | farblos |
| Walkrot R Wolle | F: tief rotblau L: rotblau | etwas dunkler | F: bräunlich marron L: . . . | — | orangerot | F: wenig Veränderung L: . . . | F: röter L: . . . | . . . |
| Benzoechtrot Wolle | F: karmesin, b. Verdünnen rotorange L: karmesin, b. Verdünnen rotorange | . . . | F: karmesin L: karmesin | — | rotorange | F: karmesin L: hellrosa | F: karmesin L: hellrot | gelb |

| | | | | | | | | |
|---|---|---|---|---|---|---|---|---|
| Anthracenrot Wolle | F: bläulich karmesin, beim Verdünnen hellrot<br>L: bläulich karmesin, beim Verdünnen hellrot | . . . | F: viel dunkler<br>L: . . . | — | orange | F: . . .<br>L: hellrosa | F: . . .<br>L: orange-rot | entfärbt |
| Unionechtbordeaux Wolle | F: tief blau<br>L: b.Verdünnen rosa | . . . | F: viel dunkler<br>L: . . . | — | orangegelb | F: wenig dunkler<br>L: . . . | F: brauner<br>L: . . . | . . . |
| Säurefuchsin Wolle | F: braungelb<br>L: farblos, beim Verdünnen rosa | wenig Veränderung | F: viel heller<br>L: rosa | — | gelb | F: entfärbt<br>L: . . . | F: entfärbt<br>L: . . . | wenig Veränderung |
| Azokarmin und Rosindulin Wolle | F: dunkelgrün<br>L: hellgrün | keine Veränderung | F: dunkler<br>L: rot | — | . . . | F: blauer<br>L: rosa | F: marron<br>L: . . . | . . . |
| Eosin (gelblich) Wolle | F: lebhaft orange, braungelb werdend<br>L: kanariengelb | lebhaft rötlich gelb | F: lebhaft rötlichgelb<br>L: . . . | — | gelb | F: lebhafter<br>L: rosa | F: lebhafter<br>L: rosa | orangegelb |
| Erythrin (Methyleosin) Wolle | F: orangegelb<br>L: lebhaft gelb | langsam entfärbt | F: hellgelb<br>L: . . . | — | lebhaft gelb | F: lebhafter<br>L: rosa | F: dunkler<br>L: rosa | entfärbt |
| Erythrosin Wolle | F: orangerot, gelbbraun werdend<br>L: . . . | orangegelb | F: orangegelb<br>L: . . . | — | gelb | F: wenig Veränderung<br>L: rosa | F: wenig Veränderung<br>L: rosa | orangegelb |
| Safrosin Wolle | F: schmutzig grüngelb<br>L: gelb | langsam entfärbt | F: beinahe entfärbt<br>L: . . . | — | gelb | F: dunkler<br>L: rosa | F: dunkler, orangerot werdend<br>L: . . . | entfärbt |
| Phloxin Wolle | F: lebhaft orange, braungelb werdend<br>L: . . . | langsam entfärbt | F: stumpf gelb<br>L: . . . | — | gelb | F: wenig Veränderung<br>L: rosa | F: wenig Veränderung<br>L: rosa | entfärbt |
| Cyanosin Wolle | F: lebhaft orange, braungelb werdend<br>L: . . . | röter | F: orangerot<br>L: . . . | — | gelb mit orange Rand | F: wenig Veränderung<br>L: rosa | F: wenig Veränderung<br>L: rosa | lebhaft orange-rot |

| Farbstoff | konz. $H_2SO_4$ | 10% $H_2SO_4$ | konz. HCl | 10% HCl | $HNO_3 s=1,40$ | $NH_3 s=0,91$ | 10% NaOH | $SnCl_2 + HCl$ |
|---|---|---|---|---|---|---|---|---|
| Rose bengale Wolle | F: rötlichbraun L: . . . | langsam entfärbt | F: entfärbt L: . . . | — | gelb | F: keine Veränderung L: rosa | F: etwas dunkler L: . . . | entfärbt |
| Rose bengale B Wolle | F: lebhaft orange, orange und zuletzt schmutzig gelb werdend L: rötlich gelb | langsam entfärbt | F: entfärbt L: . . . | — | gelb | F: dunkler L: rosa | F: dunkler L: . . . | entfärbt |
| Cyklamin Wolle | F: rötlich braun L: braun | entfärbt | F: fleischfarben L: . . . | — | gelb | F: . . . L: rosa | . . . | entfärbt |
| **Säurerhodamin R Seide | rötlich gelb | . . . | . . . | *rot | gelblich rot | . . . | Farbstoff teilweise abgezogen | teilweise entfärbt |
| Rhodamin B Wolle | F: gelb, Farbe kehrt beim Verdünnen wieder L: gelb, b. Verdünnen rosa | lebhafter | F: orange, Farbe kehrt b. Verdünnen wieder L: . . . | — | gelb | F: etwas blauer L: farblos | F: blauer L: farblos | lebhafter |
| Rhodamin 3 B Wolle | F: gelb, b. Verdünnen lebhaft rosa L: gelb, b. Verdünnen lebhaft rosa | lebhafter | F: orange, Farbe kehrt b. Verdünnen wieder L: . . . | — | rot | F: etwas blauer L: . . . | F: etwas blauer L: . . . | scharlach |
| **Rhodamin 6 G extra tann. Baumwolle | orange | . . . | . . . | *orange, d. Waschen ursprüngl, Farbe | orange | . . . | **röter | unverändert |
| **Rosindulin 2 G Wolle | dunkelgrün | geringe Veränderung | braungelb | geringe Veränderung | gelb | geringe Veränderung | geringe Veränderung | braun |
| *Eosamin B Wolle | blauschwarz | geringe Veränderung | violett | geringe Veränderung | braunrot | geringe Veränderung | brauner | lebhafter |
| *Apollorot Wolle | rotviolett | geringe Veränderung | violett | geringe Veränderung | rot | lebhafter | brauner | dunkler |

| | | | | | | | | |
|---|---|---|---|---|---|---|---|---|
| *Chromotrop 2 R Wolle | dunkler | keine Veränderung | schwächer | keine Veränderung | gelb | violetter | gelblich | langsam heller |
| *Chromazonrot Wolle | blauschwarz | keine Veränderung | violetter | keine Veränderung | braungelb | violetter | braunrot | schwächer |
| *Lanafuchsin Wolle | F: keine Veränderung L: fuchsinrot | keine Veränderung | F: keine Veränderung L: rötlich | keine Veränderung | gelb | bräunlich | rotbraun | entfärbt |
| *Echtsäureeosin Wolle | hellgelb | keine Veränderung | gelb | keine Veränderung | hellgelb | gelblich | schmutzig rosa | orange |
| *Azokarmin G Wolle | dunkelgrün | brauner, färbt gelb ab | schmutzig grün | brauner, färbt gelb ab | rot | färbt rot ab | färbt rot ab | dunkler, färbt violett ab |
| *Azosäurekarmin B Wolle | F: dunkelblau L: braun | schwach violett | F: rot L: rot | keine Veränderung | dunkelgelb | F: geringe Veränderung L: schwach rot | dunkelrot | entfärbt |
| *Guineakarmin B Wolle | F: violett L: blau | keine Veränderung | F: ganz schwach violett L: violettrot | keine Veränderung | gelb | F: geringe Veränderung L: schwach rot | braunrot | allmählich entfärbt |
| *Salicinrot B mit Fluorchrombeize Wolle | F: wird blaustichig L: violettrot | keine Veränderung | F: geringe Veränderung L: schwach rot | keine Veränderung | orange | keine Veränderung | rotbraun | beinahe entfärbt |
| *Salicinrot B Wolle | F: . . . L: violettrot | keine Veränderung | rotbraun | schwach rötlich | orange | keine Veränderung | rotbraun | beinahe entfärbt |
| *Salicinrot 2G mit Fluorchrombeize Wolle | F: karminrot L: karminrot | keine Veränderung | F: karminrot L: karminrot | keine Veränderung | gelb | keine Veränderung | braun | entfärbt |
| *Salicinrot 2G Wolle | F: karminrot L: karminrot | keine Veränderung | F: rotbraun L: schwach rot | keine Veränderung | gelb | F: keine Veränderung L: schwach rötlich | rotbraun | entfärbt |
| Rhodamin 6 G Baumwolle | F: gelb, b. Verdünnen rosa L: gelb, b. Verdünnen rosa | heller | F: orangegelb, b. Verdünnen rosa L: . . . | — | F: orange L: rosa | F: wenig Veränderung L: . . . | F: gelber L: hellrot | heller |

| Farbstoff | konz. $H_2SO_4$ | 10% $H_2SO_4$ | konz. HCl | 10% HCl | $HNO_3$ s=1,40 | $NH_3$ s=0,91 | 10% NaOH | $SnCl_2$ + HCl |
|---|---|---|---|---|---|---|---|---|
| Rhodamin S Baumwolle | F: gelb, b. Verdünnen rosa<br>L: gelb, b. Verdünnen rosa | heller | F: orangegelb, b. Verdünnen rosa<br>L: . . . | — | orangerot | F: wenig Veränderung<br>L: rosa | F: heller<br>L: . . . | heller |
| **Irisamin G tann. Baumwolle | entfärbt, beim Waschen ursprüngliche Farbe wieder hergestellt | . . . | . . . | *gelb, beim Waschen ursprüngliche Farbe wieder hergestellt | entfärbt | . . . | **wenig blauer | unverändert |
| Fuchsin Wolle und Baumwolle | F: bräunlich gelb<br>L: gelb | F: dunkler und blauer<br>L: farblos | F: gelb<br>L: schwach gelb | — | gelb | F: langsam entfärbt<br>L: . . . | F: beinahe entfärbt<br>L: . . . | langsam entfärbt |
| Neufuchsin Wolle und Baumwolle | F: gelb<br>L: gelb | F: dunkel marron, braun werdend<br>L: farblos | F: gelb<br>L: schwach gelb | — | lebhaft gelb | F: langsam entfärbt<br>L: . . . | F: beinahe entfärbt<br>L: . . . | langsam entfärbt |
| Safranin Wolle und Baumwolle | F: dunkelgrün<br>L: hellgrün | F: blauer<br>L: farblos | F: dunkelblau<br>L: blau | — | erst rotblau, dann grün, zuletzt gelb | F: keine Veränderung<br>L: . . . | F: keine Veränderung<br>L: . . . | beim Erwärmen entfärbt |
| *Pyronin G Baumwolle | gelb | geringe Veränderung | orange | geringe Veränderung | rot | schwächer | fast farblos | orange |
| *Indulinscharlach Baumwolle | braunrot | keine Veränderung | grün | keine Veränderung | braungelb | dunkler | dunkler | schwach violett |
| Kongorot Baumwolle | F: tief blau<br>L: blau | blau | F: blau<br>L: farblos | — | blau | F: keine Veränderung<br>L: . . . | F: keine Veränderung<br>L: . . . | entfärbt |
| Kongorot 4 R Baumwolle | F: tief blau<br>L: blau | stumpf purpur | F: tief blau<br>L: farblos | — | orange | F: wenig Veränderung<br>L: rosa | F: wenig Veränderung<br>L: . . . | entfärbt |

| | | | | | | | | |
|---|---|---|---|---|---|---|---|---|
| Brillantkongo R Baumwolle | F: tief blau<br>L: blau | stumpfer | F: olivbraun<br>L: farblos | — | hellrot | F: keine Veränderung<br>L: . . . | F: etwas gelber<br>L: . . . | entfärbt |
| "Baumwollrot S Baumwolle | dunkelbraun, durch Waschen ursprüngliche Farbe | . . . | . . . | wie mit konz. H₂SO₄ | wie mit konz. H₂SO₄ | . . . | "unverändert | wie mit konz. H₂SO₄ |
| "Benzorot 3 G Baumwolle | dunkelrot | . . . | . . . | 'dunkelrot | blutet etwas | . . . | "L: rot | hell gelblich braun |
| Benzopurpurin B Baumwolle | F: tief grünblau<br>L: blau | stumpf rot | F: olive<br>L: farblos | — | hellbraun | F: wenig Veränderung<br>L: rosa | F: gelber<br>L: . . . | entfärbt |
| Benzopurpurin 4 B Baumwolle | F: tief blau<br>L: blau | dunkel schiefer | F: lebhaft blau<br>L: farblos | — | gelb | F: wenig Veränderung<br>L: . . . | F: wenig Veränderung<br>L: . . . | entfärbt |
| Benzopurpurin 10 B Baumwolle | F: indigoblau<br>L: blau | blau | F: blau<br>L: farblos | — | gelb | F: wenig Veränderung<br>L: . . . | F: wenig Veränderung<br>L: . . . | entfärbt |
| Brillantpurpurin R Baumwolle | F: tief blau<br>L: blau | stumpf violett | F: stumpf blau<br>L: farblos | — | gelb | F: keine Veränderung<br>L: schwach rosa | F: keine Veränderung<br>L: . . . | entfärbt |
| Deltapurpurin 5 B Baumwolle | F: tief lebhaft blau<br>L: blau | rötlich-braun | F: braunoliv<br>L: farblos | — | gelb | F: keine Veränderung<br>L: . . . | F: keine Veränderung<br>L: . . . | entfärbt |
| Deltapurpurin 7 B Baumwolle | F: tief grünblau<br>L: blau | brauner | F: braun<br>L: farblos | — | hellbraun | F: wenig Veränderung<br>L: rosa | F: wenig Veränderung<br>L: . . . | entfärbt |
| Rosazurin Baumwolle | F: tief grünblau<br>L: grünblau | brauner | F: braunoliv<br>L: farblos | — | hellbraun | F: keine Veränderung<br>L: . . . | F: wenig Veränderung<br>L: . . . | entfärbt |

24*

| Farbstoff | konz. $H_2SO_4$ | 10% $H_2SO_4$ | konz. HCl | 10% HCl | $HNO_3 s=1,40$ | $NH_3 s = 0,91$ | 10% NaOH | $SnCl_2$ + HCl |
|---|---|---|---|---|---|---|---|---|
| Diaminrot N O Baumwolle | F: tief blau<br>L: blau | stumpf violett | F: olive<br>L: farblos | — | hellbraun | F: wenig Veränderung<br>L: rosa | F: wenig Veränderung<br>L: . . . | entfärbt |
| Diaminscharlach B Baumwolle | F: blauviolett<br>L: violett | wenig Veränderung | F: violett<br>L: violett | — | karmesin | F: orange<br>L: . . . | F: orange<br>L: . . . | entfärbt |
| Diaminechtrot F Baumwolle | F: tief rotblau<br>L: blau | stumpfer | F: rotviolett<br>L: farblos | — | braun | F: wenig Veränderung<br>L: . . . | F: braun<br>L: . . . | zuerst stumpf purpur, dann langsam entfärbt |
| **Columbiaechtscharlach 4 B Baumwolle | tief blau | . . . | . . . | *dunkel gelblich-braun, d. Waschen ursprüngl. Farbe | rötlich-braun | . . . | unverändert<br>L: beim Kochen blaßrot | unverändert |
| *Thiazinrot R Baumwolle | braunrot | geringe Veränderung | violettrot | geringe Veränderung | rot | violett | violett | farblos |
| *Thiazinrot G Baumwolle | fuchsinrot | geringe Veränderung | fuchsinrot | geringe Veränderung | fuchsinrot | dunkler | dunkler | farblos |
| *Sorbinrot Baumwolle | lebhafter | geringe Veränderung | färbt rot ab und wird etwas brauner | geringe Veränderung | gelbbraun | geringe Veränderung | braun | geringe Veränderuug |
| *Glycinrot Baumwolle | blauschwarz | blau | blau | blau | färbt schmutzig gelbgrün ab, Faser grün-grau | lebhaft rot | lebhaft rot | farblos |
| *Brillantgeranin B Baumwolle | blaugrün | dunkler | violett | dunkler | violett | violetter | violetter | farblos |
| *Diaminrosa G D Baumwolle | F: violettrot<br>L: violettrot | keine Veränderung | F: keine Veränderung<br>L: schwach violettrot | keine Veränderung | orange | schwach violett | schwach violett | entfärbt |

| | | | | | | | | |
|---|---|---|---|---|---|---|---|---|
| Hessisch Purpur N Baumwolle | F: grünblau<br>L: grünblau | stumpf violett | F: blauviolett<br>L: farblos | — | braun | F: etwas röter<br>L: rosa | F: wenig Veränderung<br>L: . . . | entfärbt |
| Hessisch Brillant-Purpur Baumwolle | F: blau<br>L: blau | wenig Veränderung | F: grau<br>L: farblos | — | braun | F: wenig Veränderung<br>L: . . . | F: wenig Veränderung<br>L: . . . | entfärbt |
| Naphtylenrot Baumwolle | F: stumpf blau<br>L: blau | stumpf violett | F: dunkel blaugrün<br>L: farblos | — | olivgrün | F: wenig Veränderung<br>L: . . . | F: wenig Veränderung<br>L: . . . | entfärbt |
| St. Denis Rot Baumwolle | F: dunkel karmesin<br>L: karmesin | wenig Veränderung | F: blauer<br>L: farblos | — | wenig Veränderung | F: orangerot<br>L: orangerot | F: orangerot<br>L: hellorange | entfärbt |
| Erika B Baumwolle | F: purpur<br>L: violett | röter | F: röter<br>L: farblos | — | hellrot | F: wenig Veränderung<br>L: rosa | F: etwas blauer<br>L: farblos | langsam entfärbt |
| Geranin 2 B Baumwolle | F: karmesin<br>L: rosa | wenig Veränderung | F: wenig Veränderung<br>L: . . . | — | wenig Veränderung | F: violett<br>L: violett | F: violett<br>L: . . . | entfärbt |
| **Tronarot 3 B Baumwolle | L: hellrot | . . . | . . . | unverändert | L: rosa | . . . | **L: orange | beim Erwärmen entfärbt |
| Paranitranilinrot Baumwolle | F: tief fuchsinrot, beim Verdünnen orangerot<br>L: fuchsinrot, b. Verdünnen orangerot | keine Veränderung | F: wenig Veränderung<br>L: . . . | — | F: karmesin<br>L: scharlach | F: wenig Veränderung<br>L: . . . | F: dunkel ziegelrot<br>L: . . . | entfärbt |

| Farbstoff | konz. $H_2SO_4$ | 10% $H_2SO_4$ | konz. HCl | 10% HCl | $HNO_3$ s=1,3 | $NH_3$ s=0,925 | 10% NaOH | $SnCl_2$ + HCl |
|---|---|---|---|---|---|---|---|---|
| [0]Metachrombordeaux R in Teig (A) auf Chrombeize Wolle | F: blauschwarz b. V. F: braun | F: bräunlicher | F: dunkler blauer b. V. F: heller | F: bräunlicher | F: dunkler | 0 | 0 | F: langsam blasser |
| [0]Palatinchromrot R (B) einbadig nachchrom. Wolle | F: schwarz L: blau b. V. F: bordeauxbraun L: rosa | F: dunkler | F: schwarz | F: schwarzbraun | F: schwarz | 0 | f. 0 | F: rotbraun allm. heller violett |
| [0]Chromechtrot G (A) nachchromiert Wolle | F: violettschwarz L: violett b. V. F: braun L: schm. rötlich | F: braun b. V.: rot | F: f. schwarz b. V.: rot | F: schwarzbraun b. V.: rot | F: f. schwarz b. V.: rot | 0 | F: brauner | F: dunkel rotbraun, allm. heller |
| [0]Anthracenchromrot A (C) Wolle | F: braun L: hellbräunlich b. V. F: braun L: hellbräunlich | F: etwas brauner | F: etwas brauner | F: etwas brauner | f. 0 | F: Sp. röter | F: röter | f. 0 |
| [0]Echtsäurefuchsin G konz. (M) Wolle | L: orange b. V. L: reinrosa | F: etwas blauer | F: gelber L: rosa | F: etwas blauer L: hellrosa | F: orange L: hell rosa | F: etwas blauer L: hellrosa | F: blauer dunkler | F: etwas gelber L: Sp. rosa |
| Eriorubin G (G) Wolle | F. u. L: dunkelbordeaux b. V.: rosa | 0 | F: bordeaux L: rosa | 0 | F: gelber | F: gelber | F: orange | F: langs. blasser bis entfärbt |
| [0]Eriorubin 2 R (G) Wolle | wie oben | 0 | F: braun L: Sp. rosa | 0 | F: orange | F: lebhafter L: Sp. rosa | F: braunrot L: rötlich | wie oben |
| [0]Eriokarmin R (G) Wolle | L: karminrot b. V.: rosa | 0 | F: gelbbraun | 0 | F: braunorange | f. 0 | F: brauner L: rötlich | F: langsam blasser |
| [0]Wollrot G (B) Wolle | F: dunkelviolett L: violett b. V. F: rosa L: hellorange | f. 0 | F: dunkelbraun | F: bräunlich rot | F: braun L: allm. gelb | f. 0 | F: bräunlicher | F: bräunlicher, allm. blasser |

| | | | | | | | | |
|---|---|---|---|---|---|---|---|---|
| Azo-Rubin S G (A) Wolle | F: violett-schwarz<br>L: int. blau-violett<br>b. V. F: entfärbt<br>L: int. scharlach | 0 | F: etwas dunkler | 0 | L: rosa | L: rosa | F: bordeaux L: rot | f. 0 |
| Guinea-Bordeaux B (A) Wolle | F: violett-schwarz<br>L: blauviolett<br>b. V. F: entfärbt<br>L: rein rosa | f. 0 | F: Sp. dunkler<br>L: Sp. rosa | f. 0 | L: Sp. rosa | F: dunkler | F: viel dunkler<br>L: rot | F: langsam etwas blasser |
| Amidonaphtolrot G (M) Wolle | F: bordeaux<br>L: rosa<br>b. V. L: rot<br>F: f. entfärbt | 0 | f. 0 | 0 | L etwas rosa | F: etwas dunkler | F: brauner dunkler | 0 |
| Seiderot G (B) Seide | bordeaux L.<br>b. V.: orange | 0 | F: bordeaux<br>L: rot | F: Sp. dunkler | F: bordeaux L: rosa | f. 0 | F: dunkler | F: dunkler |
| Dianilbordeaux G (M) direkt Baumwolle | reinblaue L.<br>b. V.: rötlich-blau | F: schwarz + NH$_2$: wie zuerst | F: schwarz + NH$_2$: wie zuerst | F: schwarz + NH$_2$: wie zuerst | F: braun-schwarz L: bräunlich | F. u. L: rot | F: braunrot L: rötlich | F: üb. blau-schwarz n. f. entfärbt |
| do. mit Solidogen A (M) entwickelt Baumwolle | reinblaue L.<br>b. V.: blau | wie oben | wie oben | wie oben | wie oben | wie oben | F: rot L: rötlich | F: üb. blau-schwarz n. hell graubläulich |
| Dianilponceau G (M) + Solidogen A Baumwolle | blauviolette L.<br>b V.: gelblich rosa | f. 0 | F: violett-schwarz + NH$_2$: wie zuerst | F: dunkel-bordeaux + NH$_2$: wie zuerst | F: violett-schwarz L: hellviolett | L: rötlich | F: etwas dunkler L: Sp. rötlich | F: üb. viol. schwarz n. hellrosa f. entfärbt |
| Dianilponceau 2 R (M) + Solidogen A Baumwolle | blaue L.<br>b. V.: bläulich rosa | f. 0 | wie oben | wie oben | F: violett-schwarz | wie oben | F: dunkel-rot L: Sp. rötlich | F: üb. schwarz-violett n. hellviolett |
| Chloranisidin P (M) + β-Naphtol Baumwolle | F: schwarz<br>L: tief violett<br>b. V.: scharlach | 0 | F: braun | 0 | F: braun | F: lebhafter | F: Sp. dunkler | F: dunkelbraun |
| Triazol-Corinth B (O) Baumwolle | L: schwärzlich blau<br>b. V.: schm. rötlich | F: braun | F: f. blau-schwarz | F: braun | F: f. schwarz | F: brauner | F: brauner L: Sp. rötlich | F: schn. gebleicht (hellst rosa) |

| Farbstoff | konz. $H_2SO_4$ | 10% $H_2SO_4$ | konz. HCl | 10% HCl | $HNO_3$ s=1,3 | $NH_3$ s=0,925 | 10% NaOH | $SnCl_2$ + HCl |
|---|---|---|---|---|---|---|---|---|
| ⁰Triazolrot 6 B (O) Baumwolle | L: blauviolett b. V.: schm. violett | f. 0 | F: violett-schwarz | F: brauner | F: braun | L: Sp. röt-lich | L: rötlich | F: gebleicht (hell rosa) |
| ⁰Columbiarot 8 B (A) Baumwolle | bordeaux L. b. V.: rote L. | f. 0 | F: bordeaux L: Sp. rosa | F: dunkler | F: dunkler L: schw. rosa | F: etwas gelber | F: dunkler | F: schn. ge-bleicht zu hell-orange |
| ⁰Rosophenin (Cl) Wolle | kirschrote L. b. V.: orangerot F: hell | 0 | F: dunkler | 0 | F: dunkler | F: gelber | F: orange | 0 |
| ⁰Rosophenin-Rosa 10 B (Cl) Baumwolle | bordeaux L. b. V.: violett-rosa | 0 | F: blauer | f. 0 | F: blauer allm. blasser | F: blauer | F: blauer | F: sofort ent-färbt (hellst rosa) |
| ⁰Oxaminbordeaux M (B) Baumwolle | int. blauvio-lette L. b. V.: schm. rot | F: etwas brauner | F: f. schwarz | F: dunkler | F: dunkler L: Sp. rosa | L: rosa | L: rosa | F: üb. dunkel-n. blaßrot |

## Braune Farbstoffe.

| Farbstoff | konz. $H_2SO_4$ | 10% $H_2SO_4$ | konz. HCl | 10% HCl | $HNO_3$ s=1,40 | $NH_3$ s=0,91 | 10% NaOH | $SnCl_2$ + HCl |
|---|---|---|---|---|---|---|---|---|
| **Braune Farbstoffe.** Anthracenbraun mit Chrombeize Wolle | F: röter L: braun | keine Ver-änderung | F: gelber L: hellbraun | — | dunkel-orange | F: oliv bis schwarz L: farblos | F: oliv bis schwarz L: farblos | wenig Verände-rung |
| Tuchbraun (rötlich) mit Chrombeize Wolle | F: sehr dunkel-violett L: violett | viel dunkler | F: dunkel vio-lett L: . . . | — | dunkelrot mit dunkel-violettem Rand | F: dunkler L: . . . | F: dunkler L: . . . | wenig Verände-rung |

| | | | | | | | | |
|---|---|---|---|---|---|---|---|---|
| Gambin mit Chrombeize Wolle | F: dunkelbraun<br>L: hellbraun | röter | F: wenig Ver-änderung<br>L: ... | — | bräunlich gelb | F: wenig Veränderung<br>L: ... | F: gelber<br>L: hellgelb | röter |
| Dioxin mit Chrombeize Wolle | F: dunkelgrün<br>L: grün | wenig Ver-änderung | F: dunkler<br>L: hellbraun | — | ... | F: dunkel-grün<br>L: schwach rot | F: sehr dunkelgrün<br>L: ... | ... |
| *Anthracensäurebraun B mit Chrombeize Wolle | F: violettrot<br>L: violettrot | keine Ver-änderung | F: dunkler<br>L: schwach vio-lettrot | keine Ver-änderung | dunkel gelb-braun | keine Ver-änderung | F: schwach rötlich<br>L: schwach rötlich-braun | gelbgrün |
| *Anthracensäurebraun B Wolle | F: violettrot<br>L: violettrot | keine Ver-änderung | F: rötlich<br>L: violettrot | keine Ver-änderung | gelbbraun | F: geringe Verände-rung<br>L: bräunlich | F: rotbraun<br>L: rotbraun | grau |
| **Anthracensäurebraun R Wolle, mit Chrom-kali nachbehandelt | rot | ... | ... | *etwas weniger rot als mit konz. $H_2SO_4$ | lebhaft rot | ... | **Farbstoff ausgezogen | langsam ent-färbt |
| **Diamantbraun 3 R, nachbehandelt mit Chromkali Wolle | stumpfer | ... | ... | *blau-schwarz | hellbraun | ... | *etwas röter, Farb-stoff zum Teil aus-gezogen | purpur |
| *Janusbraun B Baum-wolle, Wolle, Seide | grauschwarz | keine Ver-änderung | braunschwarz | keine Ver-änderung | schmutzig braun | färbt schwach rötlich ab | keine Ver-änderung | braungelb, fast farblos |

| Farbstoff | konz. H$_2$SO$_4$ | 10% H$_2$SO$_4$ | konz. HCl | 10% HCl | HNO$_3$ s=1,40 | NH$_3$ s = 0,91 | 10% NaOH | SnCl$_2$ + HCl |
|---|---|---|---|---|---|---|---|---|
| *Janusbraun R Baumwolle, Wolle, Seide | blauschwarz | keine Veränderung | blauschwarz | keine Veränderung | Baumwolle: blauschwarz, dann rotbraun, Wolle: blauschwarz, dann braungelb, Seide: blauschwarz, dann grauschwarz | färbt ganz schwach ab | färbt schwach bräunlich rot ab | Baumwolle: gelblich, fast farblos, Wolle: braunrot, Seide: braunrot |
| *Pegubraun Seide | kirschrot | keine Veränderung | braunrot | keine Veränderung | bräunlich rot | keine Veränderung | keine Veränderung | gelblich |
| *Alizarinbraun G Wolle | blau | geringe Veränderung, brauner | F: schwarz L: rötlich | geringe Veränderung, brauner | F: schwarz L: rotbraun | braunrot | braunrot | braun, langsam entfärbt |
| *Alizarinrotbraun R Wolle | schwarz L: braunrot | keine Veränderung | F: schwarz L: schwach bräunlich rot | keine Veränderung | gelb | etwas röter | F: dunkler L: rot | langsam heller werdend |
| Echtbraun (M) Wolle | F: blauer L: blau | keine Veränderung | F: dunkel karmesin L: rosa | — | gelb mit scharlach Rand | F: dunkler L: . . . | F: dunkler L: . . . | . . . |
| Naphtylaminbraun Wolle | F: lebhaft blau L: blau | keine Veränderung | F: dunkler L: blau | — | schmutzig gelb mit marron Rand | F: karmesin L: karmesin | F: bläulich karmesin L: farblos | wenig Veränderung |
| Echtbraun (By) Wolle | F: rotviolett L: rotviolett | keine Veränderung | F: dunkel marron L: rosa | — | gelb mit marron Rand | F: gelber L: gelbbraun | F: stumpf scharlach L: . . . | heller |
| Echtbraun G Wolle | F: schmutzig braun L: rot | F: dunkler L: braun | F: chokoladebraun L: . . . | — | gelb mit marron Rand | . . . | . . . | heller |

| | | | | | | | | |
|---|---|---|---|---|---|---|---|---|
| Echtbraun 3 B Wolle | F: dunkelblau<br>L: rotblau | . . . | F: violett<br>L: schwach violett | — | gelb mit orange Rand | F: karmesin<br>L: rosa | F: karmesin<br>L: . . . | blauer |
| **Palatinchrombraun W, nachbehandelt mit Bichromat Wolle | F: hellbraun<br>L: dunkelbraun | . . . | . . . | *hellbraun | hellbraun | . . . | **blutet ab | unverändert |
| **Anthracensäurebraun, mit Bichromat nachbehandelt Wolle | unverändert | . . . | . . . | *unverändert | hellbraun | . . . | **unverändert | unverändert |
| Säurebraun G Wolle | F: schmutzig purpur<br>L: purpur | lebhafter | F: dunkler<br>L: schwach gelb | — | schmutzig gelb mit hellmarron Rand | F: lebhafter<br>L: schwach braun | F: etwas dunkler<br>L: . . . | wenig Veränderung |
| Säurebraun R Wolle | F: dunkel violett<br>L: violett | keine Veränderung | F: dunkel violett<br>L: violett | — | grünlich gelb mit purpur Rand | F: scharlach<br>L: rosa | F: lebhaft scharlach<br>L: . . . | beinahe entfärbt |
| Bismarckbraun G G Wolle | F. purpur Farbe kehrt b. Verdünnen wieder<br>L: rotbraun | F: dunkler<br>L: farblos | F: marron<br>L: rot | — | . . . | F: wenig Veränderung<br>L: . . . | F: brauner<br>L: . . . | heller |
| Benzobraun G Baumwolle | F: dunkler<br>L: grau | keine Veränderung | F: dunkelbraun<br>L: hellbraun | — | dunkler | F: wenig Veränderung<br>L: schwach orange | F: wenig Veränderung<br>L: . . . | heller |
| Benzobraun B Baumwolle | F: dunkel purpur<br>L: . . . | dunkler | F: dunkler<br>L: hellbraun | — | dunkler | F: wenig Veränderung<br>L: schwach braun | F: wenig Veränderung<br>L: . . . | heller |
| Benzobraun NBR Baumwolle | F: dunkelblau<br>L: stumpf blau | blauer | F: rotviolett<br>L: farblos | — | wenig Veränderung | F: röter<br>L: rosa | F: röter<br>L: . . . | heller |
| Benzobraun 5 R, Alkalibraun (D), Baumwollbraun R Baumwolle | F: karmesin<br>L: karmesin | wenig Veränderung | F: wenig Veränderung<br>L: rosa | — | gelbbraun | F: keine Veränderung<br>L: . . . | F: wenig Veränderung<br>L: . . . | langsam entfärbt |

| Farbstoff | konz. $H_2SO_4$ | 10% $H_2SO_4$ | konz. HCl | 10% HCl | $HNO_3$ s=1,40 | $NH_3$ s=0,91 | 10% NaOH | $SnCl_2$ + HCl |
|---|---|---|---|---|---|---|---|---|
| *Terrakotta F | dunkelrot | geringe Veränderung | rot | keine Veränderung | braunrot | geringe Veränderung | geringe Veränderung | langsam entfärbt |
| Benzoschwarzbraun Baumwolle | F: grauschwarz<br>L: b.Verdünnen braun | wenig Veränderung | F: dunkel violett, Farbe kehrt b. Verdünnen wieder<br>L: .... | — | rotorange | F: wenig Veränderung<br>L: .... | F: dunkler und röter<br>L: .... | beinahe entfärbt |
| Kongobraun G Baumwolle | F: dunkel violett<br>L: violett | wenig Veränderung | F: violett<br>L: farblos | — | dunkel violett | F: röter<br>L: .... | F: karmesin<br>L: karmesin | entfärbt |
| Kongobraun R Baumwolle | F: violett<br>L: .... | gelber | F: blauviolett<br>L: .... | — | rotviolett | F: heller<br>L: .... | F: karmesin<br>L: .... | entfärbt |
| Hessisch Braun 2 B Baumwolle | F: schmutzig blauviolett<br>L: .... | stumpfer | F: mißfarbig<br>L: .... | — | .... | F: wenig Veränderung<br>L: .... | F: wenig Veränderung<br>L: .... | entfärbt |
| Mikadobraun Baumwolle | F: violett<br>L: violett | gelb | F: braun<br>L: farblos | — | olive | F: keine Veränderung<br>L: .... | F: wenig Veränderung<br>L: .... | entfärbt |
| Toluylenbraun Baumwolle | F: dunkel violett<br>L: violett | grüner | F: dunkler<br>L: rosa | — | braun | F: keine Veränderung<br>L: .... | F: wenig Veränderung<br>L: .... | entfärbt |
| Baumwollbraun A Baumwolle | F: dunkelgrün<br>L: .... | wenig Veränderung | F: dunkler<br>L: farblos | — | wenig Veränderung | F: keine Veränderung<br>L: .... | F: keine Veränderung<br>L: .... | entfärbt |
| Baumwollbraun N Baumwolle | F: blauschwarz<br>L: grau | dunkler | F: dunkler<br>L: hellbraun | — | dunkler | F: wenig Veränderung<br>L: hell-orange | F: wenig Veränderung<br>L: .... | heller |

|  |  |  |  |  |  |  |  |  |
|---|---|---|---|---|---|---|---|---|
| Diaminbraun V Baumwolle | F: dunkel rotblau<br>L: rotblau | keine Veränderung | F: wenig Veränderung<br>L: . . . | — | stumpf violett | F: wenig Veränderung<br>L: . . . | F: wenig Veränderung<br>L: . . . | beinahe entfärbt |
| *Diaminbronze Baumwolle | blau | keine Veränderung | violettrot | keine Veränderung | braunrot | dunkler | brauner | farblos |
| **Oxydiaminbraun G Baumwolle | schwarz | · · · | · · · | *schwarz | schwarz | · · · | **brauner | schwarz, durch Waschen ursprüngl. Farbe |
| **Diamineralbraun G, nachbehandelt mit $K_2Cr_2O_7$ und $CuSO_4$ Baumwolle | schwarz, durch Waschen ursprüngl. Farbe | · · · | · · · | *wie mit konz. $H_2SO_4$ | wie mit konz. $H_2SO_4$ | · · · | **wie mit konz. $H_2SO_4$ | unverändert |
| * Dianilbraun 3 G, D Baumwolle | hellbraun | · · · | · · · | *wenig verändert | etwas gelber | · · · | **rötlich braun | etwas röter |
| **Naphtaminbraun R 2 B Baumwolle | viel heller | · · · | · · · | *unverändert | entfärbt | · · · | **unverändert | unverändert |
| *Diazobraun R extra Baumwolle | violettschwarz | keine Veränderung | färbt rötlich ab | keine Veränderung | schmutzig braunrot | geringe Veränderung | geringe Veränderung | rasch schwach gelb werdend |
| *Benzonitrolbraun 2 R Baumwolle | violett | geringe Veränderung | geringe Veränderung | keine Veränderung | braunrot | geringe Veränderung | geringe Veränderung | langsam gelb werdend |
| *Benzonitroldunkelbraun N Baumwolle | violett | geringe Veränderung | geringe Veränderung | keine Veränderung | braunrot, Faser etwas heller | keine Veränderung | geringe Veränderung | langsam gelb werdend |
| *Oxaminmarron Baumwolle | blau | geringe Veränderung | blau | keine Veränderung | violett | keine Veränderung | rötlich abfärbend | farblos |
| *Thiokatechin I Baumwolle | brauner | keine Veränderung | dunkler | keine Veränderung | gelbrot | dunkler | dunkelbraun | schmutzig braun, dunkler |
| *Thiokatechin S Baumwolle | lebhafter | keine Veränderung | geringe Veränderung | keine Veränderung | gelb | dunkler | etwas schwächer | fast farblos |
| **Katigengelbbraun G G Baumwolle | L: gelb | · · · | · · · | *L: dunkelbraun | L: braun | · · · | **unverändert | wenig verändert |
| **Kryogenbraun Baumwolle | schmutzig braun | · · · | · · · | *wenig verändert | schmutzig braun | · · · | **unverändert | hellbraun |

| Farbstoff | konz. $H_2SO_4$ | 10% $H_2SO_4$ | konz. HCl | 10% HCl | $HNO_3$ s=1,40 | $NH_3$ s = 0,91 | 10% NaOH | $SnCl_2$ + HCl |
|---|---|---|---|---|---|---|---|---|
| *Plutobraun R Baum-wolle | violett | keine Ver-änderung | dunkler | keine Ver-änderung | braunrot | röter | röter | farblos |
| **Plutobraun 2 G und N B Baumwolle | dunkel purpur L: b. Verdünnen bräunlich | . . . | . . . | *dunkler, durch Ver-dünnen ur-sprüngl. Farbe | dunkel rot-braun | . . . | **dunkler | wenig verändert |
| *Thiazinbraun G Baum-wolle | braunrot | keine Ver-änderung | braun | keine Ver-änderung | braunrot | röter, färbt gelb ab | röter | schwach gelb-lich |
| *Thiazinbraun R Baum-wolle | rot | keine Ver-änderung | braun | keine Ver-änderung | braunrot | röter, färbt gelb ab | röter | schwach gelb-lich |
| *Diphenylbraun Baum-wolle | blau | röter | violett | röter | violett | dunkler | brauner | farblos |
| *Diaminnitrazolbraun Baumwolle | F: dunkelrot L: dunkel kar-minrot | keine Ver-änderung | rötlich | keine Ver-änderung | braun | rötlich | rötlich | hellgelb |

| Farbstoff | konz. $H_2SO_4$ | 10% $H_2SO_4$ | konz. HCl | 10% HCl | $HNO_3$ s=1,3 | $NH_2$ s=0,925 | 10% NaOH | $SnCl_2$ + HCl |
|---|---|---|---|---|---|---|---|---|
| ⁰Metachrombraun B (A) auf Metachrombeize Wolle | F. u. L: karmin-rot b. V. F: heller braun L: bräunlich-orange | 0 | F: tiefbraunrot L: Sp. rötlich | 0 | F: rot-stichig | 0 | f. 0 | F: üb. braun n'. rot allm. blasser bis entfärbt |
| ⁰Chromogen I (M) nach-chromiert Wolle | f. 0 b. V.: f. 0 | 0 | f. 0 | 0 | f. 0 | 0 | 0 | F: allm. Sp. heller |

| | | | | | | | | |
|---|---|---|---|---|---|---|---|---|
| °Anthracenchrombraun D (C) Wolle | L: Sp. bräunlich<br>b. V. L: rötlich<br>F: heller röter | 0 | F: etwas röter | f. 0 | F: etwas röter | 0 | 0 | F: allm. blasser braun |
| °Pyrolbraun G (L) Baumwolle | F: gelber<br>L: gelb<br>b. V.: braun | F: etwas röter | F: brauner<br>L: Sp. rötlich | F: brauner | F: dunkler braun<br>L: gelblich | F: rötlicher | F: rötlicher<br>L: Sp. gelblich | F: rötlich<br>L: Sp. rötlich |
| °Pyrolbronze 3 G (L) Baumwolle | L: gelb<br>b. V. bräunlich-gelb | 0 | L: Sp. gelblich | 0 | L: Sp. gelblich | F: heller | F: heller | L: Sp. gelblich |
| °Diphenylechtbraun G N (G) Baumwolle | blaue L.<br>b. V. schm. schwärzlich graubraun | F: braunschwarz | F: braunschwarz | F: braunschwarz | F: olive-schwarz | f. 0 | f. 0 | F: hell schm. grüngelb bis f. entfärbt |
| °Eclips-Bronze (G) Baumwolle | graue L. | f. 0 | F: heller | f. 0 | f. 0 | f. 0 | f. 0 | f 0 |
| °Schwefelbraun G (A) Baumwolle | gelbbraune L.<br>b. V.: schm. bräunlich | 0 | 0 | 0 | F: etwas heller | 0 | f. 0 | F: Sp. heller |
| °Immedialbraun B (C) gechromkupfert Baumwolle | rötlich braune L.<br>b. V.: rötlich-braun | 0 | L: gelblich | f. 0 | F: heller<br>L: schw. bräunlich | 0 | f. 0 | F: allm. grau-grün |
| °Immedialbronze A (C) nachchromiert, Baumwolle | graubraune L.<br>b. V.: schm. graubraun | 0 | f. 0 | 0 | F: allm. blasser | 0 | f. 0 | F: allm. grau-grün |
| °Tanninbraun B (C) Baumwolle | braune L.<br>b. V.: braune L. | F: brauner | F: rotbraun<br>L: rot | F: brauner | F: heller<br>L: bräunlich | F: braunrot<br>L: braunrot | F. u. L: braunrot | F: schn. gebleicht (hell-schm. grau f. entfärbt) |
| °Katigenbraun V extra (By) Baumwolle | schwarze L.<br>b. V.: schm. violett | 0 | f. 0 | 0 | F: etwas blasser | 0 | 0 | F: langs. gebleicht |
| °Pyrogen-Katechu 2 G (J) Baumwolle | braungelbe L.<br>b. V.: violett-schwarz | F: etwas dunkler | F: dunkler | F: dunkler | F: dunkler braun | 0 | 0 | F: dunkler braun |
| °Thiogenbraun R (M) Baumwolle | L: bräunlich rötlich<br>b. V. L: braun | 0 | f. 0 | 0 | F: etwas heller<br>L: Sp. gelb-lich | 0 | 0 | F: grauer |

# Sachregister.

Während im Text bei der Schreibweise der zusammengesetzten Farbstoffnamen nur der allgemeine Gebrauch entschied, wurden im nachfolgenden Register diese Namen in ein Wort zusammengezogen z. B. Hessischbrillantpurpur statt Hessisch Brillantpurpur, Guineabordeaux, Pyrogenkatechu, Lacdye etc. statt Guinea-Bordeaux, Pyrogen-Katechu, Lac-Dye u. s. w.

Absorptions-Kolorimeter 63.
Acetopurpurin 278.
Acetylenblau 285, 286, 287.
Acetylenlicht 86.
Äthertrennung der Farbstoffe 110.
Äthylblau 78, 285.
Äthylenblau 285.
Äthylgrün 75, 284.
Äthylviolett 289, 322.
Akridingelb 81, 283, 348.
Akridingoldgelb 352.
Akridinorange 81, 281, 348.
Akridinrot 278.
Alizarin 82, 253, 255, 263, 264, 267, 278, 361.
Alizarinblau 81, 234, 239, 247, 250, 253, 261, 265, 267, 268, 285, 287, 303, 314.
Alizarinblauschwarz 232, 250, 256, 261, 266, 269, 292, 294, 318.
Alizarinbordeaux 232, 279, 288, 289, 291, 361.
Alizarinbraun 235, 267, 268, 291, 378.
Alizarinchromschwarz 239, 247, 250, 261, 266, 269, 294.
Alizarincoelestol 337.
Alizarincyanin 285, 287, 315.
Alizarincyaningrün 239, 250, 284, 357.
Alizarincyaninschwarz 292, 293.
Alizarindunkelblau 234, 239, 247, 250, 253, 261, 266, 267, 286, 287.

Alizarindunkelgrün 357.
Alizaringelb 82, 232, 234, 253, 257, 261, 265, 268, 281, 282, 283, 344, 350.
Alizaringranat 75, 81, 231, 232, 265, 278, 288, 289, 291.
Alizaringrün 75, 76, 80, 247, 265, 284, 354.
Alizarinindigoblau 247, 261, 266, 287, 314.
Alizarinirisol 335.
Alizarinmarron 234, 278, 291, 361.
Alizarinorange 264, 267, 281, 289, 291, 345.
Alizarinpurpurin 279.
Alizarinreinblau 287.
Alizarinrot 278, 279, 303, 361.
Alizarinrotbraun 378.
Alizarinsaphirol 238, 285, 287, 321, 324.
Alizarinschwarz 239, 247, 250, 257, 261, 266, 269, 294, 314.
Alizarin tinctoriale 171.
Alizarinviridin 232, 256, 257, 261, 265, 268, 284.
Alkaliblau 78, 238, 239, 247, 288, 320.
Alkalibraun 379.
Alkaliechtgrün 358.
Alkaliechtheit 230, 231.
Alkaliechtrot 245, 280.
Alkaligelb 82, 234, 283, 350.

# Internationale Atomgewichte.

O = 16.00   (H = 1.008).

| | | | | | |
|---|---|---|---|---|---|
| Aluminium | Al | 27.1 | Neon | Ne | 20 |
| Antimon | Sb | 120 | Nickel | Ni | 58.7 |
| Argon | A | 39.9 | Niobium | Nb | 94 |
| Arsen | As | 75.0 | Osmium | Os | 191 |
| Baryum | Ba | 137.4 | Palladium | Pd | 106 |
| Beryllium | Be | 9.1 | Phosphor | P | 31.0 |
| Blei | Pb | 206.9 | Platin | Pt | 194.8 |
| Bor | B | 11 | Praseodym | Pr | 140.5 |
| Brom | Br | 79.96 | Quecksilber | Hg | 200.3 |
| Cadmium | Cd | 112.4 | Rhodium | Rh | 103.0 |
| Caesium | Cs | 133 | Rubidium | Rb | 85.4 |
| Calcium | Ca | 40 | Ruthenium | Ru | 101.7 |
| Cerium | Ce | 140 | Samarium | Sa | 150 |
| Chlor | Cl | 35,45 | Sauerstoff | O | 16.00 |
| Chrom | Cr | 52.1 | Scandium | Sc | 44.1 |
| Eisen | Fe | 56.0 | Schwefel | S | 32.06 |
| Erbium | Er | 166 | Selen | Se | 79.1 |
| Fluor | F od. Fl | 19 | Silber | Ag | 107.93 |
| Gadolinium | Gd | 156 | Silicium | Si | 28.4 |
| Gallium | Ga | 70 | Stickstoff | N | 14.04 |
| Germanium | Ge | 72 | Strontium | Sr | 87.6 |
| Gold | Au | 197.2 | Tantal | Ta | 183 |
| Helium | He | 4 | Tellur | Te | 127 |
| Indium | In | 114 | Thallium | Tl | 204.1 |
| Iridium | Ir | 193.0 | Thorium | Th | 232.5 |
| Jod | J | 126.85 | Thulium | Tu | 171 |
| Kalium | K | 39.15 | Titan | Ti | 48.1 |
| Kobalt | Co | 59.0 | Uran | U | 239.5 |
| Kohlenstoff | C | 12.00 | Vanadin | V | 51.2 |
| Krypton | Kr | 81.8 | Wasserstoff | H | 1.01 |
| Kupfer | Cu | 63.6 | Wismut | Bi | 208.5 |
| Lanthan | La | 138 | Wolfram | W | 184 |
| Lithium | Li | 7.03 | Xenon | X | 128 |
| Magnesium | Mg | 24.36 | Ytterbium | Yb | 173 |
| Mangan | Mn | 55.0 | Yttrium | Y | 89 |
| Molybdän | Mo | 96.0 | Zink | Zn | 65.4 |
| Natrium | Na | 23.05 | Zinn | Sn | 118.5 |
| Neodym | Nd | 143.6 | Zirconium | Zr | 90.7 |

# Einteilung der Farbstoffgruppen.
## (nach Formánek).

### Grüne Farbstoffe.

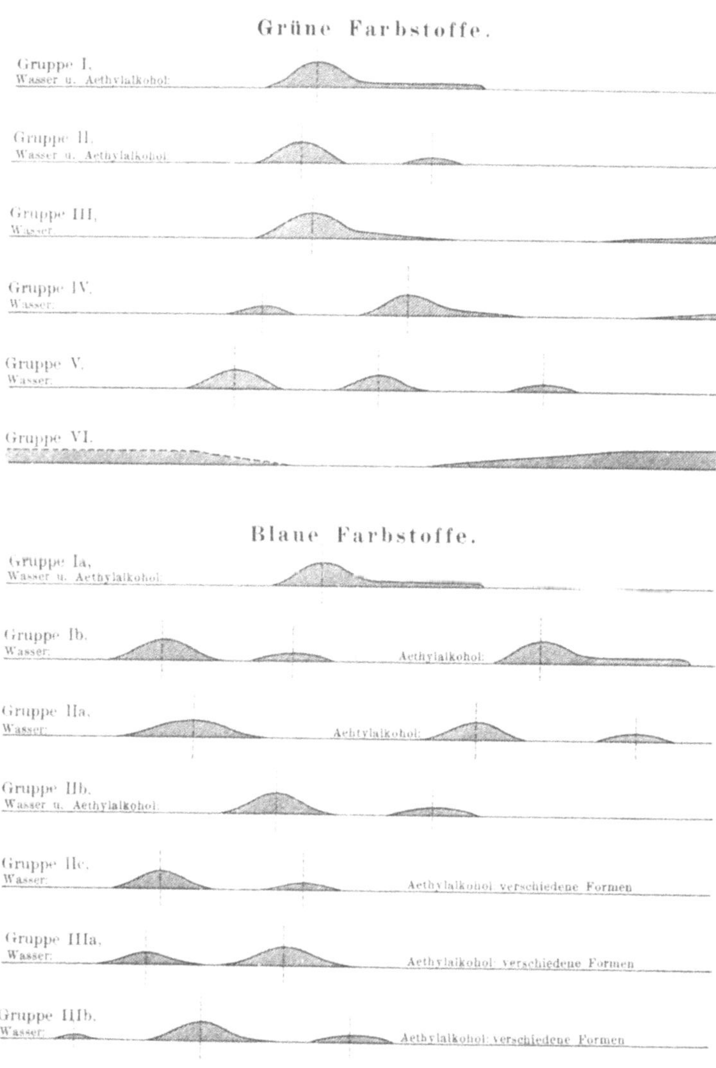


Heermann, Kolor. u. textilchem. Untersuchungen.

# Einteilung der Farbstoffgruppen
## (nach Formánek).

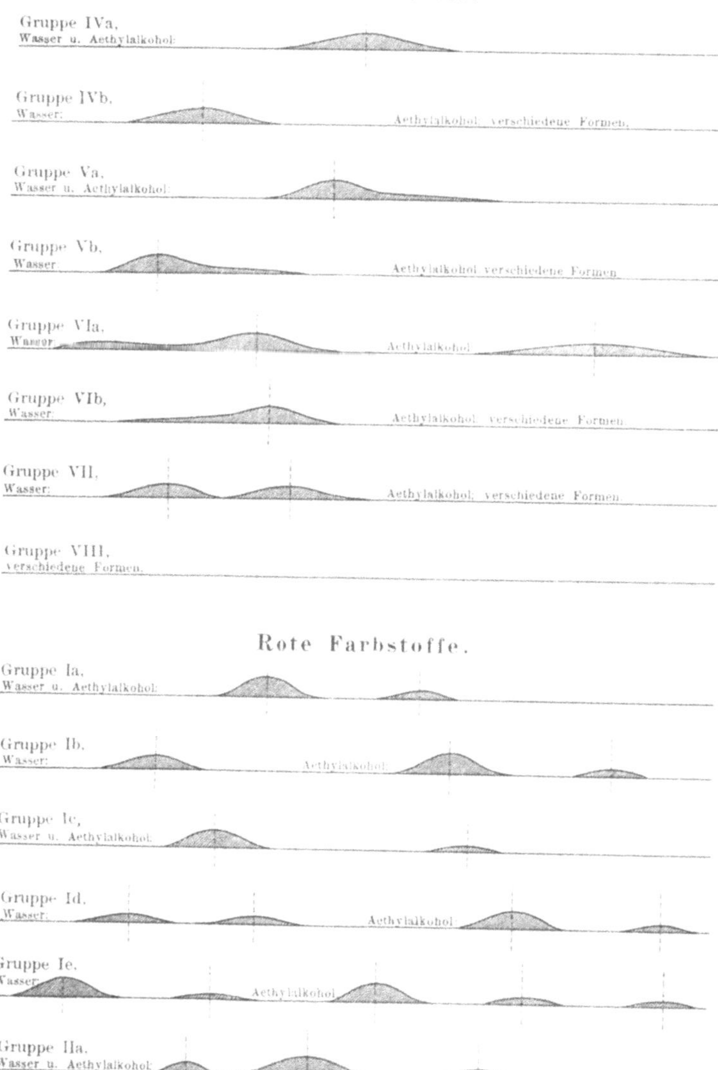


Heermann, Kolor. u. textilchem. Untersuchungen.

# Einteilung der Farbstoffgruppen
## (nach Formánek).

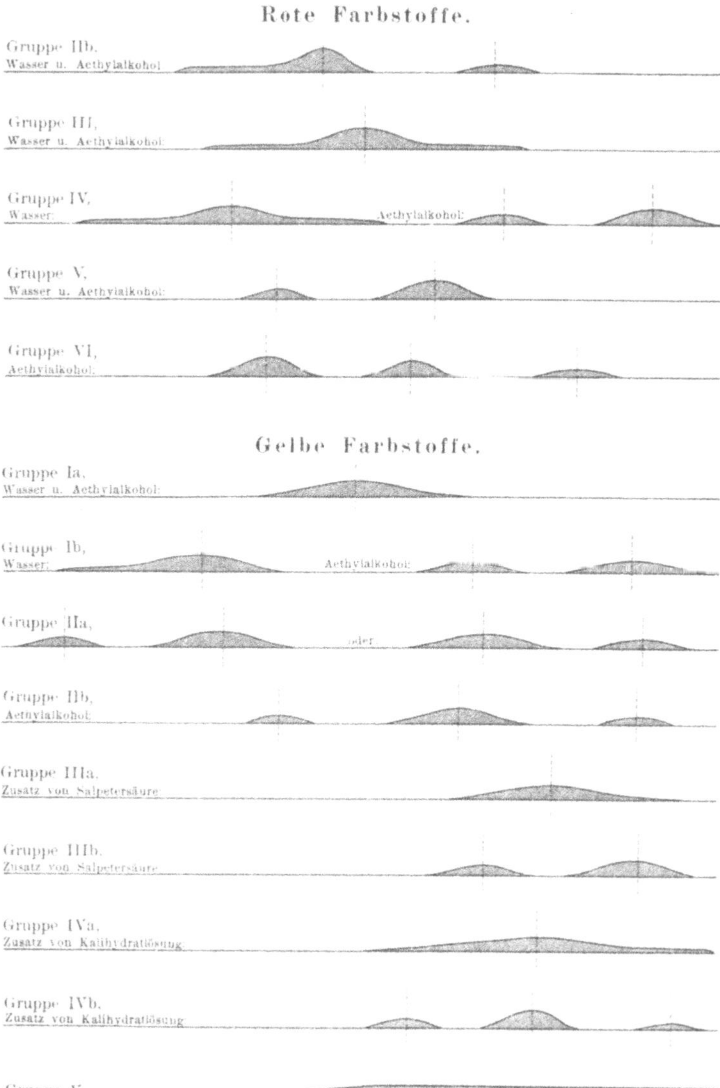


Heermann, Kolor. u. textilchem. Untersuchungen.